2 Mathematical Algorithms Unlimited

새로운 두 수학 @4

Two New Math
TNM

owl@owl.co.kr
www.owl.co.kr
OWL Lab., Seoul, South Korea
2st Edition in 2025

아울연구소 이두진 지음
연구원 김성희

진화 알고리즘
Evolution Algorithms

Two New Math
새로운 두 수학 4
진화 알고리즘 Evolution Algorithms

2025년 7월 20일 초판 인쇄
2025년 7월 30일 초판 발행

저　　자	아울연구소 이두진
발 행 인	조규백
발 행 처	도서출판 구민사
	(07293) 서울특별시 영등포구 문래북로 116, 604호(문래동3가 46, 트리플렉스)
전　　화	(02) 701-7421
팩　　스	(02) 3273-9642
홈페이지	www.kuhminsa.co.kr
신고번호	제 2012-000055호 (1980년 2월4일)
I S B N	979-11-6875-574-1 (93410)

정　　가 | 32,000원

※ 낙장 및 파본은 구입하신 서점에서 바꿔드립니다.
※ 본서를 허락없이 부분 또는 전부를 무단복제, 게재행위는 저작권법에 저촉됩니다.

미시 세계의 입구에서

진화의 무늬는
시간이 그린다

진화는 생물만이 가진 알고리즘이 아니다. 인간이 말하는 무생물도 시간이 흐르는 한 살아 움직인다. 진화의 본질은 우주가 탄생하고 소멸되는 현상을 모두 포괄한다. 우주라는 시스템을 작동하게 하는 원동력은 시간이라는 관계에 있다. 우리는 앞선 여정을 통해 생명의 근원이 물질이고 물질의 근원이 관계라는 것을 알게 됐다.

나로부터 출발한 여행은 내 밖에 있는 그것들을 통해 나를 인식하고, 내 안에 있는 그것들을 궁금해한다. 궁금증은 내 속에 나를 구분하여 또 다른 나에게 질문을 던지면서 스스로 응답을 받는다.

내 속을 구분하여 세분화하면 할수록 무한한 개수의 나를 만난다. 이런 나의 여행은 내가 스스로 그었던 모호한 경계선의 안팎으로 나뉘어 흐르는 시공간이었다. 나의 여행에서 정수론과 같은 정답을 구하려 했다면 착각으로 정답을 구했거나 카오스 속으로 빨려 들어가 헤어 나오지 못한다.

여행은 출발할 때 목적지가 있다고 생각하지만 그곳에 가보면 경유지에 불과하다. 무엇인가 잡을 수 있을 것이라 기대하지만 그곳에는 잡히지 않는 무늬만 있을 뿐이다. 나의 여행이 무의미하다고 생각한다면 매 순간 숨 쉬며 살아 있는 자신이 공기와 함께하고 있는지 인식하지 못하는 것과 같다.

　무한이라는 모호한 경계선을 긋고 있으면서도 지구 속에 숨 쉬고 살아 있다는 것만으로도 우리는 모두 온전히 연결되어 있다. 산 자와 죽은 자의 경계선도 무한을 사이에 둔 개념적인 구분이다. 우리가 역사를 보고 인류의 지혜와 지식을 사용할 수 있는 것 역시 본래 구분되지 않는 무한 덕분이다.

　고대의 논리들은 중세의 암흑기를 거치면서 천년을 잠들어 있었다. 고대의 지식은 르네상스를 기점으로 과학이라는 신흥 종교에 의해 다시 깨어나기 시작했다. 천 년간 망각했던 알고리즘의 열쇠는 그 잠을 깨고 정신을 추스르는데 다시 천년의 시간을 사용한다.

　유리, 안경, 망원경, 현미경 등으로 진화해온 광학의 세계는 진동하는 파동으로 분광되는 스펙트럼을 통해 보이지 않던 미시 세계의 입구를 비춘다.

　우리는 동서양의 두 관점이 생물과 생존에 대해 어떤 역사적 흐름으로 진동해왔는지 관조하는 것으로 첫걸음을 내디딜 것이다. 그렇다고 해서 우리가 찰스 다윈의 표면적 진화 현상을 찾는 것에 안주하기 위해 이 여정에 들어선 것이 아니다.

　이 여정은 진화의 알고리즘을 쫓아 빛이 그리는 양자 무늬의 색역학에 숨은 알고리즘을 관람할 수 있는 티켓을 손아귀에 쥐여 준다.

새로운 두 수학의 관점 현미경은 관측자에 따라 달라지는 양자적 현상에 숨은 원리를 원과 쌍곡선 알고리즘으로 설명한다. 그리고 양자 세계를 새로운 색역학으로 양성자와 중성자가 전자구름 현상을 만들어내는 알고리즘을 사고 실험실에서 들여다본다.

갈릴레오, 뉴턴, 야코프 베르누이, 오일러 등 석학들을 거치면서 양적인 수학이 선분논리의 일단락을 이루었다. 푸앵카레 시대에 이르러 기하를 통해 직관적으로 해석하는 질적인 수학 시대가 열린다.

질적인 수학은 풀리지 않는 미분 방정식에서 분기 이론으로 연쇄 반응을 일으켰고, 새로운 두 수학은 공간 분기 이론으로 무한계에 숨은 알고리즘들을 밝힌다. 끝없이 무한하다고만 생각했던 시간의 끝자락에는 진화의 순간이 있다.

차 례

제1부 진화의 무늬
Patterns of Evolution — 11

빛과 유리 — 12
Light & Glass

유리의 두 비극 — 15
Two Tragedies of Glass

세포의 입구에서 — 27
At The Cell

동시복제 색역학 — 38
SCCDs, Sync-Clone ChromoDynamics

색 이론 — 39
Colour Theory

대칭 색역학 — 42
Symmetric Colour Mechanics

색 모형 — 47
Color Solid

TNM 색역학 알고리즘 — 53
TNM QCD Algorithm

관점 함수와 현미경 — 84
Viewpoint Function & Microscope

색과 열에서 표준 모형으로 — 95
Color & Thermo to Standard Model

힉스 필드의 출렁임 — 118
Higgs Field's Wave

분수 현미경 — 127
Fractional Microscope

분수와 로그의 시간파 — 134
Time Wave of Fraction & Logarithm

베르누이의 무한 분수의 재해석 Reinterpretation of Bernoulli's Unlimited Fraction	138
핑갈라 조합론의 연쇄반응 Chain Reaction of Pingala's Combinatorics	148
베르누이의 실패 확률 Bernoulli Trials : Probability of Losing All	152
베르누이의 모자 체크 문제 Bernoulli Derangements : Hat Check Problem	157
교란 순열 : 계승 분수 접근법 Derangement : Factorial Fraction Approach	164
여순열 사건과 여집합의 관점 전환 Complement ViewPoint of Event, Set, Permutation	175
순열의 수열 Permutation Sequence	182
오일러 다이어그램과 포함 배제 원리의 관점 ViewPoint of Euler Diagram & In-Exclusion Principle	189
포함 배제 원리 일반화 InExP Generalization	195
마인드 맵 정리 Mind Mapping	201
진동 여순열의 파동 Oscillating Complement Permutation Wave	209
교란 순열 : 원론적 수열 접근법 Derangement : Theoretical Sequence Approach	215
남은 모자, 여원소의 동시복제 Remained, Complement Element : Sync-Clone	225
교란 순열 : 표면적 수열 접근법 Derangement : Numeric Sequence Approach	236
조합의 관점 현미경 : 이항 정리와 파스칼 삼각형 VPM of Combinations : Binomial Theorem & Pascal's Triangle	238
순열의 관점 현미경 : 비대칭과 끝자리 중복성 VPM of Permutation : Asymmetric & End Redundancy	248
수열 공식 접근법 : 계승급수의 부스러기 Permutation Formal Approach : Sigma-Factorial Crumbs	254
결괏값 수열 접근법 Result Value Approach	265
순열과 여순열의 대칭 정리 Permutation + Complement : Symmetry Theorem	270
교란 순열의 결괏값 접근법 Derangement Result Approach	272

진동 여순열 급수 281
Oscillating Permutation Series

분수의 연쇄반응 287
Fractal Chain Reaction

제논의 분수 접근법 288
Zeno's Fractal Approach

아르키메데스의 탈진법 294
Archimedes' Method of Exhaustion

오일러 수 e : 원의 축분해 – 윙크 접근법 300
Euler Number e : Winky Approach to Axial Decomposition of Circle

계승 분수 급수의 오일러 수 접근 308
Factorial Fraction Series Approach to Euler Number e

계승 분수의 지수함수 접근 310
Factorial Fraction Series Approach to Exponential Function

진동 계승 분수의 삼각함수 접근 316
Factorial Fraction Wave Approach to Trigonometric Function

좌표계 관점 현미경 341
Coordinate System VPM

제2부 공간 분기 이론 361
Space Bifurcation Theory

미분 방정식과 해석 373
Differential Equation

분기의 시작 389
Bifurcation Begins

1차 함수 분기 397
Linear Function Bifurcation

포물선과 안장 분기 402
Parabola & Saddle-Node Bifurcation

포물선 임계 전환 분기 426
TransCritical Bifurcation

3차 함수 분기 435
Pitchfork Bifurcation

주기 2배 분기 443
Period-Doubling Bifurcation

고유 알고리즘의 연쇄반응 455
Chain Reaction in Eigen Algorithms

고유벡터와 고윳값 456
EigenVector & EigenValue

관성과 모멘텀 458
Inertia & Momentum

선형 변환과 고유 시스템 478
Linear Transformation & Eigensystem

푸앵카레-안드로노브-호프 분기 493
Poincaré-Andronov-Hopf Bifurcation

단위행렬, 진동하는 0입자 500
Unit Matrix, Orthogonal Half-π Pulsing Zero

복소 평형점, 윙크 접근법 509
Complex Equilibrium Points, Winky Approach

자코비안 행렬과 고유 방정식 522
Jacobian Matrix & Eigen Equation

호프 분기의 재해석 534
Hopf bif. Reinterpreting

고윳값 분기 정리 550
Eigenvalue Bifurcation Theorem

3차 고유함수, 더핑 방정식 561
Cubic EigenFunction, Duffing Equation

푸앵카레 맵과 재귀 정리 567
Poincaré Map & Recurrence Theorem

측정 이론의 재귀 정리 증명론 578
Recursive Theorem in Measurement Theory : A Proof

에르고딕의 평균 수렴 583
Ergodicity & Average Collection

임계점과 대칭 깨짐 587
Critical Point & Symmetry Breaking

제 1 부

진화의 무늬

Patterns of Evolution

빛과 유리
Light & Glass

현대 인류가 진화를 학문적으로 정립하게 된 논리 거점은 이구동성으로 **찰스 다윈**이라고 말할 것이다. 1859년 **종의 기원** 출판 이래로 **진화**라는 개념은 박테리오파지, 염색체, DNA, Genome 으로 이어진다.

Charles Robert Darwin, 1809~1882
: On the Origin of Species – 1859

진화의 무늬를 보려면 미시 세계로 들어가야 한다. 인간이 생물에 대해 미시 세계를 들여다볼 수 있었던 것은 빛을 모아 확대하는 현미경이 있었기 때문이다. 현미경은 유리를 통과하는 빛의 굴절 원리를 활용한다. 유리는 13세기 안경을 거쳐 더 큰 하늘을 관찰하던 17세기 갈릴레오를 만난다.

유리는 언제인지 모를 선사시대 흑요석 Obsidian 의 예리한 도구에서 이야기가 시작된다. 고대 문명에서도 당연히 활용했을 것이나 동서양의 역사는 서로 다른 관점으로 연쇄반응을 일으켰다.

흑요석은 화산암으로 해석하고 있어 한반도의 경우 백두산을 주요 원산지로 파악하고 있다. 한반도 석기시대 유적지 곳곳에서 흑요석이 발견된 것으로 보고 되었다. 좀 더 가까운 과거로 이동하여 유리가 인류를 도약하게 하여 진화할 수 있게 했던 행적을 찾아본다.

종교의 빛을 쫓던 유럽은 아라비아의 색 유리창에서 신을 느꼈고 10세기 중세의 스테인드 글라스 Stained Glass로 발전하게 된다. 프톨레마이오스의 광학과 같은 돋보기 렌즈의 원리는 프톨레마이오스 이전 고대에 있었던 것으로 추정된다.

유리공예가 산업으로 전개될 수 있었던 기회는 1290년경 이탈리아 피사 Pisa에서 만들어졌던 안경에 있었다. 안경은 광학에 대한 해석과 이해를 토대로 렌즈 기술로 발전하게 되고 과학에 없어서는 안 될 도구들로 연쇄반응을 일으킨다. 망원경과 현미경 그리고 프리즘의 무지개, 적외선, 자외선, X선, 전파 등으로 논리적 연쇄반응이 나타났다.

유리산업을 거점으로 렌즈 기술이 발전하지 않았다면, 현대 인류는 이토록 거시 세계와 미시 세계를 볼 수 없었을 것이고, 과학의 토대를 마련했던 수학은 그냥 이상적인 허상에 머물러 있었을 것이다.

동양은 한반도의 역사만 보더라도 경주에서 신라의 유리용 가마가 발견된다. 그러나 이후 유리와의 대화는 단절된다. 유리를 다루는 장인이 있어야 유리와 대화할 수 있는 자가 나타나 빛을 다루는 방법을 구할 수 있다.

유럽은 이름 없는 유리 장인이 굴절되는 현상으로 안경을 만들어서 광학의 발전을 일으킬 수 있었다. 유리 장인이 있어도 당시 중세 지배층에 해당하는 교회 신부가 깨알 같은 성경 책을 보지 않았다면 안경은 유행하지 않았을 수도 있다.

반대 방향으로 생각해 보면, 빛에 몰입했던 뉴턴이 세상에 나타났어도 유리 장인이 없었다면 자신의 눈만 콕콕 찔러 댔을 것이다. 그리고 빛에 대한 해석은 고대 그리스 석학들과 같이 엉뚱한 방향으로 진행되다 방향성을 잃었을 것이다.

또한 별을 보고 싶어 했던 갈릴레오가 나타났다 해도 태양은 계속 지구 주위를 돌고 있을 것이다. 이렇듯 한 사람의 천재가 나타나 홀로 이루는 위대한 역사는 적어도 이 세상에는 존재하지 않는다.

그동안 수없이 누적된 상대적 시간이 역사라는 공간을 만들어 그 속에서 새롭게 관계하여 천재라 불리는 논리 거점이 만들어진다.

그렇게 만들어진 베이스캠프에 사람들이 모여 세상은 미래 방향으로 넓혀져 간다.

유리의 두 비극
Two Tragedies of Glass

동양은 고대로부터 자연스러운 빛깔의 도자기 공예에 심취한 나머지 투명한 유리의 빛을 보지 못했다. 동양 사상이 과학으로 발전하지 못하고 이상적인 세계만 그린 것처럼 보이는 이유도 여기에 있을 수 있다.

의학 분야의 관점에서도 동양은 고대의 60진법을 토대로 약초, 침술, 진맥법 등 체계적인 동양의학이 실용적으로 발전했다.

반면 서양은 중세까지만 해도 약초를 사용하는 것이 미신적 주술로 받아들여졌다. 제대로 된 진맥법 조차도 없는 상태에서 엉뚱한 처방을 한다거나 교회의 신부가 악령을 퇴치해야 하는 분위기였던 것으로 전해진다.

19세기까지도 의사가 치료하면 더 빨리 죽음에 이르는 경우가 대부분이었다고 한다.

사람은 병에 걸리면 주로 열이 많이 나는데 그 치료법으로 해열제를 처방하는 것이 아니라 피를 뽑는 처방을 했다. 이런 처방은 히포크라테스 시대의 공기, 물, 흙, 불의 순환으로 세상을 해석한 사대 원소 이론에 바탕을 두었다고 한다.

히포크라테스는 질병의 원인을 자연에서 찾아야 한다고 주장한 것으로 잘 알려져 있다. 히포크라테스 시대쯤에는 피타고라스 학파나

소피스트들과 같이 고대로부터 전해오는 의학지식을 잘 정리하고 발전시키려 했을 것이다.

Hippokrates, BC 460~370

그러나 중세 의학은 오히려 고대보다 더 퇴보하는 듯한 모습을 보인다. 중세는 정신적으로 교회 신부의 관할에 있었고, 의사의 역할은 그다음이었다.

현명한 신부들의 행적도 발견할 수 있지만 인간사에서 통계적으로 현명함은 소수일 수밖에 없다. 따라서 병증이 나타나면 믿음이 약한 자에게 붙은 마귀의 퇴출이 우선이었다.

히포크라테스 이후 일찍이 의사가 있었지만, 피를 뽑아 열을 낮추려는 엉뚱한 처방은 사람을 살리는 의사가 아니라 죽음으로 안내하는 저승사자 역할을 하는 격이 되어 버린다. 그야말로 의학에 대해 무지 상태에 가까웠다고 평할 수밖에 없다.

유럽은 14~16세기 르네상스 시대를 거쳐 중세에서 근세로 넘어간다. 1543년 코페르니쿠스 지동설을 거점으로 1638년 갈릴레오의 **새로운 두 과학**이 태동했다.

직접 확인한 사실만 믿는다는 과학적 정신을 바탕에 두고, 의학적 무지와 답답함은 인체를 해부하는 연쇄반응으로 이어졌다.

유리가 산업으로 발전했기 때문에 광학이라는 새로운 장을 열었다. 단순히 의학을 위해 일부 학자들의 학문적 연구로만 인체 해부가 있었다면, 과연 제대로 된 인체 해부도가 완성될 수 있었을까? 이상적으로는 그래야 했지만 유럽의 현실은 달랐다.

중세는 완벽할 수 없는 인간이 신처럼 완벽해지길 소원하던 논리적 모순의 시대라 할 수 있다. 이런 시대의 학문은 분야의 구분이 무의미하다.

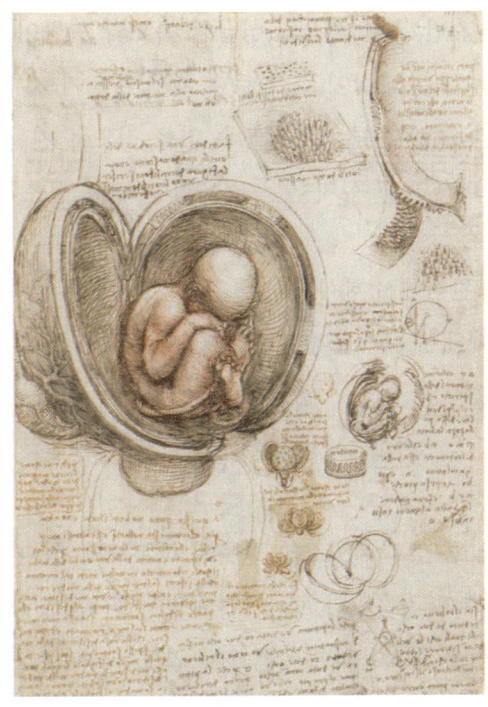

레오나르도 다빈치, 자궁에 있는 태아의 스케치와 생식에 관한 기록

다양한 분야에 족적을 남겼던 레오나르도 다빈치도 해부학에 많은 행적을 남겼던 것으로 알려져 있다.

Leonardo da Vinci, 1452~1519

서양의학의 좋은 점만을 보려는 대부분의 사람들은 그들의 공적만을 칭송한다. 하지만 누구 하나만을 지적하기 어려운 그 모두에 가려진 그림자 속에는 지옥과 같은 인식과 이기적 욕심이 가득했다.

외면하고 싶지만 그런 시간의 성급한 속도와 방향이 오늘날 우리가 그토록 자랑하는 과학이고 그 토대 위에 우리가 서 있다. 유리의 산업화에 대한 그림자와는 비교할 수 없을 정도로 지독한 해부학의 흥행은 두 번 다시 가고 싶지 않은 지옥이다.

서양의학의 관점에서 해부학은 클라우디오스 갈레노스의 인체 해부도와 그 해석에서 시작된다.

Claudius Galenus, 129~216

기나긴 중세 동안 갈레노스의 잘못된 해부도와 생리적 해석은 교회의 권위와 함께 지속됐다. 잘못된 해석에 권위가 부여되면, 오랫동안 많은 사람들을 억울하게 죽음으로 인도한다.

Andreas Vesalius, 1514~1564 : Fabrica - 1543

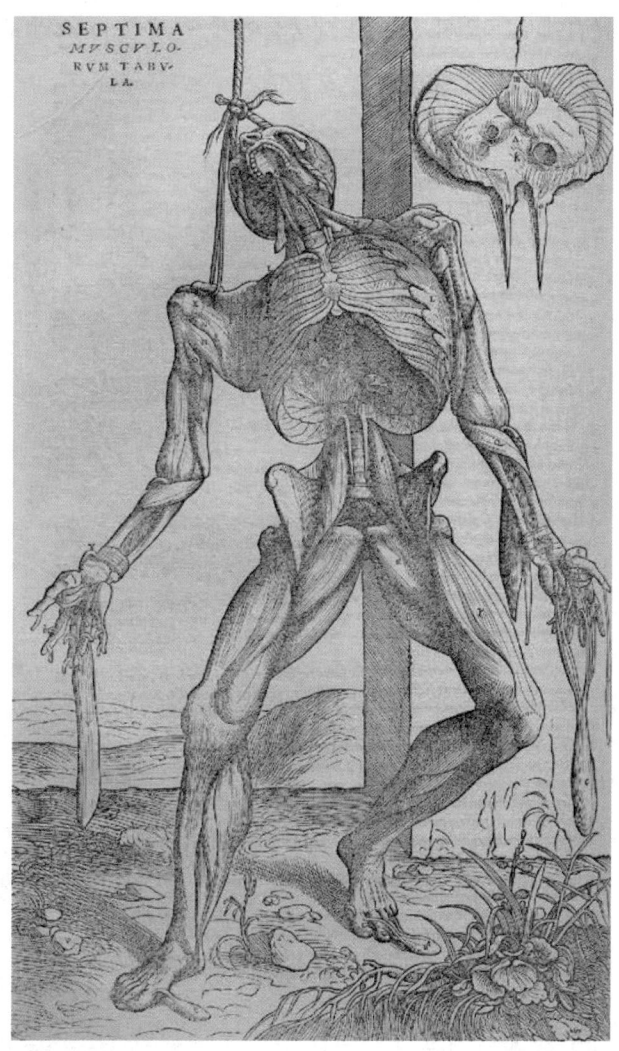

베살리우스의 파브리카 De Humani Corporis Fabrica 중 190쪽 삽화, 1543년

교회와 갈레노스의 합작품을 깨뜨릴 수 있는 기회는 베살리우스가 1543년에 발간했다는 **파브리카**가 기점이다. 이후 과학적 인체 해부가 시작됐다.

당시 유럽에서는 인체 해부가 대중들에게 인기 있는 쇼와 같은 산업으로 나타나는 기이한 현상을 보였다.

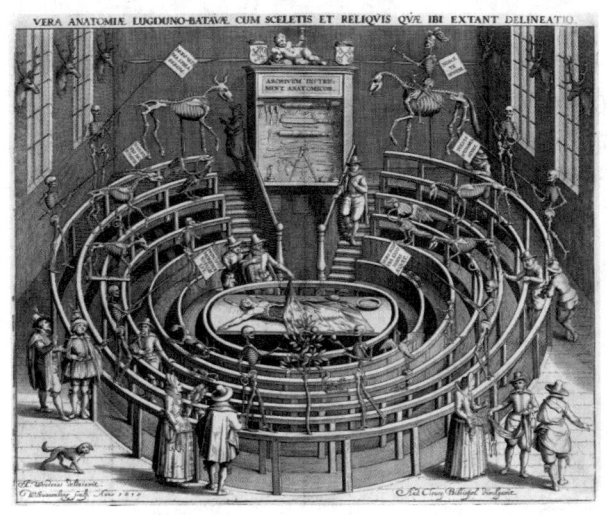

17세기 초 레이든 대학의 해부학 극장.
빌렘 스와넨버그 1580~1612 의 판화, 얀 코넬리스츠 1570~1615 의 그림.

교회에서 제한적으로 허가한 죄인을 대상으로 해부를 하고 예를 갖추어야 하는 것이 원칙이라고 한다. 하지만 실상은 그렇지 않았다. 뿐만 아니라 도를 거론할 수 없을 정도로 억울하며 잔악했던 사례가 많았던 것으로 전해진다.

인체 해부를 했음에도 오랫동안 인체가 순환의 알고리즘으로 유지되는 것이 아니라 막연한 생성과 소멸로 해석하는 오류를 범하고 있었다. 이와 같이 잘못된 해석은 열이 나면 피를 무한정 뽑거나 괴팍한 성격을 치료하기 위해 양의 피를 수혈하는 황당한 치료 행위로 반응했다.

이런 양상은 1661년 미시 해부학을 연구하던 마르첼로 말피기가 개구리의 폐에서 모세혈관을 발견하면서 전환점에 이른다. 모세혈관의 발견도 현미경의 광학이 있었기에 가능했다.

Marcello Malpighi, 1628~1694

서양의 사대 원소 이론은 표면적으로 동양의 화, 수, 목, 금, 토 오행설과 크게 다르지 않아 보인다. 그러나 분절적인 개별 요소로 보는 관점과 순환적인 연결 요소로 보는 관점은 서로 다른 연쇄반응을 일으킨다.

중세의 권위적이고 맹목적인 믿음의 강요가 순환 논리를 글자 그대로의 조각난 선분들만 개별적으로 보게 한다. 유럽의 종교적 권위와 사회적 인식이 결국 고대의 지식적 유전 정보를 표면적인 해석에 머물게 하는 연쇄반응을 일으켰던 것이다.

글자는 편광이고 그 의미에 알고리즘이 있다

동양의 오행설에 관한 논리적 정리는 기원전 주나라 시대의 주역 周易이 대표적이다. 이후에도 현대인의 편견과는 달리 주술적인 면에만 머물지 않았다. 다양한 분야에서 "왜?"라는 질문을 거듭해 이상적 이론과 실제를 일치시키는 노력을 구체화하여 성공적인 결과를 얻는다. 이와 같은 실학적인 노력은 동양의학의 발전을 가져왔다.

본래 동양의 오행설 기원은 진한, 번한, 마한의 삼한에 이어 진조선, 번조선, 막조선의 삼조선으로 거슬러 올라가는 고조선 시대의 오행치수법 五行治水法 에서 유래를 찾을 수 있다. 이후 오행치수법은 요순시대의 대홍수가 있었을 쯤 순 임금에게 전수됐다고 한다. 여기서 오행 五行 은 수목화토금 水木火土金 으로 말하며, 천체의 흐름과 오행의 관계를 수리 數理 적으로 정리한 수학적 회전논리다. 이는 오행의 원리가 홍수를 관리하는 실용적인 천문 기술로 활용되었음을 의미한다.

고대로부터 약초는 미생물을 다루는 화학적 치료법의 시작이다. 절대적 권위가 인간에게 작용하면, 고대의 약초에 대한 지식도 착한 인간으로 가장한 마귀의 행위로 둔갑한다.

유럽의 경우 신부의 성령을 따를 것인지 마귀의 마법에 걸릴 것인지 선택해야 하는 사회적 문제가 발생했었다. 외과 의술에서 미생물을 다루지 못하면 수술을 해도 감염으로 사망에 이르게 된다.

유럽은 외과 의술의 길이 열려 있었지만, 동양의 유교적 사상은 반대의 양상을 보였다. 약초정보는 발전했지만 배를 갈라 수술할 수 없는 사회적 분위기였다. 아시아의 중원에서는 수많은 약초들을 실학적으로 분류하여 약초산업이 발전했다.

특히 고대 거석 문명이 잘 계승 발전된 것으로 보이는 한반도에서는 석기시대와 철기시대를 거쳐 침술이 발달한다. 동양의학에서 신체 일부를 잘라내는 칼은 안되지만 찌르기만 하는 작은 침은 가능했다. 동양 사상은 인체를 순환의 관점으로 해석하고 인체 곳곳에서 그 흐름을 제어할 수 있는 경혈 經穴들을 찾아낸다. 이런 실리적 노력들은 침과 뜸의 기술 발전을 가능하게 했다.

배를 가르지 않고 인체를 어느 정도 제어할 수 있다는 것은 60진법의 무한한 연결성을 전제로 한다.

그러나 선한 의도가 선한 결과만을 낳지 않고, 악한 행적이 불행한 결과만을 가져다주지 않는 것이 우리가 사는 무한계다.

서양의학은 16~19세기 해부학의 혼돈 상태를 지나 인체의 지도를 완성하고, 미생물에 대한 과학기술이 발전하면서 동양의학이 해결하지 못하는 질병들을 치료하기에 이른다.

동양의학이 다각적으로 차근히 치료법을 정리하고 안주하는 동안 서양의학은 벼랑 끝에서 빛의 과학으로 100여 년 만에 역전해 버린다. 서양의학은 지옥 같은 해부학 단계를 탈출하기 위해 생리학과 병리 해부학 단계를 급속도로 행진했다. 말 그대로 누구 하나의 독주가 아닌 행진이다.

광학으로 미시 세계를 보게 되었다고 하지만 여기에도 한계가 있다. 이 한계는 로버트 보일의 화학과 존 돌턴의 원자설 이래, 베르셀리우스가 물질을 화학식으로 표기하면서 벗어날 수 있었다. 물질세계를 머릿속 이상세계에 올려놓을 수 있게 된 것이다.

Robert Boyle, 1627~1691
John Dalton, 1766~1844
Jöns Jakob Berzelius, 1779~1848

　미생물에 대한 제어도 약초 단계에서 인공적 화합물로 제어하는 방법들을 찾아낸다. 방부제로부터 시작한 감염에 대한 제어 능력은 외과술의 발전을 가속화했다.

　유럽에서 이런 것들이 가능했던 것은 중세에 신을 앞세워 스스로를 가둔 정신적 울타리에서 문을 열고 나와 무한과 마주했기 때문이다. 게다가 끝없는 무한을 마주하고도 두려움 없이 질주할 수 있었던 것도 과학정신에 의한 지식의 전파와 공유였다.

　서양의학은 동양의 진맥법보다 진부한 청진기 진단법에서 곧바로 방사선으로 인체를 들여다보는 상황이 되었고, 미생물의 역병에서 바이러스까지 대적할 수 있는 수준에 도달했다.

　그러나 급격히 진보한만큼 부작용도 나타난다. 학문에 인간의 욕심이 더해지면 경쟁적 사회현상으로 나타난다. 진실을 알기 위한 과학적 경쟁은 발전에 이롭다고 하지만 사욕으로 향하기 마련이다.

　사욕은 애초의 과학정신이 필요했던 이유도 잊은 채 과욕을 불러낸다. 과욕은 권위로 이어지면서 과거를 애써 외면하고 특허권과 같은 사회적 현상을 낳는다.

　동양의학의 만족은 화학적 반응이나 바이러스들을 이상세계의

'기氣'와 같은 흐름으로만 해석하고 물질적 실체를 볼 필요성을 잃게 했다. 세상이 본래 비어있다는 것을 알고 있던 동양 사상은 관계의 진동이 보고 만질 수 있는 물질을 형성하고 입자적 논리가 파동처럼 흐른다는 것을 간과한다.

반면 물질 속에 근원적인 입자가 있을 것으로 믿는 신념을 가진 서양철학은 거시 세계와 미시 세계를 무한히 탐험하면서 수많은 타인의 희생 속에 많은 도구들을 획득했다.

파동론적 거만한 논리는 앉아 있기만을 좋아하고 입자론적 탐욕스러운 논리는 채워도 채우지 못해 카오스 상태에 빠진다. 파동론과 입자론은 완벽히 나눌 수 없는 무한을 양음으로 나누는 것과 같은 상대적 논리다.

동양의 고대 파동론과 서양의 과학적 입자론은
서로 상대적 관계로 만난다.

이런 역사적 흐름은 현재 어느 쪽이 우세한가에 방점이 있는 것이 아니다. 서로 양음과 같은 동시 상보적 논리 관계를 형성하면서 전체인 무한을 형성한다는 관조적 관점이 중요하다.

10진법으로 전개된 서양의 과학적 의학은 물리적인 면에서 선분 논리를 도약시켰다. 고대의 60진법으로 연쇄반응을 일으킨 동양 사상은 그 흐름을 형이상학적 실험실에서 다양하게 회전논리로 완성해왔다.

두 논리가 양 끝의 양과 음 무한대로 서로 만나 0이 되는 링 구조의 회전논리를 이룰 때 보이지 않았던 진화의 무늬가 나타난다.

우리는 이 여행을 통해 1980년대를 거쳐 2003년을 기점으로 본격화된 생화학적 미시 세계를 들여다볼 것이다. 생화학적 관점의 게놈 Genome을 재해석하려면 먼저 미시 세계를 자유롭게 탐험할 수 있는 도구들을 수집할 필요가 있다.

진화의 무늬를 쫓아 추적하는 여행은 진화를 만들어내는 시공간의 알고리즘에 본질이 있다. 우리는 앞서 시공간의 생성원리를 탐험한 바 있었다. 이제는 시공간의 본질적 알고리즘으로 실용할 수 있는 도구들을 만드는 작업이 필요하다.

세포의 입구에서
At The Cell

생물에 대한 미시 세계의 입구는 세포라 할 수 있다. 세포 細胞, Cell 라는 용어는 1665년 로버트 훅의 **마이크로 그래피아**에 등장한다.

"작은 방"이라는 의미에서 이름 붙였다는 세포는 렌즈산업 발전을 배경에 두고 인간의 눈앞에 나타났다. 세포를 들여다보기 전에 잠시 렌즈에 관한 이야기를 들어본다.

Robert Hooke, 1635~1703 : Micrographia

시작점을 보지 않고 끝점만 보고 사유하는 것은 회전논리의 알고리즘을 운용하기에 부족함이 있다. 인류가 어떤 눈으로 세포를 관찰하고 미시 세계의 문을 열었는가는 무수히 많은 문을 가진 무한계에서 회전논리를 전개하는데 중요한 요소다.

논리의 입구를 잊은 채 여행하면 돌아오지 못할 수도 있다. 동굴과 같은 미지의 세계를 탐험할 땐 실을 이용하듯이 망각의 본능을 일깨워 줄 끈이 필요하다.

렌즈에 대한 정보는 언제인지 알 수 없는 고대로부터 전해 내려온다. 굴절 현상에 대한 경험은 시대를 막론하고 물을 가까이 접하던 인간에게 친밀하면서도 신비하게 다가왔다.

고대 문명은 황금판이나 유리구슬 등에서 빛이 반사되거나 굴절되는 흥미로운 현상을 목격한다. 지식인들은 이런 현상에 대해 설명할 의무를 느끼게 되고, 얼마나 설득력 있게 해석하느냐에 따라 그들의 명예가 가늠된다.

고대의 기록이나 유물에서 고대 렌즈의 사용 여부에 대한 의견은 분분하다. 그중 대표적인 사례가 기원전 7세기경 아시리아의 **님루드 렌즈**와 기원전 5세기경 아리스토파네스의 희곡 **구름**에서 언급된 **불타는 유리**다.

님루드 렌즈 : 님루드 아시리아 궁전에서 발견, 대영박물관 전시
Rock crystal 소재, Photo by Wiki user:geni

굴절 현상을 돋보기와 같이 불태우는 방향으로 활용한 사례들은 역사적 사건들을 통해 간간이 발견된다.

과학적인 굴절 현상에 대한 해석은 **프톨레마이오스의 광학**이 가장 오래된 기록으로 전해진다. 그리스어 원문은 찾을 수 없고, 아랍어로 번역되었으나 이 번역본 역시 유실 상태라고 한다.

1154년 팔레르모의 에우게니우스가 당시의 아랍어 본을 번역한 라틴어 본이 전해진다. 몇 차례 번역을 통해 전해지면서 유실 또는 왜곡된 부분도 있을 수 있으나, 여기에는 반사, 굴절, 색, 조명과 색상, 크기, 모양, 움직임, 쌍안시 등의 현상들에 대한 논리가 있다.

후대는 이를 통해 프톨레마이오스가 선대의 지식을 토대로 광학에 대해 직접 실험하기도 하면서 자신의 논리를 전개해 나가는 행적을 엿볼 수 있게 됐다.

Nimrud Lens : 750~710 BC, Neo-Assyrian
Discovered by Austen Henry Layard in 1850

Burning glass : mentioned in The Clouds 423 BC
by Aristophanes BC 446~386

Optics : Claudius Ptolemy, 100~170
Translated from a lost Arabic version
by Eugenius of Palermo in 1154

한편 프톨레마이오스는 로마의 지배 속에 있는 이집트 알렉산드리아에 살았다고 한다.

프톨레마이오스의 과학을 천동설로 비난하여 새로운 두 과학이 탄생하지만, 프톨레마이오스는 그 이전의 고대 지식을 정리하고 일개 학자의 입장에 한걸음 정도만 더 나아갈 뿐이었다.

"죽을 때가 되면 철든다"라는 말은 동양 사상에서 깨우침에 도달하는 수양법에 근간이 있다. 이런 수양법은 학자의 기본자세가 되어야 하기도 하다.

그러나 사람들은 살아 있는 동안 말을 하기 때문에 충실하게 성실한 학자들을 편광적 논리로 비난하여 바보로 만들고 자신의 위신을 얻으려 한다. 그래서 인간은 죽기 전에 철드는 것을 완성하지 못한다.

"새로운 두 과학"이 천동설에 대비한 지동설을 펼쳤던 것은 한 과학자에 대한 반란이라기보다 편협한 지식을 이용하여 자신만의 욕망을 채우려는 지배층에 대한 반작용일 것이다.

만일 지동설만이 옳다고 주장할 것이라면 "두 과학"이라고 말하는 것은 논리에 결함이 생긴다. "두 과학"은 자신만의 논리만 옳다고 주장하는 것이 아니라 상대적 관점도 존재한다는 것을 역설한다.

이와 같은 두 과학은 공통적으로 힘의 논리에서 나타난 현상이다. 논리는 관점에 따라 달리 보이는 편광 현상이 나타난다. 관점의 척도를 인간의 관념에 두면 나를 중심으로 한 천동설이 되고, 관점의 척도를 질량에 두면 지동설이 될 뿐이다.

두 관점은 시간의 흐름에서 나타났다. 시간이 흐르는 동안에 신과 나의 관계는 두 입자의 관계이므로 신이 내 주위를 돈다. 유체이탈을 하여 전체를 보면 내가 신의 주위를 돌고 있다.

여기서 시간을 멈추면 구분이 없어지고 신과 나는 동시적 일체가 된다. 동시적 일체가 된다는 것은 내가 죽은 것과 같은 상태다.

시간을 멈추는 순간, 나는 철이 든다.

다시 시간을 흐르게 하여 우여곡절의 역사적 흐름에서 감정을 배제하고 맥락을 짚어보면, 광학에 대한 지식은 고대로부터 전해온 정보를 다시 복원하는 과정을 통해 현대의 광학기술로 진화했다.

지식이 답습이나 전달에 그치지 않고 진화하려면, 산업 발전을 통해 대중화하는 단계를 거쳐 정보를 공유하는 기반이 필요하다.

굴절 효과를 관찰하는데 활용된 12세기 안경의 진화는 17세기 근대 과학과 함께 본격화한다. 유리산업의 기반이 있어야 자유자재로 렌즈를 생산할 수 있다. 이런 환경이 12세기 이탈리아 북부에 형성되었고 당시 지식층인 신부들이 안경을 사용했다.

이탈리아에서 시작된 렌즈의 실용화는 지식인들의 손에 쥐어지면서 네덜란드 안경 제작센터로 넘어온다. 1595년경 복합 광학 현미경과 1608년 굴절 망원경 등으로 진화했다. 이후 유럽 전역에 렌즈에 대한 정보가 빠르게 퍼져 나갔다.

갈릴레오가 망원경을 천문학에 활용한 이래로 케플러, 호이겐스 등이 천문 관측을 위한 망원경으로 계량하는 연쇄반응을 일으켰다.

갈릴레오는 1610년경 망원경으로 작은 물체를 확대하여 관찰하고, 이것을 윙크하는 작은 눈이라는 의미에서 오키올리노 occhiolino 라 불렀다.

이후 미시 생물학은 학문적 진화에 연쇄반응으로 응답했다. 말피기는 생물학의 아버지로 불리게 됐고, 로버트 훅의 마이크로 그래피아는 파리의 눈, 식물 세포 등을 정밀하게 그려내어 마이크로 세계의 대중적 관심을 이끌어냈다.

훅은 안토니 반 레벤훅의 도움으로 300배 확대 가능한 단일 렌즈 현미경을 활용할 수 있었던 것으로 알려진다.

Galileo Galilei, 1564~1642 : occhiolino - 1610, little eye
Antoni van Leeuwenhoek, 1632~1723
Robert Hooke, 1635~1703

현대의 광학 현미경은 일반적으로 1000배 정도 확대한다. 그 이상 확대할 경우 빛의 주파수 한계로 상이 흐려진다.

공기 대신 오일을 이용해 밀착하면 굴절을 어느 정도 보정할 수 있으나, 오일의 굴절률 약 1.5배 이상은 어렵다.

훅의 현미경 그림을 유심히 살펴보면, 화학적 등불을 조명으로 사용했다는 것을 알 수 있다. 이것이 광학 현미경의 한계였다.

로버트 훅의 현미경   로버트 훅의 셀, 코르크 단면   로버트 훅의 청파리

Hooke's Micrographia, 1665

당시는 그 정도 확대만으로도 만족할 만한 결과물을 얻을 수 있었 겠지만, 분자의 배열 구조를 관찰하기에는 부족하다. 마이크로 그래 피아는 말 그대로 마이크로미터 단위를 관찰하는 수준이다.

일반적으로 세포벽은 4nm 정도로 나노미터 단위다. 광학 현미경 으로 세포를 관찰하고 세포막이 있다는 정도는 파악할 수 있으나 세 포막이 어떤 구조로 되어 있는지는 볼 수 없다.

가시광선의 파장 λ 는 약 400~700nm 대역에 있다. 따라서 나노미 터 단위의 분자 구성을 광학 현미경으로 관찰하는 데는 한계가 뚜렷 하다. 세포보다 작은 미시 세계는 인류가 어떤 물질을 접하면서 미 세 단위들로 확장해갔는지 둘러볼 필요가 있다.

1676년 레벤훅이 세균 bacteria 을 처음 발견한 것으로 보고된다. 세균은 마이크로미터 단위 μm 의 원핵생물 Prokaryotes 이다.

원핵생물은 하나의 세포로 구성되고 세포 안에 DNA가 들어 있다. 학계에서는 원핵생물이 다른 원핵생물과 만나 공생하는 진화를 통해 진핵세포 Eukaryota가 된 것으로 해석하고 있다.

이렇게 해서 진핵생물의 세포 안에는 기능별로 구분된 핵과 미토콘드리아, 리보솜 등 세포 소기관들이 생기게 된 것으로 이해한다.

세포 안에 있는 세포핵은 보통 20~30μm 정도의 크기다. 그 안에 들어 있는 DNA는 두 가닥이 나선 구조로 꼬여 있고 나선의 지름은 약 2nm 정도다. DNA는 화학적으로 **폴리-뉴클레오타이드**의 사슬 구조로 정리했다. 여기서부터는 원자들을 기준점 삼아 선분을 긋고, 기하적 구도로 분자를 형성하는 화학적 논리 단계가 된다.

세포핵 : Cell Nucleus
DNA : DeoxyriboNucleic Acid
폴리뉴클레오타이드 : Polynucleotide

지구상에서는 주로 킬로미터 km 단위로 거리를 인식했고, 인간은 미터 m 단위며, 파리는 센티미터 cm 단위였다.

초파리는 밀리미터 mm 단위의 세계에 있고, 세포는 마이크로미터 μm 세계이며, DNA는 나노미터 nm 세계다.

원자들의 결합으로 형성되는 분자들은 나노미터 세계를 넘어 피코미터 pm 세계로 진입한다. 원자는 피코미터 pm 단위의 세계다.

원자의 크기는 단위가 미세한 만큼 관점에 따라 편차가 크게 나타난다. 마치 지구의 크기를 가늠할 때 땅을 기준으로 할 것인지 공기의 최외곽층을 기준으로 할 것인지에 따라 편차가 생기는 것과 같다.

지구에서 공기가 어디까지 있는지 정밀히 따져보면 그 경계선은 더욱 모호해진다. 그래서 현대 인류는 지구의 크기를 측정할 때 이상적인 평균 해수면 지오이드geoid를 사용한다.

인간은 무엇이든 측정하려고 한다. 이런 행위는 관계를 지어 자신과 연결하려는 본능에서 나왔다. 이때 필요한 것 역시 비교를 위한 상대적인 객체다. 우리는 이것을 기준 또는 척도라고 부른다.

본래 척도도 상대적인 객체였지만 인간은 이것을 고정불변의 표준으로 삼고 싶어 한다. 그러니 기준은 변하지 않고 측정 대상만 변동되는 것이라 착각한다.

객체들의 단위계

10^n	기호	이름	사례	관찰수단
10^0	m	metre	인간	유관
10^{-2}	cm	centi-metre	청파리	유관
10^{-3}	mm	milli-metre	초파리	광학현미경
10^{-6}	μm	micro-metre	머리카락 50~70μm, 적혈구 ≈8.5μm, 세포, 염색체 00.0μm, 세균 1~5μm	광학현미경, 투과전자현미경
10^{-9}	nm	nano-metre	세포벽, 바이러스 50~100nm, DNA, 단백질, 분자	투과전자현미경 TEM, 주사전자현미경 SEM, 투사주사전자현미경 STEM, QSTEM, 주사터널링현미경 STM
10^{-12}	pm	pico-metre	원자 헬륨:100pm	
10^{-15}	fm	femto-metremetre	원자핵 헬륨:1fm, 양성자 0.84~0.87fm, 중성자 0.8fm	
10^{-18}	am	atto-metre	Up/Down, Bottom/Charm quarks	이론
10^{-21}	zm	zepto-metre	Top quark, 전자 10zm~2.8fm 불확실성	이론
10^{-24}	ym	yocto-metre	1Mev 중성미자	이론
10^{-32}			꼬인 시공간의 양자거품	이론
10^{-35}			Planck length $\ell_P = \sqrt{\dfrac{\hbar G}{c^3}}$ $1\ \ell_P \approx 1.616\ 255(18) \times 10^{-35}$ m	이론

동시복제 색역학

SCCDs, Sync-Clone ChromoDynamics

눈으로 볼 수 있는 빛에 대한 정보는 1666년 뉴턴이 프리즘으로 굴절되어 무지개색으로 분광되는 현상을 정리하면서 밝혀졌다.

이후 맥스웰 방정식을 바탕으로 진공 유전율과 진공 투자율에서 광속을 도출해 냈고, 빛을 파동으로 해석하여 빛의 색깔에 대한 파장과 주파수를 계산할 수 있게 되었다.

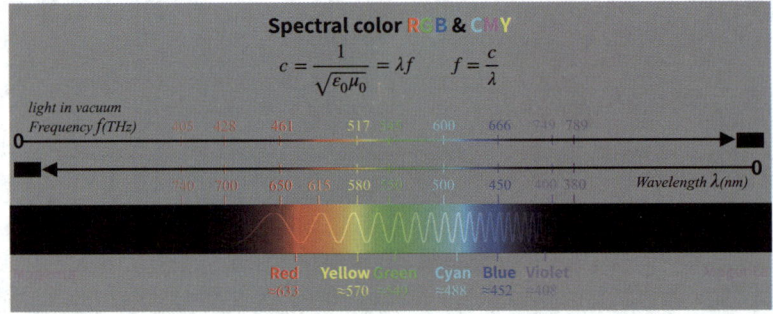

진공 유전율 : ε_0 진공 투자율 : μ_0 광속 : c
파장 : Wavelength : λ 주파수 : Frequency : f

$$c^2 \varepsilon_0 \mu_0 = 1 \qquad c = \frac{1}{\sqrt{\varepsilon_0 \mu_0}} \qquad c = \lambda f \qquad f = \frac{c}{\lambda}$$

light in vacuum $c = 299{,}792{,}458\ m/s \simeq 299{,}792\ km/s \simeq 300\ Mm/s$
light in air $c = 299{,}702{,}547\ m/s \simeq 299{,}703\ km/s \simeq 300\ Mm/s$
light in glass $c = 199{,}861{,}639\ m/s \simeq 199{,}862\ km/s \simeq 200\ Mm/s$

그러나 인상파 작품에서 볼 수 있듯이 색은 관점에 따라 다양하게 정의되기 때문에 정확한 파장으로 지정하기보다는 대역폭 또는 근사치로 소통한다.

색 이론
Colour Theory

뉴턴의 색 이론은 백색광을 스펙트럼으로 분광시킨 후 다시 본래의 백색광으로 재조합시키는 실험을 했고, 물체가 빛과 상호작용하여 다양한 색을 표출하는 것으로 설명했다.

우리가 물질세계에서 눈으로 볼 수 있는 온갖 색들은 3원색에서 시작한다. 이것을 **빛의 3원색**이라 부른다. 빛의 3원색을 1차 조합하면 **물감색의 3원색**이 만들어진다.

검은 배경에 Red, Green, Blue 3원색을 모두 겹쳐서 투명도를 모두 0% ~ 100%로 변화해가면 점점 밝아지고 끝내 백색광이 된다. 이런 현상을 사람들은 색이 점점 밝아진다는 의미에서 **가산 혼합**이라 부른다.

흰색 배경에 Cyan, Magenta, Yellow 3원색을 모두 혼합해서 농도를 모두 0% ~ 100%로 조절하면 점점 어두워지다가 검은색이 된다. 이런 현상을 사람들은 색이 없어진다는 의미에서 **감산 혼합**이라 부른다. 이런 원리들은 이미 뉴턴의 색 이론에서 밝힌 사안이다.

뉴턴은 이것으로도 충분히 빛과 색깔에 대한 획기적인 해석을 해 냈지만, 이런 정보가 상식이 된 후대 학자들에겐 만족스럽지 못한 갈증이 생긴다.

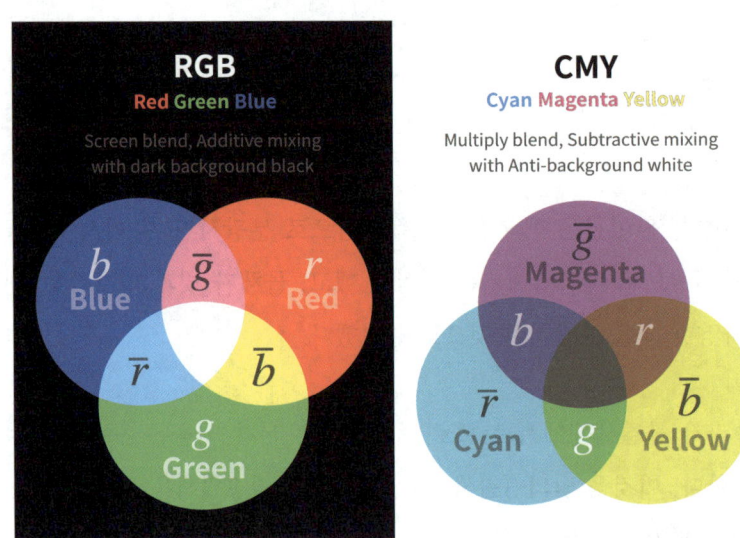

익숙해진 후에 갑자기 이상하다는 느낌!
이쯤이 새로운 두 논리의 출입구다.

빛은 왜 3가지 요소가 관계해서 만들어져야 했을까?
RGB는 어떤 논리로 존재할 수 있는가?

뉴턴의 색 이론
Newton's theory of colour

빛의 3원색 : RGB
Red, Green, Blue

색의 3원색 : CMY
Cyan, Magenta, Yellow

가산 혼합 : Additive mixing, Additive color
감산 혼합 : Subtractive mixing, Subtractive color

Additive mixing RGB

$$Red + Green + Blue = White$$
$$Blue + Green = Cyan$$
$$Red + Blue = Magenta$$
$$Green + Red = Yellow$$
$$b + g = \bar{r}, \quad r + b = \bar{g}, \quad g + r = \bar{b}$$

Subtractive mixing CMY

$$Cyan + Magenta + Yellow = Black$$
$$Magenta + Yellow = Red$$
$$Yellow + Cyan = Green$$
$$Cyan + Magenta = Blue$$
$$\bar{g} + \bar{b} = r, \quad \bar{b} + \bar{r} = g, \quad \bar{r} + \bar{g} = b$$

대칭 색역학
Symmetric Colour Mechanics

　회전논리로 RGB와 CMY를 보면, 각각 3차원 공간인 동시에 한 공간의 인자들이 둘씩 짝을 지어 관계를 하면서 상대 차원의 기본 인자들을 비춘다.

　각 인자들은 스스로 존재하기 위해 원 또는 구체를 형성하여 어느 방향으로든 무한하게 대칭구조를 이룬다. 선분논리는 존재를 기하적으로 해석할 때, 2차원을 원으로 3차원은 구체로 표현한다.

　회전논리는 원의 관점을 반대로 하여 쌍곡선으로 변환하고, 구체의 관점을 치환하여 쌍원뿔이 드러나게 한다. 이런 회전논리의 방정식 운용법은 두 원뿔이 쌍을 지어 구체로 존재 가능한 형체를 만든다.

　구체와 쌍원뿔의 착시 현상은 지구 안에서 본 천동설과 지구 밖에서 관조한 지동설이 나타나는 것과 같은 양상의 양자적 동상이몽이다.

　논리나 시간 또는 에너지의 흐름은 본래 형체가 없이 존재한다. 선분논리는 그런 흐름의 일부를 표현하거나 논리로 그림을 그려 양자화하기 때문에 원뿔곡선과 같은 현상으로 그 모습을 드러낸다. 그러나 회전논리의 존재 알고리즘으로 본 두 3원색의 관계는 무형의 존재를 유형으로 만들며 그 숨은 무늬를 온전히 드러낸다.

Symmetric Presence Mechanics

대칭적 존재역학

rgb Cones   **CMY Cones**

$\nabla RGB + \nabla CMY = \nabla 0$ **Zero Point** $0 = White + Black$

Light Side	Shadow Side
b+g=C	$0 = r+C \quad -r = C$
b+r=M	$0 = g+M \quad -g = M$
r+g=Y	$0 = b+Y \quad -b = Y$
r=M+Y	$r = -C = -(b+g)$
g=C+Y	$g = -M = -(b+r)$
b=M+C	$b = -Y = -(r+g)$

Double Cone @=@ Sphere

FrontSide Background
객체와 배경의 관점반전

on Log System

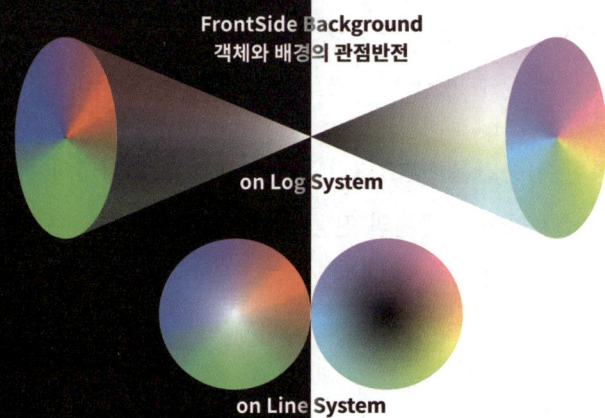

on Line System

RGB는 백색 입자 White Element를 만들고, CMY는 암흑 입자 Dark Element를 생성한다.

$$r + g + b = W, \quad C + M + Y = {}_{\text{blac}}K$$
$$b + g = C, \quad b + r = M, \quad r + g = Y$$
$$r = M + Y, \quad g = C + Y, \quad b = M + C$$

RGB는 밝은 빛으로 향하고, CMY는 어두운 배경으로 향한다. RGB와 CMY는 상대적으로 동시에 존재한다. RGB와 CMY가 완전히 합쳐지면, 회색이라기보다는 0입자가 된다.

$$\nabla \text{RGB} + \nabla \text{CMY} = \nabla 0$$

$$W + K = 0$$
$$r + g + b + C + M + Y = 0$$
$$\therefore r + g + b + \bar{r} + \bar{g} + \bar{b} = 0$$

$$r + C = 0, \quad r = -C = -(b+g) = -\bar{r} \quad \therefore r + \bar{r} = 0$$
$$g + M = 0, \quad g = -M = -(b+r) = -\bar{g} \quad \therefore g + \bar{g} = 0$$
$$b + Y = 0, \quad b = -Y = -(r+g) = -\bar{b} \quad \therefore b + \bar{b} = 0$$

빛을 통한 시공간은 RGB 3원뿔의 소용돌이로 시작하여 구체로 나타난다. 소용돌이는 관계의 진동이 파동을 형성하고, 구체로 귀결되면 입자로 보인다.

이것이 파동의 양자화다. 양자화는 정수로 표현하지만, 그 실체는 파이와 같은 무리수다. 양자화는 필연적으로 부스러기를 만든다.

선분논리에서도 RGB CMY 두 세트의 3원뿔 소용돌이가 만드는 쌍원뿔이 두원뿔로 보였다가 구체로 나타나는 현상을 목격할 수 있다. 수학에서 좌표계는 인간의 관점을 의미한다. 좌표계를 변환하면 인간의 눈에 나타나는 기하적 현상을 추적할 수 있다.

현상의 단순화를 위해 3차원 구체 방정식을 미분하여 원 방정식으로 만들고, 원 방정식을 XY 좌표계의 라인 시스템에서 원 무늬를 확인한다.

이 상태에서 XY 좌표계를 로그 시스템으로 1차 관점 전환하면 쌍곡선 무늬가 나타난다. 2차원에서 쌍곡선 무늬는 3차원에서 쌍원뿔 무늬와 같은 알고리즘이다.

이번엔 **X축 동시 대칭 변환**을 하여 2차 관점 전환을 한다. X축 시스템은 0을 중심으로 양/음 두 눈을 가졌다. 왼쪽 눈은 $-\infty \sim -0$이고, 오른쪽 눈은 $+0 \sim +\infty$ 이다. 두 눈은 각각 0과 ∞의 관계, 단 하나의 알고리즘을 가진다.

X축 1차원은 0과 ∞만 있는 0차원에서 시간이 흘러 0과 ∞ 사이에 무한히 많은 수가 존재하는 구조체였다. X축에 시간을 멈추면 0과 ∞ 사이는 흐름이 멈추어 얼음처럼 고정되고 얼음 막대기와 같이 0과 ∞ 양끝만 서로 자리바꿈을 할 수 있다.

이렇게 0과 ∞의 상대 관계만 남겨 대칭 변환하는 것이 **동시 대칭 변환**이다. X축을 **동시 대칭 변환** 시키면, 중심에는 ∞가 있고 양끝이 0인 X축이 된다. 여기서 쌍곡선 무늬는 양/음 두 곡선이 뒤집힌 마름모 꼴의 두 곡선 무늬로 나타난다. 2차원의 두곡선 무늬는 3차원에서 두원뿔이다.

동시 대칭 변환의 원리는 쌍원뿔에서 두원뿔을 유도하는 데 그치지 않는다. 불확정성으로 흐릿했던 파동의 양자화에 초점이 뚜렷한 현미경으로 연쇄반응을 일으킨다.

객체와 배경의 관점 반전

로그 좌표계 : ▶◀ ,   라인 좌표계 : ◐

색 모형
Color Solid

색의 요소는 2차원 평면에서의 RGB와 CMY 관점 외에, 3차원 입체를 통해 다각적으로 색에 접근할 수 있는 HSB(HSV)와 HSL, CIELAB 등이 있다.

3차원 입체 색 모형 3D Color Solid 은 18세기부터 많은 제안과 시도들이 있었다. 색 모형에 대한 시도는 대부분 미술적 관점에서 인간이 색을 인식하는 논리로 전개된다. 이는 과학적 관점에서 수학적 일관성을 확보하기 어려운 결함이 나타나게 한다.

먼셀은 1900년에 구체형 색 모형과 1905년 원통형 색 모형인 **1905 Atlas**를 제시했고, 1926년 약간의 결함을 보정하여 **먼셀 색 체계**를 완성했다고 한다.

> Albert Henry Munsell, 1858~1918
> 1900년, 구체형 색 모형
> 1905년, 원통형 색 모형 1905 Atlas
> 1926년, Munsell color system

여기서 약간의 결함이라는 의미는 본래 결함이 아닌데 3차원 객체를 보는 인간의 왜곡된 시각에 문제가 있는 것을 말한다. 예술 분야에 속해있던 먼셀은 고전적 색에 대한 인식에 기하적 모형을 맞추려는 시도를 했던 것으로 보인다.

이것은 데카르트 좌표평면에 원을 그리는 것과 로그 평면에 원을 그리는 것이 달라 보이는 현상과 다를 바 없다. 로그 평면을 배경에 두고 원을 그리면 쌍곡선의 반쪽이 나타난다.

먼셀은 이전에 제시되었던 피라미드, 원뿔, 원통, 육면체, 튜브, 구체 등 여러 가지 색 모형을 검토한 후, 인간이 직감하는 색으로 균일하게 나열되지 않는 왜곡 현상을 발견했다.

먼셀은 매사추세츠 사범 예술 학교의 교수였고 학생들에게 색을 가르칠 때 명료한 숫자로 색을 표현할 수 있길 원했다. 이것이 먼셀 색 모형 개발의 원동력이었다고 한다.

따라서 기하적인 구조에서 모든 색을 담아야 하고 숫자로 그 색을 지정할 수 있도록 수학적이어야 했다. 이후 먼셀의 색 모형은 현대의 HSL로 구체화된다.

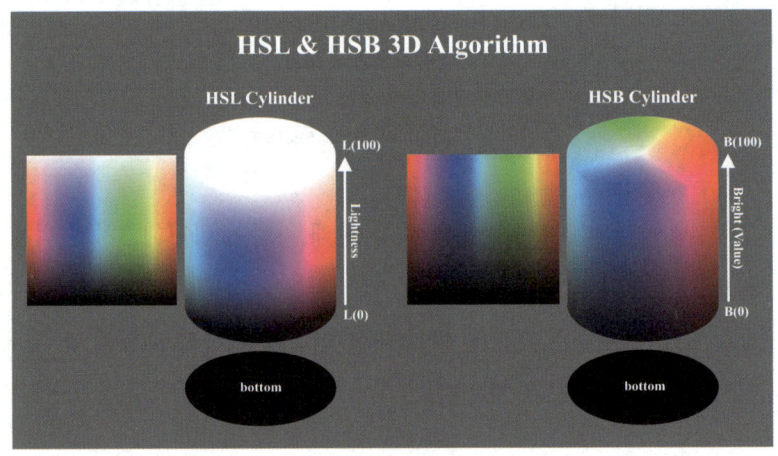

색조 色調 : Hue   채도 彩度 : Saturation
명도 明度, 밝기 : Brightness, Value
조명 照明, 명암 明暗 : Lightness
원통 : Cylinder   혼합 : Blending
색조 다이어그램 : Hue Diagram

HSB는 입체공간에서 **원통 구조**를 통해 Hue, Saturation, Brightness(Value) 로 색상을 결정하는 방식이다.

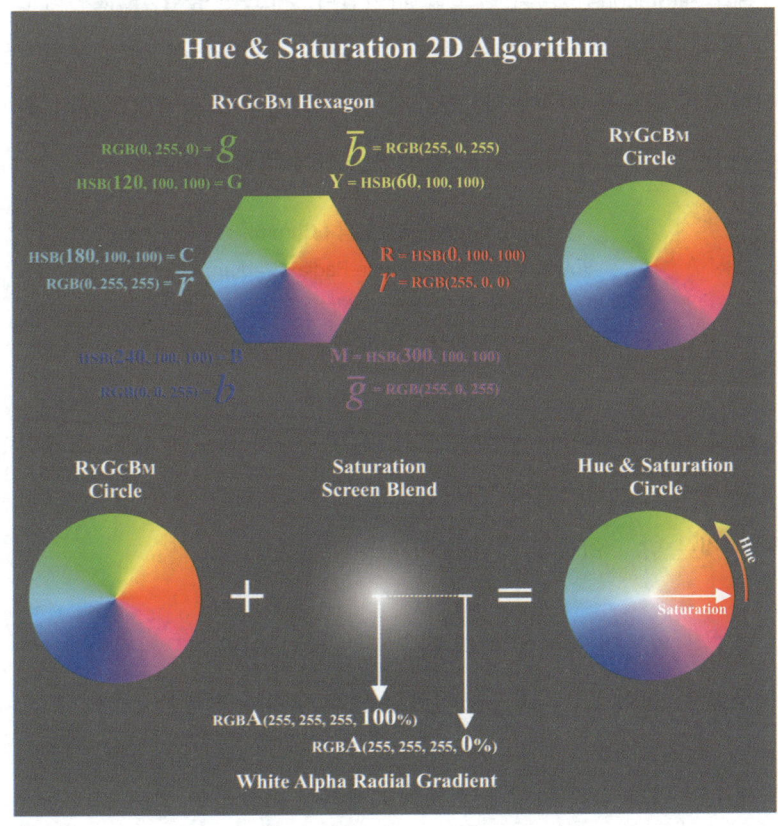

색조 Hue 는 RGB와 CMY를 원에 내접한 정육각형의 꼭짓점에 R-Y-G-C-B-M 순으로 배열하고 각도로 모든 색깔을 선택할 수 있게 한다.

60도 간격으로 R-Y-G-C-B-M을 원에 혼합하면, **색조 다이어그램**이 된다. 색조 Hue 는 일반적으로 빨간색 Red 을 기준으로 원둘레를 돌면서 각도로 색상을 지정하는 구조로 표현된다.

채도 Saturation 는 색의 농도를 의미한다. 채도는 **농담, 濃淡**이라고도 하며, 원의 중심 0%에서 원둘레 100%로 향하면서 색의 농도가 진해지는 정도를 지정한다. 그래서 농도를 원의 중심 100%에서 원둘레 0%가 되도록 하는 것을 **방사형 투명도 변화**라 한다.

채도 : Saturation = 농담 : Chroma
방사형 투명도 변화 : Alpha Radial Gradient
백색 방사형 투명도 변화 : White Alpha Radial Gradient
농도 스크린 혼합 방식 : Saturation Screen Blend

백색 방사형 투명도 변화를 R-Y-G-C-B-M 색도에 **농도 스크린 혼합 방식**으로 겹치면 색조와 채도를 모두 담을 수 있게 된다. 그러나 이것은 밝고 어둠의 개념이 빠져 있다.

명도를 원통의 높이에 따라 밝은 정도를 0~100%로 지정한다. 색도로 만든 원이 XY 좌표평면이라면 원과 수직인 방향은 Z축이다.

색도의 원과 수직 방향으로 자기복제하여 확장하면 색도 원기둥이 된다. 이 원기둥의 옆면을 전개도 형식으로 펼치면 사각형이다. 이 사각형은 색도인 원을 자기복제해서 형성했기 때문에 가로 방향이 색조가 된다.

색조 사각형의 세로 방향에 **흑색 선형 투명도 변화**를 어두운 스크린 혼합 방식으로 겹치면 **밝기, 명도**를 2차원에서도 연출할 수 있다.

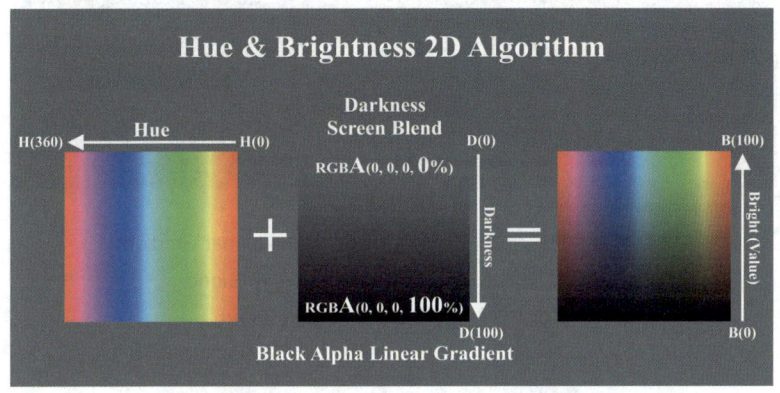

흑색 선형 투명도 변화 : Black Alpha Linear Gradient
어두운 스크린 혼합 방식 Darkness Screen Blend

HSL도 HSB와 같은 방식이다. HSB의 B Brightness 대신 L Lightness 을 사용하면 HSL이 된다.

명도 Brightness 는 물감의 관점에서 100%가 어둠이 없는 것을 의미하기 때문에, 본래 색을 그대로 드러낸다.

조명 Lightness 은 빛의 관점에서 100%가 빛으로 가득한 백색을 의미하기 때문에, 조명을 물체에 비추면 광원 쪽에는 밝은 명도 明度 가 나타나고 그림자 쪽에는 어두운 암도 暗度 가 나타난다. 그래서

Lightness를 조명 또는 명암이라고 표현한다.

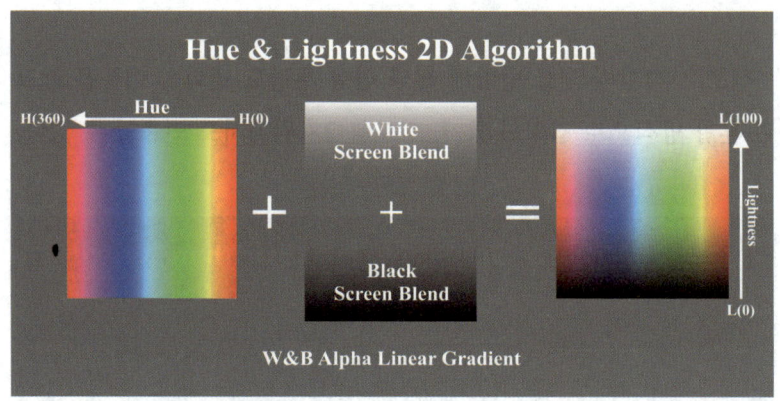

흑백 선형 투명도 변화 : Black & White Alpha Linear Gradient
명도의 백색 스크린 혼합 : White Screen Blend
흑색 스크린 혼합 : Black Screen Blend

명암은 원기둥의 옆면인 사각형 색도에 **흑백 선형 투명도 변화**로 색도를 필터링 한 것과 같다. 위쪽에는 **명도의 백색 스크린 혼합**을 겹치고, 아래쪽은 **암도**의 **흑색 스크린 혼합**을 겹쳐 만든다.

따라서 HSB는 CMY와 관점을 같이하고, HSL은 RGB와 CMY의 관점을 모두 가지고 있다. 원기둥의 옆면을 2차원 평면으로 펼친 사각형에 HSL을 맵핑 mapping 해 놓으면, 2차원 평면만으로도 모든 색을 표현할 수 있다.

TNM 색역학 알고리즘
TNM QCD Algorithm

이렇게 할 수 있는 것은 2차원 평면인 도화지에 3차원의 입체적인 그림을 그릴 수 있는 현상과 같다. 이것은 1~3차원이 동시에 만들어진 **동시 존재 알고리즘** 때문에 가능한 현상이다.

HSL은 원통의 옆면인 2차원 평면에서 색을 탐색하는 것으로도 충분하다. 그러나 색 에너지가 3차원 입체공간에서 어떻게 작동하는지 그 관계를 구체적으로 관찰할 수가 없다.

평면 HSL은 입체 HSL이 그림자로 투영된 현상이다. 그림자 현상은 HSL이 CMY 알고리즘으로 형성되었기 때문에 발생한다. 3차원의 알고리즘이 2차원에 투영되면, 양자 역학에서 말하는 **차폐 효과**와 같이 3차원 고유의 특성들이 어떻게 나타나는지 그 원인을 파악하기가 어려워진다.

0에서 무한대로 쪼개지면서 시공간이 형성된다. 0과 무한대 사이에서 무한대를 바라보면 끝없이 펼쳐지기만 해 보인다. 그러나 0과 무한대의 바깥에서 보면 HSL 쌍원뿔과 같이 다시 0점으로 수렴한다.

0과 무한대 사이에 서 있는 인간은 로그의 무한으로 확률과 통계를 운영하고, 0과 무한대 밖에서 관조하고 있는 자는 삼각형을 원으로 운영한다.

폭발 현상은 대칭구조에 있다. 쌍원뿔의 폭발은 구체를 낳고 구체의 폭발은 쌍원뿔을 낳는다. 폭발은 파동 속에 있다. 눈에 보이는 실체가 양이면, 그 그림자는 음이다. 양수 쪽이 구체이면 음수 쪽은 쌍원뿔이다.

거시적 관점에서 폭발 현상은 쌍원뿔과 구체를 오가며 대칭적으로 진동하는 파동이다. 무한 흩어짐의 쌍원뿔과 무한 모임의 구체는 거울 대칭의 방정식이 성립한다.

$$DC \cong BC \cong S$$

DC : Double Cone, BC : BiCone, S : Sphere

색이 혼합되는 원리는 관점에 따라 몇 가지의 혼합 모드 Blend Mode가 있다. 컴퓨터 화면에 주로 활용되는 색상에 관한 계산법들과 양자 역학에서 사용하는 안티 컬러 논리를 다음과 같이 정리해둔다.

Blend Mode

Multiply Blend : $MB(a,b) = ab$
Screen Blend : $SB(a,b) = 1 - (1-a)(1-b)$

RGB/CMY Wave Function

256 Color Space RGB

$$2^8 = 256$$

$$0 \leq x \leq 255 = (2^8 - 1)$$

$$2^8 = 256 = \infty_{color} = 0_{circle}$$

HSB(HSV)	: Hue, Saturation, Brightness(Value)
HSL	: Hue, Saturation, Lightness
CIELAB color space	: L*a*b*

red $r = \mathbf{RGB}(255,0,0) = \mathbf{CMY}(0,100,100) = \mathbf{HSB}(0,100,100) = \mathbf{HSL}(0,100,50)$
green $g = \mathbf{RGB}(0,255,0) = \mathbf{CMY}(100,0,100) = \mathbf{HSB}(120,100,100) = \mathbf{HSL}(120,100,50)$
blue $b = \mathbf{RGB}(0,0,255) = \mathbf{CMY}(100,100,0) = \mathbf{HSB}(240,100,100) = \mathbf{HSL}(240,100,50)$

CMY Color Space & RGB anti-color

$Cyan$ $\quad\quad C = \mathbf{CMY}(100,0,0) = \mathbf{RGB}(0,255,255) = \bar{r}$
$Magenta$ $\quad M = \mathbf{CMY}(0,100,0) = \mathbf{RGB}(255,0,255) = \bar{g}$
$Yellow$ $\quad\, Y = \mathbf{CMY}(0,0,100) = \mathbf{RGB}(255,255,0) = \bar{b}$

$White \quad W = \bar{b}_{\text{Screen Blend}} + b \quad\; = SB(\bar{b},b) = RGB(255,255,255) = \mathbf{255}$
$Dark \quad\;\; D = \bar{b}_{\text{Multiply Blend}} + b \;\; = MB(\bar{b},b) = RGB(0,0,0) = \mathbf{0}$

$$\therefore\; Y + b = \bar{b} + b \stackrel{@}{=} \mathbf{0} \stackrel{@}{=} \mathbf{255}$$

Quantum ChromoDynamics, QCD

$\mathbf{P}$: Proton, $\quad \mathbf{u}$: Up quark, $\quad \mathbf{d}$: Down quark

$$\mathbf{P} = \mathbf{u}_r + \mathbf{u}_g + \mathbf{d}_b$$
$$r = r + 0 = r + (y + b)$$
$$\mathbf{u}_r = r + y + \mathbf{u}_b$$
$$r + y + \mathbf{d}_b = \mathbf{d}_r$$

그림자는 편미분과 같다.

세 개의 관점으로 그림자를 비추어
나블라를 만들었다.

입체의 그림자는 면이고,
면의 그림자는 선이며,
선의 그림자는 점이다.

그리고 점의 그림자는 무한대다.

입체는 평면에 그림자를 비춘다.
그림자는 입체의 표면적 결과다.

결과는 원인에서 나오고,
그림자 현상의 원인은 상위 차원에 있다.

@ RGB와 CMY의 대칭성

$$\nabla \cdot \mathbf{RGB} = \mathbf{0}$$

$$\nabla \cdot \mathbf{CMY} = -\mathbf{0}$$

$$\therefore \nabla \cdot \mathbf{RGB} + \nabla \cdot \mathbf{CMY} = \mathbf{0}$$

@ 3원소 존재 알고리즘 : 쌍방향 회전 생성

$$\mathbf{Red} + \mathbf{Green} = \mathbf{Cyan}$$

$$\mathbf{Red} = \mathbf{Magenta} + \mathbf{Yellow}$$

$$_{\mathbf{RGB}}C_2 = \mathbf{CMY}$$

$$\mathbf{RGB} = {}_{\mathbf{CMY}}C_2$$

$_{\text{Objects}}C_r$: Objective Combination

@ 두 쌍원뿔과 구체의 두 관점

3차원 표면 방정식은 관점에 따라 달라 보이는 현상을 보여준다.

3차원 공간 입자 표면 방정식 $\dfrac{x^2}{a^2} + \dfrac{y^2}{b^2} + \dfrac{z^2}{c^2} = r^2$

표면 함수 $f(x,y,z) = \dfrac{x^2}{a^2} + \dfrac{y^2}{b^2} + \dfrac{z^2}{c^2} - r^2$

관점 함수 $V(a,b,c,r) = \dfrac{x^2}{a^2} + \dfrac{y^2}{b^2} + \dfrac{z^2}{c^2} - r^2$

$V(1,1,i,0)$: z축 쌍원뿔 표면
$V(1,i,1,0)$: y축 쌍원뿔 표면
$V(1,1,1,5)$: 반지름이 5인 구체 표면

현대 선분논리는 표준 모형을 기반으로 양성자와 중성자를 구성하는 업 쿼크와 다운 쿼크가 서로 에너지를 교환하는 과정을 양자 색역학으로 해석한다.

양자 색역학 Quantum ChromoDynamics, QCD
$\mathbf{P}$: Proton , $\mathbf{u}$: Up quark , $\mathbf{d}$: Down quark

$$\mathbf{P} = \mathbf{u}_r + \mathbf{u}_g + \mathbf{d}_b$$

$$r = r + 0 = r + (\underline{r+g} + b) = r + (\underline{Y} + b)$$

$$\mathbf{u}_r = {}_r + Y + \mathbf{u}_b \qquad r + Y + \mathbf{d}_b = \mathbf{d}_r$$

새로운 두 수학은 한걸음 더 나아가 양성자와 중성자에 대한 색역학을 기하적 관점에서 **동시복제 존재론**으로 재해석하여 원자의 공간을 모델링 한다.

특히 양성자와 중성자는 스스로의 관점에서 하나의 구체를 형성하지만, 관점에 따라 모호한 경계면에서 분기되어 서로 다른 두 개의 구체로 인식된다.

▶◀ $\overset{@}{=}$ ◀▶ $\overset{@}{=}$ ◐ $\overset{@}{=}$ ○●

게다가 거시 세계에서 원자핵을 관측할 때는 쌍원뿔 곡선에 의한 편광 현상으로 인해 관측자에 따라 불확정적인 결과를 나타낸다.

TNM 양자 불확정성 알고리즘

$0 \leq \lambda(z) \leq \infty$

나중에 알게 되겠지만 하이젠베르크의 불확정성 원리는 관점에 따라 참이기도 하고 거짓이기도 하다. 선분논리의 관점에서는 참이지만 그가 사용한 위치와 모멘텀의 스칼라 고윳값은 벡터의 각도 요소가 논리의 부스러기로 작용한다.

간단히 언급하자면 본래 고윳값에 시간을 태우면 0에서 ∞까지의 값을 가진다. 이는 고윳값을 사용하는 모든 입자를 포함하는 전체 집합이다. 따라서 당연히 표준 편차로 나타나는 고윳값으로 개별 입자의 위치와 모멘텀은 근본적으로 예측할 수 없으면서도 전체 집합을 가졌기 때문에 예측할 수 있게 된다. 이는 고전 역학의 여러 법칙과 공식들도 마찬가지다.

특히 행렬 역학의 에르미트 행렬은 상대적 자기 복제 알고리즘을 따른다. 원자핵의 구체 공간은 사인과 코사인의 진동이 RGB와 CMY의 **동시복제 존재**로 회전 시스템을 형성한다.

일반적으로 양자 색역학은 양성자와 중성자의 쿼크 에너지 교환을 색 원리로 설명한다.

이는 부분적 선분논리에만 집중한 결과다. 연속적 연쇄반응으로 인한 역학적 알고리즘은 필연적이다. 양성자와 중성자에 무슨 일이 있으면 원자 전체에 연쇄반응이 나타나야 한다.

RGB와 CMY는 동시 상대적 존재다. 각각 3개의 좌표 축으로 3차원 공간을 형성하며 앞뒤가 하나로 겹쳐진 구도로 그려진다. 관점에 따라 RGB 공간이 양성자를 구성한다면 CMY 공간은 중성자를 보여준다.

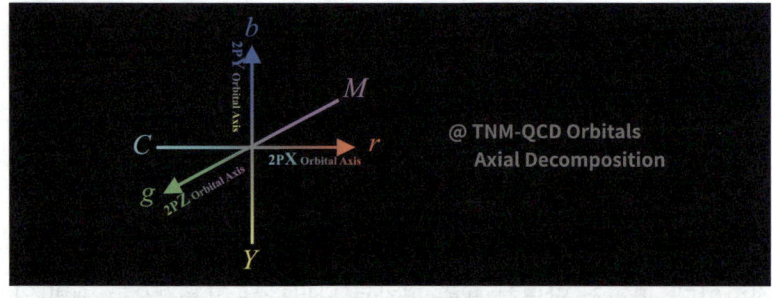

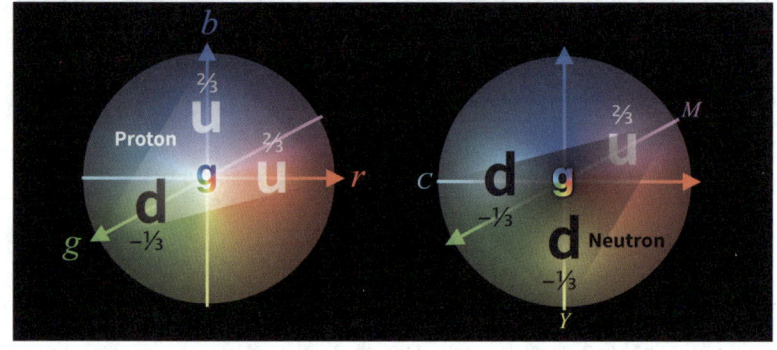

따라서 시간의 소용돌이는 시스템의 존재성을 유지하기 위해 **공간 분기 이론**에 따라 합쳐짐과 쪼개짐 그리고 **차폐 효과**를 야기하면서

에너지가 내외로 소통한다. 차폐 효과는 두 파동의 상쇄 현상과 같은 원리로 나타난다.

그러나 선분논리는 **차폐 효과**를 같은 궤도에 있는 둘 이상의 전자 반발력만으로 제한적 해석을 하는 경향이 있다. 이는 토막 난 부분 알고리즘에 집중하기 때문에 전개된 논리다.

같은 논리 방식의 표준 모형은 원자핵 속에 양성자와 중성자가 개별적으로 있고, 양성자 속에 업 쿼크와 다운 쿼크가 각각 독립적으로 있는 양성자 주머니 모형으로 이해하는 경향이 짙다.

그러나 회전논리는 원자핵의 쿼크 관계를 색역학의 물질파 이론으로 원론적 해석을 한다. 이 부분은 쿼크의 양자화 논리로 전개해야 논리가 완성된다.

표준 모형은 QCD의 강력, QED의 전자기력 및 약력, 힉스 필드의 질량 형성 원리 등 피상적으로 확인된 퍼즐 조각의 선분논리들을 다시 통합하는 방향으로 논리가 전개되어 왔다.

차폐 효과 Shielding Effect

전자 궤도 차폐 효과는 두 전자간의 상호작용에 의한 원자핵과의 상호작용을 방해하여 예측했던 전자 궤도가 변하는 효과를 말한다.

전자 궤도 계산은 뤼드베리 상수에서 시작한다.

전자 궤도 에너지 준위

Electron Orbital state energy level
: hydrogen-like atom (ion)

$$E_n = -hcR_\infty \frac{Z^2}{n^2}$$

R_∞ : Rydberg constant , Z : atomic number , n : principal quantum number
: 양성자수 Z, 주양자수 n 의 2차원 평면 비율이 에너지 준위 결정

$$E_{n,\ell} = -hcR_\infty \frac{Z_{\text{eff}}^2}{n^2}$$

Z_{eff} : effective nuclear charge
: 차폐 효과 보정한 원자 전하 (양성자 전하)

뤼드베리 공식 Rydberg formula 1888

Johannes Rydberg 1854~1919

$$\frac{1}{\lambda_{\text{vac}}} = R_H \left(\frac{1}{n_1^2} - \frac{1}{n_2^2} \right), \quad n_1 < n_2$$

뤼드베리 상수 Rydberg constant

$$R_\infty = \frac{m_e e^4}{8\varepsilon_0^2 h^3 c} = 10973731.568160(21)\ \text{m}^{-1}$$

m_e : electron mass , e : elementary charge

: 광속, 유전율, 플랑크 상수, 전자 질량, 기본 전하로 구현한 상수

: 전자 궤도에 대한 척도 상수 역할

수소 뤼드베리 상수 Hydrogen Rydberg constant

$$R_H = R_\infty \frac{m_p}{m_e + m_p} \approx 1.09678 \times 10^7 \text{m}^{-1}$$

m_e : electron mass , m_p : proton mass

: 양성자와 전자의 질량비 사용

Rydberg unit

$$\text{Ry} \equiv hcR_\infty = \frac{m_e e^4}{8\varepsilon_0^2 h^2} = \frac{e^2}{8\pi \varepsilon_0 a_0}$$

$$= 2.179\ 872\ 361\ 1035(42) \times 10^{-18}\ \text{J}$$
$$= 13.605\ 693\ 122\ 994(26)\ \text{eV}$$

보어 모델 Bohr model 1913

: Rutherford–Bohr model

$$n\lambda = 2\pi r$$

: 0과 ∞가 만나는 전자파는 원 궤도를 그린다.

de Broglie wavelength $\quad \lambda = \dfrac{h}{mv}$

$$n\dfrac{h}{mv} = 2\pi r, \quad n\hbar = n\dfrac{h}{2\pi} = mvr = L$$

angular momentum $\quad L = mvr = n\hbar = \dfrac{nh}{2\pi}$

Centripetal force

$$a_c = \lim_{\Delta t \to 0} \dfrac{|\Delta v|}{\Delta t}, \quad a_c = \dfrac{v^2}{r} \quad \therefore |v| = \sqrt{a_c r}$$

Coulomb's law

$$\dfrac{Zk_e e^2}{r^2} = k_e \dfrac{q_1 q_2}{r^2} = F = ma = m\dfrac{v^2}{r} = \dfrac{m_e v^2}{r}$$

Bohr radius

$$v = \sqrt{\dfrac{k_e Z e^2}{m_e r}}, \quad m_e\sqrt{\dfrac{k_e Z e^2}{m_e r}}\, r = n\hbar \quad \therefore r_n = \dfrac{n^2 \hbar^2}{Z k_e e^2 m_e}$$

k_e : Coulomb constant

$$k_e = \dfrac{1}{4\pi\varepsilon_0} = 8.987\,551\,792\,3\,(14) \times 10^9 \ \mathrm{N \cdot m^2 \cdot C^{-2}}$$

$$a_0 = \dfrac{4\pi\varepsilon_0 \hbar^2}{e^2 m_e} = \dfrac{\hbar}{m_e c \alpha} \quad \alpha : \text{fine structure constant}$$

$$Z = n = 1, \quad r_1 = \dfrac{\hbar^2}{k_e e^2 m_e} \approx 5.29 \times 10^{-11} \ \mathrm{m} = 52.9 \ \mathrm{pm}$$

회전논리는 하나의 시공간 근본 원리를 밝히고 그 원리로부터 연쇄적 현상으로 우주를 형성하는 알고리즘을 구사한다.

입자는 파동을 양자화한 것이다.

원자핵은 시공간 에너지가 밖에서 안으로 소용돌이쳐 에너지가 식은 것과 같이 공간 분기에 의해 입자로 관측된다.

시공간 에너지는 입자의 관점에서 최소 단위가 광자인 것처럼 보이지만, 광자 이전의 시공간 파동이다.

모든 원리의 본질은 기저에 있듯이 파동의 기저에는 **시공간 0 입자**가 있으며, 학자들은 이런 **0 입자**를 모든 물리의 배경으로 해석하는 **필드 입자**로 양자화한다.

시공간 0 입자는 에너지의 기저에 있으며, 도약 직전에 있는 상태를 광자의 특성으로 해석하는 **색 입자**다.

따라서 시공간의 시작은 **색 입자**의 파동을 시작으로 소용돌이치면서 물리적 최초 입자가 형성된다고 논리를 전개한다.

원자핵 자체는 암흑 필드 Dark Field 를 배경으로 RGB 원뿔 에너지가 밖으로 소용돌이쳐 양성자를 형성하며, 반대쪽 CMY 원뿔은 백색 필드 White Field 를 배경으로 그림자와 같이 안으로 소용돌이쳐 중성자를 양자화한다.

양성자의 RGB 소용돌이는 원자핵 안에서 밖으로 전자를 양자화하며, 중성자의 CMY 소용돌이는 전자 궤도에 대한 에너지 준위 기저를 형성한다.

전자 궤도는 나무의 나이테와 같이 동심원을 그린다. 주양자수 $n=1, 2, 3, …$ 과 같이 양자적 에너지 준위에 따른 궤도를 형성하는 것으로 해석할 수 있지만, 각 궤도 사이에는 소용돌이 무늬와 같이 연속적인 에너지 흐름이 있다.

이는 TNM 색역학에서 소개한 두원뿔의 에너지 흐름이다. 원자핵에서 발생한 파동은 각 전자 궤도 사이에 두원뿔의 무늬를 남긴다. 두원뿔 파동은 두 전자 궤도 사이에서 기저로부터 전자 궤도를 하나씩 형성한다.

두원뿔의 아래 반쪽은 HSB-CMY 원뿔이고 위 반쪽은 HSL-RGB 원뿔이다.

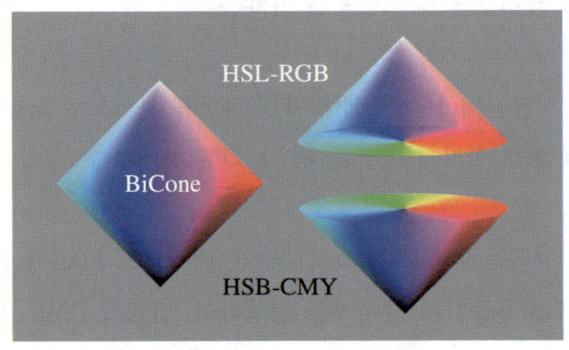

CMY 원뿔은 전자 궤도의 아래에서 그림자 역할을 한다. 그림자

는 내적에 의해 드리워지고 상대적 기저를 형성한다. 그래서 CMY 의 기저는 전자 궤도의 틀을 마련하는 작용을 한다.

RGB 원뿔은 전자 궤도의 위쪽에서 전자의 도약을 도모한다. 도약은 외적으로 형성되며 상위 궤도로 이어지는 통로를 제공한다.

전자 궤도 사이의 두원뿔은 자신에 대칭인 쌍원뿔 파동 무늬와 함께 나란히 횡 방향 연속성을 형성한다.

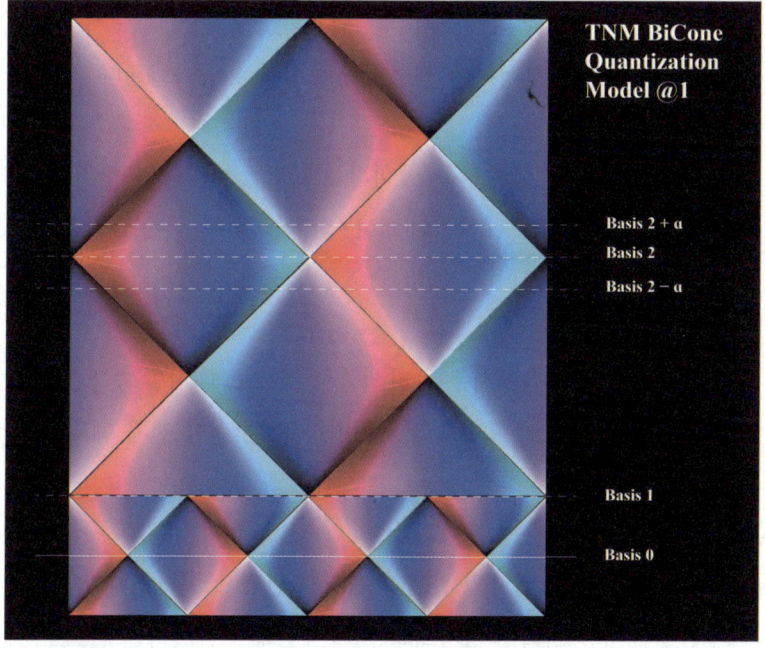

원형의 전자 궤도의 π 를 ∞ 로 치환하여 평면 전자 궤도로 펼치면 강가에서 많이 보던 잔잔한 파동이 나타난다. 무질서해 보이는 잔잔한 파동에서 고윳값을 제거하면 정사각형 모눈종이에 좌우 대

각선을 그은 파동의 기본 모형이 된다.

　새로운 두 수학은 이렇게 두원뿔 파동이 입자를 만들고 쌍원뿔 파동이 통로를 만드는 현상을 **두원뿔 양자화 이론**이라 이름 붙인다. **두원뿔 양자화 이론**은 선분논리와 달리 원자핵과 전자를 하나의 에너지 파동으로 연속적 해석을 한다.

　두원뿔과 쌍원뿔은 양음의 관계로 서로 번갈아가며 연속적인 파동을 형성한다. 원자의 중심을 기저 0 Basis 0 으로 삼으면, 기저 0과 기저 1 사이는 원자핵의 공간이라 해석할 수 있다. 원자핵은 기저 0을 중심으로 두원뿔을 형성하여 양성자와 중성자로 양자화된다.

　양성자는 RGB 원뿔쪽이고 중성자는 CMY 원뿔쪽이다. RGB의 꼭짓점에 있는 White 에너지와 CMY의 꼭짓점에 있는 Dark 에너지가 양자화의 분기점이다.

　전자 궤도는 기저 1에서부터 발생하는 것으로 해석할 수 있다. 만약 기저 1을 원자핵의 표면으로 해석한다면, 첫번째 전자 궤도는 기저 2에서 양자화된다.

　전자의 경우 전자 입자의 관점과 궤도의 관점으로 나뉜다. 전자 입자의 관점에서는 정확히 양자화되는 기저 2에서 발생하는 것으로 해석하여 만족할 수 있다.

　그러나 전자 궤도의 경우 오차 α 의 부스러기로 인해 인접한 쌍원뿔 파동의 간섭현상을 일으킨다. 전자 궤도에 대한 쌍원뿔 간섭현상은 관점에 따라 다양한 해석을 낳을 수 있다. 그중 주목할 만한 현상이 **차폐 효과**다. 그리고 쌍원뿔 간섭현상은 원자의 이온 상태를 해석하는데도 유용하다. **두원뿔 양자화 이론**에 관해 더 깊이 있는 알고리즘은 나중에 관람할 기회가 있을 것이다.

초음속에서 발생하는 마하 다이아몬드 현상이 있다. 이는 마하의 총알 실험에서와 같이 음속을 돌파할 때, 공간 분기에 의해 공기 시공간의 밀도 한계로 파동이 특정 궤도를 도약하는 파동의 소용돌이 현상이다.

마하 다이아몬드 Mach diamonds
: Shock diamond, Mach disks
Ernst Waldfried Josef Wenzel Mach 1838~1916

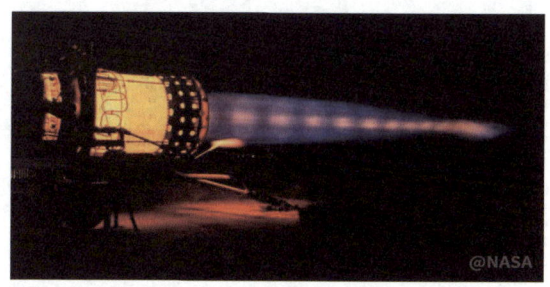

마하 다이아몬드 현상의 충격파는 피상적인 양자적 현상이고 그 원류는 파동의 임계점 분기 원리에 있다. 이 현상은 파동의 도약 현상을 토대로 전자파의 도약 현상을 설명하는데 부족함이 없다.

파동의 도약은 두 가지 의미가 있다. 하나는 차원 도약이고 또 하나는 일상적으로 지나치기 쉬운 양자화다. 이는 하나의 전자 궤도 안에서 밀도 임계점 이내에 여러 개의 전자가 양자화된다는 것을 의미한다.

선분논리는 양성자와 중성자 그리고 전자에 대하여 연쇄적 탄생의 흐름을 생각하지 않고 분절적 실험을 통해 발견된 입자로 받아들여 논리를 전개한다. 공리의 선언으로부터 시작하는 선분논리는 원자 속에 있는 각 입자의 상대적 관계만으로 논리를 전개한다.

그러나 회전논리는 선분논리와 달리 존재의 원리로부터 연속적인 연쇄반응 논리를 사용한다. 회전논리는 입자 탄생의 논리를 시간의 소용돌이에서 시작한다. RGB 소용돌이는 양성자와 전자를 양자화하고 CMY 소용돌이는 중성자와 전자궤도를 양자화하는 것으로 해석한다.

RGB 소용돌이는 원자의 중심에서 전자파를 뿜어낸다. 원자의 중심에는 양성자로 양자화되고, 원자 외곽에는 전자로 양자화한다. 이와 같은 RGB 소용돌이 작용은 표면적 현상이기 때문에 비교적 쉽게 받아들일 수 있다.

한편 CMY 소용돌이는 원자의 중심에서 중성자를 형성한다. 그리고 연쇄적으로 중성자를 통해 전자 궤도의 안정된 틀을 제공한다.

그런데 CMY 소용돌이가 형성하는 전자 궤도에 대한 논리는 받아들이기 쉽지 않아 보인다. 이를 이해하는 데는 테일러 급수와 푸리에 열방정식의 양자화가 도움이 될 수 있다. 이 부분은 나중에 자세히 탐닉할 기회가 있을 것이다.

Fourier Heat Equation

$$\frac{\partial u}{\partial t} = \alpha \sum_{k=1}^{n} \frac{\partial^2 u}{\partial x_k^2} = \alpha \Delta u = \alpha \nabla^2 u = \alpha \dot{u} = \alpha \left(\frac{\partial^2 u}{\partial x^2} + \frac{\partial^2 u}{\partial y^2} + \frac{\partial^2 u}{\partial z^2} \right)$$

푸리에 열방정식을 간단히 언급해두자면, 푸리에 급수와 맥락을 같이하며 현대 전자기 공학에서 매우 중요한 원리다.

전자파가 무한히 겹쳐지면 하나의 전자 궤도와 같이 수렴하여 양자화된다는 수학적 접근법이다. 이와 같은 수학적 원리는 오일러 공식과 테일러 급수에서 이미 정리되었고, 푸리에는 파동에 적용하여 실용적인 도구를 만든 셈이다.

전자 궤도는 보어 모델과 슈뢰딩거 모델 두 가지를 활용한다. 슈뢰딩거 방정식이 나오면서 보어 모델이 잘못됐다고 생각하는 편견이 짙어졌다. 그러나 두 전자 궤도 모델은 현대에도 관점에 따라 그 활용 가치가 있다.

회전논리의 눈은 슈뢰딩거 전자 궤도를 나블라로 미분하여 차원을 낮추고 관점 전환하여 보어 모델을 관찰한다.

슈뢰딩거 방정식은 전자 모형을 전체 집합의 관점에서 3차원으로 그린 그림이다. 반면 보어의 에너지 준위는 전자 하나의 관점에서 1차원적으로 그린 전자 에너지 선이다.

따라서 전자구름의 관점에서 전자를 논할 때는 슈뢰딩거 방정식을 사용하고, 고윳값과 같이 스칼라로 계산된 에너지 값을 논할 때는 보어의 전자 궤도를 사용한다.

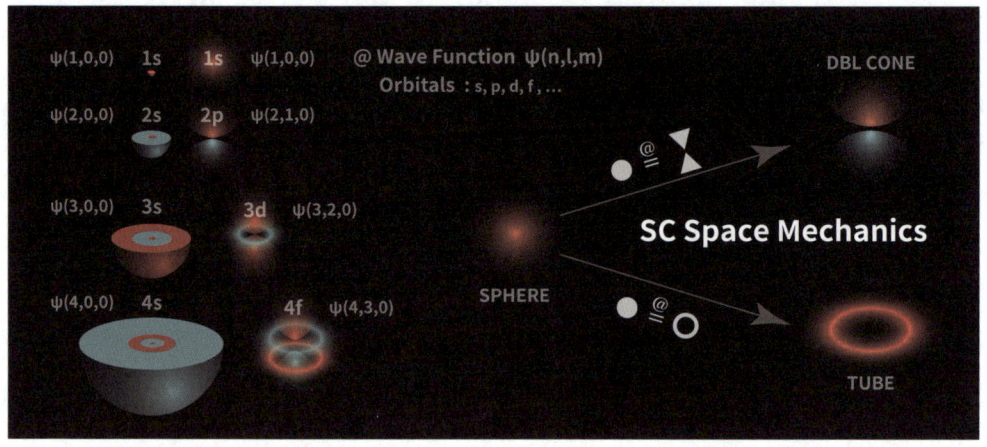

슈뢰딩거 방정식에 의한 전자 오비탈 모형은 다양한 무늬를 보여준다. 이런 전자 오비탈 모형을 푸앵카레 추측의 해법과 같은 방식을 적용하여 기하적으로 분석하면, 구체, 튜브, 아령 세 가지 모형으로 편미분된다.

이 세 가지 기하체의 관계는 앞서 새로운 두 수학에서 논했던 빅뱅 이전의 **동시공간 이론**에서 논리를 전개한 바 있다.

구체는 0과 ∞의 관계로 시간에 의해 튜브가 되고, 또 한편으로는 구체의 동시 대칭 관계로 관점 전환하여 쌍원뿔이 된다. 쌍원뿔은 양 끝이 무한대로 펼쳐져 있으나 이를 유한계의 안경을 쓰고 보면 아령 모양이 된다.

결국 슈뢰딩거 방정식에 의한 전자 오비탈은 모두 구체로 귀결된다. 우리 밖의 우주도 구체이고 우리 안의 우주도 구체가 된다.

구체를 미분하여 차원을 단순화하면 보어가 말하는 2차원 원 모양의 전자 궤도가 된다. 원 궤도를 다시 2π로 미분해 고윳값을 구하면 1차원의 전자 상태 에너지 준위 공간이 나타난다.

양자 역학은 전자를 척도로 삼아 시작했고, 그 끝 역시 전자를 무한으로 해석하는 데 있을 것이다.

색역학과 전자기력은 별개의 알고리즘처럼 보이지만 파동이라는 하나의 원리로 작동한다.

단지 색역학은 나블라와 같이 키클롭스의 세 눈으로 해석하는 방식이고 전자기력은 양/음 두 쌍의 두 눈으로 볼 뿐이다. 중요한 것은 어떤 논리든 연속적 해석으로 도달해야 그 논리가 원 모양으로 존재 가능하다는 점이다.

색역학은 RGB를 색 전하라고 부른다. 색 전하를 매개하는 기본입자를 끈적하게 강력으로 쿼크들을 묶어 양성자와 중성자를 구성한다는 의미에서 **글루온**이라 이름 지었다.

색 전하 Color Charge,　글루온 gluon
반-색 전하 Aniti-Color Charge,　반-쿼크 : Anti-Quark

그리고 대칭성에 따라 **rgb** 각각의 색 전하는 대칭인 **r̄ḡb̄** 반-색 전하를 가진다. 쿼크에 대해서도 대칭인 반-쿼크가 있다.

쿼크와 반-쿼크는 고무 자석과 같이 색역학적 극성을 가지고 글루온에 의해 묶여 쌍을 이룬다. 이런 현상을 **글루온 튜브 gluon tube**라 부르기도 한다.

고무 자석이 탄성의 임계점에서 둘로 쪼개지듯이, 색 전하를 가진 쿼크가 쪼개지면서 에너지 분할이 이루어진다고 해석한다.

이는 양성자에 매우 짧은 파장의 전자파를 주사하여 양성자 속 쿼크를 탐색하는 실험으로 추정한 내용이다.

심층 비탄성 산란 실험은 러더퍼드 산란 실험으로 중성자를 예견했던 것과 같은 원리의 실험이다.

심층 비탄성 산란 실험 Deep Inelastic Scattering Experiment

이 실험은 양성자 속에서 쿼크들이 서로 잡아 당기지 않는 것으로 보였다. 이로 인해 쿼크들은 인력이나 척력과 같은 상호 작용을 하지 않는 것 같이 자유롭다는 해석이 나온다.

선분논리는 쿼크와 충돌한 전자파의 회절각에 대한 실험 결과에서 쿼크가 점 입자와 같다고 생각했다. 또한 매우 강한 외력을 가하면 양성자에서 쿼크가 튀어나오는데, 이 때 쿼크-반쿼크가 쌍으로 고무자석이 끊어지듯 나타난다.

게다가 강력한 충돌 후 튀어나온 쿼크쌍에 대응하는 양성자 속의 쿼크는 그대로 유지된다는 결과가 나왔다. 이 결과는 강력으로 쿼크가 갇혀있다는 해석을 이끌어낸다.

쿼크가 갇혔다는 논리는 쿼크가 가진 색 전하도 갇히는 논리적 연쇄반응을 일으킨다. 이것은 **색 가둠** 현상으로 이어진다. 이런 결과적 해석은 모두 현상을 보고 전개한 선분논리의 조각들이다.

색 가둠 Color Confinement

: 색 전하를 가진 입자 쿼크+글루온 를 분리할 수 없음
: 색 전하 입자를 직접 관측할 수 없는 현상
: 하드론에서 쿼크와 글루온을 직접 분리할 수 없음
: 하드론이 쪼개지는 현상을 간접 관측

하드론 hardron = {meson, barion, ...}

: 강한 핵력 강한 상호작용 에 의해 결합되는 입자
− 중간자 Meson : 쿼크 + 반쿼크, π 파이온, K 카온
− 중입자 Baryon : 3개의 쿼크, 양성자 proton, 중성자 neutron

중간자 meson = quark + antiquark

: 강력, 불안정, 수십 나노초 유지, 양성자 또는 중성자의 0.6배 크기
– 중간자 붕괴 : 무거운 중간자 – 가벼운 중간자 – 전자, 중성미자, 광자

바리온 barion = 3 quark = {proton, neutron, ...}

양성자 proton = u + u + d ,   중성자 neutron = u + d + d

그러나 **색 가둠**을 회전논리의 색역학 원론으로 들여다보면 좀 다른 차원의 알고리즘이 회전한다. **색 전하**의 관계가 만드는 시간은 파동의 간섭으로 RGB의 3차원 백색 공간과 CMY의 3차원 암흑 공간을 만든다.

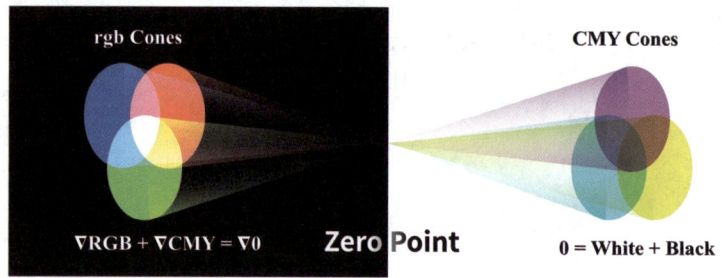

그리고 숨지 않은 듯 숨겨진 0차원의 0벡터는 백색 필드와 암흑 필드 사이에서 색역학의 기저 역할을 하는 경계를 생성한다. 회전논리의 색 가둠은 강력에만 국한하지 않고 약력의 경계면 형성에도 연

쇄적 반응을 일으킨다.

고무 자석과 같은 쿼크쌍 현상 역시 **상대적 자기 복제** 원리를 바탕에 두고 **공간 분기 이론**으로 해석하면 자연스런 현상이 된다.

양자 행렬 역학의 에르미트 행렬 대칭은 상대적 자기 복제가 본질이었다. 색역학으로 작용하는 양성자와 중성자의 에너지 교환도 상대적 자기 복제에 본질이 있다.

행렬의 대칭은 45도 대각선의 편향적 대칭 원리이며, 이는 곱셈의 알고리즘에서 나타난 인접한 차원 간의 대각선 관계 알고리즘이다.

곱셈의 대각선 관계 알고리즘은 곱셈의 항등원 1과 대칭되는 $\frac{1}{\infty}$ 자기 자신의 분수에서 소수의 무늬를 만난다.

$$\zeta(s) = \sum_{n=1}^{\infty} \frac{1}{n^s} = \prod_p \frac{1}{1-\left[\frac{1}{p}\right]^s}, \quad e = \left[1+\frac{1}{\infty}\right]^{\infty}, \quad e^{ix} = \cos x + i \sin x$$

소수의 근본 무늬는 소용돌이 무늬를 찾던 야코프 베르누이가 복리 계산법으로 스쳐 지나갔고, 오일러 공식으로 반환점을 돌아 제타 함수로 이어졌다. 나중에 안내할 양자론의 종착역인 **게이지 대칭 이론**도 소수의 열쇠인 **자기 복제 분수 함수**에 그 본질이 있다.

복잡한 선분논리의 과정은 장황했으나, 알고 보면 원의 알고리즘으로 귀결된다. 소수와 분수의 관계적 현상은 자연상수 e 의 파동을 만든다. 이 파동은 무한한 시간이 그려내는 소용돌이 무늬의 근원이다. 소용돌이가 양자화로 만들어내는 연속적 동심원에서 시간을 멈추면 원의 알고리즘이 나타난다.

동시복제 존재론은 0과 무한대 하나의 관계만으로 정리한 회전논리다. 새로운 두 수학의 색역학과 원자 모델은 **동시복제 존재론**을 토대로 연속적 논리를 일관되게 전개하여 구성한 논리 공간이다.

> 동시복제 존재론 : Sync-Clone Ontology
> 새로운 두 수학 : TNM Two New Math.
> 새로운 두 수학의 색역학 알고리즘 : TNM QCD Algorithm
> 새로운 두 수학의 원자 모델 : TNM Atomic Model

참고로 새로운 두 수학에서 말하는 동시복제 존재론은 온톨로지 Ontology의 철학적 의미에만 국한한 것이 아니다. 동시복제 존재론은 형이상학과 형이하학을 포괄하여 시공간의 존재를 논한다.

우리는 미시 세계의 실체를 직접 가서 확인할 수 없는 물리적 한계 속에 있다. 하지만 없음의 0에서 논리를 시작하여 동시 자기복제의 논리를 일관되게 전개하면, 시간과 공간의 본질적 알고리즘을 그대로 이끌어낼 수 있고, 실용 가능한 물리계의 논리로 연쇄반응을 일으킨다. 이는 우주가 한 치의 오차도 없이 자연의 논리로 작동하기 때문에 가능하다.

TNM QCD Algorithm

양성자와 중성자를 구성하는 강력은 글루온의 색역학으로 해석한다. 양자 색역학은 RGB 축으로 3차원 공간을 형성하고, 동시에 대칭적 CMY 축이 3차원 배경 공간을 형성한다. RGB와 CMY는 컬레 복소수 관계다. 각각의 3차원 공간은 0과 무한대가 만나 하나의 시스템을 형성한다. 색역학 배경에는 흑백이 동시복제로 존재하며 그림자와 같은 **색가둠** 현상을 일으킨다.

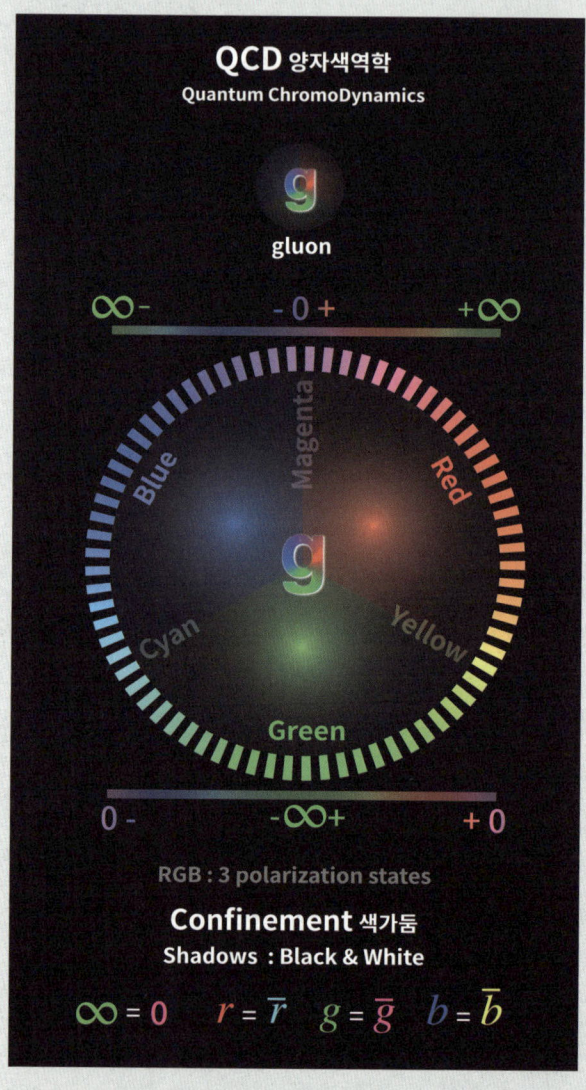

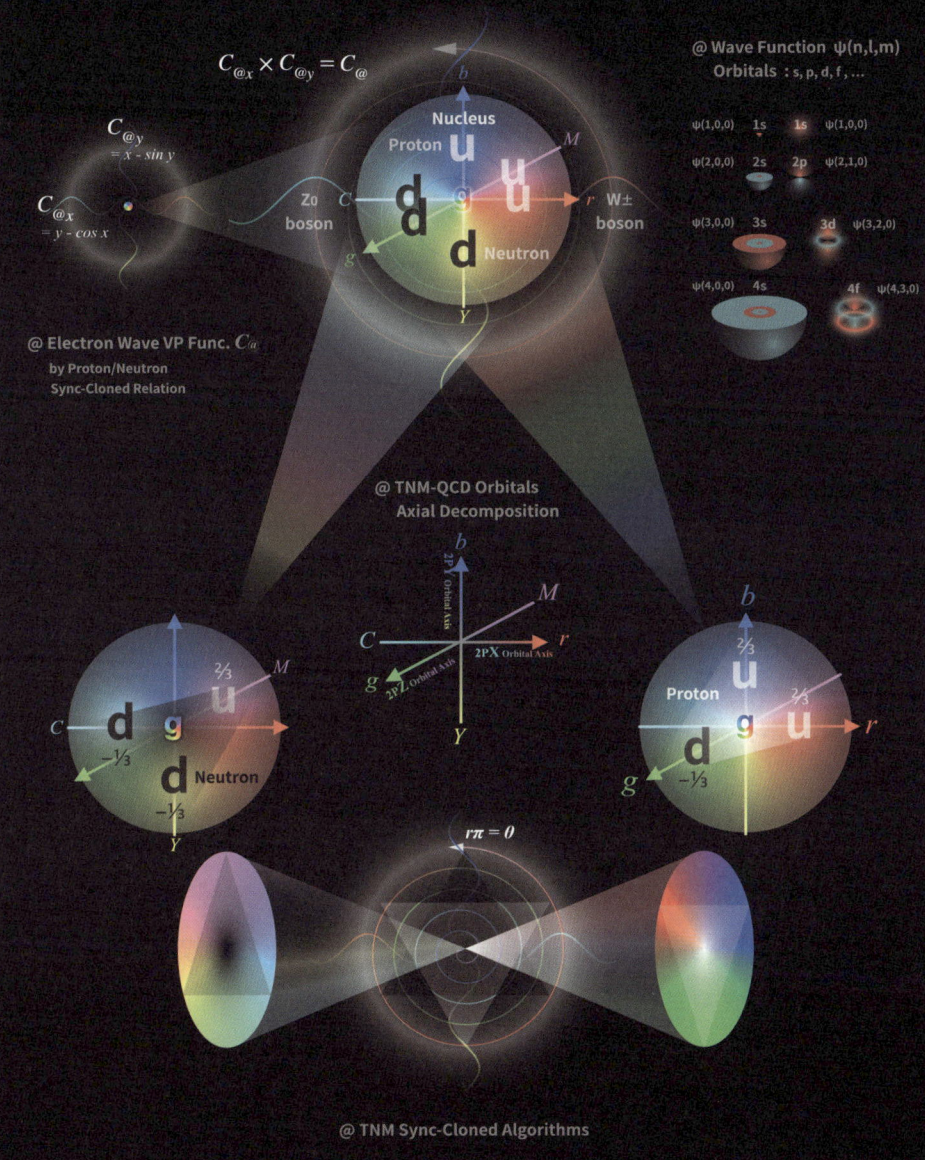

관점 함수와 현미경
Viewpoint Function & Microscope

색의 비밀은 3차원 시공간에서 입자와 빛 에너지가 어떻게 교환될 수 있는지에 있다.

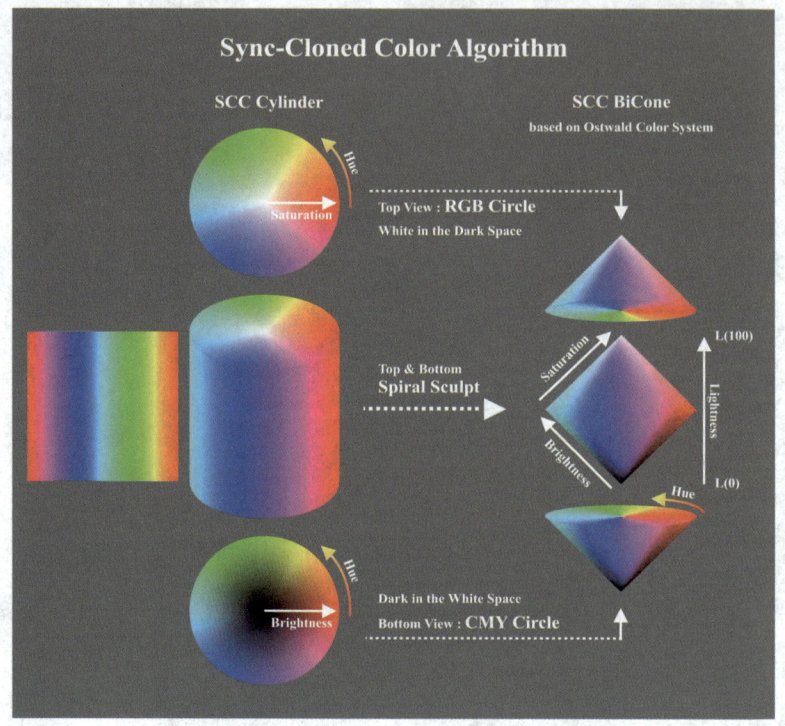

색의 변화도를 입체공간에서 구조로 표현할 때, 처음에는 원통으로 접근하지만 HSB 원통을 만들어 놓고 보면 원통 안에 있는 중간 색들을 들여다보기 어렵다.

그래서 원통의 위아래를 두원뿔 BiCone, 비콘 모양으로 깎아내는 논리적 연쇄반응이 일어난다. HSB 원통을 HSB 두원뿔로 만들면 모든 색이 두 원뿔 표면에 나타난다.

두원뿔은 두 개의 원뿔을 밑면이 서로 만나게 배치한 모형일 뿐, 두 원뿔의 꼭짓점을 만나게 배치했던 **쌍원뿔**과 다를 바 없다. 다른 점이 있다면 위상학적으로 반을 잘라 각각 **거울 대칭이동**한 것이다.

두원뿔 : BiCone, B-Cone, BC, ◀▶
쌍원뿔 : Double Cone, D-Cone, DC, ▶◀

또한 앞서 쌍원뿔에 대해 여행한 바와 같이 쌍원뿔은 구체와 관점만 다른 하나의 대칭적 실체다. 쌍원뿔은 쌍곡선의 논리를 일관되게 입체로 확장시킨 기하체고, 구체는 원의 논리를 일관되게 확장하여 형성한 기하체다.

수학에서 기하를 논할 때 좌표 축은 인간의 관점을 의미한다. 만약 좌표 축을 실수 R로 잡았다는 것은 세상의 모든 것이 실수 R로 형성되었다는 전제를 깔고 논한다는 것을 의미한다.

원은 좌표 축을 실수 R로 한 것이고, 쌍곡선은 좌표 축을 복소수 C로 한 것이다. 같은 방정식인데 관점을 달리하면 원이 되기도 하고 쌍곡선이 되기도 한다.

Circle ViewPoint Function

$$f_@(x, y) = y^2 + x^2 - 1^2 = 0$$

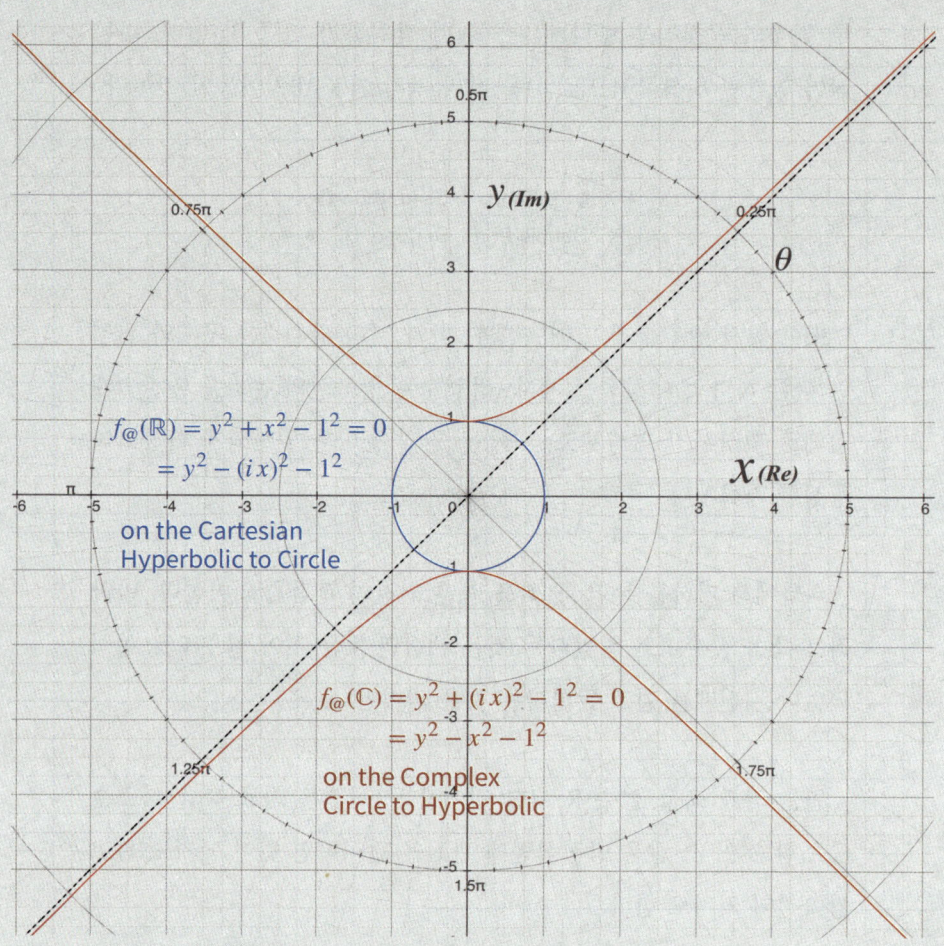

Line-Line & Polar coordinate system

@ 실수평면의 원과 복소평면의 쌍곡선

원 방정식 : $x^2 + y^2 = r^2$

쌍곡선 방정식 : $x^2 + (yi)^2 = x^2 - y^2 = r^2$

@ 켤레곱의 원 방정식

$$z^2 = |z|^2 = (x+yi)(x-yi) = x^2 + y^2 = \begin{vmatrix} x & -y \\ y & x \end{vmatrix} = r^2$$

@ 관점 함수 ViewPoint Function, VPF

$$f_@(x, y) = x^2 + y^2 - r^2 = 0$$

$$\therefore \ f_@(\mathbb{R}) \stackrel{@}{=} f_@(\mathbb{C})$$

새로운 두 수학은 방정식을 등호의 양쪽 변 중 한쪽 변을 0으로 만들어 관점 함수 ViewPoint Function, $f_@$ 로 변환한다.

일반적으로 방정식을 함수로 변환할 때는 Y축 변수를 한쪽 변으로 정리한다. 하지만 이 방식은 정해진 좌표 축 속에서만 변화를 일으킬 수 있기 때문에 유한론적 함수라 할 수 있다.

우리가 서양 수학을 배우며 알고 있던 일반적 함수는 선분논리에서 유래됐다. 선분논리는 항상 논리의 시작점을 선언하고 진행해야 한다.

그러나 회전논리는 시작점을 선언하지 않고 함수를 만들기 때문에 관점에 따라 또는 필요에 따라 배경 인자를 무한히 변경할 수 있다.

그래서 관점 함수는 일반 함수와 같이 x, y 값을 변환하여 같은 좌표 공간에 위상을 표시할 수 있고, 좌표 축 차원을 넘어 위상을 표시할 수도 있다.

선분논리에서는 좌표 축이 바뀌면 함수를 변환해야 하기 때문에 알고리즘이 기준 축에 따라 다른 모양으로 변해 버린다. 척도에 따라 알고리즘의 무늬가 달라져버리면 본질적인 알고리즘 무늬를 잡아낼 수 없게 된다.

관점 함수는 본질적인 알고리즘 무늬를 고스란히 유지하면서 기준 축으로 정해지는 차원을 넘나들 수 있다. 결국 관점 함수는 관점이 척도고 좌표 축이 변수인 함수가 된다.

관점 함수의 원리는 양자 차원의 컴퓨터 프로그래밍에서 무한 알고리즘을 구사하는 데도 유용하다. 이 함수를 양자화하여 입자로 인식하면 논리로 실체를 관측하는 현미경으로 사용할 수 있다.

이렇게 0점을 통로로 하고 양음을 모두 포괄하는 **관점 현미경**은 미시 세계를 탐험할 때 우리를 당혹스럽게 하던 괴이한 왜곡 현상을 자연스러운 우주로 나타나게 한다.

방정식은 함수고, 함수는 입자다.
관점 함수는 분해 없이 차원을 넘나든다.

관점 현미경은 빛으로 왜곡된 환상을
0점 조정으로 선명하게 한다.

방정식이 척도에 따라 달리 보이는 것은 원뿔곡선의 현상과 같이 하나의 입자를 서로 다른 각도에서 관찰하는 것과 같은 현상이다.

이제 광자의 일부인 가시광선에서 색의 역학적 관계가 어떤 알고리즘인지 실마리를 잡은 듯하다. 색 에너지와 입체공간의 사고 실험에서 통찰을 통해 찰나의 순간에 드러나는 알고리즘을 축약해 본다.

인간의 본성은 쌍원뿔에 있고,
그 위의 곡선들이 관찰자를 이끈다.

점이 원으로, 회전이 사인함수의 파동으로
파동은 0점을 분기점으로 위아래 둘로 쪼개진다.
둘은 동시 자기복제 쌍으로 시공간을 만든다.

시간은 공간을 만들고,
시공간 두 객체의 관계는
무수한 원을 그리며 소용돌이친다.

소용돌이의 무한대 극한이 임계점이다.
임계점에서 쌍원뿔이 완성되면,
구체로 보이는 입자를 형성한다.

쌍원뿔 DNA를 가진 구체 입자가
수량으로 입자를 만드는 양자화를 가능케 한다.

이런 관점에서 우리는 이것을 **동시복제 색도 두원뿔**이라 이름 짓는다.

동시복제 색도 두원뿔
: Sync-Clone Chroma BiCone, SCC BiCone

SCC 두원뿔의 위쪽 원뿔은 RGB 관점의 HSB 에 해당하고, 아래쪽 원뿔은 CMY 관점의 HSD 에 해당한다.

HSB : HS Brightness
HSD : HS Darkness

HSB 원뿔은 암흑 공간 Dark Space 을 배경으로 백색 입자가 형성되는 모형이고, HSD 원뿔은 백색 공간 White Space 을 배경에 두고 암흑 입자가 형성되는 모형이다.

배경과 입자는 서로 동시 상대적이며 관점에 따라 뒤바뀐다. 동시 상대적 Sync-Clone Relative, SCR 이라는 것은 전자기적 관점에서는 쌍극자 Dipole 와 같은 관계를 형성한다.

서양에서는 르네상스 시대의 다빈치와 같이 수학, 과학, 철학, 예술 등을 총망라하여 모든 지식을 융합하고 포용하는 사람을 폴리매스 polymath 라고 불렀다.

폴리매스로 불리는 오스트발트는 촉매와 화학 평형에 대한 공로로 1909년 노벨상을 수상한 바 있는 물리화학 분야의 선구자다. 오스트발트는 학계를 은퇴한 후 1916년에 The Color Primer 를 출판

했다.

 예술가 먼셀이 미술적 관점으로 색 모형에 접근했다면, 과학자였던 오스트발트는 현상학적 관점으로 색 모형에 접근했다고 할 수 있다. 색상의 변화를 입체적으로 배치하여 만든 것이 **오스트발트 컬러 모형**이다.

Friedrich Wilhelm Ostwald, 1853~1932
오스트발트 컬러 모형 : Ostwald color solid

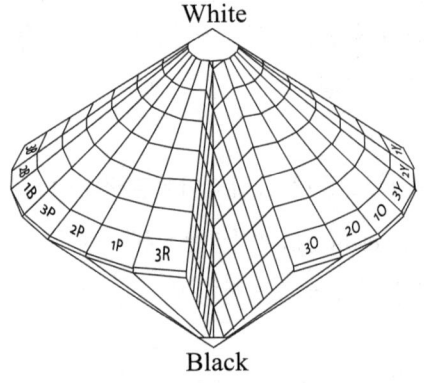

 이것이 나중에 HSL 두원뿔로 구체화되고 HSL 두원뿔의 반쪽이 HSB 원뿔이 된다. 오스트발트의 HSL 두원뿔 모형은 디지털 화면의 픽셀과 같은 색의 조각들을 이어 붙인 모형이다.

 색을 찾기 위한 미술적 관점이 강하고 양자 색역학적인 관점은 약해 보인다. 오스트발트는 색을 조화로운 변화도에서 선택할 수 있어야 한다는 목적에서 정수론적인 컬러 칩 시스템을 만들었다.

색이 어떤 에너지를 가지고 물리적 역학구도를 형성하는지에 대한 탐구는 없었던 것으로 보인다. 그럼에도 불구하고 오스트발트는 낫이라는 도구를 만들었고 후대 양자 역학자들은 그것을 보고 기역 자를 떠올리게 된다.

오스트발트의 행적과 같이 서양의 선분논리는 본능적으로 링 구조를 이루려는 방향으로 진행되고, 방정식의 대칭구조로 논리를 완성하려는 성향을 보인다.

인간이 구사하는 논리들은 둘로 나뉘어 무한히 연쇄반응을 하고 조각난 선분들은 다시 이어지는 흐름을 한다. 이런 흐름은 나중에 생성과 소멸의 궁금증에서 뽑아낸 분기 이론으로 연쇄반응을 일으키기도 한다.

색과 열에서 표준 모형으로

Color & Thermo to Standard Model

유럽의 과학은 현상을 발견하고 그 현상을 선분논리로 해석하는 방식으로 본질에 접근해 왔다. 이런 논리적 관성은 빛을 다양한 관점에서 관찰하고 특성을 정리하는 행위로 이어진다.

빛을 파동으로 해석하는 관점과 열역학으로 관찰하는 행적이 대표적이다. 파동적 관점은 가시광선을 색으로 구분하여 파장과 진동수로 수학적 무늬를 뽑아냈다.

열역학적 관점은 **흑체 실험**에서 온도와 파동 간의 관계를 밝혀 온도와 색의 관계에서 **색공간**을 정리했다.

색공간은 오늘날 컴퓨터 화면에서 자연색을 연출할 수 있게 하는 토대가 되었다. 색공간의 수학적 논리는 양자 역학에서 양자들이 관계하여 좀 더 큰 입자들을 형성하는 원리로 전개된다. 이 논리가 **양자 색역학**이다.

흑체 : Black body
색공간 : Chromaticity Space, Color Space
양자 색역학 : Quantum ChromoDynamics, QCD

  양자 역학에서 색역학은 3개의 입자가 새로운 입자를 형성하는 에너지 순환과정을 설명하는 데 활용된다.

  빛은 물질에 반사되어 그 물질의 색을 보여준다. 이는 빛이 물질과 충돌했다는 것을 의미한다. 그렇다면 빛은 물질이다.

  한편 광전효과에서 전자는 들뜬상태에서 안정상태가 되면서 광자를 방출한다. 그렇다면 빛은 에너지다.

에너지는 물질인가?

  물질계는 상대적 관계로 형성되었기 때문에 배경 속에 물질이 존재한다. 배경이 없으면 물질이 존재할 수 없다.

우리가 말하는 물질이란 무엇인가?
물질은 입자적인 인식에서 나온 용어다.
배경이란 무엇인가?

  배경은 입자를 구분하고 남은 여백을 배경이라고 한다. 관점에 따라 배경을 비어있는 공간이라 할 수도 있고 알 수 없는 에테르로 꽉 차있는 공간이라고도 할 수 있다.

만약 배경을 입자로 형성되지 않은 모든 것이라 한다면 배경은 형체가 없는 에너지다.

배경은 여백이며 0점이다.
Zero Point는 변화의 척도다.
척도가 있어야 인식할 수 있다.

우리는 왜 빛이나 열을 보고
물질이라고 말하기보다 에너지라고 할까?

빛과 열과의 관계는 1900년 막스 플랑크가 **플랑크 흑체 방사선 법칙**을 발표하면서 정리됐다. 흑체는 이상적인 완벽한 흡수체를 말하며, 1859년 키르호프가 처음 제시했다고 한다. 흑체가 온도에 따라 전자기 방사선을 어떻게 방출하는가에 대한 문제다.

Gustav Robert Kirchhoff, 1824~1887
black-body radiation defined in 1859-1860

Max Planck, 1858~1947
플랑크 흑체 방사선 법칙
: Planck black-body radiation law, Planck's law

전자기 에너지는
양자로 방출한다

전자기 방사선이란 맥스웰 방정식을 기반에 두고 빛을 파동으로 해석한 에너지를 말한다. 파장의 크기에 따라 라디오파, 마이크로파, 적외선, 가시광선, 자외선, X선, 감마선 등으로 이어지는 연속된 에너지의 변화에 관한 논리이다.

전자기 방사선 : ElectroMagnetic Radiation, EMR

긴 파장은 진동으로만 보이고, 적당한 파장은 빛으로 보이며, 짧은 파장은 극단적인 에너지에 도달하여 입자로 보인다. 거시 세계에서 하나의 물질이 온도에 따라 고체, 액체, 기체와 같이 3단계의 상태변화를 하는 것과 닮았다.

물체의 온도가 높아지면서 주변이 따뜻해지는 현상을 과학자들은 물체에서 열에너지를 방사한다고 해석했다. 열에너지를 파동으로 재해석하여 온 사방으로 퍼지는 진동을 선으로 묘사한 것이 방사선 Radiation 이다.

따라서 방사선은 관점에 따라 에너지 그 자체를 의미할 수도 있고 파동일 수도 있다. 파동은 하나의 원이 되는 단위를 한 개로 구분하여 양자화하면 입자가 된다. 이런 방사선 현상의 그늘에 가려진 불확정성 알고리즘은 후에 **언루 효과**로 나타난다.

Planck's radiation law

T : absolute Temperature
k_B : Boltzmann constant
h : Planck constant
c : speed of light

$$k_B = 1.380\,649 \times 10^{-23} \text{ J/K}$$
$$= 8.617\,333\,262\,145 \times 10^{-5} \text{ eV/K}$$

f : frequency , λ : wavelength , $c = 299\,792\,458$ m/s

$$B(f,T) = \frac{2hf^3}{c^2} \frac{1}{e^{\frac{hf}{k_B T}} - 1} = 2f^3 \frac{1}{e^{\frac{f}{T}} - 1}$$

$$B(\lambda,T) = \frac{2hc^2}{\lambda^5} \frac{1}{e^{\frac{hc}{\lambda k_B T}} - 1}$$

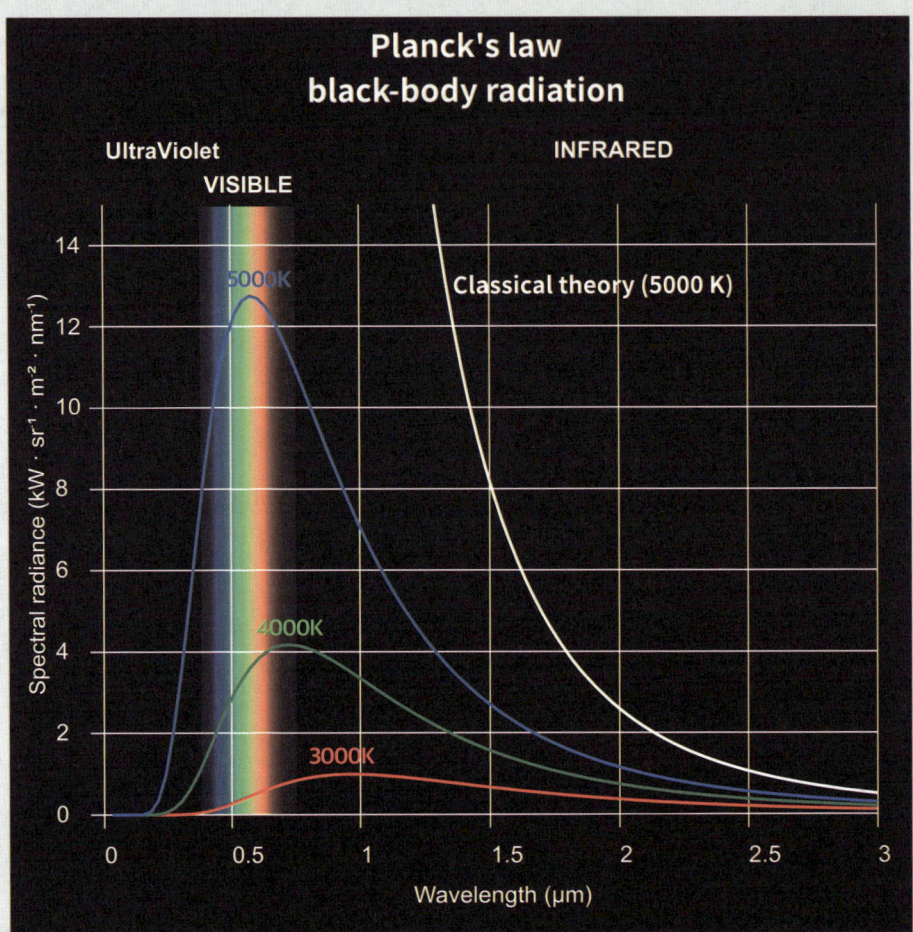

Planck–Einstein relation ∶ Photon energy

$$E = hf$$

E : Energy , h : Planck constant , f : frequency

$$h = 6.62607015 \times 10^{-34} \text{ [J/Hz]}$$
$$h = 4.135667696... \times 10^{-15} \text{ [eV/Hz]}$$

$$\hbar = 1.054571817... \times 10^{-34} \text{ [J·s]}$$
$$\hbar = 6.582119569... \times 10^{-16} \text{ [eV·s]}$$

$$\hbar = \frac{h}{2\pi}$$

∶ Reduced Planck constant, Dirac constant
∶ Quantum Angular Momentum

$$c = \lambda f, \quad \lambda = \frac{c}{f}$$

Planck's radiation law

T : absolute Temperature , k_B : Boltzmann constant

h : Planck constant , c : speed of light

$k_B = 1.380\,649 \times 10^{-23}$ J/K $= 8.617\,333\,262\,145 \times 10^{-5}$ eV/K

$c = 299\,792\,458$ m/s

$$B(f,T) = \frac{2hf^3}{c^2} \frac{1}{e^{\frac{hf}{k_B T}} - 1} = 2f^3 \frac{1}{e^{\frac{f}{T}} - 1}$$

$$\int_{\lambda_1}^{\lambda_2} B(\lambda,T)d\lambda = \int_{f(\lambda_2)}^{f(\lambda_1)} B(f,T)df$$

$$= \int_{\lambda_2}^{\lambda_1} B(f,T)\frac{df}{d\lambda}d\lambda = \int_{\lambda_1}^{\lambda_2} -B(f,T)\frac{df}{d\lambda}d\lambda$$

$$\therefore B(\lambda,T) = -B(f,T)\frac{df}{d\lambda}$$

$$c = \lambda f, \quad f = \frac{c}{\lambda}, \quad \frac{df}{d\lambda} = \frac{d}{d\lambda}\frac{c}{\lambda} = -\frac{c}{\lambda^2}$$

$$\frac{2hf^3}{c^2}\frac{df}{d\lambda} = \frac{2hf^3}{\lambda^2 f^2}\frac{df}{d\lambda} = \frac{2hf}{\lambda^2} \cdot \frac{df}{d\lambda} = \frac{2h}{\lambda^2}\frac{c}{\lambda} \cdot -\frac{c}{\lambda^2} = -\frac{2hc^2}{\lambda^5}$$

@@ $a = c\frac{dc}{d}, \quad a^{-1} = c^{-1}\frac{d}{dc} = \frac{d}{dc}c^{-1} = -c^{-2} \quad \therefore a = -c^2$

$$\frac{2hf^3}{c^2}\frac{df}{d\lambda} = \frac{2hf^3}{\lambda^2 f^2}\frac{df}{d\lambda} = \frac{2hf}{\lambda^2}\frac{df}{d\lambda} \stackrel{@}{=} \frac{2hc}{\lambda^2 \lambda}\frac{dc}{d}\frac{1}{\lambda^2} \stackrel{@}{=} \frac{2h}{\lambda^5} \cdot c\frac{dc}{d} = -\frac{2hc^2}{\lambda^5}$$

$$\therefore B(\lambda,T) = -B(f,T)\frac{df}{d\lambda} = \frac{2hc^2}{\lambda^5}\frac{1}{e^{\frac{hc}{\lambda k_B T}} - 1}$$

거시 세계와 미시 세계의 관점분기

언루 효과 Unruh Effect

Stephen Fulling in 1973, Paul Davies in 1975, William George Unruh in 1976
양자 세계의 방사선 또는 에너지가 관측자에 따라 불균형하게 나타난다.

$$T = \frac{\hbar a}{2\pi c k_B} \approx 4.06 \times 10^{-21} \, \text{K} \cdot \text{s}^2 \cdot \text{m}^{-1} \times a$$

TNM Interpreting Unruh Effect

거시 세계와 미시 세계는 상호가 동시복제 알고리즘으로 존재하기 때문에 각자는 스스로가 구체 모양으로 관측되지만, 상대적 세계를 관측할 때 다양한 원뿔곡선으로 에너지가 관측된다.

$f_@^{\infty \to -\infty}$: 거시 → 미시 , $f_@^{-\infty \to \infty}$: 미시 → 거시 $\implies$ Double Cone

$f_@^{=0}$: 거시와 미시의 경계면 $\implies$ Equilibrium Point

$f_@^{\infty \to 0}$: 거시 → 거시 , $f_@^{-\infty \to 0}$: 미시 → 미시 $\implies$ Sphere

일관된 선분논리의 연속

평형점 : 0, 참 : 1, 거짓 : -1

참 × 참 × 참 × 참 … = 참

$1 \times 1 \times 1 \times 1 \cdots = 1$: All True

거짓 × 거짓 × 거짓 × 거짓 … = 참/거짓 진동

ex) 실수 평면의 논리객체, 허수평면의 논리객체

$-1 \times -1 \times -1 \times -1 \cdots = \mp 1$: Pulsing True

ex) 복소평면의 원 : $r = e^{i\theta} = \cos\theta + i\sin\theta$

선분논리에서 **언루 효과**는 상대적 파동 인식에 대한 이야기다. 진공 속에서 관찰자가 흑체 스펙트럼을 감지할 때 관찰자의 가속도에 따라 다른 온도로 인식하는 현상으로 설명한다. 이는 온도를 파동 에너지로 해석한 논리적 연쇄반응이다.

듣고 보면 당연한 현상인데,
왜 꼬집어 언루 효과라 말하는 것일까?

여기에는 시공간의 논리적 한계를 맞이한 시대적 배경이 있다. 선분논리는 블랙홀과 같은 시공간의 문 앞에서 진공 상태를 열쇠로 쥐어들었다.

그리고 시간의 상대성으로 진공 상태에 대한 절대적 척도를 흔들어 무한의 문을 열려는 시도를 한다.

진공에 대한 논란은 고대로부터 에테르라는 이름으로 해결되지 않은 난제였다. 그들은 진공 상태도 상대적이라는 결론에 베이스캠프를 차렸다.

물리적으로 나타난 현상에 집중하여 **참**인 논리만을 전개하는 것이 선분논리의 과학적 사고방식이긴 하지만, 이 세계에는 무한계의 모호함을 외면하는 경향이 짙다.

무한계의 논리는 복소평면에서 실수와 허수가 각각 양음으로 진동하는 원을 그리고, 그 원은 편광의 선분논리에 코사인과 사인으로 분기 한다.

이런 논리적 현상은 무한계가 선분논리로 연속적으로 연결될 때, 참 대신 거짓으로도 연속적 논리가 이어져 코사인과 같이 진동하는 파동으로 존재한다는 것을 암시한다.

논리의 끝에서 되돌아보면, 편광에서 **거짓**이라고 생각했던 반대 세계는 관점에 따라 **거짓**으로 판단했을 뿐 **참**의 반대편에서 스스로가 **참**인 상태로 존재하는 **거짓**이었다. 이와 같은 현상은 **공간 분기 이론**에서 좀 더 구체적으로 여행할 수 있을 것이다.

맥스웰 방정식은 전기장과 자기장이 동시공간을 형성하고, 물질계에 연속적으로 에너지가 전달되어 전류라는 시공간을 형성하는 동시적 상대관계를 보여준다.

전기장의 원류는 양전자와 전자의 관계고, 자기장은 N극과 S극의 관계다. 그러나 자성을 띠는 현상은 궁극적으로 원자핵 속에 있는 양자들의 관계에서 형성된다.

표면적으로는 원자핵 주위에 있는 전자들이 자성을 형성하는 이유라고도 할 수 있지만, 전자 역시 원자핵의 양자들 관계가 시공간을 형성하여 외부에 표출되는 현상이다.

결국 전기장과 자기장 모두 양자들의 관계에 의해 형성된 전자적 현상이 두 방향성으로 나타난 것으로 해석할 수 있다. 그래서 맥스웰 방정식이 전자기장과 중력장을 하나로 연결할 수 있었다.

자석의 원리가 어느 정도 밝혀지기 전에는 전기장과 자기장 그리고 중력장을 각기 다른 세계라고 상상했었다.

그러나 새로운 두 수학의 눈으로 보면, 관계라는 단순한 원류에서 서로 달라 보이는 빛깔로 나타나 90도 관계를 하는 세 개의 장으로 보이는 하나의 무한이었다.

전자는 현상이다.
양자들의 관계가 전자적 현상을 표출한다.
전자적 현상은 자기장을 동반한다.
양자의 역학관계는 전자기장과 중력장을 만든다.

전자는 모든 원자에 있다. 물론 수소 이온과 같은 상태의 경우 전자가 없다고도 할 수 있다. 그러나 이것은 전자를 독립적인 입자로 인식하는 하나의 관점일 뿐이다.

전자적 현상은 원자 속 양자들의 관계로 형성한 시공간을 의미하는 포괄적 관점이다. 전자 여부에 따라 상태의 안정이나 불안정과는 무관하게 전자적 현상이 확보한 시공간은 그대로다.

마치 계곡에는 높낮이의 위치 에너지가 있으나 물이 없으면 흐르는 현상이 눈에 보이지 않는 것과 같다.

전자의 유무와 무관하게 공간이 있으면
전기장과 자기장이 동시에 존재한다.

자석의 성질은 자성의 방향과 강도에 따라 일반적으로 몇 가지 특성이 관심을 받는다.

강자성은 철자성이라고도 하며 철 ferro- 과 같이 강한 자성으로 보이면서 외부 자성의 영향이 사라져도 자성을 오래 유지하는 성질을 말한다.

상자성은 자성이 평형 para- 을 이루는 경향이 높아 자기적 변화와 유지가 매우 약한 물질의 자기적 성질을 의미한다. 강자성과 상자성은 모두 외부 자기에 대해 인력이 작용하는 현상이다.

반자성은 외부 자기에 대해 서로 밀어내는 척력이 작용하는 현상이다. 반자성의 척력과는 비슷한 현상을 보이지만 거시적 극성에 따른 척력과는 조금 다른 기이한 현상이 바로 물체의 공중부양 **초전도 현상**이다.

강자성 強磁性 : ferro-magnetism
상자성 常磁性 : para-magnetism
반자성 反磁性 : dia-magnetism
초전도 현상 超傳導現象 : superconductivity

전자들의 스핀과 궤도 각운동에 따른 자기 모멘텀 등을 들은 바 없던 어린 시절, 자기부상열차를 보고 두 막대자석으로 어찌해보려던 꿈이 있었다. 그런 꿈들은 처음 자석을 맞이한 어린 페러데이에게도 마찬가지였을 것이다.

반자성은 안톤 브루그먼스가 1778년 자기장이 비스무트 Bismut, Bi 를 밀어내는 현상을 처음 발견했다고 한다. 브루그먼스는 물이나 수은 위에 물체를 띄워 놓고 자성에 대한 실험을 했다. 이 방식은 미세한 자성을 실험하는 가장 간단한 방식이다.

1845년 페러데이는 이런 현상이 물질의 속성이고 모든 물질에 있다고 했다. 페러데이는 윌리엄 휴웰의 제안에 따라 모든 dia- 물질에 있는 자기적 특성이라는 의미에서 diamagnetic 이라고 했고 이후 diamagnetism 으로 불리게 됐다.

Anton Brugmans, 1732~1789
William Whewell, 1794~1866

자성은 원자의 전자적 특성에 따라 나타나는 현상이어서 모든 물질에는 자성이 있다. 단지 외부로 표출되는 강도나 방향성이 다를 뿐이다. 원자 구조도 제대로 밝혀지지 않은 시대에 페러데이의 통찰력이 돋보인다.

전자기에 대한 물체의 분류는 화자의 관점에 따라 차이를 보이기도 하지만, 전류가 흐르는 정도에 따라 도체, 부도체, 반도체로 구분한다.

도체는 **전기 전도체**의 약자고, **부도체**는 전선의 피복에 많이 쓰이는 **절연체**라고도 부른다.

반도체는 전압, 열, 빛 등 외부 에너지에 의해 전도성이 변하는 물질이다. 반도체는 전자기적 관점에서 양자적 해석을 통해 첨단소재를 개발하는 과정으로 이어진다.

도체 導體 : conductor = 전기 전도체 電氣傳導體 : electrical conductor
부도체 不導體 : nonconductor   반도체 半導體 : semiconductor
절연체 絶緣體 : insulator

20세기 레이더와 21세기의 컴퓨터가 상징하는 전자문명은 양자역학의 응용산업으로 형성됐다.

양자 역학은 전자기적 관점을
미시 세계로 확대한 기술에 불과하다.

1821년 시벡이 처음 반도체 효과를 발견했고 이것을 **시벡 효과**라 부른다. 시벡 효과는 온도와 종류가 다른 두 금속을 접합하여 전류를 흐르게 하면 접합부에 나침반의 방향이 왜곡되는 현상이다.

Thomas Johann Seebeck, 1770~1831
: Seebeck Effect, 1821

이 현상은 나중에 온도차가 전압을 발생시키는 것으로 밝혀졌다.

1833년 페러데이가 온도에 따라 저항이 변화하는 현상을 황화은을 통해 밝혔다고 한다.

1827년에 이미 **옴**은 **수학적으로 조사한 전기회로**를 출간하면서 발표한 **옴의 법칙**에서 전류와 전압 그리고 저항의 비례관계를 보여주었다. 전류가 일정한데 저항이 변한다는 것은 전압이 변한다는 것을 의미한다.

Georg Simon Ohm, 1789~1854
: the **Galvanic Circuit** investigated mathematically, 1827

$$\text{Ohm's law} \quad I = \frac{V}{R}, \quad V = IR$$

I : 전류, V : 전압, R : 저항

빛과 열의 관계와는 무관하게 열에 의해서 전위차가 생긴다는 것은 물이 흐를 수 있는 계곡에 위치 에너지가 있다는 것을 의미한다. 열을 이용하여 전기를 흐르게 할 수 있다는 의미다.

페러데이 당시에는 정전기나 자석을 이용하여 전기를 유도하는 것이 일반적인데, 빛이나 열을 전기로 변환할 수 있다는 것은 신비로운 일이었을 것이다.

이외에도 1839년 에드몽 베크렐이 **광발전효과**를 보고했다. 이 효과는 1905년 아인슈타인의 **광전효과**와 같은 맥락이지만 관점에 차이가 있다. 한글로 번역할 때 두 효과 모두 광전효과로 표기할 수 있다.

빛과 전자의 관계를 의미하는 광전효과는 아인슈타인 이전에도 헤르즈, 톰슨 등 많은 학자들이 구체적인 파동적 해석과 함께 발표한 바 있었다.

단지 아인슈타인은 입자론을 주장하기 위한 경쟁적 고집이 광전효과의 관점을 파동에서 입자로 전환하여 해석했다는 점이 다를 뿐이다. 과도한 고집이기도 하지만 한편으로는 의도와는 무관하게 파동의 양자화에 기여하게 됐다.

Edmond Becquerel, 1820~1891
: PhotoVoltaic effect, 1839

Heinrich Hertz, 1857~1894
: PhotoElectric effect, 1887

J. J. Thomson, 1856~1940
: Discovery of the electron, cathode rays by electrons, 1897

Albert Einstein, 1879~1955
: PhotoElectric effect, 1905

온도와 빛 색깔, 파동과 입자 그리고 전자와 자기는 모두 두 입자의 관계에서 만들어지는 시공간 현상들이다.

이런 관계들을 하나로 묶어 2차원 평면에 하나의 무늬로 표현하면 소용돌이 무늬가 되고, 3차원 입체로 표현하면 쌍원뿔 또는 구체가 된다. 물론 고대의 동양적 해석과 같이 2차원의 전자기 회로에서 원이나 X로 표현할 수도 있으며 1차원의 점으로 표현할 수도 있다.

그리고 보면 고대 선각자들의 해석에서 아직 벗어난 적이 없다. 단지 다각적 세부 관점에서 선분논리 언어를 사용해 구체적으로 묘사하고 활용기술이 발전했을 따름이다.

포논은 1932년 소련 물리학자 **이고르 탐**이 처음 도입한 것으로 알려진다. 포논은 그리스어에서 온 소리(phonē)+입자(non)의 합성어다. 포논은 진동을 양자화한 개념이다. 따라서 진동이 없으면 포논도 사라진다. 열이나 전자기의 전도성을 파동으로 묘사할 때 많이 활용되고 있다.

Igor Tamm, 1895~1971
the concept of **Phonons** was introduced in 1932

양자 역학에서는 포논을 보손 입자로 분류하기도 한다. 물질은 온도와 밀도에 따라 다른 파장을 가지기 때문에 상대적인 입자라 할 수 있다. 파울리 배타 원리를 따르는 표준 모형에서는 특정값으로 정의할 수 없어 표현되지 않는다.

포논은 진동의 특성에서 하나로 묶인다는 의미도 숨어 있다. 그래서 쿠퍼쌍이 포논 때문에 나타난다는 해석도 있다. 초전도 현상에서 절대온도일 경우 진동이 없어 포논이 사라진다고 표현한다. 초전도와 쿠퍼쌍에 관련한 여행은 나중에 할 기회가 있을 것이다.

아인슈타인은 빛이 정수와 같이 똑떨어지는 물질이기를 바랐고, 입자설의 증거로 광전효과를 발표했다.

무한계는 어떤 논리든 일관되게 전개하면 링 구조를 이룰 수 있다. 배경에서 물질인 입자로 구분되는 것이 수량을 가진 입자라는 의미에서 양자화라고 한다.

그러나 양자화된 물질은 인간의 관점에서 인식하기 쉽게 구분한 것임을 염두에 두어야 한다. 본래는 모든 것들이 끊임없이 연결되어 있어 무한계 속에 존재한다.

논리에서 자주 거론되는 3단 논법은 1, 2, 3과 같이 구분된 세 선분을 끊임없이 연결하려는 의지가 담겨있다. 1과 2를 정수로 인식하고 연결한다는 것은 1과 2사이에 무한한 수가 있음을 배경에 둔 논리였다.

인간이 구사하여 인간 자신에게 인정받은 논리들은 모두 입자적 논리들이다. 미시 세계를 들여다보는 것도 임의의 경계선을 그어 입자로 구분하는 과정들이다.

원자는 양성자와 중성자로 구성된 원자핵 주위를 전자가 구름처럼 돌고 있는 모형으로 이해하고 있다.

John Dalton, 1766~1844
: 원자설, 1808

Joseph John Thomson, 1856~1940
: 음극선 실험, 전자 발견, 1897

Ernest Rutherford, 1871~1937
: Rutherford model of the atom, 1911

Niels Henrik David Bohr, 1885~1962
: Bohr model of the atom, 1913

표준 모형, 20세기 여러 학자들의 합작
: Standard Model, mid-1970s

이런 원자모형은 돌턴의 원자설, 톰슨의 음극선 실험에 의한 전자 발견, 러더퍼드의 알파 입자 산란 실험에 의한 양성자 원자핵 발견, 보어의 전자껍질과 스펙트럼 이론을 거쳐 현대에는 확률적 전자구름의 오비탈 orbital 이론에 이르렀다.

러더퍼드는 1920년에 원자핵이 양성자와 중성자로 이루어져 있고 양성자와 전자가 묶여 있다고 제안했다.

결국 원자의 구조는 눈으로 직접 관찰할 수 있는 것이 아니라 원뿔곡선과 같이 여러 실험으로 얻은 무늬들을 조합하여 이론적인 모형을 그리는 형식이다.

이후 미시 세계는 중력을 제외한 전자기력, 강력, 약력 세 가지의 역학으로 기본 입자들을 정리하는 **표준 모형**을 탐험한다.

    이론적 방정식은 1970년대 중반쯤 완성되었고, 입자 가속기 실험을 통해 이론에 사용된 기본 입자들을 하나씩 발견하는 데 이목이 집중된다. 기본 입자의 **표준 모형**은 전자기력, 강력, 약력에 대한 이론이다. 이 이론은 대칭적 구조를 배경에 두고 역학 관계를 설명한다.

Standard Model of Elementary Particles

	fermions three generations of matter			bosons interactions / force carriers	
	I	II	III		
QUARKS	≃2.2 MeV/c² ⅔ ½ **u** up	≃1.28 GeV/c² ⅔ ½ **c** charm	≃173.1 GeV/c² ⅔ ½ **t** top	0 0 1 **g** gluon — 강력 Strong Interaction	≃124.97 GeV/c² 0 0 **H** higgs
	≃4.7 MeV/c² -⅓ ½ **d** down	≃96 MeV/c² -⅓ ½ **s** strange	≃4.18 GeV/c² -⅓ ½ **b** bottom	0 0 1 **γ** photon — 광자 ElectroMagnetic Force	
LEPTONS	≃0.511 MeV/c² -1 ½ **e** electron 전자	≃105.66 MeV/c² -1 ½ **μ** muon	≃1.7768 GeV/c² -1 ½ **τ** tau	≃91.19 GeV/c² 0 1 **Z** Z boson — 약력 Weak Interaction	
	<1.0 eV/c² 0 ½ **νₑ** electron neutrino 전자 중성미자	<0.17 MeV/c² 0 ½ **ν_μ** muon neutrino 뮤온 중성미자	<18.2 MeV/c² 0 ½ **ν_τ** tau neutrino 타우 중성미자	≃80.39 GeV/c² ±1 1 **W** W boson	

(QUARKS 쿼크 / LEPTONS 렙톤, 경입자 / GAUGE BOSONS 게이지 보손 / VECTOR BOSONS 벡터 보손 / SCALAR BOSONS 스칼라 보손)

    기본 입자들은 통계적 관점에서 정리한 입자이며, 스핀 값에 따라

정수 스핀은 보손boson, 반정수 스핀은 페르미온fermion으로 나뉜다.

마지막 기본 입자는 2012년 유럽 입자 물리학 연구소 CERN에서 입자 가속기를 통해 힉스 보손 입자를 발견하고 표준 모형에 대한 기본 입자들의 실체가 모두 확인되었다고 밝혔다.

1970년대 중반에 쿼크의 존재를 확인하면서 표준모형 공식화

1954년 강력 이론
1960년대 힉스 메커니즘
1961년 전자기력과 약력 결합
1967년 전기 약력에 힉스 메커니즘 도입
1973년 중성미자 산란에서 중성자 전류 발견
1983년 양성자-반양성자 충돌 실험에서 W, Z 보손 발견
1995년 업 쿼크, 2000년 타우 중성미자
2012년 힉스 보손을 실험적으로 확인

힉스 필드의 출렁임
Higgs Field's Wave

표준 모형은 수학적 군이론을 기반으로 대칭적 구조로 기본 입자들의 관계를 설명한다.

대칭적 논리는 형태가 다르지만 양변이 같은 방정식을 물질의 존재로 해석할 수 있게 했다. 이런 해석적 방법론은 직선적 선분논리의 양 끝을 만나게 하여 회전논리 알고리즘을 구사하는 것과 같다.

입자를 수학적으로 두 관점에서 보면 수량만 있는 **스칼라 입자**의 성질과 방향성이 있는 **벡터 입자**의 성질로 구분할 수 있다.

방정식에서 양변이 같다는 것은 스칼라적 관점인 반면, 형태가 다르다는 것은 벡터적 관점이다.

본질적인 값이 같으면서 형태가 바뀐다는 것은 물질의 변화를 설명하는데 유용하다. 이런 생각은 수학적으로 고윳값과 고유 객체의 논리로 전개된다.

선분논리는 빅뱅 이론을 기반에 두고 표준 모형을 해석한다. 빅뱅 이전에 표준 모형의 기본 입자들은 질량이 0인 상태에 있다.

입자의 질량이 0인 것은 존재하는 것인가?

이는 숫자 0의 인식에 달렸다.
회전논리는 0을 동시입자로 해석한다.

선분논리는 기본 입자들의 존재 원리에 대해 설명하는 것보다는 확인된 입자들을 정리하고 입자들 간의 역학관계를 해석하는 데 주안점을 두었다.

힉스 메커니즘은 질량이 형성되는 과정을 설명하는 이론이다. 이 이론은 빅뱅 이후 기본 입자들 중 페르미온들과 힉스 보손에 질량이 생긴다고 해석한다.

로버트 브라우트, 프랑수아 앙글레르, 피터 힉스 등 1964년 물리학자들은 질량이 생성되는 원리를 제안했다. 이들은 대칭 깨짐 현상으로 입자들이 질량을 가진다고 해석한다.

Robert Brout, 1928~2011
Francois Englert, 1932~
Peter Higgs, 1929~

회전논리는 이런 현상을 시작과 끝이 같은 원형 구조체가 대내외의 관계로 시간이 흘러 시작과 끝이 어긋나면서 소용돌이 무늬를 일으키는 현상으로 해석한다.

대칭 깨짐 현상을 2차원 기하의 원리로 간단히 설명하자면, 입자와 같이 하나의 도형으로 안정을 이룬 폐곡선의 원형 구조가 깨져

선형 구조로 전환하는 흐름이 본질이다.

선형 구조는 시간의 흐름에 따라 다른 구조체와 관계를 일으켜 파동의 간섭 현상과 같이 또 다른 원형 구조체로 나타나기도 한다.

선분논리는 이전의 대칭 논리를 보정하기 위해 **자발적 대칭 깨짐**이라는 개념을 도입했다.

진공과 같은 기저가 유일하다라는 척도에서 논리를 전개하다가 기저 이하의 연속적 현상을 설명하기 위해 무한한 기저 또는 진공 상태가 있다는 논리로 논리적 모순을 해소했다.

특히 질량의 존재를 설명하려면 없던 것이 생겨나는 현상을 구사해야 하는데, 기본 입자 이하에 대한 데이터가 없으므로 기본 입자들의 관계를 바탕으로 대칭 깨짐 현상을 도입했다.

자발적 대칭 깨짐은 기저에서 입자가 대칭적 상태이어야 하는데 대칭이 깨진 상태로 존재하는 원리를 설명한다. 다른 입자와의 관계 없이 하나의 입자가 독립적으로 대칭 상태와 비대칭 상태로 전환할 수 있다는 이론이다.

선분논리는 자발적 대칭 깨짐 현상을 멕시코 모자 모양의 **골드스톤 솜브레로 잠재 함수**로 설명한다.

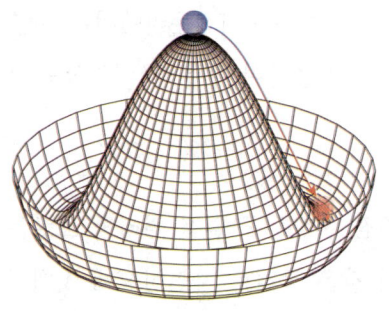

Goldstone's sombrero potential function

$$V(\phi) = -5|\phi|^2 + |\phi|^4$$

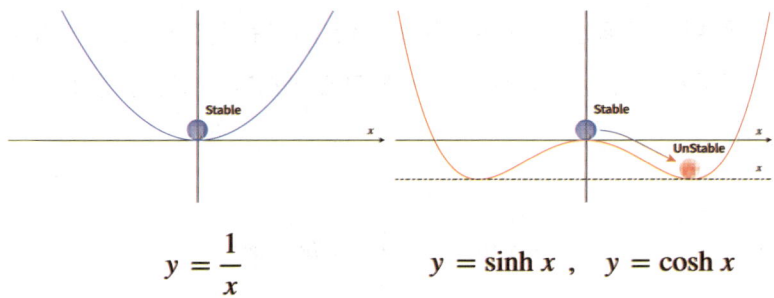

$$y = \frac{1}{x} \qquad y = \sinh x , \quad y = \cosh x$$

그러나 이 원리의 해석을 관조해 보면 입자는 기저 또는 진공의 환경과 관계하여 대칭 또는 비대칭 상태로 전환하는 현상이다. 그러므로 수증기, 물, 얼음과 같이 환경에 따라 상태가 바뀌는 현상과 다를 바 없다.

엄밀한 수학의 눈으로 보더라도 자발적인 것이 아니라 완전한 상대적 현상이다. 어떤 입자든 그 입자 이외의 환경과 관계하지 않는다면 그들의 시간이 흐르지 않아 어떤 변화도 일어나지 않는다. 이는 여집합의 관계이며, 나중에 여행할 분기 이론의 연장선에 있다.

0과 ∞의 관계로 해석하는 회전논리에서는 특별한 현상이 아니다. 하나의 원리가 연쇄반응하여 우주라는 현상을 일으키는 알고리즘 속에 있다.

자발적 대칭 깨짐 현상은 근원적 원리를 모르는 상태에서 선분논리의 모순을 점과 같은 공리로 자연현상에 빗대어 억지로 무마시키는 모양새다.

선분논리는 빅뱅 직후 **힘의 장**이 작동하기 시작한다. 그리고 힘의 장에 대한 유래를 일부 설명하기도 한다. 그런데 힘의 장이 빅뱅과 무관하게 본래 존재했는지 빅뱅에 의해 생성됐는지는 설명하지 않는다.

힘의 장 : Force Field, Higgs Field

선분논리는 **힘의 장**인 **힉스 필드**가 있고 **업 쿼크**, **광자**, **전자**가 있다는 전제에서 논리를 시작한다. 이들은 모두 초기에 질량이 0인 상태다.

여기서 말하는 필드는 인간이 개념적으로 인식할 수 있는 공간과도 같다. 빗대어 말하자면 공간을 꽉 채우고 있어 광자를 이동할 수 있게 하거나 중력이 작용할 수 있게 하는 매개체인 고대의 에테르와 같은 개념이다. 양자적 관점에서 필드는 **배경 입자**라 할 수 있다.

힉스 필드는 배경 입자다

빅뱅이 일어나고 시간이 흐르면서 기본 입자와 필드 간에 관계가 생기고 이 관계의 간섭현상으로 기본 입자들은 질량을 얻는다.

엄밀히 말하자면 입자들과 필드가 존재함과 동시에 관계가 생기고 또한 동시에 그들 사이의 시간이 흐른다. 이 관계들의 부산물이 질량으로 나타난다.

이때 **업 쿼크**나 **전자**는 간섭이 발생해 질량을 가지지만 **광자**는 간섭 현상이 없어 질량이 0이다.

시공간의 왜곡 현상으로 중력이 나타나는 원리처럼 힉스 필드 역시 출렁이며 질량이 **힉스 입자**로 관측될 수 있게 된다.

힉스 메커니즘의 질량 생성 원리에 대한 해석은 질량이 있는 전자와 질량이 없는 전자로 구분하여 논리를 전개하는 연쇄반응을 일으킨다. 질량이 없는 전자는 지극히 양자적 해석이다.

수소 원자 모형은 양성자와 전자로 구성되어 있다. 만약 전자가 질량이 없는 전자라면 주변에 전자가 있다 하더라도 양성자와 관계하지 못하고 수소 원자를 형성하지 못한다.

전자에 질량 값이 있어야 양성자와 전자의 관계가 형성되어 정상적인 수소 원자를 형성한다. 이 원리의 무대 배경에 힉스장을 깔면 전자는 힉스장에 의해 질량을 가지고 양성자와 관계하여 수소 원자를 이룬다고 해석할 수 있게 된다.

논리의 연쇄반응을 한 단계 더 나아가면 힉스장을 벗어난 전자가 나타난다. 이 전자는 질량을 잃은 상태이므로 양성자와 관계하지 못하고 수소 원자 영역을 벗어나 외계로 사라져 버린다.

이렇게 확장된 원리는 전자가 원자와 원자 사이를 이탈하여 여행하는 자유전자와 같은 연상을 낳는다.

한편 힉스장이 입자들과 관계하여 중력의 소자인 질량을 만들어 낸다면, 그 미시 세계에는 밀한 부분과 소한 부분이 있을 것이다.

밀한 부분은 양성자나 중성자가 있는 원자핵 영역일 것이고, 소한 부분은 전자구름이 있는 영역일 것이다.

그렇다면 자연스레 힉스장의 영역은 소한 부분의 극한으로 구분되고 이 영역의 구분이 원자의 구분이 될 것이다.

힉스장에 대한 확장 해석은 아직 학계에서 정립된 상태는 아니며 여러 학자들의 공감대가 형성되는데 적지 않은 시간이 필요할 것으로 보인다. 그 시간의 단축 여부는 공학적 활용에 있다.

또 다른 파생적 관점은 전자를 입자로만 인식하는 것이 아니라, 힉스장과 같은 전기장의 파동으로 인식하는 관점이다.

힉스장이 질량을 만들어 중력파를 생성한다면,
전자장은 전자를 만들어 전자파를 생성한다.

선분논리는 이미 전자기장에 대해 아는 바가 넓다. 그런데 중력의 힉스장은 다를 것이라고 생각하는 것으로 보인다. 이 같은 편견이 등잔 밑을 어둡게 만든다. 이미 우리는 전기장과 자기장 그리고 물리장이 90도 관계로 동시에 존재한다는 것을 안다.

전자기장과 물리장 사이의 관계 속도는?
세 장의 관계에는 시간이 있는가?
광속과 전파의 속도 차는?

분수 현미경

Fractional Microscope

　원과 쌍곡선은 하나의 알고리즘이 양극단의 현상으로 눈앞에 나타난 결과다. 두 무늬의 사이에는 미세하게 쪼개고 또 쪼개서 무한인 0점에 접근하는 분수가 있다.

　분수를 통해 무한에 접근하는 원리는 고대 그리스 엘레아 학파 제논의 무한 운동 법칙에서도 찾아볼 수 있었다. 이후 분수의 무한은 네이피어의 로그로 재발견되었고, 오일러에 이르러 비로소 자연상수 e 의 논리가 각도와 본격적인 연쇄반응을 한다.

　쌍곡선의 첫 진입로는 분수라 할 수 있다. **분수함수**는 **쌍곡선**을 기준으로 정의한 **쌍곡함수**와 결을 같이하는 알고리즘을 가진다. 그런데 불행히도 서양 수학에서 **분수함수**라는 용어는 찾아보기 힘들다. 대부분 **곱셈에 대한 역함수**로만 해석하고 있다.

분수함수 : Fractional part function
$$y = \frac{1}{x}$$

쌍곡함수 : 쌍곡선 함수 : Hyperbolic function
$$y = \sinh x, \quad y = \cosh x$$

쌍곡선 : hyperbola : hyperbolic curve
$$y^2 - x^2 = 1^2$$

역함수 : Inverse function
$$f(x) = y \Leftrightarrow g(y) = x$$
$$xy = 1 \quad \overset{\textbf{Inverse}}{\Longrightarrow} \quad y = \frac{1}{x}$$

x 의 역수라는 의미에서 원론적 해석은 옳지만 역함수는 상대적인 이름이기 때문에 분수함수의 현상을 함축시키기에는 부족함이 있다.

쌍곡선과 분수함수는 비슷한 무늬지만 꼭짓점과 곡률에서 약간의 차이를 보인다. 이 때문에 부분을 세밀하게 보는 선분논리는 서로 다른 무늬라 인식하고 분류한다.

그러나 본질의 무늬를 관조적으로 보는 회전논리는 분수함수도 쌍곡함수에 포함하여 해석한다. 이 때문에 **새로운 두 수학**에서는 분수함수의 무늬를 쌍곡선이라 표현한다.

분수는 곡선의 열쇠이며
쌍곡선 무늬를 그린다

분수함수는 두 수의 곱셈 관계 $x\,y = 1$ 을 Y축 한쪽 눈으로만 관찰한 무늬다. X축과 Y축 양쪽 눈으로 보면, 점 1의 관점 함수로 나타나고 점은 원의 무늬를 그린다.

$$P_@(x\,y) = (1,1) = \nabla 1$$

그러나 한쪽 눈으로만 보면 쌍곡선이 된다. 쌍곡선은 양 끝에서 0점에 접근하지만 절대로 만나지 않는 것처럼 보인다.

정수의 무늬는 점이고, 점의 무늬는 원이다.
원과 쌍곡선이 대칭인 것과 같이
점과 분수는 서로 대칭이다.

분수함수를 XY축, 대각선 $y = x$, 지수함수 $y = e^x$, 로그함수 $y = \ln x$, 원 함수 $y^2 + x^2 = 1^2$ 등과 함께 하나의 평면 공간에

놓고 그들의 왜곡 변환 관계를 관조해 보자.

이 무늬들을 먼저 관점 함수 $f_@(x, y)$ 로 들여다본다. 분수함수 $xy = 1$ 을 관점의 기준으로 설정한 후 대각선, 지수, 로그의 무늬를 본다.

그러면 각각 X축이 x 의 역수 $\frac{1}{x}$, 지수의 역수 $\frac{1}{e^x}$, 로그의 역수 $\frac{1}{\ln x}$ 로 변환된 무늬라는 것을 알 수 있다.

이런 관점에서 분수, 대각선, 지수, 로그는 모두 같은 근본적 알고리즘의 무늬를 하고 있으며, 그 공통 무늬는 x, y 두 입자의 곱셈 관계가 된다.

Fractional $\quad f_@(x, y) = xy = 1$

Diagonal $\quad f_@\left(\frac{1}{x}, y\right) = \frac{y}{x} = 1$

Exponential $\quad f_@\left(\frac{1}{e^x}, y\right) = \frac{y}{e^x} = 1$

Logarithmic $\quad f_@\left(\frac{1}{\ln x}, y\right) = \frac{y}{\ln x} = 1$

돌이켜 보면 다른 것이라고 생각했던 함수들은 같은 원류에서 나왔고 근본적 무늬는 변한 것이 없다. 하나의 입자를 보는 관점이 X축의 왜곡에 따라 달리 보였던 것뿐이다.

$f_@(x, y) = xy = 1$ 관점 함수는 1이라는 숫자에 특이점이 있다. 1은 자연상수의 0승(e^0)과 같고, 1이라는 숫자를 물리 세계에 올리면 1이라는 입자가 된다. 입자 1은 수학에서 점 (1,1)의 위상으로 표현할 수도 있고, 수량이 없고 개념만 있는 나블라 1 ($\nabla 1$) 로 표현할 수도 있다.

이런 관점으로 XY 두 축을 눈으로 하는 좌표평면 세계에서 수량 없이 개념만 있는 점($P_@(xy) = (1,1) = \nabla 1$)은 직선(대각선), 곡선(분수함수, 지수함수, 로그함수)의 현상적 무늬로 나타난다는 것을 통찰할 수 있다.

$$\therefore \int_{e^n}^{e^{n+1}} \frac{1}{x} dx = 1$$

$$= [\ln x]_{e^n}^{e^{n+1}} = \ln e^{n+1} - \ln e^n = n + 1 - n$$

$$\sum_{n=1}^{\infty} \int_{e^n}^{e^{n+1}} \frac{1}{x} dx = \sum_{n=1}^{\infty} 1 = 1\infty$$

$$\int_0^{\infty} \frac{1}{x} dx = 2 \sum_{n=1}^{\infty} \int_{e^n}^{e^{n+1}} \frac{1}{x} dx + 1^2 = 2 \sum_{n=1}^{\infty} 1 + 1 = 2\infty + 1$$

$$\therefore \int_0^{\infty} \frac{1}{x} dx = 2\infty + 1$$

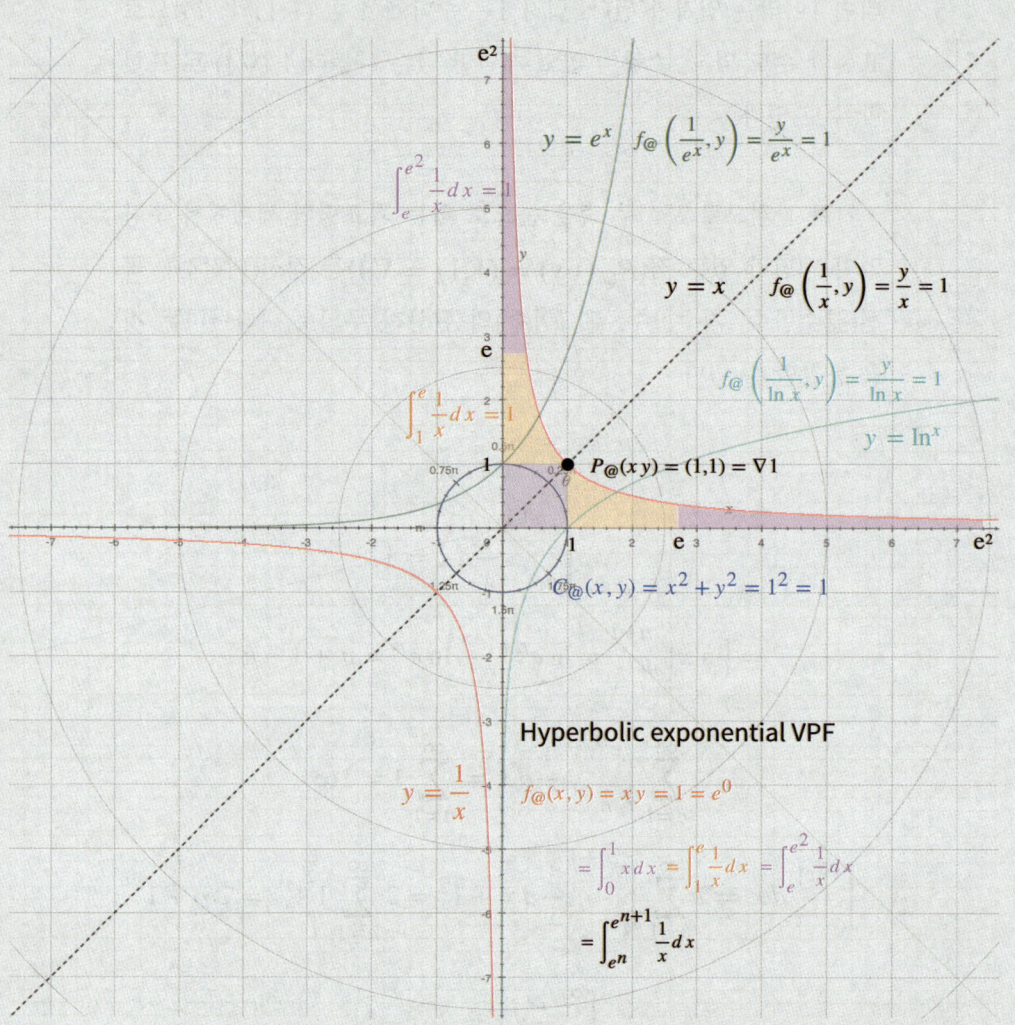

$$f_@(x,y) = xy = 1^2 = \frac{y}{x} = f_@\left(\frac{1}{x}, y\right)$$

$$f_@(x,y) \stackrel{@}{=} \perp \stackrel{@}{=} f_@\left(\frac{1}{x}, y\right)$$

$$f_@\left(\frac{1}{e^x}, y\right) = \frac{\pi}{2}\lambda_{xy}@ = f_@(x,y) = -\frac{\pi}{2}\lambda_{xy}@ = f_@\left(\frac{1}{\ln x}, y\right)$$

λ_{xy} : elastic eigenfunction

$$f_@(x,y) = xy = 1^2 = x^2 + y^2 = f_@(z, \bar{z}) = f_@(x+yi, x-yi) = f_@(z^2)$$

▶◀ $\stackrel{@}{=}$ ● ∴ $f_@(x,y) \stackrel{@}{=} f_@(z^2) = C_@(x,y)$

분수와 로그의 시간파
Time Wave of Fraction & Logarithm

또 하나의 관점은 무한히 쌓여 만들어지는 면적에 대한 알고리즘이다. XY 축과 분수함수 곡선이 둘러싸고 있는 면적을 자연상수 e 로 잘라 분석한 사례는 적분논리에서 많이 거론된다.

0, 1, e, e^2, …, e^∞ 로 잘라낸 부분의 면적은 모두 1(e^0)이라는 규칙성이 나타난다.

이 원리는 $\frac{1}{x}$ 분수를 적분하면 $\ln x$ 로그가 된다는 논리의 근거가 되기도 한다. 반대로 $\ln x$ 로그를 미분하면 $\frac{1}{x}$ 분수가 된다.

$$\int \frac{1}{x} dx = \ln x + C$$

$$\frac{1}{x} = \frac{d}{dx} \ln x$$

분수와 로그의 미적분 관계는 $\ln x$ 로그의 기울기 변화도가 $\frac{1}{x}$ 분수라는 것을 의미한다.

이 원리를 물리 세계로 가져와 적용하면 로그 곡선을 그리며 이동하는 입자의 가속도 또는 순간 벡터 또는 관성 에너지가 분수 곡선을 그린다.

로그의 미분은 분수다

이 현상의 배경에 있는 시간의 흐름을 통찰해 보자. 여기에 양자화의 방법으로 로그와 분수를 입자로 변환하면, 로그 입자는 시간의 파동에 따라 진동하여 분수 입자로 변한다는 것을 알 수 있게 된다.

로그를 진동시킨 시간의 파동은
분수의 무늬를 그린다.

반대 방향으로 회전논리를 굴리면, 분수의 본질인 1은 시간의 진동으로 로그의 본질인 e 로 변하는 현상이 목격될 것이다.

시간파는
분수의 1을 로그의 e로 만든다.
시간의 본질에는 회전하는 소용돌이가 있다.

본질을 찾고자 했던 많은 학자들 역시 무한에 접근하면서 발견한 자연상수 e 를 두고 이것이 의미하는 바가 무엇인지를 고민했다.

네이피어에서 오일러에 이르는 이 시기는 무한에 접근하고자 했던 소용돌이의 수수께끼를 푸는 시대였다.

고대 인도의 산술법을 분석했던 네이피어가 미세하게 나누는 분수를 무한히 반복하여 더하는 방법으로 로그법을 정리했다.

로그법은 **새로운 두 수학**에서 말하는 **무한 반사 거울**과 같은 회전 알고리즘이다. 네이피어는 이를 통해 자연상수 e 에 접근하는 현상을 발견했다.

$$N = 10^7 \left(1 - \frac{1}{10^7}\right)^L$$

네이피어는 $\frac{1}{10^7}$ 분수 파동으로 로그법을 만들었다.

베르누이의 무한 분수의 재해석

Reinterpretation of Bernoulli's Unlimited Fraction

소용돌이로 무한에 접근하려던 야코프 베르누이는 **무한 복리**를 해석하면서 무한히 더해지는 $\dfrac{1}{n}$ 분수의 무늬를 보여준다.

게다가 당시 싹트기 시작했던 확률 논리를 이용하여 **게임의 확률**과 **모자 체크 문제**의 사례를 들어 성공할 확률이 아닌 실패할 확률로 $\dfrac{1}{n}$ 분수의 무늬를 그려 보이기도 했다.

Jacob Bernoulli
Bernoulli compound interest 1683

$$\lim_{n \to \infty} \left(1 + \frac{1}{n}\right)^n \overset{@}{=} \left(1 + \frac{1}{\infty}\right)^\infty = e$$

$$\sum_{n=0}^{\infty} \frac{1}{n!} = \frac{1}{0!} + \frac{1}{1!} + \frac{1}{2!} + \frac{1}{3!} + \cdots = e$$

그러나 베르누이는 흩어진 고대의 지식을 정리하고 사례를 이끌어 내는 역할까지였던 것으로 보인다. 본격적인 정리는 오일러에 이르러서라고 할 수 있다.

우리는 **새로운 두 수학**의 여행에서 오일러의 정리들을 토대로 $\frac{1}{\infty}$ 무한 분수의 무늬를 회전논리로 재해석하는 단계에 이른다.

오일러의 생각을 살펴보기 전에 베르누이의 생각을 먼저 들여다본다.

Bernoulli trials : All lose probability

$$\lim_{n \to \infty} \left(1 - \frac{1}{n}\right)^n \stackrel{@}{=} \left(1 - \frac{1}{\infty}\right)^\infty = p_\infty(0) = \frac{1}{e}$$

Bernoulli Derangements : All wrong probability

Hat Check Problem with Pierre Remond de Montmort 1708~1713

$$\sum_{n=0}^{\infty} \frac{(-1)^n}{n!} = \frac{1}{0!} - \frac{1}{1!} + \frac{1}{2!} - \frac{1}{3!} + \cdots (-)^\infty \frac{1}{\infty!} = p_\infty = \frac{1}{e}$$

1은 원과 같은 대칭적 무늬를 하는 **정수**이며 **대칭 입자**다.
이는 RGB-CMY의 대칭으로 존재하는 광자와 같은 구조다.

대칭 입자는 동시복제 존재론과 같이 관점에 따라 무한 그 자체이거나, 둘로 쪼개진 객체가 대칭적 관계를 하면서 서로가 존재할 수 있도록 상호 생성하는 구조체다.

이런 숫자 1에 무한 분수를 더해 접근하면 어떤 무늬가 나타날까?

**분수라는 무한의 열쇠를 어떻게 사용해야
입자 속에 들어 있는 무늬가 나타나게 할 수 있을까?**

광자는 프리즘을 통해 RGB-CMY 무늬가 드러나도록 했고, 프리즘은 광자의 굴절률을 삼각형으로 무한히 나누어 무한의 무늬가 나타나도록 했었다.

선분논리의 눈은 입자를 무엇인가가 합쳐진 것으로 보고 분해하는 방식으로 인식한다.

숫자 1은 분수가 합쳐진 것이고, 분수의 시작은 정수의 역수인 $\frac{1}{n}$ 단위분수다.

단위분수로 무한히 늘어나거나 줄어드는 사례가 실험 대상으로 적합하다.

우리의 일상은 **무한 알고리즘**으로 작동하고, 우리는 그래서 무한한 우주 속에 살고 있다. 베르누이는 그런 일상에서 수학으로 입자를 쪼개는 실험 대상을 세 가지나 찾았던 것이다.

무한 복리의 사례는 온전한 1에 $\frac{1}{\infty}$ 무한 분수를 더하고 그 자체를 무한 곱으로 자기복제 관계를 형성하는 무늬를 그린다.

자기 자신의 무한 곱은 **무한 반사 거울**과 같은 알고리즘이다.

이 알고리즘은 네이피어의 로그법이 1에서 $\frac{1}{10^7}$ 분수를 빼고 그 결과로 같은 연산을 무한 반복하는 **무한 반사 거울**과 같은 구조를 가지고 있다.

복리 이자는 본래 1회차에 원금에 이자를 더하고, 2회차에 **원금+이자=잔금**을 다시 원금으로 삼아 이자를 더하는 방식이다.

General compound interest function
$$S_n(p, i) = p\,(1+i)^n$$
p : principal, $\quad i$: interest

$$S_n\left(1, \frac{1}{n}\right) = \left(1 + \frac{1}{n}\right)^n$$

$$S_\infty\left(1, \frac{1}{n}\right) = \lim_{n \to \infty} \left(1 + \frac{1}{n}\right)^n$$

이 방식은 매 회차마다 이자 이익금이 눈덩이처럼 늘어나게 하는 대출 거래법을 생각하게 된다. 만일 이것이 대출 이자라면 끔찍한 비극으로 치달을 것이다.

그러나 $\frac{1}{n}$ 이자율의 분모 n 과 회차인 지수 n 이 같은 수치로 연동되도록 시간을 흐르게 하면 상황은 달라진다.

베르누이의 무한 복리 사례를 반복 계산해 보면 어느 특정 수치에 수렴하는 현상을 발견하게 된다. **무한 복리** 회차를 무한대로 하면 원금 1원에 대한 **복리 이자**의 총 금액은 자연상수 e 에 수렴한다.

무한 복리 무늬는 $\frac{1}{\infty}$ 무한 분수로 자연상수 e 에 접근하는 결과를 낳는다.

이와 같은 수렴 결과가 무리수 e 라고 제대로 해석한 것은 오일러였던 것으로 알려진다.

무한 복리
Compound Interest, 1683
Jacob Bernoulli, 1655~1705

$$S_\infty \left(1, \frac{1}{n}\right) = \lim_{n \to \infty} \left(1 + \frac{1}{n}\right)^n$$

$$\lim_{n \to \infty} \left(1 + \frac{1}{n}\right)^n = e = 2.7182818.... @ \left(1 + \frac{1}{\infty}\right)^\infty$$

$$@@ \quad \text{Interest} = \frac{1}{n}$$

Unlimited compounding yields
2.7182818....
Euler called it *e*

무한 복리의 결괏값은 무리수이기 때문에 아르키메데스의 탈진법과 같이 지쳐 쓰러질 때까지 무한 반복 계산하여 접근할 수밖에 없다. 오일러는 이 값이 원주율 파이 π 와 같은 무리수 임을 **연분수**라는 개념으로 증명한 바 있다. **연분수**에 관한 논리는 나중에 제타 함수의 논리와 연쇄반응하기도 한다.

Irrational Number *e*
Euler's proof 1737

연분수 Continued Fraction

$$e = [2; 1,2,1,1,4,1,1,6,1,...,1,2n,1,...]$$

$$e = 2 + \cfrac{1}{1 + \cfrac{1}{2 + \cfrac{1}{1 + \cfrac{1}{1 + \cfrac{1}{4 + \cfrac{1}{1 + \cfrac{1}{1 + \ddots}}}}}}}$$

$$\zeta_0 = [a_0; a_1, a_2, a_3, \ldots]$$
$$\zeta_1 = [a_1; a_2, a_3, a_4, \ldots]$$
$$\zeta_2 = [a_2; a_3, a_4, a_5, \ldots]$$
$$\zeta_k = [a_k; a_{k+1}, a_{k+2}, a_{k+3}, \ldots]$$

$$\pi = [3; 7, 15, 1, 292, 1, 1, 1, 2, 1, 3, 1, \ldots]$$

베르누이 시대에 현대의 컴퓨터가 있었다면 이 문제는 쉽게 해결될 수 있었을 것이다.

베르누이의 **무한 복리**가 자연상수 e 에 접근하는 실험을 컴퓨터에게 지쳐 죽지 않도록 적당히 그려 재현해 본다. 컴퓨터도 지치면 결과도 못 보고 죽어 버리기 때문에 주의가 필요하다.

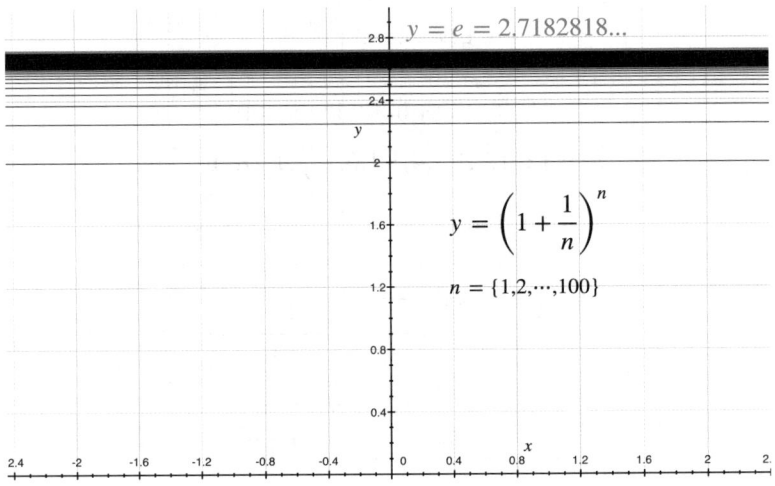

컴퓨터 모니터는 픽셀 단위로 화면에 결과 그래프를 출력한다. 이 때문에 적당한 확대 비율의 좌표계에서 n 회차가 15회 정도부터는 모두 겹쳐 보이며, 100회 정도면 자연상수 e 에 근접해 보인다.

참고로 PC의 엑셀과 같은 응용 프로그램으로 **무한 복리**를 테스트해 보면 10^7 천만 이상에서는 소수점 계산의 한계로 인해 제대로 계산하지 못한다.

Bernoulli compound interest - PC test

n	power(1+(1/n), n)
10	2.59374246010000000
100	2.70481382942153000
1,000	2.71692393223559000
10,000	2.71814592682493000
100,000	2.71826823719230000
1,000,000	2.71828046909575000
10,000,000	**2.71828169413208000**
100,000,000	2.71828179834736000
1,000,000,000	2.71828205201156000
10,000,000,000	2.71828205323479000
100,000,000,000	2.71828205335711000
1,000,000,000,000	2.71852349603724000
10,000,000,000,000	2.71611003408690000
100,000,000,000,000	2.71611003408702000
1,000,000,000,000,000	3.03503520654926000
10,000,000,000,000,000	1.00000000000000000
100,000,000,000,000,000	1.00000000000000000

$$S_{100} = \left(1 + \frac{1}{100}\right)^{100} = 2.704813...$$

$$S_{10^7} = \left(1 + \frac{1}{10^7}\right)^{10^7} = 2.71828169....$$

현대 디지털 컴퓨터는 유한론을 배경으로 한 선분논리 알고리즘을 사용하기 때문에, 유효하게 계산할 수 있는 한계선을 그어야 빠른 결과를 사용자에게 보여줄 수 있다.

이번엔 **베르누이 무한 복리**의 회차 n 을 x 로 치환하여 **복리 함수**를 만든다. 이렇게 하면 정수단위의 디지털적인 점 논리를 아날로그의 연속적 곡선 논리로 변환할 수 있다.

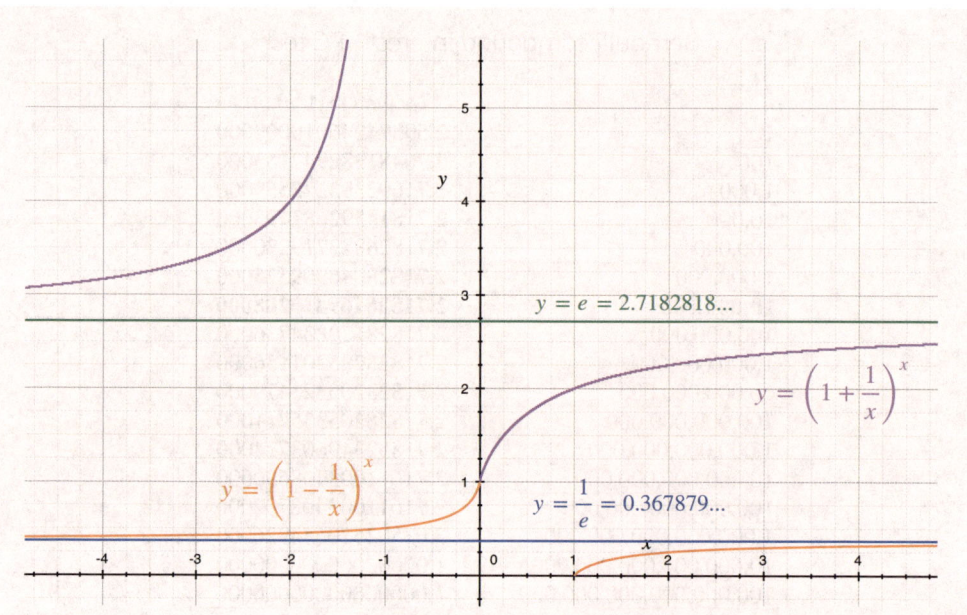

복리 함수 : $y = \left(1 + \dfrac{1}{x}\right)^x \xrightarrow{approach} y = \left(1 + \dfrac{1}{\pm\infty}\right)^{\pm\infty} = e = 2.7182818...$

음복리 함수 : $y = \left(1 - \dfrac{1}{x}\right)^x \xrightarrow{approach} y = \left(1 - \dfrac{1}{\pm\infty}\right)^{\pm\infty} = \dfrac{1}{e} = 0.367879...$

복리 함수의 무늬를 그려보면 x 값이 증가할수록 무한히 $y = e$ 에 접근하지만 도달하지 않는 무늬가 확인된다.

복리 함수는 $x = 0$ 에서 끊어지고 끊어진 부분은 다시 이자율을 빼는 **음의 복리 함수**로 연결된다.

음복리 함수는 $\dfrac{1}{e}$ 지수의 역수에 수렴하고 이 함수는 결국 네이피어의 로그무늬와 결을 같이 한다.

베르누이도 이 부분을 놓칠 수 없었을 것이다. 그는 수학적 현상을 우리의 일상과 연결하는 안내자 역할을 자처한다.

음복리라는 개념은 원금에서 이자를 연쇄적으로 잃어가는 안타까운 시간의 흐름이다. 그래서 복리로 부채가 늘어가는 흐름과는 달리 손실이 점점 줄어들면서 수렴한다.

음복리 함수의 무늬는 핑갈라의 조합론을 베이스캠프로 삼았던 확률론에서 발견된다.

핑갈라 조합론의 연쇄반응
Chain Reaction of Pingala's Combinatorics

인터넷이 보편화되고 정보 공유가 자유로워진 현대에 들어서고 나서야 비로소 확률이 고대 문명의 지식이었다는 것을 대중들이 알게 됐다.

그 대표적인 사례가 고대 인도의 핑갈라 조합론이다. 핑갈라를 통해 이어진 고대 조합론은 이진법, 피보나치 수열, 파스칼 삼각형 및 이항 정리 등의 논리로 이어진다.

이진법 : Binary numeral system

~9th century BC in China

0, 1

이항 정리 : Binomial theorem

~6th century AD in India , ~4th century BC Greek

$$(x+1)^n = \sum_{k=0}^{n} {}_nC_k x^k$$

Zeno of Elea : 495~430 BC
Euclid of Alexandria : 300 BC
Archimedes of Syracuse : 287~212 BC

등비급수 : geometric series

$$\sum_{r=0}^{n} ar = a\frac{r^{n+1}-1}{r-1}$$

Pingala's Combinatorics : 300~200 BC ?

$$\sum_{r=0}^{n} \binom{n}{r} = 2^n$$

$$\binom{n}{r} = \binom{n-1}{r} + \binom{n-1}{r-1}$$

피보나치 수열 : Fibonacci number, golden ratio, 1202

: Leonardo Fibonacci, Leonardo of Pisa, 1170~1250

$$F_n = F_{n-1} + F_{n-2}$$

0, 1, 1, 2, 3, 5, 8, 13, 21, 34, 55, 89, 144, …

파스칼 삼각형 : Pascal's triangle, 1654

: Blaise Pascal, 1623~1662

$${}_nC_r = \binom{n}{r} = \frac{n!}{r!(n-r)!}$$

고대 그리스는 유클리드 기하학과 같이 눈으로 보는 기하학에 능했고, 정확한 작도법은 명확한 기호로 세밀한 수학적 논리를 펴는 관성으로 이어진다.

한편 고대 인도의 논리는 **불학**을 거점으로 한 동양 사상의 특성과 결을 함께한다.

인도 수학은 인간의 일상적인 사례를 산문으로 풀어 수학적 논리를 펼치는 관성이 있다. 게다가 인도의 베다와 같이 암송으로 구전되었기 때문에 기하학보다는 **대수학**에 능통한 환경이 주어진다.

> 불학 佛學 : Buddhist studies, Buddhology
> 대수학 代數學 : Algebra

근대 유럽 대수학의 핵심적 노하우는 대부분 인도의 대수학이 아라비아 상인들을 거쳐 그들의 수학적 논리로 정리하는 데 있었다.

이런 흐름이 유럽의 대수학을 기하적 상형문자인 수학기호로 정리하게 된 이유이기도 하다.

명료함은 분명해 보이지만 프레임에 갇히기도 한다

유럽 수학이 확률을 도입했다는 것은 인도의 조합론으로 무한에 접근하는 도구를 얻은 것이다. 확률은 명확한 근에 집중하게 하는 방정식과는 달리 무한의 모호한 경계면이 도드라지게 드러난다.

확률의 시작점에 있는 조합론은 모호한 무한계를 정수론적 이분법으로 구분할 수 있게 한다는 것만으로도 수학자들을 십분 매료시킬 만하다.

확률 속 숨은 알고리즘은 후에 이분법적 관점으로 무한계에 접근하는 열쇠를 보여주기도 한다.

대수數學의 세계에서 확률의 세계로 진입한다는 것은 양적인 수학에서 질적인 수학으로의 세계관 확장을 암시한다.

베르누이의 실패 확률
Bernoulli Trials : Probability of Losing All

게임의 확률은 갬블러 Gambler가 도박을 반복할 때 승리할 확률이다. 베르누이는 실패할 확률에서 특정값에 수렴하는 현상을 목격했다고 한다.

이 흥미로운 값은 $\frac{1}{e}$ 자연상수의 역수였고 네이피어가 발견한 값과 같은 방향으로 수렴하는 값이다.

확률의 논리도 0점을 중심으로 양음이 동시 상대적 관계를 하면서 대칭구조를 이룬다. 인간의 Y 신경회로는 흑백으로 진화하는 시간의 방향성을 결정한다.

같은 양상으로 **성공 확률**이 생존을 위한 긍정적인 양의 백색 공간이라면, 대칭적 반대 방향은 패배적인 음의 암색 공간인 **실패 확률**이 된다.

0점을 중간에 두고 양음 양쪽으로 갈라지는 관점은 2분법적 선분 논리이기 때문에 0점으로 쪼개지는 순간 발생하는 부스러기를 인식하지 못한다. 성공 확률과 실패 확률 사이에는 두 확률 입자가 쪼개질 때 발생하는 무수한 부스러기가 있다.

선분논리는 **성공 확률**과 **실패 확률**을 더해서 1이 되도록 선언하고 논리를 전개한다.

$$p + q = 1$$

p : probability of Winning
q : Probability of Failure

같은 확률 게임을 반복적으로 실행하여 성공할 확률을 구할 때는 성공 확률에 대한 경우의 수를 조합하여 계산한다.

1회에 성공할 확률은 **동시공간**에 나타나는 무늬고, 게임의 횟수를 여러 번 더하는 것은 **확률공간**에 시간을 흐르게 하는 것과 같다.

이 횟수가 무한대를 향해 접근한다는 것은 시간이 공간을 만들어 자연현상을 일으키는 것과 같이, 시간의 파동이 **확률공간**에 진동하여 **간섭무늬**를 일으키는 일이다. 이렇게 만들어지는 무늬를 정제하면 시간의 무늬를 뽑아낼 수 있다.

1회 확률은 동시공간이고,
n회 확률은 시공간이다.

확률은
시간의 파동으로 흐른다

베르누이는 이런 해석까지는 도달하지 못했던 것으로 보인다. 그는 단지 실패할 확률을 초점으로 무한 반복하면 특이점에 도달할 수 있다는 것까지 해석했다.

$\frac{1}{n}$ 성공 확률을 정하면, $1 - \frac{1}{n}$ 실패 확률이 상대적으로 결정된다. 실패 확률의 무늬가 베르누이의 눈에는 매력적으로 다가왔을 것이다.

$$\text{성공 확률}: \frac{1}{n}, \quad \text{실패 확률}: 1 - \frac{1}{n}$$

$$\because \text{성공 확률} + \text{실패 확률} = 1$$

이 게임에 대해 여러 번 시행한 결과를 하나로 묶은 확률은 각각의 확률을 곱하여 계산한다.

따라서 $\frac{1}{n}$ 성공 확률의 분자가 실행횟수가 된다면, $1 - \frac{1}{n}$ 실패 확률을 n 번 곱하는 것과 같다.

이것이 **베르누이 시도**의 실패 확률 $P_n(0) = \left(1 - \frac{1}{n}\right)^n$ 이다.

Probability of Losing All the trials

$$P_n(k) = \binom{n}{k} p^k q^{n-k}$$

$$k = 0, \quad P_n(0) = \binom{n}{0}\left(\frac{1}{n}\right)^0 \left(1-\frac{1}{n}\right)^{n-0} = \left(1-\frac{1}{n}\right)^n$$

베르누이의 시도를 지치도록 실행하면 실패 확률은 n 이 ∞ 에 접근한다.

이때 실패 확률 $P_\infty(0) = \lim_{n\to\infty}\left(1-\frac{1}{n}\right)^n$ 은 특정값 $\frac{1}{e}$ 에 접근한다.

Probability of Losing All the exhaustion trials

$$\therefore P_\infty(0) = \lim_{n\to\infty}\left(1-\frac{1}{n}\right)^n = \frac{1}{e} = 0.367879\ldots$$

확률은 인간 세계에서 흔히 있는 일들이기 때문에 자연의 시간 알고리즘을 선분논리로 계산할 수 있게 한다. 확률의 기술은 현대 자본주의 경제학에서 매우 중요한 도구다.

확률의 논리는 다각적인 경제 사이클을 해석하거나 위기관리 지수 등에 보편적으로 활용되고 있다. 컴퓨터 시대에는 인공지능의 빅데이터 분류 및 결정 기준과 학습 알고리즘에 핵심 논리로 사용된다.

Bernoulli Trials : Probability of Losing All Trials

$$\lim_{n\to\infty}\left(1-\frac{1}{n}\right)^n = \frac{1}{e} = p_\infty(0)$$

Probability Definition : $p + q = 1$

p : Probability of Winning, q : Probability of Failure

$$P_n(k) = \binom{n}{k} p^k q^{n-k}$$

the Probability of Winning k times out of n trials

$$\text{Let}\quad p = \frac{1}{n} \quad \therefore\ q = 1 - \frac{1}{n}$$

$$P_n(k) = \binom{n}{k}\left(\frac{1}{n}\right)^k \left(1-\frac{1}{n}\right)^{n-k}$$

Probability of Losing All Trials

$$k = 0,\quad P_n(0) = \binom{n}{0}\left(\frac{1}{n}\right)^0 \left(1-\frac{1}{n}\right)^{n-0} = \left(1-\frac{1}{n}\right)^n$$

Probability of Losing All the Exhaustion Trials

$$\therefore\ P_\infty(0) = \lim_{n\to\infty}\left(1-\frac{1}{n}\right)^n = \frac{1}{e} = 0.367879\ldots$$

베르누이의 모자 체크 문제
Bernoulli Derangements : Hat Check Problem

베르누이는 순서대로 나열되는 순열 Permutation 에 대한 또 하나의 확률 이야기를 남긴다.

이 확률도 순열의 무한합이 $\frac{1}{e}$ 자연상수의 역수에 접근하는 사례다.

베르누이는 드 몽모르와 함께 **모자 체크 문제**에 접근했다. 이 문제는 **드 몽모르의 문제**라고도 한다. 드 몽모르는 베르누이 가문과 친분이 있었던 것으로 보이며 확률 논리에 관한 행적들을 남겼다.

모자 체크 문제는 손님의 모자를 n 개의 상자에 무작위로 넣고, 손님에게 모자를 되돌려주는 경우의 수 문제다.

좀 더 상황을 단순히 하자면 상자는 별 의미가 없다. n 개의 모자를 받았다가 무작위로 모자를 돌려주었을 때, 자신의 모자를 돌려받을 경우의 문제다.

이 상황에서 **드 몽모르의 문제**는 아무도 자기 모자를 돌려받지 못할 경우에 초점을 둔다.

이런 문제에서 결과론적 공식만 획득하려고 암기력을 동원하는 자세를 취한다면, 무한의 비밀에서 점점 더 멀어져 갈 것이다. 현대 수학이 고대 수학을 능가하지 못하는 이유이기도 하다.

Bernoulli Derangements : Hat Check Problem
with Pierre Remond de Montmort 1708~1713

$$!n = n! \sum_{k=0}^{n} (-1)^k \binom{n}{k}(n-1)!$$

$$P_n = \frac{!n}{n!} = 1 - \frac{1}{1!} + \frac{1}{2!} - \frac{1}{3!} + \cdots + \frac{(-1)^n}{n!} = \sum_{k=0}^{n} \frac{(-1)^k}{k!}$$

$$p_\infty = \sum_{n=0}^{\infty} \frac{(-1)^n}{n!} = \frac{1}{e}$$

$$!n = n! \sum_{k=0}^{n} \frac{(-1)^k}{k!}, \qquad e^x = \sum_{k=0}^{\infty} \frac{x^k}{k!}$$

Let $x = -1$

$$\lim_{n\to\infty} \frac{!n}{n!} = \lim_{n\to\infty} \sum_{k=0}^{n} \frac{(-1)^k}{k!}$$

$$= \frac{!\infty}{\infty!} = \sum_{k=0}^{\infty} \frac{(-1)^k}{k!} = \frac{1}{e}$$

$$= 0.367879\ldots$$

이 문제는 본래 간단히 접근할 문제가 아니었다. 베르누이나 드 몽모르도 이 문제를 제기한 후 수년이 지난 후에야 발표했던 것으로 알려진다. 그 이유는 이 문제가 무한 알고리즘을 담고 있었기 때문이다.

드 몽모르의 문제는 무한을 명료한 수학적 언어로 표현하고자 했던 그들의 몸부림일 수 있다. 이 문제는 1708년에 공식화되었고, 1713년쯤에 해결된 것으로 알려진다. 역대 석학들도 이 문제를 해결하는 데 수년이 걸렸다.

배우고 고민의 시간을 가져야 할 학생들에게 암기할 것을 강요하는 것은 폭력적이다. 교육자라 하기에 이 얼마나 부끄럽고 어리석은 일인가? 한 치 앞만 볼 뿐 미래가 안갯속에 가려지는 안타까운 교육 현실이다. 이기적인 자본 논리는 명문학원이라 자랑하듯 우수한 학생을 선별한다는 취지로 포장하고 암기식 줄 세우기로 교육을 희생양 삼아 자신의 명예만을 추구한다.

공식은 참조하는 것이다.
해독하고 사용하면 익숙해질 뿐!
암기하는 것이 아니다.

수학의 본질은
논리로 생각하는 데 있다.

드 몽모르의 문제를 해결하는 방법에는 그 자체가 무한이기에 다양하게 접근하는 선분논리들이 있다. 그럼에도 불구하고 대부분은 후대의 결과론적 접근이다.

모자 체크 문제는 **교란 순열**이라는 이름을 인식하는 행위에서부터 시작한다. 모든 문제의 해결 방법엔 두 가지로 갈라지는 접근법이 있다.

하나는 밖에서 안을 들여다보는 방법이고 또 하나는 안에서 밖을 보는 방법이다. 전자는 일상적으로 택하는 표면적 접근법이고, 후자는 특별한 의미가 있을 때 관점 현미경으로 탐험하는 원론적 접근법이다.

당연히 궁극적 알고리즘의 무늬를 보고 싶다면, 원론적 접근법으로 탐험하는 여행시간에 할애해야 한다. 할애하는 시간은 소중한 시간이다.

원론적 접근은 **교란 순열**을 사건, 순열, 집합, 수열, 급수 등의 원론을 도구 삼아 관점 현미경으로 확대하여 그 무늬가 드러나게 한다.

관점 현미경은 **교란**을 **여사건-여순열-여집합**으로 확대한다. **여순열**에서 **계승 분수**의 무늬가 파도를 잠잠하게 하면서 어디론가 향하는 현상을 발견한다.

계승 분수 무늬는 제논의 역설에서 사용한 **무한 분수법**이 어떤 의

미를 내포하고 있는지 안내한다.

여순열에서 **여집합**으로 관점 전환하면 **여순열**의 파도가 좀 더 뚜렷하게 드러난다.

여집합은 **드 모르강 법칙**을 만나게 해준다. 간단하다고 생각하여 지나치기 쉬운 **드 모르강 법칙**에서 **진동 교집합**의 파동이 왜 간섭현상을 세상에 나타나게 하는지 보여줄 듯하다.

새로운 두 수학은 이 접근법을 진동 교집합 알고리즘에 대한 **계승 분수 접근법**이라 이름 붙인다.

확률의 근본 알고리즘은 계승 분수에 있다

계승 분수의 무한을 탐구했던 선분논리는 테일러 급수 Taylor series 에 모여 있다.

계승 분수는 역사 이전의 고대 지식으로부터 피타고라스, 제논, 아르키메데스, 갈릴레오, 네이피어, 베르누이, 로저 코츠, 테일러 등을 거쳐 오일러에 이르기까지 정리해 온 선분논리다.

이 선분논리들을 실에 꿰어 회전논리로 완성한 것이 1748년에 발표되었다는 $e^{i\pi} + 1 = 0$ 오일러의 등식이다.

이 때문에 석학들은 현대의 수학이 오일러의 수학을 벗어나지 못했고, 오일러의 수학은 고대의 수학을 벗어난 적이 없다고 말한다.

모든 수학은
덧셈을 벗어난 적이 없다

모자 체크 문제의 **교란 순열**을 관점 현미경으로 여행해야 할 특별한 이유가 여기에 있다. 이렇게 여행하면서 획득한 도구들은 모든 장르의 미시 세계에 흐르고 있는 알고리즘이다.

결과론적 증명만으로는 퍼즐을 빨리 맞추는 스포츠에 그친다. 퍼즐을 맞추는 의미는 그 속에 담긴 그림을 보는 데 있으며, 그 그림 속에 무한의 문을 여는 비밀의 열쇠가 있다.

베르누이나 드 몽모르는 퍼즐을 맞추는 일까지 해냈던 것이다. 맞춰진 퍼즐을 해독하는 일은 후대의 몫이 된다.

교란 순열 : 계승 분수 접근법
Derangement : Factorial Fraction Approach

베르누이는 비석에 소용돌이 무늬를 새길 정도로 무한에 접근하는 방법을 찾아 평생 수학여행을 해왔다. 이런 배경에서 베르누이의 해법을 재해석해 본다.

경우의 수는 앞으로 펼쳐질 미래의 가짓수다. 그리고 확률은 가능한 미래들 중 희망하는 하나의 미래가 현실이 될 비율이다.

> 확률은 미래의 적중률이며
> 불확정성에 접근하는 도구다

손님이 입장할 때 1, 2, 3, 4 의 순서였다면, 나갈 때도 1, 2, 3, 4 순서일 경우는 **완전일치**에 해당한다.

이렇게 보면 반대쪽은 모두 순서가 일치하지 않는 경우 **완전불일치**가 된다. 그리고 그 사이에 하나 이상 일치할 경우가 있다. **완전불일치**는 간단해 보이지만 경우의 수를 헤아리기 쉽지 않다.

여기에는 어떤 알고리즘이 숨었을까?

모자 체크 문제를 간단해 보이는 방법으로 증명하거나 설명할 수도 있다. 하지만 처음 이 문제를 접하는 사람들에게는 그것만으로는 논리의 비약이 커 보이고 의문점을 많이 남긴다. 그런 의문이 있어야 당연한 접근이다. 무한계는 본래 인간계와 같이 직접 경험해 보고 살아 봐야 제대로 알 수 있다.

샘플 테스트를 위해 4명의 손님에게 4개의 모자를 돌려주는 사례로 경우의 수를 계산해 본다. 엑셀과 같은 PC의 스프레드시트 프로그램에서 4명의 손님에게 4개의 모자를 번호로 구분하여 모든 경우를 배치한다.

손님의 번호와 모자의 번호가 일치하는 경우가 자신의 모자를 돌려받는 **참**인 경우다. 참인 상자의 개수를 **참개수** 항목에 다음과 같은 엑셀 계산식으로 자동계산한다.

Hat Check Problem Test

손님 1	손님 2	손님 3	손님 4	참개수	참비율	소계	총수
1	2	3	4	4	100%	1	1
1	2	4	3	2	50%	1	2
1	3	2	4	2	50%	2	3
1	4	3	2	2	50%	3	4
2	1	3	4	2	50%	4	5
3	2	1	4	2	50%	5	6
4	2	3	1	2	50%	6	7
1	3	4	2	1	25%	1	8
1	4	2	3	1	25%	2	9
2	3	1	4	1	25%	3	10
2	4	3	1	1	25%	4	11
3	1	2	4	1	25%	5	12
3	2	4	1	1	25%	6	13
4	1	3	2	1	25%	7	14
4	2	1	3	1	25%	8	15
2	1	4	3	0	0%	1	16
2	3	4	1	0	0%	2	17
2	4	1	3	0	0%	3	18

3	1	4	2	0	0%	4	19
3	4	1	2	0	0%	5	20
3	4	2	1	0	0%	6	21
4	1	2	3	0	0%	7	22
4	3	1	2	0	0%	8	23
4	3	2	1	0	0%	9	24

참개수 엑셀식
= IF(A$=1,1,0) + IF(B$=2,1,0) + IF(C$=3,1,0) + IF(D$=4,1,0)

계산된 **참개수**로 나열하고 **소계**와 **총수**를 구한다. 이렇게 하면 전체 경우의 수는 24이고, 참이 4개인 경우는 1가지, 참이 2개인 경우는 6가지, 참이 3개인 경우는 8가지이며, 모두 거짓인 경우는 9가지가 된다.

따라서 **모자 체크 문제**에서 $n = 4$ 의 경우 **완전불일치**는 24가지 중 9가지가 된다. 베르누이와 드 몽모르는 이 문제에서 **완전불일치**의 패턴에 주목했다.

이 문제는 손님과 모자를 짝지워 나열하는 순열의 문제로 관점을 전환할 수 있다. 모자를 나열하는 경우의 수는 순열이고, n 개 모두를 나열하는 순열은 $n!$ 이다. 잠시 순열에 대한 논리들의 의미를 찬찬히 되짚고 머릿속 메모리에 올려 **순열**이라는 무한도구들을 준비한다.

기본 순열 Basic Permutation : 나열 사건

계승 Factorial : 차례곱, n 개 나열

$$n! = \prod_{k=1}^{n} k = n \cdot (n-1) \cdot (n-2) \cdot \cdots \cdot 3 \cdot 2 \cdot 1$$

ex) $3! = 3 \cdot 2 \cdot 1 = 6$, $2! = 2 \cdot 1 = 2$

사건의 유무 관점 : 논리의 시작

$1! = 1$: 나열한 사건
$0! = 1$: 나열하지 않은 사건

일반 순열 Normal Permutation

: n 개 중 r 개 뽑아 나열한 사건

$$0 \leq r \leq n$$

$$_n\mathbf{P}_r = \prod_{k=1}^{r} k = \underbrace{n \cdot (n-1) \cdots (n+1-r)}_{r \text{ factors}}$$

$$\mathbf{P}(n, r) = {}_n\mathbf{P}_r = \binom{n}{r} r! = \frac{n!}{(n-r)!r!} r! = \frac{n!}{(n-r)!}$$

$$\mathbf{P}(n, r) = {}_n\mathbf{P}_r = \frac{n!}{(n-r)!}$$

$$_n\mathbf{P}_n = n! \qquad {}_n\mathbf{P}_0 = 1$$

현대 수학은 **모자 체크 문제**의 **완전불일치**를 나열된 순서가 흐트러져 혼란하게 되었다는 의미에서 **교란 순열**이라고 이름 붙였다.

교란 순열은 계승 기호 ! 를 거꾸로 하여 준계승 $!n$ 으로 표기하거나 Derangement 의 첫 자를 활용하여 D_n 으로 쓰기도 한다. **교란**은 완전한 나열 오류를 의미한다.

교란 순열 攪亂順列 : Derangement
계승 : Factorial
준계승 : subfactorial : !n

오류라는 것은 참인 것 하나를 제외한 나머지가 모두 거짓으로 취급되는 것으로 잘못 생각할 수 있다.

경우의 수가 두 개를 초과할 때는 참과 거짓 사이에 약간 참인 경우와 약간만 거짓인 경우 등의 부스러기들이 존재한다.

사람들은 사리를 분별할 때 이분법적으로 참이 아닌 것은 모두 거짓이라고 오판하는 경우가 매우 많다. 사실 좀 더 깊게 들어가면 경우가 두 가지뿐이 없다고 생각하는 것도 무한계에서는 오류일 수 있다.

이런 인간의 오류는 인간이 만드는 인공지능에도 그대로 반영된다. 인공지능의 오류는 알수 없는 자동 알고리즘의 문제가 아니라 인간의 오판에서 나온 것들이다.

모자 체크 문제에서 모두 참인 경우를 찾는 것은 한 가지뿐이 없으므로 수학적으로 계산할 의미가 없어 보인다. 그러나 완전히 거짓인 경우는 헤아리기 어렵다.

이런 이유가 당시 두 학자들의 마음을 끌어당겼고, 완전히 나열이 잘못된 **교란 순열**을 찾는 문제가 의미 있어진다.

논리의 시작에서 참인 나열은 이미 하나로 정해졌다.

이 행위는 참과 거짓의 구분이 없는 무한에서 참인 나열로 구분하여 둘로 나누기를 시작한다는 의미다.

참인 것을 구분함과 동시에 거짓인 것은 대칭적 상대로 발생한다. 그리고 두 양자적 입자 사이에는 무한한 부스러기들이 생긴다.

그런데 순열은 세상을 유한으로 보는 선분논리의 정수론으로 논한다. 순열은 자연수에서 출발하고, 자신 이하의 모든 숫자가 총동원된다.

이런 순열의 흐름은 시간이 연속적으로 무한하게 흐르는 것과 같은 무늬를 가졌다.

> 순열 Factorial
> $$5! = 5 \times 4 \times 3 \times 2 \times 1$$

따라서 순열에는 무한을 유한으로 접근하는 방법이 숨겨져 있다. 순열의 흐름은 연속하는 자연수이기 때문에 두 입자 사이의 부스러기들도 자연수로 양자화하여 논리를 전개할 수 있다.

한편 무한 문제는 본래 접근하는 것이지 간단히 똑떨어지는 문제가 아니다. 제논이나 아르키메데스와 같은 역대 석학들도 무한을 계산하는 유일한 방법이 지칠 때까지 무수히 쪼개어 접근하는 $\lim_{n \to \infty}$ 극한 접근법이였다.

이것이 Y 회로를 가진 인간이 유한의 논리로 무한에 접근하는 유일한 방법이고 그래야 무한이다.

인간사에 벌어지는 모든 일은 법률로 척도를 마련하여 옳고 그름을 분명히 구분하는 것 같지만, 그 실체는 참과 거짓 사이에 무수한 부스러기들이 있어 분명한 것이 하나도 없는 무한 알고리즘이 흐른다.

무한 알고리즘은
본래 참과 거짓이 없다

참과 거짓은 척도에 따라 달라진다.
참과 거짓 사이에는 무수한 부스러기들이 가려져 있다.

베르누이는 순열의 공식이 확률에서 분수로 쪼개지는 무늬를 보았을 것이다. 당시 유행하던 로그법이 $\frac{1}{2}$ 제논의 분수로 무한에 접근하는 방법과 같은 무늬를 한다.

확률은 분수로 쪼개어 접근한다.

제논의 분수는 무한의 첫걸음이다

경우의 수라는 관점의 순열은 본질적으로 $n!$ 계승 무늬를 한다. 이것이 확률의 관점에서는 $\frac{1}{n!}$ 계승 분수 무늬로 변한다. 그래서 분수는 무한에 접근하는 열쇠가 된다.

순열의 무늬는 계승 $n!$ 이다.
계승은 자연수 1, 2, 3, … 을 연속으로 곱한다.
순열 확률의 무늬는 $\frac{1}{n!}$ 계승 분수다.

확률의 100%는 1이다. 1에서 $\dfrac{1}{n!}$ 계승 분수 무늬를 빼는 행위는 원하는 무한에 미치지 못하는 개념이고, $\dfrac{1}{n!}$ 계승 분수 무늬를 더하는 행위는 원하는 무한을 지나치는 개념이다.

확률의 무한은 1이다

$-\dfrac{1}{n!}$ 음의 계승 분수는 무한을 맞이하고,

$+\dfrac{1}{n!}$ 양의 계승 분수는 무한을 지나친다.

그리고 이런 행위가 향하는 곳은 **교란나열**이라는 무한이다. 음으로 미치지 못하고 양으로 넘치는 행위를 무한히 반복하면 0점에 도달한다.

여기에 양음으로 가해지는 $\dfrac{1}{n!}$ 계승 분수는 기하급수적으로 점점 작아진다.

이 방법은 제논의 역설을 반대 방향으로 읽은 해석과 같다. 이렇게 하면 오차가 급속도로 점점 줄어서 목표물인 무한의 0점에 도달한다.

역설의 역방향 읽기는 회전논리를 사용하여 역설의 시간을 반대

방향으로 돌리는 방법이다. 이 방법은 완성된 역설의 선분논리가 가진 일관된 알고리즘을 흩트리지 않고 그 무늬 자체를 그대로 사용하여 관점을 전환한다.

무한은 소용돌이처럼 자기 자신을 복제하여 하나의 알고리즘이 일관되게 시간에 따라 변해가는 무늬다.

역설 논리의 정방향은 불가능이고, 역방향은 가능이다.
그래서 관점 함수는 불가능이 없다.

정설과 역설은
동시복제 존재론으로 성립한다

여순열 사건과 여집합의 관점 전환
Complement ViewPoint of Event, Set, Permutation

모자 체크 문제는 n 개 중 1개를 선택해서 나머지 $n-1$ 개를 나열하는 방식이다.

이 사건(Event)을 $E(1)$이라고 하면 n 개 중 1개를 선택하는 사건은 $E(1,1)$이 되고, 나머지 $n-1$ 개를 나열하는 사건은 $E(1,2)$라고 설정할 수 있다.

따라서 $E(1)$은 $E(1,1)$과 $E(1,2)$ 두 개의 사건이다. 그리고 두 사건의 관계는 연속적이고 의존적이다. $E(1,1)$의 발생 결과에 따라 $E(1,2)$가 영향을 받는다.

우리는 두 사건이 연속적이고 의존적일 때 종속사건이라고 한다. 종속사건의 $\mathbf{n}(A \cap B)$ 경우의 수와 $\mathbf{P}(A \cap B)$ 확률은 각각 곱셈으로 연산한다.

손님 집합 {1, 2, 3, 4} 의 각 손님에게 모자 집합 {1, 2, 3, 4} 의 모자를 각각 1개씩 돌려준다.

사건 $E(1,1)$은 4개의 모자 중 1개가 선택될 경우의 수 $\binom{4}{1}$ 이다.

종속 사건 dependent events

$$n(A \cap B) = n(A|B) \times n(B)$$
$$P(A \cap B) = P(A|B) \times P(B)$$

ex) 토너먼트, 의존 연속 사건들

독립 사건 Dependent Events
= 곱의 법칙 Rule of Product

$$n(A \cap B) = n(A) \times n(B)$$
$$P(A|B) = \frac{P(A \cap B)}{P(B)} = P(A)$$

사건 $E(1,1)$에서 손님 1에 모자 1이 결정되었다면, 나머지 손님에게 나머지 모자를 돌려주는 경우의 수 사건 $E(1,2)$는 3개의 모자를 나열하는 순열 3!이 된다.

$E(1,1)$의 사건이 발생한 후 나머지로 $E(1,2)$의 사건이 발생하기 때문에 두 사건은 종속사건이다.

Event 1. match 1 : $E(1)$

1건이 일치하는 사건

Event 1.1. choose 1 of n : $E(1,1) = \binom{n}{1}$

n 개 중 일치하는 1건을 선택하는 사건

Event 1.2. lists of remain : $E(1,2) = (n-1)!$

일치한 1건을 제외하고 나머지를 나눠주는 사건

$\therefore\ E(1) = E(1,1) \times E(1,2) = \binom{n}{1}(n-1)!$

일치하는 1건을 선택하고, 나머지를 나눠주는 사건

같은 맥락으로 0건이 일치하는 사건을 $E(0)$이라고 하면, 이 사건은 n 개 중 0개를 선택하여 나머지를 나열한다. 그리고 이 알고리즘 무늬를 n 개 중 r 개로 일반화한다.

$$E(0) = E(0,1) \times E(0,2) = \binom{n}{0} = (n-0)! = n!$$

$$E(r) = E(r,1) \times E(r,2) = \binom{n}{r}(n-r)!$$

모자 체크 순열

이 사건은 **모자 체크 순열**이다. **모자 체크 순열**의 무늬를 잘 들여다보면 n 개 중에서 r 개를 뽑아 나열하는 순열과 비슷하다. 그런데 나열하는 대상이 달라 보인다.

> 순열 : Permutation
>
> $$\mathbf{P}(n, r) = {}_n\mathbf{P}_r$$
>
> n 개 중에서 r 개를 선택하여 나열하는 경우의 수

선택하여 나열하는 순열은 나열의 대상이 선택한 것이지만 **모자 체크 순열**은 선택하고 남은 나머지 $n - r$ 개를 나열하는 방식이다. 선택한 r 개를 집합 A라고 하면 나머지 $n - r$ 개는 A의 여집합이다.

여기서 우리는 **관점 전환 논리**를 사용한다. **모자 체크 순열**을 정순열의 여집합의 관계로 해석하고 **여순열**이라 개념화한다. 따라서 **모자 체크 순열**은 **여순열**과 같다.

$$@\ \text{모자 체크 순열} = @\ \text{여순열}$$
$$\therefore\ E(r) = \mathbf{P}^c(n, r) = \binom{n}{r}(n-r)!$$

정순열을 $\mathbf{P}(n, r) = {}_n\mathbf{P}_r$ 로 표현할 수 있다. 그렇다면 **여순열**은 $\mathbf{P}^c(n, n-r) = {}_n\mathbf{P}^c_{n-r}$ 과 같이 표현할 수 있다. 그렇다면 **여순열**

은 어떤 논리로 연쇄반응하는지 그 알고리즘을 잠시 둘러본다.

순열 Permutation $\mathbf{P}(n, r)$

n 개 중 r 개를 뽑아 r 개를 나열

$$\mathbf{P}(n, r) = \binom{n}{r} r! = \frac{n!}{(n-r)! \, r!} \not{r!} = \frac{n!}{(n-r)!}$$

여순열 Complement Permutation $\mathbf{P}^c(n, r)$

n 개 중 r 개를 뽑아 나머지 $(n-r)$ 개를 나열

$$\mathbf{P}^c(n, r) = \binom{n}{r}(n-r)! = \frac{n!}{(n-r)! \, r!} \not{(n-r)!} = \frac{n!}{r!}$$

$$\therefore \ \mathbf{P}^c(n, r) = \frac{n!}{r!} = \mathbf{P}(n, n-r)$$

정순열 $_n\mathbf{P}_r$ 과 여순열 $_n\mathbf{P}^c_{n-r}$ 은 대칭이다.

정순열과 **여순열**은 나열하는 관점에서 대칭성을 보인다. 이런 대칭성은 조합론이 파스칼 삼각형과 이항정리 등으로 연쇄반응하는 양상과 비슷하다.

선택에 대한 경우의 수는 r 개를 선택할 경우와 $n - r$ 개를 선택

할 경우가 같은 값을 가진다.

그러나 **여순열**은 선택하는 것을 그대로 두고 나열하는 대상만 반대편을 선택했다. 게다가 **정순열**과 **여순열**의 값이 같은 것으로 대칭성을 이룬다.

조합이 선택만 하는 1차원적 공간인데 비해, 순열은 선택 + 나열의 2차원적인 공간이다.

또 다른 관점에서 조합은 X축만 있는 1차원 수평선에서 0점을 기준으로 양음의 대칭을 이루는 공간이기도 하다.

순열은 2차원 XY 평면에서 X축이 **선택사건**에 해당하고 Y축이 **나열사건**에 해당한다.

순열이 나열사건의 Y축에서 양음으로 대칭을 이루는 것은 **정순열**과 **여순열**의 대칭 관계를 보여준다.

앞서 정리한 **여순열** 공식은 시간이 흐르지 않는 2차원 동시공간이다. 여기에 시간을 흐르게 하면 시간의 파동과 **여순열**의 파동이 조화를 이루며 시공간의 현상이 나타난다.

조합의 대칭성 Symmetry of combinations

Pascal's triangle, Binomial coefficient

Combination $\quad {}_nC_r = C(n,r) = \binom{n}{r} = \dfrac{n!}{(n-r)!\,r!}$

조합 : n 개 중 r 개 선택, 이항 계수

$$\binom{n}{r} = \binom{n}{n-r} = \dfrac{n!}{(n-r)!\,r!}$$

ex : $C(4,0) = C(4,4)$, $C(4,2)$, $C(4,1) = C(4,3)$

```
C(0,0)              1
C(1,r)           1     1
C(2,r)        1     2     1
C(3,r)     1     3     3     1
C(4,r)  1     4     6     4     1
```

$$(1+x)^n = \sum_{k=0}^{n} \binom{n}{k} x^k$$

동시공간에 시간이 흐르면,
시공간의 무늬가 드러난다.

순열의 수열
Permutation Sequence

여순열에 시간은 디지털과 같이 정수론적으로 흐른다. r 값에 1, 2, 3, ..., n 을 대입하는 것이 시간을 흐르게 하는 방식이다. 이렇게 흐르는 시간을 수학에서는 **수열**이라고 한다.

따라서 이 실험은 **순열의 수열**이라는 개념으로 확장된다. 수열의 규칙성은 연속하는 두 순열을 비교하여 그 무늬를 추출해 낼 수 있다.

먼저 **정순열**의 수열을 정리해 본다. 순열은 곱셈으로 구성되어 있기 때문에 연속되는 두 순열을 나누는 방식으로 무늬를 추출한다. **순열의 수열**은 등비수열과 같은 방식으로 나타난다.

순열의 수열
Permutation Sequence

$$\mathbf{P}(n, r-1) = \frac{n!}{(n-r+1)!}$$

$$\mathbf{P}(n, r) = \frac{n!}{(n-r)!}$$

$$\mathbf{P}(n, r+1) = \frac{n!}{(n-r-1)!}$$

$$P(n, r-1) \cdot \frac{1}{P(n,r)} = \frac{n!}{(n-r+1)!} \cdot \frac{(n-r)!}{n!} = \frac{1}{(n-r+1)}$$

$$P(n, r) \cdot \frac{1}{P(n,r+1)} = \frac{n!}{(n-r)!} \cdot \frac{(n-r-1)!}{n!} = \frac{1}{(n-r)}$$

$$\therefore P(n, r) = \frac{1}{(n-r)} \cdot P(n, r+1)$$

정순열과 **여순열**의 대칭성을 활용하여 **정순열의 수열**을 **여순열의 수열**로 변환할 수 있다.

여순열의 수열의 비율은 $\frac{1}{k+1}$ 분수 함수와 같은 무늬로 정리된다. 이는 **여순열**이 본래 $\frac{1}{r!}$ 계승 분수 무늬를 하고 있기 때문에 직관적으로도 계산할 수 있는 당연한 결과다.

여순열과 **모자 체크 순열**은 같은 순열이므로 **모자 체크 순열의 수열**도 같은 무늬가 된다.

여순열의 수열
Complement Permutation Sequence

$$\because {}_nP_r = {}_nP^c_{n-r}, \quad \mathbf{P}^c(n, n-r) = \frac{1}{(n-r)} \cdot \mathbf{P}^c(n, n-r-1)$$

$$\because k = n-r, \quad \mathbf{P}^c(n,k) = \frac{1}{k}\mathbf{P}^c(n, k-1)$$

$$\therefore \mathbf{P}^c(n, k+1) = \frac{1}{k+1}\mathbf{P}^c(n,k)$$

모자 체크 순열의 수열
Hat Check Sequence

$$\because {}_nP_{n-r} = {}_nP^c_r = \binom{n}{r}(n-r)! = \frac{n!}{r!}$$

$$E(k) = \binom{n}{r}(n-r)!$$

$$\mathbf{P}^c(n,k) = \frac{n!}{r!}$$

$$\therefore E(k) = \mathbf{P}^c(n,k)$$

$$\therefore E(k+1) = \frac{1}{(k+1)} \cdot E(k)$$

모자 체크 순열이나 **여순열**은 **교란 순열**이 아니라 전체 경우의 수를 의미한다.

우리는 지금까지 **모자 체크 문제**를 **여순열** 문제로 관점 전환만 했다. 따라서 이제는 **여순열**의 논리로 이 문제를 전개할 수 있는 길을 열었을 뿐이다. **모자 체크 순열**의 수열은 다음과 같이 정리할 수 있다.

$$E(k+1) = \frac{1}{(k+1)} \cdot E(k)$$

$$E(k) = \{E(1), E(2), \cdots, E(n)\}$$

$E(k)$: n 개 중 k 개 일치, 나머지 나열 경우의 수

모자 체크 순열 $E(k)$는 일치 여부를 따지지 않고 k 개의 모자를 이미 나눠줬고 나머지 모자를 나눠주는 경우의 수다.

선분논리를 더 전개하려면 k 의 값을 일치 여부로 구분해야 한다. k 를 일치한 경우로 보면 $n - k$ 나머지는 불확실한 경우의 수이다. 이 경우 $n - k$ 개 순열에는 일치와 불일치가 모두 포함되어 있다.

따라서 단순한 순열의 관점만으로는 이 문제를 해결할 수 없다. 이럴 때 필요한 논리가 사건을 집합으로 관점 전환하는 논리다.

모자 1이 일치하는 사건을 A_1 집합이라고 하면, 모자 k 가 일치하는 사건은 A_k 가 된다.

회전논리는 양방향으로 논리를 풀어간다. 순열($\mathbf{P}$)이 있으면 여순열($\mathbf{P}^c$)이 있고, 사건(E)이 있으면 여사건(E^c)이 있으며, 집합(A)이 있으면 여집합(A^c)이 있다.

결국 **모자 체크 문제**는 여사건(E^c)이면서 여순열($\mathbf{P}^c$)이고, 여집합(A^c)에 대한 문제다. 이렇게 **모자 체크 순열**을 일치 여부에 따라 집합으로 관점 전환하면, 일치하지 않는 집합은 모자 $1 \sim n$ 집합의 **여집합**이 된다.

$$@\text{사건 } E_k = @\text{집합 } A_k = @\text{여순열 } \mathbf{P}^c$$

$$E(k) \stackrel{@}{=} A_k \stackrel{@}{=} \mathbf{P}^c(n, k)$$

@모자 일치 사건 = @모자 일치 집합 = @모자 일치 여순열
@모자 체크 문제 = @모자 일치 합집합의 여집합 = @교란 순열

사건을 집합으로 관점 전환하면 **모자 일치 사건**은 **모자 일치 집합** 문제가 되고, 일치 여부로 구분하면 **모자 체크 문제**는 **모자 체크 여집합** 문제가 된다.

여집합은 전체집합에서 합집합을 빼면 간단하게 구할 수 있다. 사건이 집합 A 하나뿐이라면 전체집합에서 집합 A만 빼면 된다.

그런데 사건이 2개 이상인 집합부터는 두 사건의 합집합의 여집합이 되고, 전체집합에서 합집합을 빼는 형식으로 확장된다.

집합이 수없이 많을 경우는 합집합과 교집합의 기호로 bigcup $\bigcup$ 과 bigcap $\bigcap$ 을 사용한다.

기본적인 **여집합** 논리는 **합집합의 여집합** 논리다. **여집합** 논리를 **모자 체크 문제**에 적용하면 전체집합은 $E(0)$이다.

각 사건 $E(k)$도 집합 A_k 로 간단히 전환할 수 있다. 그 다음에 넘어야 할 산은 합집합을 구하는 방법이다.

여집합 Complement Set

$$A^c = U - A$$
$$(A_1 \cup A_2)^c = U - A_1 \cup A_2$$
$$(A_1 \cup A_2 \cup A_3)^c = U - A_1 \cup A_2 \cup A_3$$
$$A_1 \cup A_2 \cup \cdots \cup A_n = \bigcup_{k=1}^{n} A_k$$
$$A_1 \cap A_2 \cap \cdots \cap A_n = \bigcap_{k=1}^{n} A_k$$
$$\therefore \overline{\bigcup_{k=1}^{n} A_k} = u - \bigcup_{k=1}^{n} A_k$$

오일러 다이어그램과 포함 배제 원리의 관점
ViewPoint of Euler Diagram & In-Exclusion Principle

합집합을 구성하는 요소들을 선분논리로 쪼개어 분석하는 방법이 다이어그램이다. 단, 주의할 것은 원만으로 간단히 그려 실험하는 **오일러 다이어그램**의 경우 3개 이하의 집합에서만 유용하다.

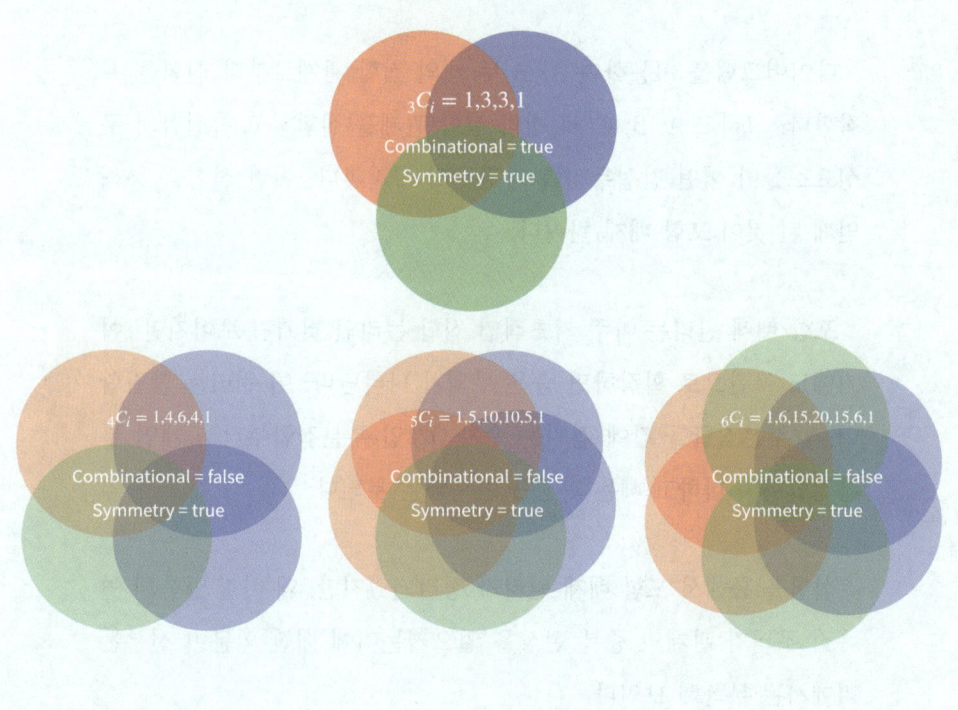

4개 이상의 원은 이웃하지 않은 두 원이 겹치는 경우가 누락된다. 그래서 각 원의 관계가 완전한 조합을 이루지 못하는 문제가 발생한다. 이런 문제는 **벤 다이어그램**이 일부 해결하고 있지만 실용성이 떨어진다.

수학의 논리는 일관된 하나의 논리가 연속적으로 연결되는 것을 참이라고 판단한다. 이를 근거로 어떤 수의 흐름에서 규칙성을 찾을 때, 1, 2, 3회의 연속적 관계 실험을 통해 전체의 규칙성을 얻어낸다. 이런 방법론에서 오일러의 다이어그램이 수학적 관계의 규칙성을 찾아내는데 실용적이다.

다이어그램을 이용하여 A, B 두 개의 집합 관계로부터 실험을 시작한다. 그리고 A, B, C 세 개의 집합 관계를 실험하고 합집합의 구성요소들이 어떤 간섭무늬를 가졌는지 살펴본다. 이런 실험을 통해 얻게 된 것이 **포함 배제 원리**다.

포함 배제 원리는 아주 기초적인 집합 논리인 것처럼 보이지만, 여기에도 무한으로 확장하면 숨은 무늬가 나타난다. 이 원리는 합집합이 각 부분집합들 간에 겹치는 수가 0개인 부분집합부터 n 개인 부분집합까지 더하고 빼는 과정을 반복하는 무늬다.

실험을 통해서 **포함 배제 원리**가 정리되었지만, 왜 하필 양음의 연속적 무늬가 관계의 중복 현상을 일으키는지에 대한 의문이 선분논리에서는 부족해 보인다.

포함 배제 원리 Inclusion-Exclusion Principle
사건의 일반화 Sum Event, Generalized Rule of Sum

$$n(A \cup B) = n(A) + n(B) - n(A \cap B)$$
$$P(A \cup B) = P(A) + P(B) - P(A \cap B)$$

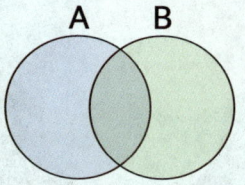

Generalized TimeSpaces

$$|A \cup B| = |A| + |B| - |A \cap B|$$

$$|A \cup B \cup C|$$
$$= |A| + |B| + |C|$$
$$-(|A \cap B| + |A \cap C| + |B \cap C|)$$
$$+|A \cap B \cap C|$$

    두 집합의 다이어그램은 간단하지만 3개의 집합 관계에서 겹치는 현상은 조금 복잡하다. 그러나 3개의 집합 관계에서 겹치는 현상은 **오일러 소거법**으로 쉽게 정리할 수 있다.

    세 집합의 관계는 양자 색역학의 관계와 같은 무늬를 한다. 세 집합을 RGB로 설정하고 삼원색이 겹쳐 구분되는 영역에 RGB의 원소들을 소문자로 기록해 본다.

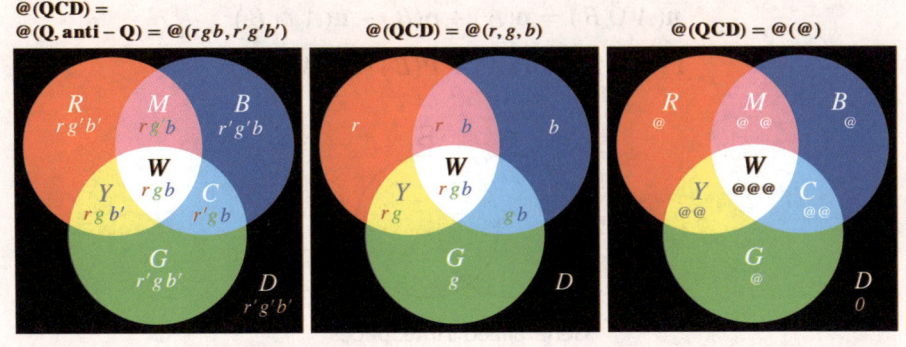

QCD Euler Diagram VPF
RGB-CMY-WD principle

$$R + G + B$$
$$= (4r + 2g + 2b) + (4g + 2b + 2r) + (4b + 2r + 2g)$$
$$= 8r + 8g + 8b$$

$$R \cap G = Y = (r + g) + (r + g + b) = 2r + 2g + b = 5@$$
$$G \cap B = C = (g + b) + (r + g + b) = r + 2g + 2b = 5@$$
$$B \cap R = M = (b + r) + (r + g + b) = 2r + g + 2b = 5@$$
$$R \cap G \cap B = W = r + g + b = 3@$$

Red의 경우 r 을 **정입자**라 하면, r' 는 **반입자**가 된다. **정입자**는 현상으로 표출되는 입자이고 **반입자**는 빈 그릇과 같은 **공입자**이다. 여기서 **반입자**를 제거하고 눈에 보이는 **정입자**만 표현하는 방식이

오일러의 소거법이다.

오일러의 소거법에서 rgb 정입자들을 모두 눈에 보이는 입자라는 관점으로 전환하여 @로 표현하면, 각 영역에 있는 원소의 수가 된다. 우리는 이 수를 사건이 겹치는 **공유수** 또는 **관계수**라 이름 짓는다.

$$R \cup G \cup B$$
$$= R + G + B - (R \cap G + G \cap B + B \cap R) + R \cap G \cap B$$
$$= R + G + B - (Y + C + M) + W$$
$$= 8(r + g + b) - 5(r + g + b) + (r + g + b)$$
$$\therefore R \cup G \cup B = 4(r + g + b)$$

이렇듯 순열, 사건, 집합, 양자 색역학에는 같은 무한의 무늬가 시간을 따라 관계라는 진동을 하고 있다. 그리고 **분수 현미경**이 이런 무늬들을 정확히 관찰할 수 있게 하는 유용한 도구다. **포함 배제 원리**는 양음으로 진동하는 교집합으로 합집합이 되는 무늬를 그린다.

$$\therefore |R \cup G \cup B|$$
$$= |R| + |G| + |B| - (|Y| + |C| + |M|) + |W|$$
$$= 3 \cdot |8@| - 3 \cdot |5@| + |3@| = |12@| = 12$$

포함 배제 원리 일반화
InExP Generalization

집합의 다이어그램에서 합집합과 교집합의 관계를 정리한 논리가 있는데 이것이 드 모르강 법칙이다.

드 모르강 법칙
De Morgan's laws 1806-1871

$$\overline{A \cup B} = \overline{A} \cap \overline{B}, \quad \overline{A \cap B} = \overline{A} \cup \overline{B}$$
$$\therefore U = A \cup B + \overline{A \cup B} = A \cup B + \overline{A} \cap \overline{B}$$

$$\because A_1 \cup A_2 \cup \cdots \cup A_n = \bigcup_{k=1}^{n} A_k, \quad A_1 \cap A_2 \cap \cdots \cap A_n = \bigcap_{k=1}^{n} A_k$$

$$\overline{\bigcap_{k=1\cdots n} A_k} = \bigcup_{k=1\cdots n} \overline{A_k}, \quad \overline{\bigcup_{k=1\cdots n} A_k} = \bigcap_{k=1\cdots n} \overline{A_k}$$

$$\therefore |U| = \left| \bigcup_{k=1}^{n} A_k \right| + \left| \bigcap_{k=1}^{n} \overline{A_k} \right|, \quad \left| \bigcap_{k=1}^{n} \overline{A_k} \right| = |U| - \left| \bigcup_{k=1}^{n} A_k \right|$$

드 모르강은 **여집합**을 논리 거점으로 합집합과 교집합을 상호 변환하기도 하고 관계한 집합들을 묶거나 분할하기도 한다.

집합론에서 드 모르강 법칙은 주로 합집합과 교집합을 상호 변환하는 방법으로 활용된다. 드 모르강 법칙을 회전논리로 관찰해 보면 주의할 직관적 선분논리가 있다.

회전논리는 정방향에서 참이면 역방향도 참인 논리라는 것을 암시한다. 이 법칙도 원무늬를 그리는 방정식으로 이루어져 있기 때문에 반대 방향의 논리가 있다.

드 모르강 법칙은 **합집합의 여집합**과 **여집합의 합집합**이 서로 다르다는 것을 암시한다. 교집합의 관점도 같은 논리가 흐른다.

직관적인 언어 소통에서는 실제 합집합과 여집합의 선후 관계를 혼동하여 사용하는 경우가 많다. 이럴 경우에는 화자의 맥락으로 본래의 뜻을 헤아릴 필요가 있다.

이런 인간 사회의 소통 현상은 인간이 회전논리로 존재하기 때문이다. 컴퓨터처럼 참인 것만 선택하여 출력하는 선분논리로 인간이 존재하는 것이 아니다. 인간은 본래 구분이 없는 무한계 속에 또 하나의 무한계 복제품으로 존재한다.

모자 체크 문제는 인간이 자연적으로 거짓을 말할 수밖에 없는 **오류 확률**에 접근하는 문제이기도 하다.

모자 체크 문제에서 모두 일치하지 않는 사건은 **합집합의 여집합** 개념이었다. 그런데 손쉽게 구할 수 있는 경우의 수는 교집합의 사건이다. 게다가 일치하는 교집합이 더 쉽게 구할 수 있는 수다.

이런 이유로 **모자 체크 문제**에는 **드 모르강 법칙**이 유용하게 활용된다. 먼저 **드 모르강 법칙**을 **모자 체크 문제**에 적용해 본다. 그리고 집합 원소의 개수를 절댓값 기호로 정리한다.

$$\overline{\bigcup_{k=1}^{n} A_k} = U - \bigcup_{k=1}^{n} A_k$$

$$\overline{\bigcup_{k=1\cdots n} A_k} = \bigcap_{k=1\cdots n} \overline{A_k} , \quad \overline{\bigcup_{k=1}^{n} A_k} = \bigcap_{k=1}^{n} \overline{A_k}$$

$$\therefore \left| \overline{\bigcup_{k=1}^{n} A_k} \right| = \left| \bigcap_{k=1}^{n} \overline{A_k} \right| = |U| - \left| \bigcup_{k=1}^{n} A_k \right|$$

합집합은 **포함 배제 원리**를 이용하여 교집합들의 진동으로 재배열할 수 있다. 두세 개의 사건으로 구성된 **진동 교집합**은 수고스럽기도 하지만 어느 정도 나열할 수 있다.

그러나 n 개의 사건에 대해서는 그렇게 표현하는 데 한계가 있어 보인다. 물론 줄임표를 사용해도 되겠지만 시그마 기호로 묶어주면 **진동 교집합**의 무늬를 좀 더 명료하게 볼 수 있을 것 같다. 이런 관점에서 우리는 **포함 배제 원리**를 일반화하는 실험을 해본다.

사건이 n 개인 교집합은 겹치는 사건이 1인 것에서 2, 3, ... , n 까지 있다. 집합은 순열과 조합의 알고리즘을 그대로 가지고 있다.

그리고 선택하는 행위는 조합이고, 선택해서 나열하는 연속적 행위가 순열이었다. 교집합은 나열되는 순서의 선후와는 무관한 관계이기 때문에 조합의 알고리즘으로 구성된다.

따라서 n 개의 사건 중 겹치는 사건이 i 개인 교집합은 $C(n,i)$ 개가 존재한다. 교집합이 조합되는 수만큼 시그마로 묶어 합하면, i 개가 겹치는 **모자 일치 사건** $E(i)$ 가 된다.

선택 교집합 : 조합 교집합 Combination BigCap

$$\underbrace{A_{a+1} \cap A_{a+2} \cap \cdots \cap A_{a+i}}_{n(K)=|K|=i} = \bigcap_{|K|=i} A_k \quad : i \text{ 개 선택 교집합}$$

$$\underbrace{\underbrace{(|A_1 \cap A_2 \cap \cdots \cap A_i| }_{|K|=i} + \cdots)}_{{}_nC_i} = \sum_{j=1}^{{}_nC_i} \left| \bigcap_{|K|=i} A_k \right| = E(i)$$

: n 개 중 i 개 선택(조합) 교집합 원소 수들의 합 : 모자 일치 사건

여기에 양음으로 진동하는 파동은 $(-)^{i-1}$ 진동 부호로 구현한다. 이와 같은 방식으로 **포함 배제 원리 일반화**를 다음과 같이 구현할 수 있다.

집합 원소의 개수 Cardinality

$$|A_1 \cup A_2 \cup A_3| = |A_1| + |A_2| + |A_3| - (|A_1 \cap A_2| + |A_2 \cap A_3| + |A_3 \cap A_1|) + |A_1 \cap A_2 \cap A_3|$$

$$\left|\bigcup_{k=1}^{3} A_k\right| = \sum_{j=1}^{3} \left|\bigcap_{\substack{|K|=1 \\ k=1,2,3}} A_k\right| - \sum_{j=1}^{3} \left|\bigcap_{\substack{|K|=2 \\ k=1,2,3}} A_k\right| + \sum_{j=1}^{1} \left|\bigcap_{\substack{|K|=3 \\ k=1,2,3}} A_k\right| = \sum_{i=1}^{3} (-1)^{i-1} \sum_{j=1}^{3C_j} \left|\bigcap_{\substack{|K|=j \\ k=1,2,3}} A_k\right|$$

포함 배제 원리 일반화
InExP Generalized notation

$$A = \{A_1, A_2, \cdots, A_n\}, \quad K = \{k \mid 1, 2, \cdots, n\}$$

Number of Cases $\quad \mathbf{n}(A_k) = \left|\bigcup_{k=1}^{n} A_k\right| = \sum_{i=1}^{n} (-)^{i-1} \sum_{j=1}^{nC_i} \left|\bigcap_{|K|=i} A_k\right|$

Probability $\quad \mathbf{P}(A_k) = \left[\bigcup_{k=1}^{n} A_k\right]_{\mathbf{P}} = \sum_{i=1}^{n} (-)^{i-1} \sum_{j=1}^{nC_i} \left[\bigcap_{|K|=i} A_k\right]_{\mathbf{P}}$

$$\because A_1 \cup A_2 \cup \cdots \cup A_n = \bigcup_{k=1}^{n} A_k, \quad A_1 \cap A_2 \cap \cdots \cap A_n = \bigcap_{k=1}^{n} A_k$$

조합 교집합 Combination BigCap

$$(\underbrace{|A_1 \cap A_2| + \cdots + |A_{n-1} \cap A_n|}_{\substack{n(K)=|K|=2 \\ nC_2}}) = \sum_{1 \leq i < j \leq n} |A_i \cap A_j| = \sum_{j=1}^{nC_2} \left|\bigcap_{\substack{|K|=2 \\ 1 \leq k \leq n}} A_k\right|$$

$$\sum_{1 \leq a_1 < a_2 < \cdots < a_i \leq n} |A_{a_1} \cap A_{a_2} \cap \cdots \cap A_{a_i}| = \sum_{j=1}^{nC_i} \left|\bigcap_{\substack{|K|=i \\ 1 \leq k \leq n}} A_k\right| = \sum_{j=1}^{nC_i} \left|\bigcap_{|K|=i} A_k\right|$$

$$E(1) = \underbrace{|A_1|}_{|K|=1} + |A_2| + \cdots + |A_n| = (-)^{1-1} \sum_{j=1}^{nC_1} \left| \bigcap_{|K|=1} A_k \right|$$

$$-E(2) = -(\underbrace{|A_1 \cap A_2|}_{|K|=2} + \cdots + |A_{n-1} \cap A_n|) = (-)^{2-1} \sum_{j=1}^{nC_2} \left| \bigcap_{|K|=2} A_k \right|$$

$$+E(3) = +(\underbrace{|A_1 \cap A_2 \cap A_3|}_{|K|=3} + \cdots + |A_n \cap A_{n-1} \cap A_{n-2}|) = (-)^{3-1} \sum_{j=1}^{nC_3} \left| \bigcap_{|K|=3} A_k \right|$$

$$(-)^{i-1} E(i) = (-1)^{i-1} (\underbrace{|A_1 \cap A_2 \cap \cdots \cap A_i|}_{|K|=i} + \cdots) = (-)^{i-1} \sum_{j=1}^{nC_i} \left| \bigcap_{|K|=i} A_k \right|$$

$$(-)^{n-1} E(n) = (-1)^{n-1} \underbrace{|A_1 \cap A_2 \cap \cdots \cap A_n|}_{|K|=i=n} = (-)^{n-1} \sum_{j=1}^{nC_n} \left| \bigcap_{|K|=n} A_k \right|$$

$$\therefore \left| \bigcup_{k=1}^{n} A_k \right| = \sum_{i=1}^{n} (-)^{i-1} \sum_{j=1}^{nC_i} \left| \bigcap_{|K|=i} A_k \right|$$

$$\left| \bigcup_{i=1}^{n} A_i \right| = \sum_{i=1}^{n} |A_i| - \sum_{1 \leq i < j \leq n} |A_i \cap A_j|$$
$$+ \sum_{1 \leq i < j < k \leq n} |A_i \cap A_j \cap A_k| - \cdots + (-1)^{n-1} |A_1 \cap \cdots \cap A_n|$$

마인드 맵 정리
Mind Mapping

　미시 세계를 세세하게 들여다보면 거시적 관점을 망각하게 된다. 이런 현상은 지극히 자연스럽다. 퍼즐을 맞출 때는 부분에 집중해야 하고 맞춘 후에는 전체 그림을 관조하며 그 속에 흐르는 시간을 감상한다. 우리는 **모자 체크 문제**를 통해 여러 가지 무늬들을 체험했다. 그만큼 이 문제에는 많은 비밀의 문들이 숨겨져 있었다. 우리의 실험실엔 그동안 사용했던 **관점 현미경**의 렌즈들이 난잡하게 널려 있다.

　사람에게는 누리려는 성향과 탐험하려는 성향이 있다. 탐험하려는 마음은 사방이 분주해서 주변을 복잡하게 만들고, 누리려는 마음은 주변을 단순하게 정리해서 안정을 찾으려 한다. 역대 석학들도 분주한 후에 정리를 내어놓았다. 머릿속에 있는 개념 입자들을 실로 연결하여 사건을 정리해 본다. 다음에 보여주는 **마인드 맵 정리**는 가이드가 안내하는 여행 지도에 불구하다. 자신의 마인드 맵은 본인이 자신의 관점으로 그려야 의미가 있다.

　모자 체크 문제를 관조적 맥락에서 되돌아보면, 사건과 순열, 집합이 같은 무늬를 가졌다. 그리고 집합의 **포함 배제 원리**로 교란 순열을 구한다. 세부적으로는 몇 개의 논리 거점들이 있다. 연속적 종속 사건으로 **곱사건**을 유도했고, 모자를 돌려주는 행위를 **여순열**로 정리했다.

모자 체크 문제 D_n = 완전 불일치 경우의 수
베르누이의 접근 = @교란 순열
@제논의 분수법, @순열의 계승 분수법

조합 = @선택 = @1차원 대칭

순열 = @선택 & @나열 = @연속 종속사건 = @곱 사건
∴ 순열 = @선택 × @나열 = @2차원 대칭

여순열 = @선택 × @나머지 나열

모자 일치 사건 $E(k)$ = 모자 일치 여순열
$$\mathbf{P}^c(n, k)$$

순열의 수열 : @2차원 대칭성
$$nP_r = nP^c_{n-r}$$

양자 색역학의 논리가 숨겨진 **포함 배제 원리**에서 양음으로 진동하는 **진동 교집합**의 파동을 보았고, 이런 파동은 어디론가 특정 지점을 향해 시간을 흐르게 했다.

끝으로 여러 객체가 합쳐서 겹치는 현상은 **여집합**을 관점으로 대

칭의 논리가 성립한다.

합집합은 합쳐서 양의 방향으로 향하고, **교집합**은 겹쳐서 음의 방향으로 향한다. **교집합**을 음의 방향이라고 해석하는 이유는 둘이 겹쳐서 하나로 그 수가 줄어들기 때문이다.

합집합과 **교집합** 사이에는 **여집합**이 있다. 이런 기하적 구도를 관조하면, **합집합**과 **교집합**은 **여집합** 개념을 통해 서로 **상대적 존재 관계**를 형성하는 현상도 목격할 수 있다.

합집합과 **교집합**의 반대 방향성은 색역학에서 RGB와 CMY의 상대적 관계와 같은 무늬를 한다. 이는 오일러 다이어그램으로도 간단히 입증된다.

∵ @사건 = @순열 = @집합
모자 일치 사건 E_k = @모자 일치 여집합 $\overline{A_k}$

∴ 모자 일치 합집합의 여집합
= 전체집합 − 모자 일치 합집합

@포함 배제 원리 = @RGB 색역학
@포함 배제 원리 일반화
합집합 = $\sum$ 진동 교집합

∴ 모자 일치 합집합의 여집합
= 전체집합 − ∑ 모자 일치 진동 교집합

@드 모르강 법칙
합집합의 여집합 = 여집합의 교집합

모자 체크 문제 D_n = 모자 일치 합집합의 여집합
= 전체집합 − ∑ 모자 일치 진동 교집합들

$$\therefore D_n = \left| \overline{\bigcup_{k=1}^{n} A_k} \right| = |U| - \sum_{i=1}^{n} (-)^{i-1} \sum_{j=1}^{nC_i} \left| \bigcap_{|K|=i} A_k \right|$$

여기서 탐험한 수학적 논리들은 나중에 양자 세계나 DNA의 CRISPR 등과 같은 생물의 메커니즘은 물론이고, 물리화학적 시간의 파도를 타는 데 유용한 도구로 활용될 수 있을 것이다.

CRISPR Clustered Regularly Interspaced Short Palindromic Repeats

Base Logics

Hat Check Problem

Guest Set $G = \{g_1, g_2, \cdots, g_n\} = \{g_k | k = 1, \cdots, n\}$
Hat Set $H = \{h_1, h_2, \cdots, h_n\} = \{h_k | k = 1, \cdots, n\}$
$G \to H$, $f : g_i \to h_j$, $f(g_i) = h_j$

@ All mismatch cases

$$A^c = \overline{A}$$

1 match case A_1, 1 mismatch case A_1^c

Match Cases Set $A = \{A_1, A_2, \cdots, A_n\}$

Mis − Match Cases Set $A^c = \{A_1^c, A_2^c, \cdots, A_n^c\}$

$A \cup A^c = U$, $A \cap A^c = \emptyset$

Complement Set

$$A^c = \overline{A} = \overline{\bigcup_{k=1}^{n} A_k} = \bigcap_{k=1}^{n} \overline{A_k}$$

$$= U - \bigcup_{k=1}^{n} A_k = U - \sum_{i=1}^{n}(-)^{i-1} \sum_{j=1}^{{}_nC_i} \bigcap_{|K|=i} A_k$$

$$\therefore \bigcap_{k=1}^{n} \overline{A_k} = U - \bigcup_{k=1}^{n} A_k$$

: De Morgan's laws

$$\therefore \bigcup_{k=1}^{n} A_k = \sum_{i=1}^{n}(-)^{i-1} \sum_{j=1}^{{}_nC_i} \bigcap_{|K|=i} A_k$$

: inclusion–exclusion principle generalization

$$A = \bigcup_{k=1}^{n} A_k = \sum_{i=1}^{n}(-)^{i-1} \sum_{j=1}^{{}_nC_i} \bigcap_{|K|=i} A_k$$

: n 개 중 1개 이상 일치하는

@합집합 $= \sum \pm$진동 교집합들

Derangement D_n

교란 순열

: n 개 중 모두 일치하지 않는 경우의 수

$$|A^c| = |U| - |A| = |U| - \left[\sum_{i=1}^{n} (-)^{i-1} \sum_{j=1}^{nC_i} \left| \bigcap_{|K|=i} A_k \right| \right]$$

전체 순열

: n 개 중 0개를 선택 후 나머지 n 개를 나열

$$|U| = E(0) = \frac{n!}{0!} = n!$$

모자 일치 사건

: n 개 중 일치하는 $n-i$ 개를 뽑아 나머지를 나열

@ ViewPoint Func.

@모자 일치 사건 = @모자 일치 집합
= @모자 일치 여순열 = @ i 개 모자 일치 여순열

$$E(i) = \sum_{j=1}^{nC_i} \left| \bigcap_{|K|=i} A_k \right| = \mathbf{P}^c(n,i) = \binom{n}{i}(n-i)! = \frac{n!}{i!}$$

@ InEx-Principle

@모자 일치 합집합 = @±진동 교집합들

= @±진동 사건들 = @±진동 여순열

$$\left|\bigcup_{k=1}^{n} A_k\right| = \sum_{i=1}^{n}(-)^{i-1}\sum_{j=1}^{nC_i}\left|\bigcap_{|K|=i} A_k\right| = \sum_{i=1}^{n}(-)^i E(i) = \sum_{i=1}^{n}(-)^i \frac{n!}{i!}$$

@ De Morgan's laws

여집합 = 전체집합 − ±진동 교집합들

= 전체 순열 − ±진동 일치 사건들 = 0~n ±진동 일치 사건들

$$|A^c| = |U| - \sum_{i=1}^{n}(-1)^{i-1}\sum_{j=1}^{nC_i}\left|\bigcap_{|K|=i} A_k\right|$$

$$= E(0) - \sum_{i=1}^{n}(-)^i E(i) = \sum_{i=0}^{n}(-)^i E(i)$$

$$\therefore D_n = \sum_{i=0}^{n}(-)^i E(i) = \sum_{i=0}^{n}(-)^i {}_n\mathbf{P}_i^c = \sum_{i=0}^{n}(-)^i \frac{n!}{i!}$$

$$= E(0) - E(1) + E(2) - E(3) + \cdots + (-)^n E(n)$$

$$= \frac{n!}{0!} - \frac{n!}{1!} + \frac{n!}{2!} - \frac{n!}{3!} + \cdots + (-)^n \frac{n!}{n!}$$

$$= n!\left(\frac{1}{0!} - \frac{1}{1!} + \frac{1}{2!} - \frac{1}{3!} + \cdots + (-)^n \frac{1}{n!}\right) = n!\sum_{k=0}^{n}(-)^k \frac{1}{k!}$$

$$\therefore D_n = \sum_{i=0}^{n}(-)^i \frac{n!}{i!}$$

진동 여순열의 파동
Oscillating Complement Permutation Wave

진동 교집합들은 **부분집합**들이기도 하다. 부분집합은 선분논리가 그 집합 세계를 구분하여 인식하는 입자다.

양음으로 진동한다는 것은 0점을 중심으로 양음이 대칭을 이루는 것에서 그 논리의 원형을 이해할 수 있다.

수평선에 있는 양수와 음수를 모두 양쪽으로 진동하면서 합하면 0점에 도달하듯이, **진동 교집합**들도 양과 음을 번갈아 가면서 모두 합하면 특정값에 도달한다.

0점이 양수와 음수로 이루어진 수평선 세상의 중심이듯, **진동 교집합**으로 이루어진 집합 세계의 중심도 **합집합의 여집합**이 된다.

집합의 원소들에 대한 규칙은 수열의 형태로 나타난다. 그리고 집합의 크기는 수열의 합으로 표출되며, 집합의 크기 변화에 따른 무늬는 그 집합의 진화 알고리즘을 엿볼 수 있게 한다.

선분논리에서 수열의 합을 **급수**라고 했다. 잠시 수열과 급수의 논리가 어디서 출발했는지 그 기본 원리를 상기시켜 본다.

수열 數列 sequence

$$A_n = \{a_1, a_2, a_3, \cdots, a_n\}$$
$$A_\infty = \{a_1, a_2, a_3, \cdots, a_\infty\}$$

급수 級數 series

$$s_n = \sum_{k=1}^{n} a_k, \quad S_\infty = \sum_{k=1}^{\infty} a_k$$

모자 체크 순열은 모자를 돌려주는 모든 경우의 수이므로 전체집합 U 이고, 사건의 관점에서는 $E(k)$ 에 해당한다.

모자 체크 교란 순열은 전체집합인 **모자 체크 순열**에서 **진동 교집합**의 급수를 뺀 값과 같다.

이렇게 정리된 **모자 체크 교란 순열**은 **진동 교집합**의 진동 알고리즘을 그대로 보유하고 있다.

또한 **모자 체크 순열**의 기본 원형은 선택하여 나머지를 나열하는 **여순열**이었다. 따라서 **모자 체크 교란 순열**은 **모자 체크 여순열 급수**이기도 하다.

모자 체크 여순열 급수는 **진동 교집합**의 진동성을 그대로 가지고 있기 때문에 수학적 무늬도 **진동 여순열 급수**형으로 나타난다.

모자 체크 교란 순열 공식

@교란 순열 = @±진동 여순열 급수

$$D_n = \sum_{k=0}^{n} (-)^k \frac{n!}{k!}$$

모자 체크 교란 순열 D_n 은 모자의 수 n 이 무한히 커질수록 교란될 경우의 수도 기하급수적으로 증가하여 무한으로 발산하는 또 하나의 수열이 된다.

$(-)^k \dfrac{n!}{k!}$ 진동 여순열은 $n!$ 기본 순열과 $\dfrac{1}{k!}$ 계승 분수의 곱으로 구성되어 있다.

모자 체크 교란 순열 공식에서 진동 여순열의 분자로 양변을 나누면 한쪽은 $\dfrac{D_n}{n!}$ 교란 순열비가 되고, 한 쪽은 $\sum_{k=0}^{n} \dfrac{(-1)^k}{k!}$ 진동 계승 분수 급수가 된다.

@교란 순열비 = @±진동 계승 분수 급수

$$\frac{D_n}{n!} = \frac{!n}{n!} = \sum_{k=0}^{n} \frac{(-1)^k}{k!}$$

교란 순열비는 **진동 계승 분수 급수**의 계승 분수로 인해 진동의 폭을 계승급수적으로 줄여간다. 그리고 진동성으로 인해 특정값 0.367879... 에 접근한다. 이 수치가 자연상수 e 의 역수 $\frac{1}{e}$ 이다.

@무한 교란 순열비 = @±진동 계승 분수 무한급수
= @자연상수의 역수

$$\frac{D_\infty}{\infty!} = \frac{!\infty}{\infty!} = \sum_{k=0}^{\infty} \frac{(-1)^k}{k!} = \frac{1}{e}$$

교란 순열 함수 $D(n)$
Derangement function

$$D(n) = \sum_{k=0}^{n} (-)^k E(k)$$
$$= E(0) - E(1) + E(2) - E(3) + \cdots (-)^n E(n)$$
$$= \sum_{k=0}^{n} (-)^k \mathbf{P}^c(n,k) = \sum_{k=0}^{n} (-)^k \binom{n}{k}(n-k)! = \sum_{k=0}^{n} (-)^k \frac{n!}{k!}$$

진동 여순열 급수와 진동 계승 분수 급수
Complement of Permutation Series

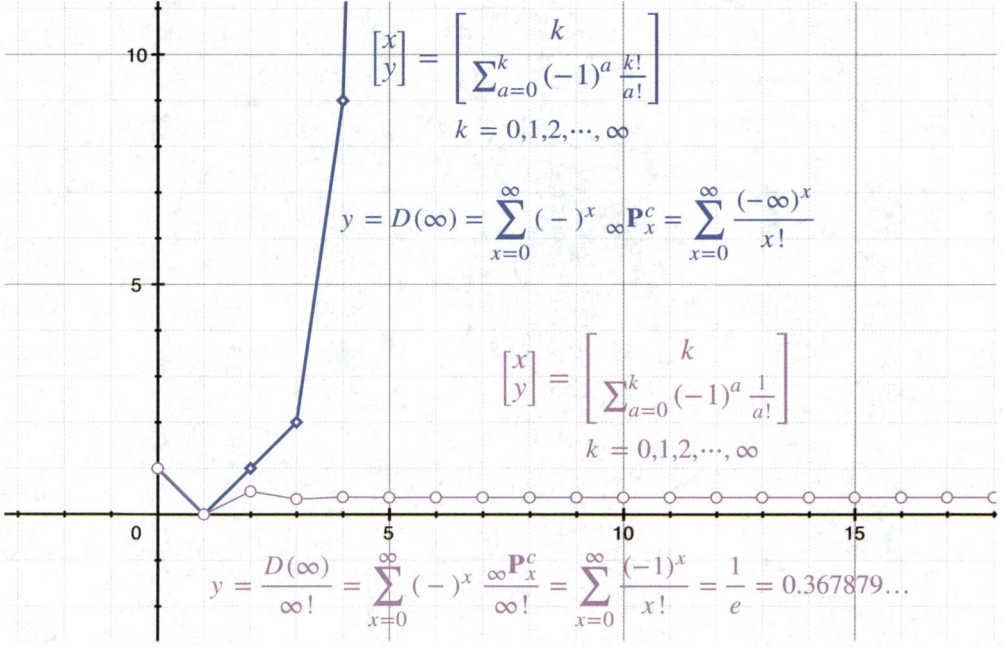

$$\begin{bmatrix} x \\ y \end{bmatrix} = \begin{bmatrix} k \\ \sum_{a=0}^{k} (-1)^a \frac{k!}{a!} \end{bmatrix}$$
$$k = 0, 1, 2, \cdots, \infty$$

$$y = D(\infty) = \sum_{x=0}^{\infty} (-)^x \,_{\infty}\mathbf{P}_x^c = \sum_{x=0}^{\infty} \frac{(-\infty)^x}{x!}$$

$$\begin{bmatrix} x \\ y \end{bmatrix} = \begin{bmatrix} k \\ \sum_{a=0}^{k} (-1)^a \frac{1}{a!} \end{bmatrix}$$
$$k = 0, 1, 2, \cdots, \infty$$

$$y = \frac{D(\infty)}{\infty!} = \sum_{x=0}^{\infty} (-)^x \frac{{}_{\infty}\mathbf{P}_x^c}{\infty!} = \sum_{x=0}^{\infty} \frac{(-1)^x}{x!} = \frac{1}{e} = 0.367879\ldots$$

Oscillating k-th Factorial Series

$$\therefore \frac{D_n}{n!} = \sum_{k=0}^{n} \frac{(-1)^k}{k!}$$

Exhaustion Method to e

$$e^x = \sum_{i=0}^{\infty} \frac{x^i}{i!} \quad \therefore \quad \frac{D(\infty)}{\infty!} = \sum_{k=0}^{\infty} \frac{(-1)^k}{k!} = \frac{1}{e}$$

교란 순열 : 원론적 수열 접근법
Derangement : Theoretical Sequence Approach

모자 체크 문제는 앞서 여행한 **계승 분수 접근법**과는 달리, **교란 순열** D_n 자체를 수열로 해석한 **수열 접근법**도 있다. 다음에서 여행할 **수열 접근법**은 결과 공식만 보면 간단해 보인다. 이런 이유로 **모자 체크 문제**를 소개할 때 대부분이 이 접근법을 주로 사용한다.

수열 접근법은 **원론적 수열 접근법**과 **표면적 수열 접근법**이 있다. **원론적 수열 접근법**은 수열에 흐르는 시간의 파동을 분석하여 **점화식**을 유도하는 방식이며, **표면적 수열 접근법**은 몇 개의 연속하는 수열 값으로 다항식을 끼워 맞추는 방식이다.

점화식 漸化式 또는 재귀식 再歸式
recurrence relation

$$a_{n+1} = f(a_n)$$

Factorial : $n! = n(n-1)!$ $n > 0$
Logistic map : $x_{n+1} = rx_n(1 - x_n)$
Fibonacci numbers : $F_n = F_{n-1} + F_{n-2}$

교란 순열은 **급수**의 **수열**이기 때문에 수열의 일반적인 접근법과 같이 **표면적 수열 접근법**을 사용해 유도할 수도 있다. 그러나 이것만으로는 무한으로 뭉쳐진 숫자에서 피상적 무늬만 발견할 뿐이다.

교란 순열에 들어 있는 **계승 알고리즘**은 연속하는 숫자를 하나로 뭉쳐 새로운 무한으로 만들어 버리기 때문이다.

이런 현상은 마치 RGB가 섞여 무한히 다양한 n 차의 천연색으로 나타나는 것과 같다. 흰색이나 CMY 같은 한 단계의 변환들은 쉽게 이해할 수 있지만, 몇 차례의 혼합을 거쳐 나온 결과들로 천연색의 원리를 파악하기 어려운 이치와 같다.

대신 **수열 접근법**은 간단하기 때문에 도구적 공식으로 활용하기에 유용하다. 그럼에도 불구하고 **수열 접근법**을 제대로 소개하는 사례를 찾아보기 어렵다. 대부분 끼워 맞추기식이며 어쩌다가 발상한 아이디어로 취급해버린다.

수열의 규칙성 해독법은 두 수열 간의 규칙적 차이로 해석하는 **등차수열**과 규칙적 비율로 찾아내는 **등비수열**이 기본이다.

그런데 **교란 순열**의 경우는 **계승급수**로 구성된 사례이고, 계승은 곱셈을 연산자로 사용한다. 이런 관점에서는 특정 비율에 의한 **등비수열**의 무늬와 **양음 오차**가 있을 가능성이 있어 보인다.

수학은 덧셈의 무한계이기 때문에 어떤 수열이든 덧셈을 벗어날 수 없다. 단지 덧셈의 무한이 곱셈을 만들고, 비례로 표현될 뿐이다. 회전논리는 모든 수열 점화식의 규칙을 비례와 오차 두 요인으로 다음과 같이 일반화한다.

> 수열 점화식의 일반화
> $$A_n = \alpha_n \cdot A_{n-1} + \beta_n$$
> α_n : n 번째 비례 함수 , β_n : n 번째 오차 함수

교란 순열 D_n 의 공식을 이미 알고 있다면 결과론적으로 어떻게든 끼워 맞출 수 있겠지만, 우리는 공식을 모른다는 가정하에 **교란 순열**에 접근하는 방법을 추론한다. 그렇다면 수열의 본질을 알고 수열의 근본적인 정의를 재정리하면서 사유할 시간이 필요하다.

수열은 어떤 규칙으로 나열되는 수들이다.
이 수들이 만들어지는 원리에 수열의 규칙이 있다.
논리의 눈은 둘로 나누기에서 시작했다.

따라서 수열의 규칙을 찾는 방법은 단 두 가지로 구분할 수 있다. 구분의 기준은 결괏값의 유무다. 결과 수치를 아는 경우는 숫자로 규칙을 찾는 방법이 있고, 결과를 모르는 경우는 결과를 만드는 흐름에서 규칙을 찾는 방법이 있다.

수열의 기초교육과정에는 숫자로 규칙을 찾는 연습을 한다. 베르누이나 드 몽모르도 당연히 해봤을 것이다. 그런데 이 방법으로는 **등차수열**이나 **등비수열**의 일반적인 점화식이 잘 나타나지 않는다. 이는 수열을 등차와 등비로 구분했기 때문에 프레임에 갇힌 상태라 할

수 있다.

이럴 때는 흐름으로 규칙을 찾는 방법을 생각한다. 흐름을 정리했다는 것은 함수를 보유한 상태를 의미한다. 그러나 우리는 그 함수를 본 적이 없고, 함수가 보여주는 공식을 알지 못한다. 우리는 그 공식을 모르는 상태에서 이 문제를 해결해야 한다.

모든 논리는
Y 신경회로의 **둘로 나누기**를 무한히 반복한 결과물이다.

함수라는 개념을 둘로 쪼갠다.
하나는 우리가 흔히 수학 공식에서 보는 형태이고,
또 하나는 공식으로 나타나기 전의 메커니즘이다.

먼저 원론적 알고리즘에서 시작하는 **원론적 수열 접근법**을 살펴본다. 원론적 알고리즘은 **둘로 나누기**와 같이 아주 단순한 회전논리를 반복하여 무한한 결과를 유도한다.

원론적 알고리즘을 찾아 함수로 만든 것이 앞서 관람했던 **관점 함수**다. **관점 함수**가 분수함수로부터 점, 원, 대각선, 지수, 로그 등을 통합장으로 관조할 수 있게 했던 이유도 여기에 있었다.

모자 교란 배포 사건의 원론적 회전 알고리즘은 남의 모자를 배포하는 것이다. 이 원리를 관점 함수로 정리할 수 있는 회전논리 거점은 **불일치**에 있다.

그리고 주의할 점이 있다. 근본 알고리즘은 관조적 관점에서 보아야 잘 보인다. 세부적인 계산에 집중하게 되면 시야가 좁아져 단순한 근본 무늬를 놓치기 일쑤다.

관점 함수는 단순한 회전논리의 무한 반복이다.
교란 사건의 관점 함수는 불일치 배포다.

베르누이나 드 몽모르는 관점 함수의 개념을 정리하거나 사용하지는 못했다. 그러나 원론적 무늬를 수열에서 찾아야 한다는 의지는 강했을 것이다. 그런 의지가 본능적으로 관점 함수와 같은 길을 걷게 한다.

모자 체크 문제는 (손님, 모자)의 순서쌍과 같다. 그리고 손님과 모자의 수가 일치해야 배포를 진행할 수 있는 특징이 있다.

물론 4명의 손님에게 3개의 모자를 배포하는 사건이 일상에서 있을 수 있다. 하지만 이 경우는 **모자 교란 사건**의 일부에 해당하고 관점에 따라 3명의 손님에게 3개의 모자를 배포하는 교란 사건으로 재정리된다.

n 명의 손님을 X축으로 하고 n 개의 모자를 Y축에 대응하여 기하적으로 해석하면, (손님 x, 모자 y) 순서쌍은 XY 좌표평면 공간에 점으로 나타난다.

이 공간의 X축에 시간을 흐르게 하면 x의 시간에 따라 y에 대응하는 (x, y) 점들이 나타난다. 이 점들을 시간의 흐름에 따라 선을 이어 주면 1부터 n 까지의 **꺾은 선분**이 된다.

교란 배열은 $y \neq x$ **꺾은 선분**의 무늬이며 $y = x$ **완전 직선**은 아니다. 이 원리를 사용하여 **불일치 관점 함수**를 만든다.

불일치 관점 함수

$$\text{False}_@(x, y) = \text{F}_@(x, y) = \text{false}$$

관점 함수는 1단계로 (x, y) **점 교란함수**에서 손님과 모자의 교란 관계로 관점 전환하여 (손님, 모자) **교란쌍 관점 함수**를 생성한다.

2단계로 **교란쌍 관점 함수**는 n 개의 교란 집합쌍을 표현하는 **교란 집합쌍 관점 함수**로 연쇄반응한다.

(x, y) 점 교란함수

$$\text{F}_@(x, y) = \text{false}$$

(손님, 모자) 교란쌍 관점 함수

$$\text{F}_@(g_x, h_y) = \text{false}$$

교란 집합쌍 관점 함수

$$F_@(g_X, h_Y, n) = \text{false}$$

g_X : 손님 집합 , h_Y : 모자 집합

교란 순열 관점 함수

$$D_@(n)$$

이 교란쌍은 손님과 모자가 각각 1~n 개 존재하고 이것을 X축과 Y축에 대응하여 **손님 집합**과 **모자 집합**으로 정리한다.

관점 함수들은 교란 관계를 원소 단위와 집합 단위로 관찰할 수 있게 하는 관점 현미경들이다.

관점 함수는 흐름이고 이것을 경우의 수인 순열로 변환하려면, 절댓값 기호를 사용하여 정수론적 수치로 양자화하면 된다.

교란 집합쌍 관점 함수는 기하적 관점에서 교란 관계를 연속적으로 재현한다. 이 함수의 절댓값은 교란 순열의 수치를 결과로 보여 주기 때문에 **교란 순열 관점 함수**로 표기할 수 있다.

모자 체크 문제 : Hat Check Problem

Guest Set : $G = \{g_1, g_2, \cdots, g_n\} = \{g_k | k = 1, \cdots, n\}$

Hat Set : $H = \{h_1, h_2, \cdots, h_n\} = \{h_k | k = 1, \cdots, n\}$

$$X = \{x \,|\, 1,2,3,\cdots, n\}\, ,\quad Y = \{y : 1,2,3,\cdots, n\}$$

$$G \to H\, ,\quad f : g_X \to h_Y\, ,\quad f(g_X) = h_Y$$

$$(모자x, 손님y) = @(g_x, h_y) = @(x, y)$$

$$\text{If}\quad x = y\, ,\quad \text{True}_@(x,y) = \mathbf{T}_@(x,y) = \text{true}$$

$$\text{If}\quad x \neq y\, ,\quad \text{False}_@(x,y) = \mathbf{F}_@(x,y) = \text{false}$$

$$\therefore\ \mathbf{F}_@(g_x, h_y) = \text{false}$$

$$\mathbf{F}_@(g_X, h_Y) = \mathbf{F}_@(g_X, h_Y, n) = \mathbf{D}_@(n) = \text{false}$$

$$\therefore\ D_n = \mathbf{D}_@(n) = \left|\mathbf{F}_@(g_X, h_Y)\right|$$
$$= \left|\mathbf{F}_@(g_X, h_Y, n)\right| = \left|\mathbf{F}_@(g_{1\cdots n}, h_{1\cdots n})\right|$$

모자 교란 사건에서는 원소와 집합 간의 관계 연산이 필요하다. 특정 손님 1명은 g_x **손님 원소**로 표현한다.

이 손님이 교란된 모자를 받는 사건은 두 개의 관점으로 나뉜다.

하나의 관점은 임의의 모자를 하나 받는 경우고 또 다른 관점은 특정 모자를 하나 받는 경우다.

임의의 모자는 h_Y 모자 집합 중 모자 원소 하나를 의미하고 특정 모자는 h_y 모자 원소로 표현한다.

그런데 g_x 손님 원소가 정해지면 자동으로 h_y 모자 원소는 교란된 쌍이 된다.

이 경우 원소의 번호 x 와 원소의 번호 y 는 $x \neq y$ 서로 같지 않은 숫자 관계를 전제로 한다.

$$g_x \rightarrow h_Y$$

g_x 손님이 교란된 모자 집합 h_Y 를 받는 경우의 수

$$|\mathbf{F}_@(g_x, h_Y)| = |h_Y| - |h_x| = n - 1$$

$$g_x \rightarrow h_y$$

g_x 손님이 교란된 모자 h_y 를 받는 경우의 수

$$x \neq y, \quad |\mathbf{F}_@(g_x, h_y)| = 1$$

남은 모자, 여원소의 동시복제
Remained, Complement Element : Sync-Clone

또 하나 인식할 필요가 있는 개념은 **여원소**다. **여원소**는 여집합과 같은 개념을 원소의 관점으로 적용한 개념이다.

g_x **특정 손님**이 h_1 **교란 모자**를 받았다면, 그다음의 교란 배포는 h_1 **배정된 모자**를 제외한 h_1^c **나머지 모자 원소들**을 대상으로 배포한다.

이때 h_1^c **나머지 모자 원소들**이 **여원소**란 개념이다. 여원소의 수는 전체 n 개에서 자신을 뺀 $n-1$ 이다.

여원소 Complement Element

$$k^c = \{1, 2, \cdots n\} - \{k\}$$
$$\therefore \ |k^c| = n - 1$$

Complement Element test

$$1^c = \{1, 2, 3, \cdots, n\} - \{1\} = \{2, 3, \cdots, n\}$$
$$g_k^c = \{g_1, g_2, \cdots g_n\} - \{g_k\}$$
$$g_1^c = \{g_1, g_2, \cdots g_n\} - \{g_1\} = \{g_2, \cdots g_n\}$$

집합과 원소 그리고 여원소 개념을 바탕에 두고, 교란 관점 함수를 활용하여 교란 사건을 정리한다.

모자 교란 사건도 둘로 나누기로 시작한다. 둘로 나누기는 회전논리로 작동하는 무한을 선분논리의 눈으로 나누되 부스러기가 생기지 않게 하는 분류법이다. 다행히 **교란 순열** 자체가 정수론으로 만든 무한이기 때문에 둘로 쪼갤 때, 눈에 보이지 않는 무한이 없어 부스러기를 걱정할 필요가 없다.

모자 교란 사건은 손님과 모자의 관계이므로 이미 교란쌍에서 둘로 나누기가 표면에 드러난다.

먼저 손님에 관점을 두고 둘로 나눈다. 그러면 g_x **특정 손님** E_1 **교란 사건**과 g_x^c **나머지 손님** E_2 **교란 사건**으로 분류된다.

둘로 쪼개진 사건은 **연속적 종속사건**이기 때문에 **곱사건**으로 E **전체 교란 사건**을 형성한다.

$$E_1 : g_x \text{ 특정 손님 교란 사건}$$
$$E_2 : g_x^c \text{ 나머지 손님 교란 사건}$$
$$\therefore E = E_1 \times E_2$$

E_1 **첫 번째 사건**에서 g_x **특정 손님**이 교란 모자를 받을 순열은 h_y **자신의 모자를 제외한** h_y^c **나머지 모자**를 받는 경우다.

h_y^c 나머지 모자는 h_Y 전체 모자 집합에서 h_y 자신의 모자를 뺀 것과 같다. 따라서 E_1 첫 번째 사건의 순열은 $n-1$ 이다.

$$E_1 : g_x \text{ 특정 손님 교란 사건} = g_x \text{ 특정 손님의 교란 모자수}$$
$$E_1 = |\mathbf{F}_@(g_x, h_Y)| = |\mathbf{F}_@(g_x, h_y^c)| = |\mathbf{F}_@(g_x, h_Y - h_y)|$$
$$= |h_x^c| = |h_Y - h_y| = n - 1$$
$$\therefore E_1 = |\mathbf{F}_@(g_x, h_Y)| = n - 1$$

E_2 두 번째 사건에서 g_x^c 나머지 손님은 g_X 전체 손님 집합에서 g_x 자신을 뺀 손님 집합과 같다. 따라서 남은 손님과 모자는 모두 각각 $n-1$ 이다.

E_2 나머지 손님 교란 사건은 여러 손님에 대한 교란 사건이므로 또 한 번의 둘로 나누기가 필요하다.

이번엔 **동시 상대 존재론**의 안내에 따라 손님의 반대쪽인 모자를 기준으로 둘로 나누기할 필요가 있다.

E_2 두 번째 사건을 h_1 특정 모자의 관점에서 둘로 나누기를 한다.

하나는 이전의 E_1 사건에서 g_x 특정 손님이 h_1 특정 모자를 받았을 $E_{2.1}$ 사건이다.

동시에 자동으로 발생하는 또 하나는 h_1^c 나머지 모자 중 교란 모자 하나를 받았을 $E_{2.2}$ 사건이다.

이 두 사건은 하나의 E_2 사건을 독립적으로 분리하여 구분한 **합사건**이다.

$$E_{2.1} : g_x \to h_1 \text{ 교란 사건}$$
$$E_{2.2} : g_x \to h_1^c \text{ 교란 사건}$$
$$\therefore E_2 = E_{2.1} + E_{2.2}$$

h_1 **특정 모자**를 y 로 설정하지 않고 1 로 설정하는 데는 표기 구분의 의도가 있다.

앞서 언급한 전제에서 g_x 손님 원소의 교란짝은 h_y 모자 원소로 정의했다. 이 정의는 **서로 다른** x, y 를 전제로 (g_x, h_y) **교란쌍**을 표현하기 때문에, y 를 특정 모자라 지칭하면 구분되지 않는 혼란이 야기된다. 이 때문에 여기서는 y 를 특정되지 않은 h_y **임의의 모자**로 표현한다.

$E_{2.1}$ 사건은 g_x 특정 손님과 h_1 특정 모자가 (g_x, h_1) 특정 교란쌍을 이루었다. 교란쌍이란 짝이 잘못 지워진 **거짓 상태**다.

이 상태를 회전논리로 관조하면, 일치의 관점은 **거짓 상태**로 인식하지만, 교란의 관점은 **참인 상태**가 된다. 따라서 교란의 관점에서 특정 손님과 특정 모자는 참인 **일치쌍**으로 해석할 수 있다.

게다가 이 상태는 또다른 **동시쌍 현상**을 일으킨다. 이 상태는 상대적 관점에서 어느 손님 또는 어느 모자와 짝을 이루더라도 반드시 교란쌍이 된다. 쉽게 말해, 하나의 쌍이 교란쌍이 되면 동시에 또 하나의 교란쌍이 반드시 나타나는 현상이다. 이 현상은 아인슈타인이 어불성설이라고 했던 **쌍양자 현상** 또는 **양자 얽힘**과 같다.

따라서 g_x 특정 손님의 h_y 일치쌍 모자와 h_1 특정 모자의 g_1 일치쌍 손님은 이미 교란쌍이 자동으로 결정되어 이 사건에서 제외된다. 결국 $E_{2.1}$ 사건은 두 (손님, 모자) 쌍이 제외된 D_{n-2} 교란 수열이 된다.

$$E_{2.1} : g_x \to h_1 \text{ 교란 순열}$$
$$\mathbf{F}_@(g_x, h_1) = \mathbf{F}_@(g_X - g_x - g_1, h_Y - h_1 - h_x, n-2)$$
$$= \mathbf{D}_@(n-2) \quad : D_{n-2}$$

$E_{2.1}$ 사건이 (g_x, h_1) **특정 교란쌍**을 이루었다면, 동시 상대적으로 $E_{2.2}$ 사건은 (g_x, h_1^c) **특정 여교란쌍**을 이룬다.

$E_{2.2}$ 사건은 g_x 특정 손님과 h_1^c 나머지 모자가 (g_x, h_1^c) **특정 여교란쌍**을 이루었다.

h_1^c **나머지 모자**는 h_1 특정 모자를 제외한 나머지 $n-1$ 개의 모자 중 h_y **임의의 모자**가 된다.

이 사건에서 g_x **특정 손님**은 h_y **임의의 모자**와 교란쌍을 이루지만 1가지가 아닌 여러 가지로 특정되지 않은 상태다. 이 때문에 교란 순열에서 제외할 때, 동시 상대적인 **일치쌍**을 제외하는 방식을 사용할 수 없다.

따라서 단지 (g_x, h_y) **임의의 교란쌍**으로 결정된 1가지 교란쌍만 제외된다. 결국 $E_{2.2}$ **사건**은 g_x **특정 손님**과 h_y **임의의 모자**가 하나씩 제외되어 D_{n-1} **교란 수열**이 된다.

$$E_{2.2} : g_x \to h_1^c \text{ 교란 순열}$$
$$\mathbf{F}_@(g_x, h_1^c) = \mathbf{F}_@(g_x, h_y) = \mathbf{F}_@(g_X - g_x, h_Y - h_y, n-1)$$
$$= \mathbf{D}_@(n-1) \quad : D_{n-1}$$

위 두 사건에서 (g_x, h_1) **특정 교란쌍**의 경우 동시 상대적 **일치쌍**이 교란 순열 대상에서 제외된다.

그리고 (g_x, h_y) **임의의 교란쌍**의 경우, 결정된 1가지 교란쌍만 교란 순열에서 제외한다는 특징이 주목할 만하다. 이 특성이 교란 순열을 **원론적 수열 접근법**을 가능케 한다.

이런 특성은 **교란 수열**과 동치인 **여순열**에서 0번째와 1번째의 값이 같은 비대칭적 무늬를 보인다. 이 부분은 나중에 **파스칼 삼각형**이 둘로 쪼개진 직각 삼각형으로 기하적 해석을 할 때 볼 수 있다.

이제 E 교란 사건을 종합하면, D_n 교란 순열이 D_{n-1} 교란 순열과 D_{n-2} 교란 순열의 합과 비례하는 방정식이 드러난다.

$$E = E_1 \cdot (E_{2.1} + E_{2.2})$$

$$\mathbf{F}_@(g_X, h_Y) = \mathbf{F}_@(g_x, h_Y)\Big(\mathbf{F}_@(g_x, h_1) + \mathbf{F}_@(g_x, h_1^c)\Big)$$

$$\mathbf{D}_@(n) = (n-1)\big(\mathbf{D}_@(n-1) + \mathbf{D}_@(n-2)\big)$$

$$\therefore D_n = (n-1)(D_{n-1} + D_{n-2})$$

우리는 **원론적 수열 접근법**에서 **둘로 나누기**라는 일관된 하나의 알고리즘을 반복하여 사용했다. 그리고 부스러기 없이 쪼개진 **교란 순열**을 **관점 현미경**으로 관찰하여 숨은 그림을 드러나게 했다.

이렇듯 **교란 순열**은 비록 정수론을 바탕으로 하고 있지만 계승 분수 알고리즘에 의해 뭉쳐진 또 하나의 무한이다. 따라서 모든 무한이 가진 무한 알고리즘을 그대로 가지고 있다. 이는 인간 인식의 구조적 한계인 불연속적 정수론으로도 모든 무한에 접근할 수 있다는 암시다.

이 때문에 **교란 순열**은 둘로 나누기하면, 동시에 복제된 두 무한이 쌍으로 생성된다. 이와 같은 **동시쌍**에는 쌍방이 서로를 존재할 수 있게 하는 **동시복제 존재론**이 작동한다.

교란 순열의 둘로 나누기는 광자를 분광기로 분해하여 RGB와 CMY가 동시에 나타나고, 서로가 상대적으로 존재하게 하는 현상을 유도하는 행위와 다를 바 없다.

원론적 수열 접근법에서 사용된 회전논리의 거점들을 나의 여행기에 정리하여 기록한다. 원론의 반대편에는 표면이 있다. 표면의 관점에서 **교란 순열**을 접근할 준비를 한다.

교란 순열 : 원론적 수열 접근법

사건 둘로 나누기

$E_1 : g_x$ 특정 손님 교란 사건 $\qquad E_{2.1} : g_x \to h_1$ 교란 사건

$E_2 : g_x^c$ 나머지 손님 교란 사건 $\qquad E_{2.2} : g_x \to h_1^c$ 교란 사건

$\therefore\ E = E_1 \times E_2 \qquad\qquad \therefore\ E_2 = E_{2.1} + E_{2.2}$

$$\therefore\ E = E_1 \cdot (E_{2.1} + E_{2.2})$$

교란 사건 관점 함수

$$E = \mathbf{F}_@(g_X, h_Y)$$

$E_1 : g_x$ 특정 손님 교란 사건 $= g_x$ 특정 손님의 교란 모자수

$$E_1 = |\mathbf{F}_@(g_x, h_Y)| = |\mathbf{F}_@(g_x, h_y^c)| = |\mathbf{F}_@(g_x, h_Y - h_y)|$$
$$= |h_x^c| = |h_Y - h_y| = n - 1$$
$$\therefore\ E_1 = |\mathbf{F}_@(g_x, h_Y)| = n - 1$$

$$E_{2.1} : g_x \to h_1 \text{ 교란 순열}$$
$$\mathbf{F}_@(g_x, h_1) = \mathbf{F}_@(g_X - g_x - g_1, h_Y - h_1 - h_x, n-2)$$
$$= \mathbf{D}_@(n-2) \quad : D_{n-2}$$

$$E_{2.2} : g_x \to h_1^c \text{ 교란 순열}$$
$$\mathbf{F}_@(g_x, h_1^c) = \mathbf{F}_@(g_x, h_y) = \mathbf{F}_@(g_X - g_x, h_Y - h_y, n-1)$$
$$= \mathbf{D}_@(n-1) \quad : D_{n-1}$$

$$E = E_1 \cdot (E_{2.1} + E_{2.2})$$
$$\mathbf{F}_@(g_X, h_Y) = \mathbf{F}_@(g_x, h_Y)\Big(\mathbf{F}_@(g_x, h_1) + \mathbf{F}_@(g_x, h_1^c)\Big)$$
$$\mathbf{D}_@(n) = (n-1)\big(\mathbf{D}_@(n-1) + \mathbf{D}_@(n-2)\big)$$
$$\therefore \ D_n = (n-1)\big(D_{n-1} + D_{n-2}\big)$$

교란 순열 : 표면적 수열 접근법
Derangement : Numeric Sequence Approach

표면적 수열 접근법은 고대에서 유래한 **이항 정리**를 논리 거점으로 하여 교란 순열에 접근한다.

이항 정리에 숨은 알고리즘은 파스칼 삼각형에 의해 밖으로 그 무늬를 드러내고 안으로는 순열, 조합, 계승의 확률적 알고리즘이 회전한다.

그래서 이 접근법은 **교란 순열** 뒤에 가려진 진동의 무늬를 **여순열**이라는 개념으로 드러나게 한다.

이 접근법도 결과를 보면 간단해 보이지만, 공식을 알지 못하는 상황에서 **교란 순열**의 무늬를 드러나게 하는 일이기 때문에 확률적 행운이 따라야 한다.

확률적 행운은 시간의 파동이 만드는 자연적 현상이다. 따라서 이 문제를 시도하는 모집단이 많으면 많을수록 그 해답을 찾는 선수들이 많이 나온다.

확률은 시간이 만든다

시간은 항상 0점에서 양음으로 진동한다. 이렇게 본질적인 무늬만 보면 하나의 원만을 그리기에 단순해 보인다.

그러나 원의 무늬가 많은 시간으로 무한히 쪼개진 원들이 간섭을 일으키면, 무한히 다양한 무늬로 세상을 장식한다. 그중에 **교란 순열**은 비교적 단순한 무늬에 속한다.

먼저 고대로부터 전해오는 확률의 기초 원리에 대한 정보를 수집하여 정리하고 **관점 현미경**으로도 관찰할 필요가 있다.

관점 현미경 : VPM, ViewPoint Microscope

조합의 관점 현미경 : 이항 정리와 파스칼 삼각형
VPM of Combinations: Binomial Theorem & Pascal's Triangle

순열은 **조합**과 **계승**으로 구성되어 있다. **교란 순열**의 기하적 무늬는 **계승**을 바탕으로 시간의 간섭현상이 새로운 모양의 **조합**과 **순열**을 그린다. **조합**의 무늬는 이항 정리와 파스칼 삼각형으로 잘 알려져 있다.

순열 : Permutation
조합 : Combination
계승 : Factorial

순열 = 조합 × 계승

조합의 대칭성은 앞서 간단히 언급한 바 있었다. **조합**은 다항식에서 n 개의 항 중에서 r 개를 선택하는 행위가 **이항식의 계수**를 계산하는 행위와 같은 무늬를 한다. 이 때문에 **조합**은 **이항 정리**를 완성하는데 기여했다.

그리고 두 항에 1을 대입하는 실험을 통해 **조합 급수 수열**에서 2^n 무늬를 찾아낼 수 있다.

2의 거듭제곱은 비교적 단순한 무늬이기 때문에 **조합 급수 수열**의 공식을 다양하게 구사할 수 있게 한다.

$$(x+y)^n = \sum_{r=0}^{n} {}_nC_r \cdot x^r y^{n-r}$$

$$(x+y)^n = (1+1)^n = 2^n$$

$$S_n = \sum_{r=0}^{n} {}_nC_r = \sum_{r=0}^{n} \frac{n!}{(n-r)!r!} = 2^n$$

$$S_n = S_{n-1} + 2 \cdot S_{n-2}$$

이항 정리 공식을 잠시 관점 현미경으로 관찰한다.

조합은 **선택**이라는 개념 입자다.

선택 입자들은 시그마의 **연속합**으로
시간파 간섭 현상을 일으킨다.

연속합은 **연속곱**으로 도약하여
이진수 2의 **지수** 무늬를 그려낸다.

다시 조합의 속을 들여다보면 **계승**이 있다.

그렇다면 **계승**이 **연속합**으로 **지수** 무늬가 드러난 것으로 해석할 수 있게 된다.

$$_nC_r \to \sum \to 2^n$$

$$@(!) \to \sum_{}^{n} @(!) \to @(x^n)$$

$$\sum_{}^{n} @(!) = @(x^n)$$

조합은 나중에 자연상수 e 를 거점으로 Γ **감마함수**와 연쇄반응한다.

$$\Gamma(n) = (n-1)!$$

$$\binom{n}{k} = \frac{n!}{(n-k)!k!} \equiv \frac{\Gamma(n+1)}{\Gamma(n-k+1)\Gamma(k+1)}$$

조합은 기하적으로 이등변 삼각형의 모양으로 나열된다. 이 무늬는 좌우가 대칭되는 데칼코마니 구조와 같다.

$$
\begin{array}{lll}
S_0 = 1 = & 1 & {}_0C_0 \\
S_1 = 2 = & 1+1 & {}_1C_0 \quad {}_1C_1 \\
S_2 = 4 = & 1+2+1 & {}_2C_0 \quad {}_2C_1 \quad {}_2C_2 \\
S_3 = 8 = & 1+3+3+1 & {}_3C_0 \quad {}_3C_1 \quad {}_3C_2 \quad {}_3C_3 \\
S_4 = 16 = & 1+4+6+4+1 & {}_4C_0 \quad {}_4C_1 \quad {}_4C_2 \quad {}_4C_3 \quad {}_4C_4 \\
S_n = 2^n = & \cdots & {}_nC_r
\end{array}
$$

$$_nC_r = \frac{n!}{(n-r)!r!} = {}_nC_{n-r}$$

조합을 파스칼 삼각형으로 나열해 보면, $n-1$ 번째 조합의 연속하는 두 항의 합으로 n 번째 조합 값이 결정되는 알고리즘이 나타난다. 우리는 이 현상을 **조합 대각 관계** 또는 **조합 역삼각 관계**로 개념화한다.

본래 삼각형의 무늬는 사각형의 대각선에서 발생한다. 이 때문에 **역삼각 관계**는 **대각 관계**의 일종이다. **역삼각 관계**는 거시적 관점에서 **대각 관계**로 귀결된다.

이 원리는 수리적으로도 직관할 수 있고, 조합의 계승 공식으로도 간단히 유도된다.

조합 역삼각 관계

Reverse Triangle Relation of Combination Sequence

Diagonal Relation

$$_nC_r = {}_{n-1}C_{r-1} + {}_{n-1}C_r$$
$$= {}_nC_r \cdot \frac{r}{n} + {}_nC_r \cdot \frac{n-r}{n}$$

Diagonal Relation Sample Test

$$_3C_2 = {_{3-1}}C_{2-1} + {_{3-1}}C_2 = {_2}C_1 + {_2}C_2 = 2 + 1 = 3$$
$$_4C_1 = {_{4-1}}C_{1-1} + {_{4-1}}C_1 = {_3}C_0 + {_3}C_1 = 1 + 3 = 4$$
$$_4C_2 = {_{4-1}}C_{2-1} + {_{4-1}}C_2 = {_3}C_1 + {_3}C_2 = 3 + 3 = 6$$

조합은 이항 정리와 파스칼 삼각형으로 **선택 입자**에 숨겨진 무한의 무늬가 드러나게 했다. **계승**을 배경에 둔 **조합**이라는 **선택 입자**는 **대칭**과 **대각선**, 두 무늬가 숨겨져 있다.

앞서 관점 현미경으로 관람했듯이 **교란 순열**은 **진동 여순열 수열의 합**으로 완성된다. **교란 순열**을 **교란 수열의 합**으로 관점 전환하면 **교란 수열**은 **진동 여순열 수열**이 된다.

그러나 우리는 교란 순열의 공식을 알지 못한다. 단지 **교란 사건**이 **여순열**이고, 여순열의 무늬가 합쳐지면서 어떤 시간의 간섭현상을 일으킨다는 추측만 있다.

이때 시간의 간섭현상은 양음으로 진동하는 현상으로 나타났다. 따라서 양음 진동 현상을 배제한 **여순열**에서 탐험을 시작하는 것은 허용된다.

양음으로 진동하는 상태를 절댓값으로 양음 부호를 잠시 없애면

여순열 수열의 무늬로 정리할 수 있다.

> 교란 순열 = @진동 여순열 수열의 합
> 교란 수열 = @진동 여순열 수열
> | @진동 여순열 수열 | = @여순열 수열

여기서 **원론적 수열 접근법**을 언급하는 이유는 무한에 여러 개의 문이 있다는 것을 암시하기 위함이다.

무한은 어느 방향으로든 하나의 회전논리를 반복하여 굴리면 같은 지점을 지나친다. 이와 비슷한 말을 했던 석학 중에 푸앵카레가 있었다. 이 부분의 여행은 다음 기회로 접어둔다.

조합에 관한 논리 거점들을 여행기에 기록해 둔다. 이 기록은 다음 여정에서 참조할 수 있는 또 하나의 무한계의 지도가 될 것이다.

한편 우리는 **교란 순열**을 **교란 수열**로 개념화하여 관점 현미경의 **특수 교란 렌즈**를 하나 획득했다. **교란 렌즈**를 장착한 관점 현미경으로 **교란 순열**을 들여다본다.

이항 정리 binomial theorem

$$(x+y)^n = \sum_{r=0}^{n} {}_nC_r \cdot x^r y^{n-r}$$

조합의 합 = 조합 급수 = 이항 계수 $= \sum_{r=0}^{n} {}_nC_r$

$$y=1, \quad (x+1)^n = \sum_{r=0}^{n} {}_nC_r \cdot x^r$$

$$x=y=1, \quad (1+1)^n = \sum_{r=0}^{n} {}_nC_r \cdot 1^r$$

$$\therefore S_n = \sum_{r=0}^{n} {}_nC_r = \sum_{r=0}^{n} \frac{n!}{(n-r)!r!} = 2^n$$

$$\because \frac{1}{2} \cdot 2 \cdot 2^n = \frac{1}{2} \cdot (2^n + 2^n) = \frac{1}{2}\left(2^1 \cdot 2^{n-1} + 2^2 \cdot 2^{n-2}\right)$$

$$2^n = \frac{1}{2} 2^1 \cdot 2^{n-1} + \frac{1}{2} 2^2 \cdot 2^{n-2} = 2^{n-1} + 2 \cdot 2^{n-2}$$

$$2^n = 2^{n-1} + 2 \cdot 2^{n-2}$$

$$\therefore S_n = S_{n-1} + 2 \cdot S_{n-2}$$

@@ 조합 급수는 지수를 향한다.

순열 ! 에는 지수 무늬가 있다.

$$_nC_r \to \sum \to 2^n$$

$$@(!) \to \sum^n @(!) \to @(x^n)$$

$$\sum^n @(!) = @(x^n)$$

$$\binom{n}{k} = \frac{n!}{(n-k)!k!} \equiv \frac{\Gamma(n+1)}{\Gamma(n-k+1)\Gamma(k+1)}$$

Pascal's triangle 1654, 1665

$$S_n = \sum_{r=0}^{n} \binom{n}{r} = 2^n, \quad \binom{n}{r} = \frac{n!}{r!(n-r)!} = \binom{n}{n-r} = \frac{n!}{(n-r)!r!}$$

$$
\begin{array}{lll}
S_0 = 1 = & 1 & {}_0C_0 \\
S_1 = 2 = & 1 + 1 & {}_1C_0 \quad {}_1C_1 \\
S_2 = 4 = & 1 + 2 + 1 & {}_2C_0 \quad {}_2C_1 \quad {}_2C_2 \\
S_3 = 8 = & 1 + 3 + 3 + 1 & {}_3C_0 \quad {}_3C_1 \quad {}_3C_2 \quad {}_3C_3 \\
S_4 = 16 = & 1 + 4 + 6 + 4 + 1 & {}_4C_0 \quad {}_4C_1 \quad {}_4C_2 \quad {}_4C_3 \quad {}_4C_4 \\
S_n = 2^n = & \cdots & {}_nC_r
\end{array}
$$

조합의 대칭성

$${}_nC_r = {}_nC_{n-r}$$

진동 조합의 합   진동 이항계수 양자화

$$S_n = \sum_{r=0}^{n} \binom{n}{r}(-1)^r = \begin{cases} 1 & n = 0 \\ 0 & n > 0 \end{cases}$$

$$
\begin{array}{lll}
S_0 = 1 = & 1 & {}_0C_0 \\
S_1 = 0 = & 1 - 1 & {}_1C_0 \quad -{}_1C_1 \\
S_2 = 0 = & 1 - 2 + 1 & {}_2C_0 \quad -{}_2C_1 \quad {}_2C_2 \\
S_3 = 0 = & 1 - 3 + 3 - 1 & {}_3C_0 \quad -{}_3C_1 \quad {}_3C_2 \quad -{}_3C_3 \\
S_4 = 0 = & 1 - 4 + 6 - 4 + 1 & {}_4C_0 \quad -{}_4C_1 \quad {}_4C_2 \quad -{}_4C_3 \quad {}_4C_4 \\
S_n = 0 = & \cdots & \pm {}_nC_r
\end{array}
$$

조합 역삼각 관계
R-Triangle Relation of Combination Sequence

$$_nC_r = {_{n-1}C_{r-1}} + {_{n-1}C_r}$$

$$\frac{n!}{(n-r)!r!} = \frac{(n-1)!}{(n-1-(r-1))!(r-1)!} + \frac{(n-1)!}{(n-1-r)!r!}$$

$$\frac{n!}{(n-r)!r!} = \frac{(n-1)!}{(n-r)!(r-1)!} + \frac{(n-1)!}{(n-r-1)!r!}$$

∵ $\Gamma(n) = (n-1)! = \dfrac{n!}{n}$, $\dfrac{1}{(r-1)!} = \dfrac{r}{r!}$, $\dfrac{1}{(n-r-1)!} = \dfrac{(n-r)}{(n-r)!}$

$$\frac{n!}{(n-r)!r!} = \frac{n!}{(n-r)!r!}\frac{r}{n} + \frac{n!}{(n-r)!r!}\frac{(n-r)}{n}$$

$$= {_nC_r} \cdot \frac{r}{n} + {_nC_r} \cdot \frac{n-r}{n}$$

$$= \frac{n!}{(n-r)!r!}\left(\frac{r}{n} + \frac{(n-r)}{n}\right)$$

$$= \frac{n!}{(n-r)!r!}\left(\frac{\cancel{(r+n-r)}}{\cancel{n}}\right)$$

$$_{n-1}C_{r-1} = {_nC_r} \cdot \frac{r}{n} = \frac{n!}{(n-r)!r!} \cdot \frac{r}{n}$$

$$_{n-1}C_r = {_nC_r} \cdot \frac{n-r}{n} = \frac{n!}{(n-r)!r!} \cdot \frac{(n-r)}{n}$$

$$\frac{r}{n} + \frac{(n-r)}{n} = 1 = \frac{\cancel{(r+n-r)}}{\cancel{n}}$$

순열의 관점 현미경 : 비대칭과 끝자리 중복성
VPM of Permutation : Asymmetric & End Redundancy

여순열은 본래 **순열**의 동시 상대적 입자였다. **조합**을 이항 정리와 파스칼 삼각형으로 그 알고리즘의 무늬가 드러나게 했듯이 **순열**과 **여순열**도 같은 방법으로 해독한다.

순열을 삼각형으로 나열하면, 직각 삼각형 모형으로 나타난다.
조합은 이등변 삼각형 꼴로 좌우 대칭 무늬를 보였다.
이는 **조합**이 선후 관계없이 **선택**만 하는 행위이기 때문이다.
선택 자체에는 방향성이 없다.

방향성이 없다는 것은 시간과 같은 벡터 알고리즘이 표출되지 않는다는 것을 의미한다. 이런 **조합**의 원리가 원과 같은 대칭 구조를 이룬다.

순열은 **선택**해서 **나열**하는 행위다.
나열이라는 행위는 선후가 있는 순서를 의미한다.
따라서 **나열**에는 한쪽으로 편중된 방향성이 있다.

시간적 방향성이 **순열**로 하여금 직각 삼각형 무늬를 나타나게 한다.

$$_nP_r \neq {}_nP_{n-r} \quad : 순열의\ 비대칭성$$

순열이 비대칭이라고 해서 대칭적 짝이 없는 것은 아니다.
단지 두 눈이 아닌 한쪽 눈만 사용하여 관찰하고 있을 뿐이다.
양음의 수평선에서 양수 쪽만 보는 것과 같고,
복소평면에서 실수 부분만 보는 것과 같다.

화살의 시간이 있는 **순열**은 한쪽 눈에 보이는 반쪽 입자다. 이 때문에 **순열**은 **여순열**이라는 반쪽 입자와 합쳐져 **조합**과 같은 이등변 삼각형 구조를 이룰 수 있다.

그리고 **순열**은 반쪽 입자의 특성을 가진다. $r=n$ 번째와 $r=n-1$ 번째가 같은 값을 가지는 **끝자리 중복**의 특성이 있다.

이 특성은 앞서 **교란 순열**을 **원론적 수열 접근법**으로 해석할 수 있게 하는 원동력이기도 하다.

조합에 없었던 **끝자리 중복성**은 하나의 무한이 둘로 쪼개지면서 발생하는 양음의 극성이 현상으로 드러나는 무늬다.

$$_nP_n = {}_nP_{n-1} \quad : 순열\ 끝자리\ 중복성$$

순열과 **여순열**이 둘로 쪼개지기 전에는 어떤 무한이었을까?
당연히 **조합**이었다.

선택 입자인 **조합**에 **나열** 입자를 가하여 **선택 + 나열** 입자로 재탄생한 것이 **순열**이다.

이렇게 무한에 시간을 흐르게 하면 새로운 창조물이 되고, 그 창조물은 반드시 쌍으로 존재한다. 서로 끌어당기고 반발하는 쌍극성은 둘로 나누기의 **부스러기 효과**다.

나열의 화살로 조합을 둘로 쪼개면,
순열과 여순열 두 쌍극자를 만든다.

끝자리 중복성은 두 쌍극자가 결합하기 위한 연결고리 역할을 한다. **순열**도 **조합**에서와 같이 **역삼각 관계**를 간단히 유도하고 정리할 수 있다. **순열**을 집합의 눈으로 보면, $_nP_r$ **순열 원소**들의 관계는 **순열 역삼각 관계**로 그 무늬를 드러낸다.

$$_nP_r = \frac{n}{n-r+1} \cdot \left(_{n-1}P_{r-1} + \ _{n-1}P_r\right)$$

순열 Permutation

$$P(n,r) = {}_nP_r = \frac{n!}{(n-r)!}$$

$S_0 = 1 = 1$	1	${}_0P_0$
$S_1 = 2 = 2$	$1+1$	${}_1P_0 \quad {}_1P_1$
$S_2 = 5 = 5$	$1+2+2$	${}_2P_0 \quad {}_2P_1 \quad {}_2P_2$
$S_3 = 16 = 2^4$	$1+3+6+6$	${}_3P_0 \quad {}_3P_1 \quad {}_3P_2 \quad {}_3P_3$
$S_4 = 65 = 5 \cdot 13$	$1+4+12+24+24$	${}_4P_0 \quad {}_4P_1 \quad {}_4P_2 \quad {}_4P_3 \quad {}_4P_4$
$S_5 = 326 = 2 \cdot 163$	$1+5+20+60+120+120$	${}_5P_0 \quad {}_5P_1 \quad {}_5P_2 \quad {}_5P_3 \quad {}_5P_4 \quad {}_5P_5$
$S_6 = 1957 = 19 \cdot 103$	$1+6+30+120+360+720+720$	${}_6P_0 \quad {}_6P_1 \quad {}_6P_2 \quad {}_6P_3 \quad {}_6P_4 \quad {}_6P_5 \quad {}_6P_6$

$$S_n = \sum_{r=0}^{n} \frac{n!}{(n-r)!} = \sum_{r=0}^{n} {}_nP_r \quad \frac{n!}{(n-0)!} + \frac{n!}{(n-1)!} + \cdots + \frac{n!}{1!} + \frac{n!}{0!} \qquad {}_nP_r$$

$$S_n = \sum_{r=0}^{n} \frac{n!}{(n-r)!} = \sum_{r=0}^{n} {}_nP_r = \frac{n!}{(n-0)!} + \frac{n!}{(n-1)!} + \cdots + \frac{n!}{1!} + \frac{n!}{0!} \quad = {}_nP_r$$

순열의 비대칭과 끝자리 중복
Asymmetric & End Redundancy

$${}_nP_r \neq {}_nP_{n-r} \quad \text{비대칭성}$$

$${}_nP_n = {}_nP_{n-1} \quad \text{끝자리 중복성}$$

$$_2P_2 = 1 = {}_2P_1$$
$$_3P_3 = 6 = {}_3P_2$$
$$_4P_4 = 24 = {}_4P_3$$

순열 역삼각 관계
R-Triangle Relation of Permutation Sequence

$$_nP_r = \frac{n}{n-r+1} \cdot \left(_{n-1}P_{r-1} + {}_{n-1}P_r\right)$$

$$= {}_nP_r \cdot \frac{1}{n} + {}_nP_r \cdot \frac{n-r}{n}$$

$$_{n-1}P_{r-1} + {}_{n-1}P_r = {}_nP_r \cdot \left(\frac{n-r+1}{n}\right)$$

$$= \frac{(n-1)!}{(n-1-(r-1))!} + \frac{(n-1)!}{(n-1-r)!}$$

$$= \frac{n!}{(n-r)!}\frac{1}{n} + \frac{n!}{(n-r)!}\frac{(n-r)}{n}$$

$$= {}_nP_r \cdot \frac{1}{n} + {}_nP_r \cdot \frac{n-r}{n}$$

$$= {}_nP_r \cdot \left(\frac{1}{n} + \frac{n-r}{n}\right)$$

$$= {}_nP_r \cdot \left(\frac{n-r+1}{n}\right)$$

@@ $_{n-1}P_{r-1} = {}_nP_r \cdot \frac{1}{n}$, $_{n-1}P_r = {}_nP_r \cdot \frac{n-r}{n}$ @@

$$\therefore {}_nP_r = \frac{n}{n-r+1} \cdot \left(_{n-1}P_{r-1} + {}_{n-1}P_r\right)$$

$$1 < r < n$$

R-Triangle Relation Sample Test

$$_3P_2 = \frac{3}{3-2+1} \cdot \left(_{3-1}P_{2-1} + {}_{3-1}P_2\right) = \frac{3}{2} \cdot \left(_2P_1 + {}_2P_2\right) = \frac{3}{2} \cdot (2+2) = 6$$

$$_4P_1 = \frac{4}{4-1+1} \cdot \left(_{4-1}P_{1-1} + {}_{4-1}P_1\right) = \frac{4}{4} \cdot \left(_3P_0 + {}_3P_1\right) = \frac{4}{4} \cdot (1+3) = 4$$

$$_4P_2 = \frac{4}{4-2+1} \cdot \left(_{4-1}P_{2-1} + {}_{4-1}P_2\right) = \frac{4}{3} \cdot \left(_3P_1 + {}_3P_2\right) = \frac{4}{3} \cdot (3+6) = 12$$

$$_4P_3 = \frac{4}{4-3+1} \cdot \left(_{4-1}P_{3-1} + {}_{4-1}P_3\right) = \frac{4}{2} \cdot \left(_3P_2 + {}_3P_3\right) = \frac{4}{2} \cdot (6+6) = 24$$

$$_4P_4 = \frac{4}{4-4+1} \cdot \left(_{4-1}P_{4-1} + {}_{4-1}P_4\right) = \frac{4}{1} \cdot \left(_3P_3 + {}_3P_4\right) = \frac{4}{1} \cdot (6+0) = 24$$

$$_3P_4 = \binom{3}{4} 4! = 0 \cdot 4! = 0$$

수열 공식 접근법 : 계승급수의 부스러기
Permutation Formal Approach : Sigma-Factorial Crumbs

이번엔 $_nP_r$ 순열 집합들의 관계를 탐색한다. $_nP_r$ 순열 집합을 수량으로 양자화하면, 순열의 합인 $\sum_{r=0}^{n} {_nP_r}$ 순열 급수가 된다. 순열 급수는 순열 원소들을 모두 합한 것과 같다.

$\sum_{r=0}^{n} {_nP_r}$ 순열 급수를 다시 관점 전환하면, S_n 순열 급수 수열의 규칙성 문제로 정리된다.

$$S_n = \sum_{r=0}^{n} {_nP_r} = \sum_{r=0}^{n} \frac{n!}{(n-r)!}$$

조합의 경우 대칭 구조이기 때문에 **조합 급수 수열**도 부스러기 없이 2^n 무늬로 깔끔하게 나타난다. 이는 공비를 2로 하는 등비수열의 일종이다.

그런데 **순열**은 비대칭이다. 그리고 **순열 급수 수열**은 계승의 곱과 급수의 합으로 형성되었다.

그렇다면 **순열 급수 수열**은 곱셈과 덧셈으로 구성된 **수열 점화식의 일반화**에서 무한의 문을 열 수 있다.

수열의 삼각관계 일반화

$$S_n = \alpha_n (S_{n-1} + S_{n-2}) + \beta_n$$

수열 점화식의 일반화

α_n : n 번째 비례 함수
β_n : n 번째 오차 함수

$$A_n = \alpha_n \cdot A_{n-1} + \beta_n$$

수열에서 사용하는 **점화식**은 recurrence relation 을 **재귀 관계**로 번역하여 수학에서 정착한 용어다. 점화漸化는 점점 조화롭게 변한다는 의미로 재귀 관계를 표현했다. **점화**라는 관점은 현상적 용어이고 **재귀 관계**는 원론적 용어다.

수열의 관계는 일반적으로 연속하는 두 원소 또는 세 원소의 관계에서 밝혀진다. 물론 더 복잡하게 간섭현상을 일으킨 수열은 그 이상의 관계로 밝혀질 수도 있다.

그러나 둘 이상의 간섭현상도 결국 둘로 나누기의 반복된 원리를 벗어날 수 없다. 연속하는 3개의 원소에 대한 관계도 두 원소의 관계를 일반화한 것에서 삼각관계를 일반화할 수 있다.

덧셈의 관계로 수열을 일반화한 것은 등차수열이었고, 곱셈의 관계로 수열을 일반화한 것이 등비수열이었다.

등차수열과 등비수열이 복합적으로 간섭을 일으킨 것이 **복합 수열**이다. **복합 수열**에서 등비와 등차 두 요소가 모두 나타난다면, 비대칭적인 무늬가 숨어 있는 것을 의미한다.

등비의 관점에서는 등차 요소가 비대칭성을 표출하는 **오차** 또는 **부스러기**가 된다.

순열 급수 수열의 재귀 관계를 추출하는 방법도 두 가지가 있다. 하나는 공식을 변형하는 **공식 접근법**이고 또 하나는 **결괏값 접근법**이다. 이렇게 두 접근법으로 정리한 것은 회전논리의 **둘로 나누기** 원리에 근거한다.

안에서 밖을 볼 때는 **공식 접근법**이고 밖에서 안을 볼 때는 **결괏값 접근법**이다.

그런데 **공식 접근법**을 피상적으로 사용하는 **공식 변형 접근법**은 계승과 합산으로 간섭을 일으키고 가려진 무늬를 추출하는 데 부족함이 있다.

공식 접근법은 안에서 밖을 보아야 하는데 안에서 표면을 보는 눈으로 망원경을 들고 있는 것과 같은 양상이다. 이렇게 하면 계승과 합산의 부스러기가 발생하고 끝내 낭떠러지에서 갈 곳을 잃어버린다.

공식 변형 접근법 : 계승 부스러기 발생
Formal Variant Approach : Sigma-Factorial Crumbs

$$_{n-1}P_r = \frac{(n-1)!}{(n-r-1)!} = \frac{(n)!}{(n-r)!} \cdot \frac{(n-r)}{n} = \frac{(n-r)}{n} {_nP_r}$$

$$\therefore {_{n-1}P_r} = \frac{(n-r)}{n} {_nP_r}$$

$$_{n-2}P_r = \frac{(n-r-1)}{(n-1)} {_{n-1}P_r} = \frac{(n-r-1)}{(n-1)} \frac{(n-r)}{n} {_nP_r}$$

$$\therefore {_{n-2}P_r} = \frac{(n-r-1)}{(n-1)} \frac{(n-r)}{n} {_nP_r}$$

$$S_{n-1} + S_{n-2}$$

$$= \sum_{r=0}^{n-1} {_{n-1}P_r} + \sum_{r=0}^{n-2} {_{n-2}P_r}$$

$$= \sum_{r=0}^{n-1} \frac{(n-1)!}{(n-r-1)!} + \sum_{r=0}^{n-2} \frac{(n-2)!}{(n-r-2)!}$$

$$= \sum_{r=0}^{n-1} \frac{(n-r)}{n} {_nP_r} + \sum_{r=0}^{n-2} \frac{(n-r-1)}{(n-1)} \frac{(n-r)}{n} {_nP_r}$$

$$\neq \frac{(n-\cancel{r})}{n} \left(\sum_{r=0}^{n-1} {_nP_r} + \sum_{r=0}^{n-2} \frac{(n-r-1)}{(n-1)} {_nP_r} \right)$$

급수 계승 부스러기 발생 → 낭떠러지

$$\therefore \sum_{r=0}^{n-1} {}_{n-1}P_r = \sum_{r=0}^{n} \frac{(n-r)}{n} {}_nP_r$$

Process stopped.

공식 접근법을 제대로 활용하려면 공식이 가진 계승과 합산의 원론을 들여다보는 관점 현미경이 필요하다. 관점 현미경으로 몇 차의 **순열 급수**들이 계산되는 무늬를 관찰한다. 그러면 이 합산의 과정 속에서 계승의 변해가는 무늬가 나타난다.

@ Retry : Insight by VP Microscope

$$\sum {}_0P_r = 1 = \frac{0!}{(0-0)!}$$

$$\sum {}_1P_r = 2 = \frac{1!}{1!} + \frac{1!}{0!}$$

$$\sum {}_2P_r = 5 = \frac{2!}{2!} + \frac{2!}{1!} + \frac{2!}{0!}$$

$$\sum {}_3P_r = 16 = \frac{3\cdot2\cdot1}{3\cdot2\cdot1} + \frac{3\cdot2\cdot1}{2\cdot1} + \frac{3\cdot2\cdot1}{1!} + \frac{3\cdot2\cdot1}{0!}$$

$$\sum {}_4P_r = 65 = \frac{\cancel{4\cdot3\cdot2\cdot1}}{\cancel{4\cdot3\cdot2\cdot1}} + \frac{4\cdot3\cdot2\cdot1}{3\cdot2\cdot1} + \frac{4\cdot3\cdot2\cdot1}{2\cdot1} + \frac{4\cdot3\cdot2\cdot1}{1!} + \frac{4\cdot3\cdot2\cdot1}{0!}$$

$n=3$ 순열 급수와 $n=4$ 순열 급수의 관계에 관점 현미경의 초점을 맞춘다.

$n=4$ 순열 급수의 순열 원소에는 모두 계승의 규칙에 따라 4가 곱해져 있다.

그리고 $r=0$ 인 $_4P_0$ 첫 번째 순열은 분모와 분자가 상쇄되어 1이 된다.

$$\sum {_4P_r} = 1 + 4\left(\frac{3\cdot 2\cdot 1}{3\cdot 2\cdot 1} + \frac{3\cdot 2\cdot 1}{2\cdot 1} + \frac{3\cdot 2\cdot 1}{1!} + \frac{3\cdot 2\cdot 1}{0!}\right)$$

이렇게 공식은 그 속에 반복되어 흐르는 시간의 무늬를 읽어 내야 그 속에 숨은 알고리즘이 드러난다. 공식이라는 그림에서 미술가의 붓 터치 무늬를 읽고 작가의 세계와 대화하는 예술품 감상법과 같다. 이런 방식이 **공식 무늬 접근법**이다.

n **순열 급수**는 $n-1$ **순열 급수**에 n 을 곱하고, $n-1$ 에서 n 으로 1 늘어난 만큼을 더해주는 무늬가 나타난다.

$$\sum_{r=0}^{n} {_nP_r} = 1 + n\sum_{r=0}^{n} {_{n-1}P_r}$$

이런 현상은 $n-1$ 차 수열이 n 차 수열로 변하는 과정에 안팎의 두 가지 요인이 간섭현상을 일으킨 결과다.

하나는 차수 변화의 차이 1이 등차수열의 덧셈 1로 나타난다.
또 하나는 계승이 하나 더 추가되고 곱해지는 현상이
곱셈 n 으로 나타났다.

이렇게 추출된 등비와 등차 무늬를 정리하여 복합 수열로 **순열 급수 수열**의 재귀 관계를 정리한다.

순열 급수의 **이원 재귀 관계**

@ 대각 관계 @

$$S_n = n \cdot S_{n-1} + 1$$

이 재귀 관계는 두 수열 원소의 관계를 정리한 것이다. **이원 재귀 관계**는 등비(공비)가 n 이고 등차(공차)는 1이다.

이원 재귀 관계는 덧셈을 누적한 곱셈에서 발생하는 대각선 알고리즘이 현상으로 나타난 것이다. 그래서 **이원 재귀 관계**는 기하적으로 **대각 관계**라 할 수 있다.

두 수열 원소의 관계를 알고 있다면, 연속하는 세 수열 원소의 관계는 간단한 연립방정식을 이용하여 유도할 수 있다.

> ## 순열 급수의 **삼원 재귀 관계**
> @ 역삼각 관계 @
> $$S_n = (n-1)(S_{n-2} + S_{n-1}) + 2$$

삼원 재귀 관계는 등비가 n 에서 $n-1$ 로 변했고, 등차는 1에서 2로 변했다. 이것은 $n-1$ 차와 $n-2$ 차가 합쳐지면서 계승과 급수의 간섭파가 등차와 등비에 각각 영향을 준 현상이다.

삼원 재귀 관계는 이전의 두 원소가 현재의 원소와 대각선 관계를 이어 역삼각형 구도를 그린다. 따라서 **삼원 재귀 관계**는 기하적으로 **역삼각 관계**로 해석한다.

공식 무늬 접근법 : 계승 패턴
Formal Pattern Approach : Factorial Pattern

$$\sum {}_3P_r = 16 = \frac{3\cdot 2\cdot 1}{3\cdot 2\cdot 1} + \frac{3\cdot 2\cdot 1}{2\cdot 1} + \frac{3\cdot 2\cdot 1}{1!} + \frac{3\cdot 2\cdot 1}{0!}$$

$$\sum {}_4P_r = 65 = \frac{4\cdot 3\cdot 2\cdot 1}{4\cdot 3\cdot 2\cdot 1} + \frac{4\cdot 3\cdot 2\cdot 1}{3\cdot 2\cdot 1} + \frac{4\cdot 3\cdot 2\cdot 1}{2\cdot 1} + \frac{4\cdot 3\cdot 2\cdot 1}{1!} + \frac{4\cdot 3\cdot 2\cdot 1}{0!}$$

$$= 1 + 4\left(\frac{3\cdot 2\cdot 1}{3\cdot 2\cdot 1} + \frac{3\cdot 2\cdot 1}{2\cdot 1} + \frac{3\cdot 2\cdot 1}{1!} + \frac{3\cdot 2\cdot 1}{0!}\right)$$

$$= 1 + 4\left(\sum {}_3P_r\right)$$

$$\therefore \sum {}_4P_r = 1 + 4\sum {}_3P_r$$

$$\therefore \sum_{r=0}^{n} {}_nP_r = 1 + n\sum_{r=0}^{n} {}_{n-1}P_r$$

$$\therefore S_n = n\cdot S_{n-1} + 1$$

수열 연립 방정식
Sequence Simultaneous Equation

$$S_n = n \cdot S_{n-1} + 1$$

$$S_{n-1} = (n-1) \cdot S_{n-2} + 1$$

$$S_n = n \cdot S_{n-1} + 1$$

$$0 = -S_{n-1} + (n-1) \cdot S_{n-2} + 1$$

$$S_n + 0 = -S_{n-1} + (n-1) \cdot S_{n-2} + 1 + n \cdot S_{n-1} + 1$$

$$S_n = (n-1) \cdot (S_{n-2} + S_{n-1}) + 2$$

$$\therefore S_n = (n-1)(S_{n-2} + S_{n-1}) + 2$$

결괏값 수열 접근법
Result Value Approach

순열 급수 수열에 대한 재귀 관계를 결괏값으로 유도해 본다. **결괏값 접근법**도 수열의 **일반 재귀 관계식**을 사용한다.

일반 점화식의 등비와 등차 변수에 수치를 대입하여 결괏값에 접근하는 일반적인 수열 접근 방식이다. **결괏값 접근법**을 사용하려면 우선 몇 개의 **순열 급수** 값을 계산해야 한다.

순열 급수를 $n=0$ 에서 $n=4$ 또는 $n=5$ 까지 수동으로 계산한다. **이원 재귀 관계**의 관점에서는 $n=3$ 정도로 충분할 수 있다. 그러나 **삼원 재귀 관계**에서는 $n=4$ 이상의 샘플이 필요해 보인다.

이는 연립방정식의 원리와 같이 구하려는 미지수 또는 다항식의 차원에 따라 필요한 방정식의 개수가 정해지기 때문이다.

$$S_n = \sum_{r=0}^{n} {}_nP_r = \sum_{r=0}^{n} \frac{n!}{(n-r)!}$$

$$S_0 = \sum_{r=0}^{0} \frac{0!}{(0-r)!} = \frac{0!}{(0-0)!} = \frac{1}{1} = 1$$

$$S_1 = \sum_{r=0}^{1} \frac{1!}{(1-r)!} = \frac{1!}{(1-0)!} + \frac{1!}{(1-1)!} = \frac{1}{1} + \frac{1}{1} = 2$$

$$S_2 = \sum_{r=0}^{2} \frac{2!}{(2-r)!} = \frac{2!}{(2-0)!} + \frac{2!}{(2-1)!} + \frac{2!}{(2-2)!} = \frac{2}{2} + \frac{2}{1} + \frac{2}{1} = 5$$

$$S_3 = \sum_{r=0}^{3} \frac{3!}{(3-r)!} = \frac{3!}{(3-0)!} + \frac{3!}{(3-1)!} + \frac{3!}{(3-2)!} + \frac{3!}{(3-3)!} = \frac{6}{6} + \frac{6}{2} + \frac{6}{1} + \frac{6}{1} = 16$$

$$S_4 = \sum_{r=0}^{4} \frac{4!}{(4-r)!} = \frac{4!}{(4-0)!} + \frac{4!}{(4-1)!} + \frac{4!}{(4-2)!} + \frac{4!}{(4-3)!} + \frac{4!}{(4-4)!} = \frac{24}{24} + \frac{24}{6} + \frac{24}{2} + \frac{24}{1} + \frac{24}{1} = 65$$

$$S_n = \{1, 2, 5, 16, 64, \dots\}$$

결괏값 접근법은 결괏값이 생성되는 원리와는 무관하게 결괏값들에만 관점을 둔다.

α_n 등비와 β_n 등차의 값을 추정하여 수치를 대입한다. 등비와 등차 두 변수가 있기 때문에, 한쪽에 수치를 대입하면 1단계 근사치에 도달한다. 나머지 변수는 결괏값과 1차 근사치의 오차를 0으로 만드는 역수법을 사용한다.

$$
\begin{aligned}
S_0 &= 1 & &= 1 & & 1 \\
S_1 &= 2 & &= \alpha_1 \cdot (0+1) + \beta_1 = 0 \cdot 1 + 2 & & 1+1 \\
S_2 &= 5 & &= \alpha_2 \cdot (1+2) + \beta_2 = 1 \cdot 3 + 2 & & 1+2+2 \\
S_3 &= 16 & &= \alpha_3 \cdot (2+5) + \beta_3 = 2 \cdot 7 + 2 & & 1+3+6+6 \\
S_4 &= 65 & &= \alpha_4 \cdot (5+16) + \beta_4 = 3 \cdot 21 + 2 & & 1+4+12+24+24 \\
S_5 &= 326 & &= \alpha_5 \cdot (16+65) + \beta_5 = 4 \cdot 81 + 2 & & 1+5+20+60+120+120 \\
&\vdots & &\vdots \\
S_n &= & &= (n-1) \cdot (S_{n-2} + S_{n-1}) + 2
\end{aligned}
$$

힌트가 있다면 이 수열은 n 차수의 시간을 타고 결괏값이 변해간 다는 특징이 있다. 그리고 덧셈의 **등차**보다는 곱셈의 **등비**가 변동성이 더 크다.

따라서 α_n **등비**를 추정하여 1차 근사치에 도달하는 것이 현명하다. 1차 근사치와 결괏값의 **오차**를 덧셈에 대한 **역수**로 취하면 β_n **등차**가 된다. 이렇게 하면 **이원 재귀 관계식**과 **삼원 재귀 관계식**을 각각 독립적으로 유도할 수 있다.

결괏값 접근법
Result Value Approach

$$S_n = \sum_{r=0}^{n} {}_nP_r = \sum_{r=0}^{n} \frac{n!}{(n-r)!}$$

$$S_n = \{1, 2, 5, 16, 64, \ldots\}$$

순열 급수 역삼각 관계
R-Triangle Relation of Permutation Series

$$S_n = \alpha_n (S_{n-1} + S_{n-2}) + \beta_n$$

$S_0 = 1$	$= 1$	1
$S_1 = 2$	$= \alpha_1 \cdot (0+1) + \beta_1 = 0 \cdot 1 + 2$	$1 + 1$
$S_2 = 5$	$= \alpha_2 \cdot (1+2) + \beta_2 = 1 \cdot 3 + 2$	$1 + 2 + 2$
$S_3 = 16$	$= \alpha_3 \cdot (2+5) + \beta_3 = 2 \cdot 7 + 2$	$1 + 3 + 6 + 6$
$S_4 = 65$	$= \alpha_4 \cdot (5+16) + \beta_4 = 3 \cdot 21 + 2$	$1 + 4 + 12 + 24 + 24$
$S_5 = 326$	$= \alpha_5 \cdot (16+65) + \beta_5 = 4 \cdot 81 + 2$	$1 + 5 + 20 + 60 + 120 + 120$
$\vdots$	$\vdots$	
$S_n =$	$= (n-1) \cdot (S_{n-2} + S_{n-1}) + 2$	

$$\alpha_n = n - 1, \quad \beta_n = 2$$

$$\therefore S_n = (n-1)(S_{n-1} + S_{n-2}) + 2$$

$$\sum_{r=0}^{n} {}_nP_r = (n-1)\left(\sum_{r=0}^{n-1} {}_{n-1}P_r + \sum_{r=0}^{n-2} {}_{n-2}P_r\right) + 2$$

순열 급수 대각 관계
Diagonal Relation of Permutation Series

$$S_n = \alpha_n \cdot S_{n-1} + \beta_n$$

$S_0 = 1$ $\qquad = 1$ $\hfill 1$
$S_1 = 2$ $\qquad = \alpha_1 \cdot 1 + \beta_1 = 1 \cdot 1 + 1$ $\hfill 1 + 1$
$S_2 = 5$ $\qquad = \alpha_2 \cdot 2 + \beta_2 = 2 \cdot 2 + 1$ $\hfill 1 + 2 + 2$
$S_3 = 16$ $\qquad = \alpha_3 \cdot 5 + \beta_3 = 3 \cdot 5 + 1$ $\hfill 1 + 3 + 6 + 6$
$S_4 = 65$ $\qquad = \alpha_4 \cdot 16 + \beta_4 = 4 \cdot 16 + 1$ $\hfill 1 + 4 + 12 + 24 + 24$
$S_5 = 326$ $\qquad = \alpha_5 \cdot 65 + \beta_5 = 5 \cdot 65 + 1$ $\hfill 1 + 5 + 20 + 60 + 120 + 120$
$\vdots \qquad \qquad \vdots$
$S_n = \qquad \quad = n \cdot S_{n-1} + 1$

$$\alpha_n = n \, , \ \beta_n = 1$$
$$\therefore \ S_n = n \cdot S_{n-1} + 1$$

$$\sum_{r=0}^{n} {}_nP_r = n \cdot \sum_{r=0}^{n-1} {}_{n-1}P_r + 1$$

순열과 여순열의 대칭 정리
Permutation + Complement : Symmetry Theorem

이제 **순열**의 반대쪽인 **여순열**을 관점 현미경으로 들여다본다. 앞서 언급한 바와 같이 양쪽 두 눈으로 $_nP_r$ 순열과 $_n\overline{P}_r$ 여순열을 동시에 보면 이등변 삼각형이다. 이렇게 하면 **순열**과 **여순열**의 대칭성이 기하적으로 드러난다.

순열 + 여순열의 이등변 삼각형

$$
\begin{array}{ccccccccccccc}
 & & & & & & _0P_0 & _0\overline{P}_0 & & & & & \\
 & & & & & _1P_0 & _1P_1 & _1\overline{P}_0 & _1\overline{P}_1 & & & & \\
 & & & & _2P_0 & _2P_1 & _2P_2 & _2\overline{P}_0 & _2\overline{P}_1 & _2\overline{P}_2 & & & \\
 & & & _3P_0 & _3P_1 & _3P_2 & _3P_3 & _3\overline{P}_0 & _3\overline{P}_1 & _3\overline{P}_2 & _3\overline{P}_3 & & \\
 & & _4P_0 & _4P_1 & _4P_2 & _4P_3 & _4P_4 & _4\overline{P}_0 & _4\overline{P}_1 & _4\overline{P}_2 & _4\overline{P}_3 & _4\overline{P}_4 & \\
 & _5P_0 & _5P_1 & _5P_2 & _5P_3 & _5P_4 & _5P_5 & _5\overline{P}_0 & _5\overline{P}_1 & _5\overline{P}_2 & _5\overline{P}_3 & _5\overline{P}_4 & _5\overline{P}_5 \\
_6P_0 & _6P_1 & _6P_2 & _6P_3 & _6P_4 & _6P_5 & _6P_6 & _6\overline{P}_0 & _6\overline{P}_1 & _6\overline{P}_2 & _6\overline{P}_3 & _6\overline{P}_4 & _6\overline{P}_5 & _6\overline{P}_6 \\
\end{array}
$$

$$
\begin{array}{lll}
S_0 = 1 = & 1 \quad 1 & = 1 = \overline{S_0} \\
S_1 = 2 = & 1+1 \quad 1+1 & = 2 = \overline{S_1} \\
S_2 = 5 = & 1+2+2 \quad 2+2+1 & = 5 = \overline{S_2} \\
S_3 = 16 = & 1+3+6+6 \quad 6+6+3+1 & = 16 = \overline{S_3} \\
S_4 = 65 = & 1+4+12+24+24 \quad 24+24+12+4+1 & = 65 = \overline{S_4} \\
S_5 = 326 = & 1+5+20+60+120+120 \quad 120+120+60+20+5+1 & = 326 = \overline{S_5} \\
\end{array}
$$

순열 + 여순열의 대칭성

$$_nP_r = \binom{n}{r}r! = \frac{n!}{(n-r)!\,r!}r! = \frac{n!}{(n-r)!} = {_n\overline{P}_{n-r}}$$

$$_nP_{n-r} = \binom{n}{n-r}(n-r)! = \frac{n!}{(n-r)!\,r!}(n-r)! = \frac{n!}{r!} = {_n\overline{P}_r}$$

순열 + 여순열의 대칭성으로 인해 **순열 급수**와 **여순열 급수**의 값도 연쇄적으로 대칭 현상을 보인다.

순열 급수 + 여순열 급수의 대칭성

$$\sum_{r=0}^{n} {_nP_r} = \sum_{r=0}^{n} {_n\overline{P}_{n-r}}$$

조합과 순열 그리고 여순열에 대한 근본적 계승 알고리즘이 시그마와 연쇄반응을 일으키는 간섭현상을 관점 현미경으로 살펴봤다. 이제 **교란 순열**을 **표면적 수열 접근법**으로 유도할 차례다.

교란 순열의 결괏값 접근법
Derangement Result Approach

    교란 순열은 교란 사건들을 겹치지 않도록 합쳐 결괏값을 계산하는 급수와 같은 성격을 가지고 있다. 그런데 교란 사건의 공식은 여순열로 해석하여 알 수 있지만, 여순열이 어떻게 합쳐지는지 모른다.

$$E \text{ 교란 사건} = @ \; _n\overline{P}_r \text{ 여순열}$$

$$D_n \text{ 교란 순열} = ? \sum_{r=?}^{?} ?_n\overline{P}_r + ?$$

    공식을 정확히 알 수 없으므로 순열 급수 수열의 재귀 관계 접근법 중에서 공식 접근법을 사용할 수 없다. 따라서 결괏값 접근법을 사용해야 한다. 결괏값 접근법을 사용하려면 일반적으로 몇 차에 걸친 샘플이 필요하다.

    먼저 관점 현미경으로 4명의 손님과 4개의 모자를 사례로 교란 순열의 결괏값이 계산되는 과정을 들여다본다. 여순열도 함께 계산하여 교란 사건이 검출되는 무늬가 혹시 발견되는지 확인한다.

    앞서 순열과 여순열의 대칭성으로 인해 끝자리 중복성을 관람한 적이 있다. 교란 사건에서도 동일한 현상이 나타난다.

이 상황이 앞서 **원론적 수열 접근법**에서 g_x **특정 손님**을 기준으로 교란 순열을 전개할 수 있었던 지점이다.

교란 순열 전체와 g_x **특정 손님**을 지정한 $n-1$ **교란 수열**의 값은 동일하다.

이 사례에서 n 차 또는 $n-1$ 차의 D_4 교란 순열을 각각 추출하면 모두 9개로 일치한다.

이 D_4 **교란 순열** 결괏값에 **수열 일반 재귀 관계** 공식을 적용해 보면, 등비와 등차 값에 어느 정도 접근할 수 있다. 그러나 한 가지의 사례로는 검증할 수 없어 오차를 확신하기에는 부족함이 있다.

교란순열을 여순열과 집합으로 실험해 보자. 먼저 4개의 모자를 4명의 손님에게 나누어주는 사례를 살펴본다.

Case Test for D_n

G : paired Guest
$n = 4$, $E(k) = \mathbf{P}^c(4,k)$

집합의 관점에서 4개의 모자를 처음부터 나누어 주는 경우는 공집합에서 출발한다. 공집합일 경우 모든 경우의 사건들을 부분집합으로 정리할 수 있다. 그중 **교란집합**은 **강조체**로 표기한다.

참고로 교란순열 공식은 앞서 유도한 바와 같이 진동하는 계승분수 알고리즘을 가졌다. 이 공식과 비교하면서 실험해보자.

$$D_n = n! \sum_{k=0}^{n} \frac{(-1)^k}{k!} \quad : \text{교란 순열 공식}$$

1개를 나누어 주고 나머지 3개가 남은 경우, 2개를 나누어 주고 2개가 남은 경우, 3개를 나누어 주고 1개가 남은 경우, 끝으로 4개를 나누어 주고 하나도 남지 않은 경우를 탐색한다.

$$\mathbf{P}^c(4,0) = \mathbf{P}(4,4) = \binom{4}{0}(4-0)! = \frac{4!}{0!} = 4 \cdot 3 \cdot 2 \cdot 1 = 24$$

$G = \{\emptyset\}$:
{1,2,3,4} {1,2,4,3} {1,3,2,4} {1,4,2,3} {1,4,3,2} {1,3,4,2} $\underline{n}$ 3!
{2,1,3,4} **{2,1,4,3}** {2,3,1,4} **{2,4,1,3}** {2,4,3,1} **{2,3,4,1}** $\underline{n}$ 3!
{3,1,2,4} **{3,1,4,2}** {3,2,1,4} **{3,4,1,2}** **{3,4,2,1}** {3,2,4,1} $\underline{n}$ 3!
{4,1,3,2} **{4,1,2,3}** **{4,3,1,2}** {4,2,1,3} {4,2,3,1} **{4,3,2,1}** $\underline{n}$ 3!

$$D_4 = 4!\left(\frac{1}{0!} - \frac{1}{1!} + \frac{1}{2!} - \frac{1}{3!} + \frac{1}{4!}\right) = 4!\left(1 - \frac{1}{1} + \frac{1}{2} - \frac{1}{6} + \frac{1}{24}\right)$$

$$D_4 = 24 \cdot 0.375 = 9.375 \simeq 9$$

$$\therefore D_4 = 9 = \alpha_3 \cdot D_3 + \beta_3$$

위의 부분집합들은 공집합에 대한 부분집합들이다. 그중 강조체로 표시한 부분집합들이 바로 교란집합이다. 이는 모든 교란사건을 나열하는 것과 같다.

이번엔 1개를 나누어 주고 나머지 3개가 남은 경우를 정리해보자. 위의 **전체 교란집합 정리**를 토대로 G의 원소 1개를 제외한 부분집합을 정리한다.

$$\mathbf{P}^c(4,1) = \mathbf{P}(4,3) = \binom{4}{1}(4-1)! = \frac{4!}{1!} = 4 \cdot 3 \cdot 2 = 24$$

$G = \{\{1\}\{2\}\{3\}\{4\}\}$:
$G = \{1\}$: $\{2,3,4\}$ $\{2,4,3\}$ $\{3,2,4\}$ $\{4,2,3\}$ $\{4,3,2\}$ $\{3,4,2\}$ 즉 3!
$G = \{2\}$: $\{1,3,4\}$ **{1,4,3}** $\{3,1,4\}$ **{4,1,3}** $\{4,3,1\}$ **{3,4,1}** 즉 3!
$G = \{3\}$: $\{1,2,4\}$ **{1,4,2}** $\{2,1,4\}$ **{4,1,2}** **{4,2,1}** $\{2,4,1\}$ 즉 3!
$G = \{4\}$: $\{1,3,2\}$ **{1,2,3}** **{3,1,2}** $\{2,1,3\}$ $\{2,3,1\}$ **{3,2,1}** 즉 3!

$$\therefore D_4 = 9 = \alpha_3 \cdot D_3 + \beta_3$$

그러면 위의 공집합 사례와 같이 교란집합들이 보인다. 예를 들어 G = {1}의 경우 {2,3,4}, {2,4,3}, ..., {3,4,2} 부분집합들이 있는데 여기에는 교란집합이 없다. 그런데 G = {2}의 경우부터는 **{1,4,3}**, **{4,1,3}**, **{3,4,1}** 등과 같이 교란집합이 나타난다. 이는 공집합의 경우와 동일하다.

그런데 $n-2$ 차 여순열부터는 모자를 받아 쌍을 이룬 두 손님의 모자가 교란 상태인지 여순열에 나타나지 않는다. 이 때문에 전체 교란 순열 값을 결정할 수 없다. 따라서 $n-2$ 차 여순열은 교란 순열에 영향을 미칠 수 있으나 결괏값을 결정하는데 의미가 없어진다.

2개가 이미 배정됐을 경우는 공집합의 교란집합에서 G의 원소 2개를 제외한 부분집합으로 정리한다. 예를 들어 G = {1,2}의 경우 {1,2} 또는 {2,1}로 시작하는 부분집합을 찾아 정리한다.

공집합 사례에서 {1,2,3,4}, {1,2,4,3}, {2,1,3,4}은 완전 교란이 아니고, {**2,1,4,3**}은 완전 교란된 사례다. 그래서 G = {1,2} 의 경우 {3,4}는 완전 교란이 아닌 것으로 처리하고 {**4,3**}은 완전 교란으로 처리한다.

$$\mathbf{P}^c(4,2) = \mathbf{P}(4,2) = \binom{4}{2}(4-2)! = \frac{4!}{2!} = 4 \cdot 3 = 12$$

G = {1,2} or {2,1} : {3,4} {**4,3**} 프 2! ,   G = {1,3} or {3,1} : {2,4} {**4,2**} 프 2!,
G = {1,4} or {4,1} : {3,2} {**2,3**} 프 2! ,   G = {3,2} or {2,3} : {4,1} {**1,4**} 프 2!,
G = {4,2} or {2,4} : {1,3} {3,1} 프 2! ,   G = {4,3} or {3,4} : {1,2} {2,1} 프 2!

$$\therefore D_4 = ?$$

다음과 같이 3개가 이미 배정됐을 경우도 같은 방식으로 G의 원소 3개를 제외한 부분집합으로 정리한다. 끝으로 4개가 이미 배정됐을 경우는 남은 원소가 없기 때문에 공집합만 남는다. 이 경우는 나머지를 선택해 나열하는 것이 의미가 없어진다.

$$\mathbf{P}^c(4,3) = \mathbf{P}(4,1) = \binom{4}{3}(4-3)! = \frac{4!}{3!} = 4 = 4$$

$G = \{2,3,4\} : \{1\}, \quad G = \{1,3,4\} : \{2\}, \quad G = \{1,2,4\} : \{3\}, \quad G = \{1,2,3\} : \{4\}$

$$\therefore D_4 = ?$$

$$\mathbf{P}^c(4,4) = \mathbf{P}(4,0) = \frac{4!}{4!} = 1$$

$G = \{1,2,3,4\} : \{\emptyset\}$

$$\therefore D_4 = ?$$

같은 방법으로 세 쌍의 (손님, 모자)를 사례로 D_3 **교란 순열**을 한 번 더 전개한다.

$$n = 3, \quad E(k) = \mathbf{P}^c(3,k)$$

$$\mathbf{P}^c(3,0) = \mathbf{P}(3,3) = \binom{3}{0}(3-0)! = \frac{3!}{0!} = 3 \cdot 2 \cdot 1 = 6$$

$G = \{\emptyset\} : \{1,2,3\} \{1,3,2\} \underline{n} \, 2!, \quad \{2,1,3\} \{\mathbf{2,3,1}\} \underline{n} \, 2!, \quad \{\mathbf{3,1,2}\} \{3,2,1\} \underline{n} \, 2!$

$$D_3 = 3! \left(\frac{1}{0!} - \frac{1}{1!} + \frac{1}{2!} - \frac{1}{3!} \right) = 6 \left(\frac{1}{2} - \frac{1}{6} \right) = 6 \left(\frac{3}{6} - \frac{1}{6} \right) = 2$$

$$\therefore D_3 = 2 = \alpha_2 \cdot D_2 + \beta_2$$

$$\mathbf{P}^c(3,1) = \mathbf{P}(3,2) = \binom{3}{1}(3-1)! = \frac{3!}{1!} = 3 \cdot 2 \cdot 1 = 6$$

$$G = \{\{1\}\,\{2\}\,\{3\}\} :$$

$$G = \{1\} : \{2,3\}\,\{3,2\} \underline{n}\, 2!\,,\quad G = \{2\} : \{1,3\}\,\{3,1\} \underline{n}\, 2!\,,\quad G = \{3\} : \{\mathbf{1,2}\}\,\{2,1\} \underline{n}\, 2!$$

$$\therefore D_3 = 2 = \alpha_2 \cdot D_2 + \beta_2$$

$$n = 2\,,\quad E(k) = \mathbf{P}^c(2,k)$$

$$\mathbf{P}^c(2,0) = \mathbf{P}(2,2) = \binom{2}{0}(2-0)! = \frac{2!}{0!} = 2 \cdot 1 = 2$$

$$G = \{\emptyset\} : \{1,2\}\,\{\mathbf{2,1}\} \underline{n}\, 2!$$

$$D_2 = 2!\left(\frac{1}{0!} - \frac{1}{1!} + \frac{1}{2!}\right) = 2\left(\frac{1}{2}\right) = 1$$

$$\therefore D_2 = 1 = \alpha_2 \cdot D_1 + \beta_2$$

나머지 $n=2$ 이하의 교란 순열은 더 간단하다. 그런데 $n=0$ 은 돌려줄 손님과 모자가 없는 상황이다.

D_0 교란 순열의 값은 0일까? 1일까?

돌려줄 일이 없으니 교란의 경우가 0이라고 생각할 수도 있다. 틀린 생각은 아니다. 다만 여기서 사용하는 선분논리는 순열의 계승

논리이므로 $0! = 1$ 로 계산하는 원리를 따라야 일관된 선분논리를 전개할 수 있다.

본래 D_0 교란 순열의 값은 관점에 따라 0 또는 1이다.
그렇다면 $n=1$ 의 경우는 (손님, 모자) 한 쌍만 있다.

이 경우는 모자 하나를 보관하고 있다가 손님 1명에게 돌려주는 경우만 있기 때문에 교란될 수 없다.

따라서 D_1 교란 순열의 값은 0이 된다.

$n = 0{\sim}4$ 의 교란 순열들을 나열하고 **재귀 관계**를 유도해 본다.

$$
\begin{aligned}
D_0 &= 1 = \alpha_1 W_{-1} + \beta_1 & &= 0 \cdot 0 + 1 \\
D_1 &= 0 = \alpha_1 \cdot D_0 + \beta_1 & &= 1 \cdot 1 - 1 \\
D_2 &= 1 = \alpha_2 \cdot D_1 + \beta_2 & &= 2 \cdot 0 + 1 \\
D_3 &= 2 = \alpha_3 \cdot D_2 + \beta_3 & &= 3 \cdot 1 - 1 \\
D_4 &= 9 = \alpha_4 \cdot D_3 + \beta_4 & &= 4 \cdot 2 + 1 \\
&\vdots & &\vdots \\
D_n &= \alpha_n \cdot D_{n-1} + \beta_n & &= n \cdot D_{n-1} + (-1)^n
\end{aligned}
$$

$$\alpha_n = n, \quad \beta_n = (-1)^n$$

$$\therefore D_n = n \cdot D_{n-1} + (-1)^n$$

참고로 다음 식에 보이는 W 는 **진동 순열 급수**를 의미한다. 이에 대한 이야기는 잠시 후 탐색할 수 있다.

이렇게 유도된 **교란 순열**의 **재귀 관계식**은 양음으로 진동한다.

등비는 n 이고, 등차는 +1과 -1로 진동한다.
n 이 홀수이면 -1이고, 짝수이면 +1이 된다.

표면적 수열 접근법 중 **결괏값 접근법**으로도 **진동 등차**에서 시간의 파동 무늬가 나타났다. 이 양음으로 진동하는 파동은 **여순열**을 합하는 **여순열 급수**에도 숨겨져 있다.

진동 여순열 급수
Oscillating Permutation Series

조합의 이항 정리에도 양음으로 진동하는 $(x - y)$ 가 있다. 양으로 합하는 방향이 있으면 반대 방향인 음의 합이 있다.

양의 합과 음의 합은 서로 대칭이기 때문에 절댓값의 관점으로 보면 같아진다. 그러나 양 또는 음 한쪽 방향의 합이 있으면, 동시 상대적으로 양음 양방향으로 진동하는 **진동합**이 나타난다.

이런 $\sum_{r=0}^{n}(-1)^r$ **진동합**은 전기에서 나타나는 교류 전기의 원리와 같은 시간의 알고리즘이다.

단방향의 이항 정리

$$(x+y)^n = \sum_{r=0}^{n} {}_nC_r \cdot x^{n-r} y^r$$

$$(x+y)^2 = x^2 + 2xy + y^2$$

$$(x+y)^3 = x^3 + 3x^2y + 3xy^2 + y^3$$

양방향의 진동 이항 정리

$$(x-y)^n = \sum_{r=0}^{n} (-1)^r \cdot {}_nC_r \cdot x^{n-r} y^r$$

$$(x-y)^2 = x^2 - 2xy + y^2$$

$$(x-y)^3 = x^3 - 3x^2y + 3xy^2 - y^3$$

진동 이항 정리와 같은 방식으로 $\overline{W}_n$ 진동 여순열 급수도 연출할 수 있다.

양음으로 진동하는 순열과 여순열에 각각 **진동합**을 적용하면 **진동 순열 급수**와 **진동 여순열 급수**가 된다.

앞서 **순열 급수**와 **여순열 급수**는 모두 양의 영역을 배경에 두고 대칭을 형성했다.

그러나 **진동 순열 급수**와 **진동 여순열 급수**는 양음으로 대칭 구도를 형성한다.

$\overline{W}_n$ 진동 여순열 급수

$$\overline{W}_n = \sum_{r=0}^{n} (-1)^n {}_n\overline{P}_r$$

$\overline{W}_0 = {}_0\overline{P}_0$
$\overline{W}_1 = {}_1\overline{P}_0 - {}_1\overline{P}_1$
$\overline{W}_2 = {}_2\overline{P}_0 - {}_2\overline{P}_1 + {}_2\overline{P}_2$
$\overline{W}_3 = {}_3\overline{P}_0 - {}_3\overline{P}_1 + {}_3\overline{P}_2 - {}_3\overline{P}_3$
$\overline{W}_4 = {}_4\overline{P}_0 - {}_4\overline{P}_1 + {}_4\overline{P}_2 - {}_4\overline{P}_3 + {}_4\overline{P}_4$
$\overline{W}_5 = {}_5\overline{P}_0 - {}_5\overline{P}_1 + {}_5\overline{P}_2 - {}_5\overline{P}_3 + {}_5\overline{P}_4 - {}_5\overline{P}_5$
$\overline{W}_6 = {}_6\overline{P}_0 - {}_6\overline{P}_1 + {}_6\overline{P}_2 - {}_6\overline{P}_3 + {}_6\overline{P}_4 - {}_6\overline{P}_5 + {}_6\overline{P}_6$

진동 여순열 급수 대각 관계

$\overline{W}_0 = 1 = \alpha_1 \overline{W}_{-1} + \beta_1 \qquad = 0 \cdot 0 + 1 = \qquad\qquad\qquad 1$
$\overline{W}_1 = 0 = \alpha_1 \overline{W}_0 + \beta_1 \qquad = 1 \cdot 1 - 1 = \qquad\qquad\qquad 1 - 1$
$\overline{W}_2 = 1 = \alpha_2 \overline{W}_1 + \beta_2 \qquad = 2 \cdot 0 + 1 = \qquad\qquad\qquad 2 - 2 + 1$
$\overline{W}_3 = 2 = \alpha_3 \overline{W}_2 + \beta_3 \qquad = 3 \cdot 1 - 1 = \qquad\qquad\qquad 6 - 6 + 3 - 1$
$\overline{W}_4 = 9 = \alpha_4 \overline{W}_3 + \beta_4 \qquad = 4 \cdot 2 + 1 = \qquad\qquad\qquad 24 - 24 + 12 - 4 + 1$
$\overline{W}_5 = 44 = \alpha_5 \overline{W}_4 + \beta_5 \qquad = 5 \cdot 9 - 1 = \qquad\qquad\qquad 120 - 120 + 60 - 20 + 5 - 1$
$\overline{W}_6 = 265 = \alpha_6 \overline{W}_5 + \beta_6 \qquad = 6 \cdot 44 + 1 = \qquad 720 - 720 + 360 - 120 + 30 - 6 + 1$
$\vdots \qquad\qquad\qquad\qquad\qquad\qquad\qquad\qquad\qquad\qquad\qquad\qquad\qquad\qquad \vdots$

$\overline{W}_n = n \cdot \overline{W}_{n-1} + (-1)^n \quad = \sum_{r=0}^{n} (-1)^n {}_n\overline{P}_r = \quad {}_n\overline{P}_0 - {}_n\overline{P}_1 + {}_n\overline{P}_2 - {}_n\overline{P}_3 + \cdots + (-1)^n {}_n\overline{P}_n$

$$\overline{W}_n = \alpha_n \overline{W}_{n-1} + \beta_n$$

$$\alpha_n = n \ , \quad \beta_n = (-1)^n$$

$$\overline{W}_n = n \cdot \overline{W}_{n-1} + (-1)^n$$

진동 여순열 급수 역삼각 관계

$$\overline{W}_{n-1} = (n-1) \cdot \overline{W}_{n-2} + (-1)^{(n-1)}$$

$$0 = -\overline{W}_{n-1} + (n-1) \cdot \overline{W}_{n-2} + (-1)^{(n-1)} \quad \cdots \quad @1$$

$$\overline{W}_n = n \cdot \overline{W}_{n-1} + (-1)^n \quad \cdots \quad @2$$

$$@1 + @2 = @3$$

$$0 + \overline{W}_n = \left(-\overline{W}_{n-1} + n\overline{W}_{n-1}\right) + (n-1) \cdot \overline{W}_{n-2} + \left((-1)^{(n-1)} + (-1)^n\right)$$

$$\overline{W}_n = (n-1) \cdot \left(\overline{W}_{n-1} + \overline{W}_{n-2}\right) + \left((-1)^{(n-1)} + (-1)^n\right)$$

$$(-1)^{(n-1)} + (-1)^n = (-1)^n\left((-1)^{-1} + 1\right) = 0$$

$$\therefore \overline{W}_n = (n-1) \cdot \left(\overline{W}_{n-1} + \overline{W}_{n-2}\right) \quad \cdots \quad @3$$

$$D_n = (n-1) \cdot \left(D_{n-1} + D_{n-2}\right)$$

$$\sum_{k=0}^{n}(-)^k \frac{n!}{k!} = (n-1) \cdot \left(\sum_{k=0}^{n-1}(-)^k \frac{(n-1)!}{k!} + \sum_{k=0}^{n-2}(-)^k \frac{(n-2)!}{k!}\right)$$

$$D_n = \sum_{k=0}^{n}(-)^k {}_n\overline{P}_k = \sum_{k=0}^{n}(-)^k \frac{n!}{k!}$$

진동 순열 급수와 여순열 급수 : 양음 대칭성

Pulsing Symmetrical Wave

Permutation Series vs R-Permutation Series

$$
\begin{array}{cccccccccccc}
& & & & & {}_0P_0 & {}_0\overline{P}_0 & & & & & \\
& & & & {}_1P_0 & {}_1P_1 & {}_1\overline{P}_0 & {}_1\overline{P}_1 & & & & \\
& & & {}_2P_0 & {}_2P_1 & {}_2P_2 & {}_2\overline{P}_0 & {}_2\overline{P}_1 & {}_2\overline{P}_2 & & & \\
& & {}_3P_0 & {}_3P_1 & {}_3P_2 & {}_3P_3 & {}_3\overline{P}_0 & {}_3\overline{P}_1 & {}_3\overline{P}_2 & {}_3\overline{P}_3 & & \\
& {}_4P_0 & {}_4P_1 & {}_4P_2 & {}_4P_3 & {}_4P_4 & {}_4\overline{P}_0 & {}_4\overline{P}_1 & {}_4\overline{P}_2 & {}_4\overline{P}_3 & {}_4\overline{P}_4 & \\
{}_5P_0 & {}_5P_1 & {}_5P_2 & {}_5P_3 & {}_5P_4 & {}_5P_5 & {}_5\overline{P}_0 & {}_5\overline{P}_1 & {}_5\overline{P}_2 & {}_5\overline{P}_3 & {}_5\overline{P}_4 & {}_5\overline{P}_5 \\
{}_6P_0 & {}_6P_1 & {}_6P_2 & {}_6P_3 & {}_6P_4 & {}_6P_5 & {}_6P_6 & {}_6\overline{P}_0 & {}_6\overline{P}_1 & {}_6\overline{P}_2 & {}_6\overline{P}_3 & {}_6\overline{P}_4 & {}_6\overline{P}_5 & {}_6\overline{P}_6 \\
\end{array}
$$

$W_0 = 1 =$ $\qquad\qquad 1 \qquad\qquad 1 \qquad\qquad = 1 = \overline{W}_0$
$W_1 = 0 =$ $\qquad\qquad 1 - 1 \qquad\qquad 1 - 1 \qquad\qquad = 0 = \overline{W}_1$
$W_2 = -1 =$ $\qquad\qquad -1 + 2 - 2 \qquad\qquad 2 - 2 + 1 \qquad\qquad = 1 = \overline{W}_2$
$W_3 = -2 =$ $\qquad\qquad 1 - 3 + 6 - 6 \qquad\qquad 6 - 6 + 3 - 1 \qquad\qquad = 2 = \overline{W}_3$
$W_4 = -9 =$ $\qquad\qquad -1 + 4 - 12 + 24 - 24 \qquad\qquad 24 - 24 + 12 - 4 + 1 \qquad\qquad = 9 = \overline{W}_4$
$W_5 = -44 =$ $\qquad\qquad 1 - 5 + 20 - 60 + 120 - 120 \qquad\qquad 120 - 120 + 60 - 20 + 5 - 1 \qquad\qquad = 44 = \overline{W}_5$
$W_6 = -265 =$ $\qquad\qquad 1 - 6 + 30 - 120 + 360 - 720 + 720 \qquad\qquad 720 - 720 + 360 - 120 + 30 - 6 + 1 \qquad\qquad = 265 = \overline{W}_6$
$\vdots \qquad\qquad\qquad\qquad\qquad\qquad\qquad\qquad\qquad\qquad\qquad\qquad\qquad\qquad\qquad\qquad \vdots$

$$W_n = \quad n \cdot W_{n-1} + (-1)^n = \sum_{r=0}^{n}(-1)^n {}_nP_r \qquad \sum_{r=0}^{n}(-1)^n {}_n\overline{P}_r = n \cdot \overline{W}_{n-1} + (-1)^n \quad = \overline{W}_n$$

$$\left| \sum_{r=0}^{n}(-1)^n {}_nP_r \right| = \sum_{r=0}^{n}(-1)^n {}_n\overline{P}_r$$

$$\left| n \cdot W_{n-1} + (-1)^n \right| = n \cdot \overline{W}_{n-1} + (-1)^n$$

$$\left| W_n \right| = \overline{W}_n$$

분수의 연쇄반응
Fractal Chain Reaction

이 장에서는 $\frac{1}{2}$ 제논의 분수법에서 분수 현미경까지의 논리 거점들을 기하적으로 해석하고 정리한다.

무한에 접근하는 분수법은 분수를 도구로 사용한다. 분수는 인간이 Y 신경회로로 양자화 한 숫자 1을 둘로 나눈 것에서 비롯한다. 또한 분수는 본래 나눈다는 개념만 있다.

나눈다는 개념은 동시 상대적으로 더한다는 개념을 배경에 두고 있다. 더하여 양자화한 관찰 대상을 분수로 쪼개고 쪼개면서 발생한 부스러기들을 무한히 반복하는 행위로 추스른다.

동시복제 존재론을 근거로 한 분수법은 회전논리가 무한으로 무한을 쪼개는 방식을 사용한다.

나누는 행위는 2개로 나뉘는 개념에서 시작된다. 이 개념에서 **둘로 나누기**가 선분적 시간의 방향성을 표출함과 동시에 새로운 두 무한을 생성하는 대칭적 재귀성을 내포한다.

엘레아의 제논은 이런 무한의 존재와 실체를 밝히기 위해 분수법으로 역설을 기록했다.

제논의 분수 접근법
Zeno's Fractal Approach

사람이 2m를 가려면 그 반인 1m를 먼저 가야 하고,
또 1m를 가려면 1/2m를 먼저 가야 한다.

이렇게 하면 사람은 발 한 번 못 떼고 가만히 서 있기만 해야 한다.
그런데 사람은 쉽게 2m를 두세 걸음에 갈 수 있다.

앞서 제논에 대해 몇 번 언급했듯이 제논은 지나치면서 무시했던 무수한 무한 속에 세상을 작동시키는 알고리즘이 있다는 것을 암시한다. 인간은 자신이 구분된 유한이라고 생각했는데, −1과 1사이에 있는 어느 한 지점에도 도달하지 못하고 지나치기만 한다.

피타고라스가 말하는 정수에
어떻게 하면 정확히 도달할 수 있을까?

이 문제에 대한 해결법이 제논의 역설에 대한 역설이다. $\frac{1}{2}$ 분수법을 기하의 눈으로 해석하면, 기하급수 또는 등비급수로 전개된다.

$\frac{1}{2}$ 분수의 등비급수를 그림으로 그려보면, 무한에 접근하는 정사각형의 무한을 볼 수 있다.

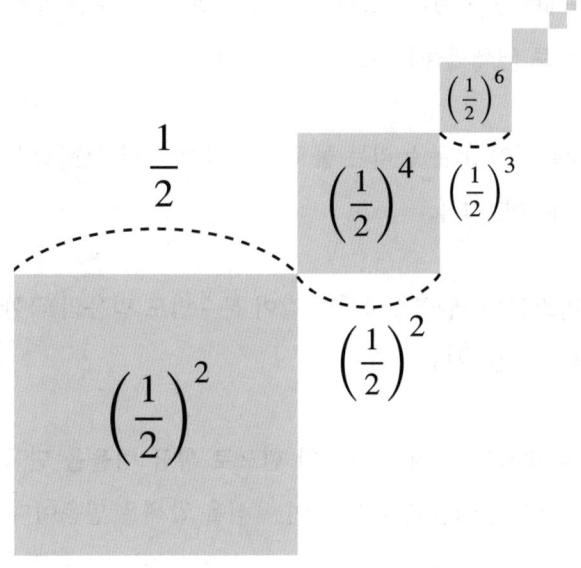

 지나치기만 하는 분수를 **무한 반사 거울**로 **무한 재귀 함수**를 만들면, 어느 지점의 무한이든 접근할 수 있게 된다.

 그렇다고 해서 접근한 것이 도달한 것은 아니다.

 그런데 이미 피타고라스는 정수의 존재를 믿음으로 확신하여 유한이라 착각하는 정수에 도착했다.

 따라서 접근하는 행위 자체를 **무한 접근**으로 양자화하면, 그 순간 무한에 도달한다.

 이 분수법은 **무한소 오차**라는 객체로 개념화하여 미분과 적분으로 논리적 연쇄반응을 했다. 그리고 로그와 확률 등 모든 무한 문제에 무의식적으로 연쇄반응한다.

그도 그럴 것이 모든 논리는 둘로 나누기에서 시작했고, 둘로 나누기 자체가 분수법이다.

피타고라스교의 역사적 사례와 같이 분수법도 믿음의 극한으로 이어진 사례가 없진 않다.

피보나치 수열의 논리는 욕망의 힘으로 **황금 비율**을 만들어낸다. 이와 같은 사례는 이름에 금을 붙여 욕심을 앞세운 믿음이다.

피타고라스 학파의 학문적 논리에는 문제가 없으나 믿음에 욕심이 있어 왜곡된 신세계를 만들었다.

선분의 세계는 일시적으로 존재하는 세계다. 우리가 살고 있는 세계와 같이 충분히 무한하게 영속하지 못한다. **황금 비율**도 무한 재귀 함수를 사용하는 무한이다. 하지만 무한한 간섭현상을 무시하고 부스러기를 만드는 믿음이 그 세계를 유한하게 한다.

Zeno's paradoxes BC 490–430

$$L = \sum_{n=0}^{\infty} \frac{1}{2}^n = 2$$

$$L = \left(\frac{1}{2}\right)^0 + \left(\frac{1}{2}\right)^1 + \left(\frac{1}{2}\right)^2 + \cdots + \left(\frac{1}{2}\right)^\infty = 2$$

$$\therefore L = \sum_{n=0}^{\infty} \left(\frac{1}{2}\right)^n = \frac{1}{1-\frac{1}{2}} = 2$$

$$\frac{L}{2} = \sum_{n=1}^{\infty} \frac{1}{2}^n = 1$$

$$\frac{L}{2} = L - \left(\frac{1}{2}\right)^0 = \left(\frac{1}{2}\right)^1 + \left(\frac{1}{2}\right)^2 + \cdots + \left(\frac{1}{2}\right)^\infty = 1$$

Geometric series 기하급수, 등비급수

$$S_\infty = \sum_{n=0}^{\infty} r^n = r^0 + r^1 + r^2 + \cdots + r^\infty$$

$$\sum_{n=0}^{\infty} r^n - r\sum_{n=0}^{\infty} r^n = (1-r)\sum_{n=0}^{\infty} r^n$$

$$\sum_{n=0}^{\infty} r^n = r^0 + \cancel{r^1 + r^2 + \cdots + r^\infty}$$

$$r\sum_{n=0}^{\infty} r^n = \cancel{r^1 + r^2 + r^3 + \cdots + r^\infty} + r^{\infty+1}$$

$$(1-r)\sum_{n=0}^{\infty} r^n = r^0 - r^{\infty+1} = 1 - r^{\infty+1}$$

$$\therefore \sum_{n=0}^{\infty} r^n = \frac{r^0 - rr^\infty}{1-r} = \frac{1 - rr^\infty}{1-r}$$

$$\therefore \sum_{n=0}^{\infty} r^n = \frac{r^0}{1-r} = \frac{1}{1-r}, \quad |r| < 1, \quad r^\infty = 0$$

$$S_\infty = \left(\frac{1}{2}\right)^0 + \left(\frac{1}{2}\right)^2 + \left(\frac{1}{2}\right)^4 + \cdots + \left(\frac{1}{2}\right)^\infty = \frac{4}{3}$$

$$S_\infty = \sum_{n=0}^{\infty} \frac{1}{2}^{2n} = \sum_{n=0}^{\infty} \frac{1}{4}^n = \frac{1}{1-\frac{1}{4}} = \frac{1}{\frac{3}{4}} = \frac{4}{3}$$

$$1 = \sum_{n=1}^{\infty} \frac{1}{2}^n = \frac{L}{2}$$

$$\sum_{n=1}^{\infty} \frac{1}{2}^{2n} = \sum_{n=1}^{\infty} \frac{1}{4}^n = \frac{1}{3}$$

$$S_{\infty} - \left(\frac{1}{2}\right)^0 = \left(\frac{1}{2}\right)^2 + \left(\frac{1}{2}\right)^4 + \cdots + \left(\frac{1}{2}\right)^{\infty} = \frac{1}{3}$$

$$\sum_{n=1}^{\infty} \frac{1}{4}^n = \frac{\left(\frac{1}{4}\right)^1}{1 - \frac{1}{4}} = \frac{\frac{1}{4}}{\frac{3}{4}} = \frac{1}{3}$$

아르키메데스의 탈진법
Archimedes' Method of Exhaustion

제논 이후에 괄목할 만한 베이스캠프는 아르키메데스의 탈진법이다. 무한은 원래 무한히 재귀하는 회전논리이기 때문에 죽을 때까지 반복해서 접근하면 된다.

무한히 반복하다가 죽거나 탈진하면 거기서 반복은 멈추고 이렇게 외친다.

이쯤이면 됐어!

그런 후 지금까지 반복해서 접근한 그곳을 이렇게 정의하여 깃발을 꽂는다.

여기가 도착지점이나 마찬가지야.

이런 행위가 개념화 또는 양자화다. 원을 파이로 잘라 원주율을 구한 사례는 너무나 잘 알려져 있다. 원을 피자나 파이처럼 잘라내는 것은 당연히 분수법의 기본 개념이다.

아르키메데스는 원 이외에도 포물선을 삼각형으로 탈진시킨 사례가 있다. 포물선과 $y = 0$ 인 X축으로 둘러싸인 면적을 구하는 문제다.

현대 수학은 적분 공식으로 풀면 되지만, 적분 공식이 정리되지 않았던 그 시절에는 정리된 다각형의 넓이 공식을 활용할 수밖에 없다.

다각형의 최소는 삼각형이고 피타고라스 이후 시대이므로 삼각형에 대해선 충분한 정보를 가지고 있다.

아르키메데스는 먼저 포물선과 X축 안에 X축을 한 변으로 하고 내접하는 삼각형을 하나 그린다. 이제 포물선에서 삼각형을 뺀 두 영역에 같은 방법으로 삼각형을 각각 하나씩 그린다.

선분논리는 이런 기하적 방법을 작은 도형으로 쪼개서 적분한다 하여 **구분 구적법** 區分求積法, Quadrature method 이라고 부른다.

한 가지 일련의 무늬 작도법으로 삼각형을 계속 그려나가면 언젠가는 포물선 내에 빈 공간이 없어진 것처럼 보인다.

이 삼각형들은 수열과 같은 무늬로 정리할 수 있고, 삼각형 수열은 $\frac{1}{4}$ 분수의 등비수열로 정리된다.

아르키메데스의 무한 삼각형은 값이 점점 작아지는 음의 방향성을 가졌다. 순열의 비대칭적 시간과 같은 흐름을 탄다.

선분논리 수학에서는 이런 비대칭을 **선형**에 비유하여 표현한다. **선형**은 대칭을 상징하는 원형에 대비되는 기하적 표현이다.

선형은 부분적 관점의 표현이다.

순열의 반쪽이 **여순열**이듯 선형도 어디엔가 반쪽이 있다.

그 반쪽을 만나 짝을 이루면,
시작과 끝이 만나는 **대칭의 원**이 된다.

선형의 무한 삼각형 등비수열도 진동의 무늬가 숨어 있다. 이 사례의 경우 삼각형으로 쪼개질 때마다 두 영역의 빈 공간이 나타난다. 이 현상이 내재된 진동의 무늬가 드러나는 지점이다.

아르키메데스는 첫 번째와 두 번째 삼각형의 비율 $\frac{1}{8}$ 을 사용하여 등비수열을 전개했다고 한다. 그는 이 계산을 완료한 후에 포물선의 넓이와 첫 번째 삼각형의 넓이의 비 $\frac{4}{3}$ 를 기록한다.

두 삼각형의 비율 $\frac{1}{8}$ 은 어떻게 계산했을까?

컴퓨터로 포물선 안에 삼각형을 그려 보면 알 수 있다. 가운데 큰 이등변 삼각형의 밑변과 높이는 정수로 나타나지만, 양쪽의 두 삼각형은 밑변과 높이가 무리수로 나타난다.

아마도 고대 그리스의 엄격한 작도법을 토대로 높이와 밑변의 비례를 측정하고 두 삼각형의 넓이비를 계측한 것으로 보인다.

아르키메데스의 포물선 구적법도 궁극적으로 제논이 말했던 분수법을 사용하여 무한에 접근했다.

직선으로 만들어지는 면적은 정수론적으로 쉽게 접근이 가능하지만, 원의 무늬가 들어가 있는 곡선으로 만들어지는 면적은 무리수적 논리로 면적에 접근해야 했다.

무한은 재귀적 무한 반복 이외에는 접근 방법이 없다. 단지 그런 접근법을 양자화하여 공식으로 만들면 유한으로 접근하는 것처럼 보일 뿐이다. 이런 무한은 천년을 넘게 잊혔다가 중세의 끝 무렵 오일러에 의해 잠에서 깨어난다.

Archimedes' Method of Exhaustion BC 287~212
Archimedes' Quadrature of the Parabola : 포물선 구적법

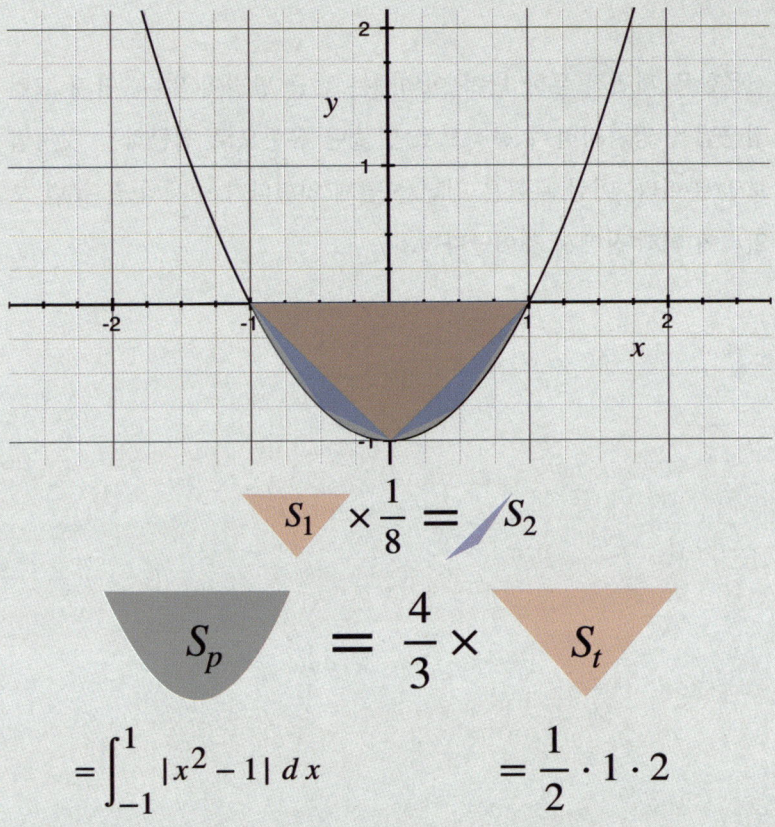

$$S_1 \times \frac{1}{8} = S_2$$

$$S_p = \frac{4}{3} \times S_t$$

$$= \int_{-1}^{1} |x^2 - 1|\, dx \qquad = \frac{1}{2} \cdot 1 \cdot 2$$

$$S_1 = \frac{1}{2} \cdot 1 \cdot 2 = 1, \quad S_2 = \frac{1}{8} S_1$$

$$S_n = 2 \cdot \frac{1}{8} S_{n-1} \quad : \text{Paired by Division}$$

$$\therefore S_n = S_1 \cdot \frac{1}{4}^n = \frac{1}{4}^n$$

$$S_p = \left(\frac{1}{4}\right)^0 + \left(\frac{1}{4}\right)^1 + \left(\frac{1}{4}\right)^2 + \cdots + \left(\frac{1}{4}\right)^\infty$$

$$S_p = \sum_{n=0}^{\infty} S_n{}^n = \sum_{n=0}^{\infty} \frac{1}{4}^n = \frac{1}{1-\frac{1}{4}} = \frac{4}{3}$$

$$\sum_{n=0}^{\infty} r^n_{|r|<1} = \frac{1}{1-r}$$

$$S_t = \frac{1}{2} \cdot 1 \cdot 2 = 1$$

$$S_p = \int_{-1}^{1} |x^2 - 1| \, dx = \left| \frac{1}{3} x^3 - x \right|_0^1 + \left| \frac{1}{3} x^3 - x \right|_{-1}^0$$

$$= \left| \frac{1}{3} 1^3 - 1 \right| + \left| \frac{1}{3} (-1)^3 - (-1) \right| = \frac{2}{3} + \frac{2}{3} = \frac{4}{3}$$

$$\therefore S_p = \frac{4}{3} \cdot S_t$$

오일러 수 e : 원의 축분해 - 윙크 접근법
Euler Number e : Winky Approach to Axial Decomposition of Circle

선분논리의 수학은 네이피어의 로그법에 궁극적인 질문을 던졌다.

어디론가 수렴하는 저곳은 어디이고,
탈진할 때까지 시간을 흘려보내도 도달하지 못하는 그것은
무엇으로 개념화해야 하는가?

야코프 베르누이가 천년 이상 묻혀있던 소용돌이를 꺼내고 복리 이자와 실패 확률 그리고 모자 교란을 통해 숨겨진 그곳으로 가는 길을 열었다.

이후 로저 코츠는 로그에 삼각함수를 태워 허수 i 에 도달했으나 이 무늬가 무엇을 의미하는지 해석할 여유가 없었던 것 같다.

Roger Cotes 1714
$$ix = \ln(\cos x + i \sin x)$$

한편 테일러는 조합과 순열의 근본 무늬인 계승 분수에 초점을 맞춘 테일러 급수를 정리한다.

아마도 베르누이의 사례에서 여순열 무늬를 목격하고 이것을 일반화하는 일이 비전 있는 연구 대상이라고 생각했을 것이다. 사실 역사의 흐름을 둘러보면 때가 이르렀다는 것을 알 수 있다. 테일러 이전의 다양한 급수를 종합하여 일반화할 시대적 위치에 테일러가 있었다.

Taylor series 1715
$$\sum_{n=0}^{\infty} \frac{f^n(a)}{n!}(x-a)^n$$

이후 오일러에 이르러 일단락의 마침표를 찍는다. 오일러는 네이피어, 베르누이 등 당시 석학들이 지목했던 수를 자연상수 e 라고 양자화한다. 자연상수 e 를 양자화한 이후에는 지수와 로그가 명쾌하게 정리된다.

오일러는 자연상수 e 를 사용하여 바젤 문제를 해결했고, 삼각함수와 허수를 해석하여 **오일러 공식**을 정리했다.

삼각함수는 원의 무늬를 둘로 쪼개어 나왔고,
허수는 실수의 대칭에서 나왔다.

원의 대칭이 파이 π 로 상징되는 하나의 좌표 축이라면,
복소수의 대칭이 허수 i 로 상징되는 또 하나의 좌표 축이 된다.

두 좌표 축이 90도로 교차하면,

2차원의 무한 회전 관계가 형성된다.

이 회전은 시간을 타고 자연상수 e 를 거점으로
눈에 보이는 입체적 무늬를 그린다.

오일러 공식에 $x = 1$ 을 대입하면, 자연상수 e 와 원주율 π, 덧셈의 항등원 0, 곱셈의 항등원 1 의 관계가 하나의 등식으로 정리된다. 후대는 이것을 **오일러 항등식**이라 부른다.

오일러 공식 Euler's formula
$$e^{ix} = \cos x + i \sin x$$

오일러 항등식 Euler's identity
$$e^{i\pi} + 1 = 0$$

이외에도 오일러는 오일러 곱, 오일러 연분수, 오일러 방법 등 수많은 정리들을 남겼다. 오일러의 수학 책에는 처음부터 허수 i 를 소개하는 것으로 유명하다. 현대 수학은 오일러 수학의 손바닥 안에 있다고 해도 과언이 아니다.

이는 오일러가 천재라기보다는 고대의 지식을 회전논리의 두 눈으로 고스란히 읽을 수 있었기 때문일 것이다.

결국 **분수**로 접근한 무한은 자연상수 e 를 찾아내는 현미경이었고, 자연상수 e 는 원의 파이 π 를 탐색할 수 있는 현미경이 된다.

오일러가 찾아낸 **오일러 공식**은 복소수를 배경에 두었을 때만 볼 수 있는 무늬다.

실수만이 존재하는 우주가 유효하다는 선분논리에서는 이런 무늬를 볼 수 없을 뿐만 아니라 이런 무늬를 해석하기에 앞서 받아들이는 것조차 난감하다.

오일러 항등식은 분명 실수와 허수 그리고 분수의 무한이 어떻게 존재할 수 있는지를 보여주고 있다.

1과 0은 있고 없음이 대칭적으로 존재하고,
자연상수 e 와 파이 π 도 대칭적으로 존재한다.

물론 허수 i 와 실수 또한 대칭적으로 존재한다.

여기서 말하는 대칭적 존재는 서로가 상대를 동시에 존재할 수 있게 하며 존재하는 현상을 성립시키는 알고리즘이다.

존재는 홀로 스스로 존재하는 것은 없다. 이 해석이 새로운 두 수학의 **동시복제 존재론**이다.

선분논리는 없는 것에서 존재하는 것이 갑자기 짠하고 나타나는 것으로 인식한다. 이런 생각의 토대가 **빅뱅이론**과 같은 논리와 연쇄 반응을 했다.

이와 같은 논리적 거점은 부분적으로 참이어서 선분논리로 하여금 존재 자체 또는 존재 이전을 인식할 수 없는 것이라 착각하게 한다. 그러나 선분논리도 동시적 상대 관계로 존재를 정의하고 인식할 수 있는 방법이 있다.

오일러 등식은 동시 상대적 존재를 담아낸 방정식이다. 그렇다고 해서 동시적 상대가 어떻게 있을 수 있는지와 같은 재귀적 질문에 대한 해답은 직접적으로 보여주지 않는다.

양자 역학에서 보이지 않는 입자를 이론적 입자로 양자화하여 정리하는데, **대칭적 관계**가 기본 원리가 될 수밖에 없는 이유가 여기에 있다.

원을 관점 함수로 보면 사인과 코사인 두 축으로 **축분해**할 수 있다. 오일러 공식은 $cosine + i\, sine$ 의 약자로 **cis** 라고도 부른다.

원은 오일러 공식 cis 에 따라 복소 공간에서 재해석할 수 있게 해준다. 실수의 눈에는 코사인 무늬가 나타나고, 허수의 눈에는 사인 무늬가 나타난다. 따라서 원은 코사인축과 사인축의 직교 관계로 형성된다.

관점 함수는 인간이 두 눈으로 입체를 인식하는 것과 같은 효과를 얻을 수 있다. 양쪽 눈을 번갈아 윙크하면 실수와 허수의 두 세계가 어떻게 조화를 이루어 입체로 나타나는지 확인할 수 있게 된다.

이것이 새로운 두 수학에서 말하는 **윙크 축분해** 또는 **윙크 접근법**이다.

원의 축분해 - 윙크 접근법
Axial Decomposition of Circle by Winky Approach

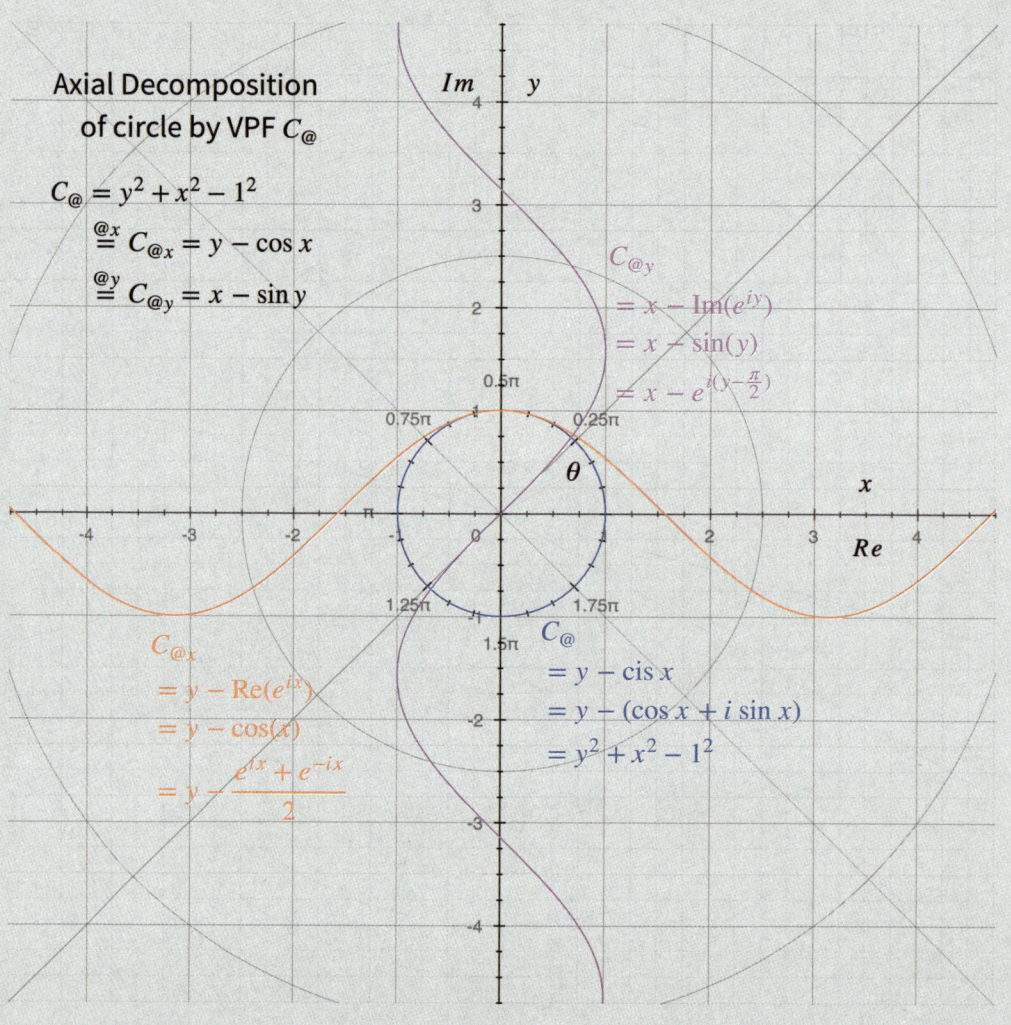

관점 함수로 윙크하면
동시 존재 알고리즘이 나타난다.

$$e^{ix} = \cos x + i \sin x$$
$$e^{ix} = \cos x_{\text{Re}} + \sin y_{\text{Im}}$$
$$e^{ix} = \cos(x, \text{Re}) + \sin(y, \text{Im})$$

원의 무늬 = 코사인의 무늬 + 사인의 무늬

$$C_@ = C_{@x} \times C_{@y}$$

원 = 코사인축 × 사인축

$$C_{@x} \perp C_{@y}$$

코사인축 ⊥ 사인축

계승 분수 급수의 오일러 수 접근
Factorial Fraction Series Approach to Euler Number *e*

베르누이의 D_n 교란 순열에는 두 관점의 **계승 분수**가 있다. 하나는 전체적 관점에서 $\dfrac{D_n}{n!}$ **교란 순열비**의 **교란 순열 계승 분수**가 있고, 또 하나는 부분적 관점에서 **여순열**의 **여순열 계승 분수**가 있다. 우리는 **여순열 계승 분수 급수**를 관점 현미경 렌즈로 삼는다.

$$\text{교란 순열} \quad D_n = \sum_{k=0}^{n} (-1)^k \frac{n!}{k!}$$

$$\text{교란 순열비} \;\; \frac{D_n}{n!} = \sum_{k=0}^{n} \frac{(-1)^k}{k!} \qquad \text{교란 순열 계승 분수} \;\; \frac{1}{n!}$$

$$\text{여순열 계승 분수 급수} \quad \sum_{k=0}^{n} \frac{1}{k!}$$

$$\text{여순열} \;\; \frac{n!}{k!} \qquad \text{여순열 계승 분수} \;\; \frac{1}{k!}$$

관점 현미경 렌즈를 컴퓨터용 관점 함수로 만든다. 이 관점 함수를 컴퓨터 그래프 응용 프로그램에 코딩하고 시간을 흐르게 하면, 오일러 수 $e=2.71828\ldots$ 에 접근하는 시뮬레이션을 재현할 수 있게 된다.

여순열 계승 분수 급수 $\sum_{k=0}^{n} \dfrac{1}{k!}$

$t = \infty$ $S_@(\infty) = y = e = 2.71828...$

$t = 3$ $S_@(3) = y = 2.\dot{6}$

$t = 2$ $S_@(2) = y = \dfrac{1}{0!} + \dfrac{1}{1!} + \dfrac{1}{2!} = 2\dfrac{1}{2} = 2.5$

$t = 1$ $S_@(1) = y = \dfrac{1}{0!} + \dfrac{1}{1!} = 2$

$t = 0$ $S_@(0) = y = \dfrac{1}{0!} = 1$

$t = \{0,1,2,3,4,5,6,7,8,9,10\}$ $S_@(t) = \sum_{n=0}^{t} \dfrac{1}{n!}$

$$e = S_@(\infty) = \sum_{n=0}^{\infty} \dfrac{1}{n!} = \dfrac{1}{0!} + \dfrac{1}{1!} + \dfrac{1}{2!} + \cdots + \dfrac{1}{\infty!} = 2.71828...$$

계승 분수의 지수함수 접근
Factorial Fraction Series Approach to Exponential Function

여순열 계승 분수는 **계승 분수**의 원형이다. 이런 이유로 **여순열 계승 분수**를 **계승 분수**라 부를 수 있게 됐다. 단지 **여순열 계승 분수**는 화자의 맥락에서 여순열의 특성에 관점을 두었다는 의미가 내포된다.

계승 분수 입자에 X선과 같은 변수 x 를 등비로 가해주면, **계승 분수 n 차 함수**를 만든다. 여기에 급수를 가하면, **계승 분수 n 차 함수의 급수**가 된다.

이 급수는 **테일러 급수**의 일종이다. 테일러 급수 일반형에서 다양한 변형을 의미하는 상수 a 와 함수 f 를 0과 1로 단순화한 무늬이므로 여기서는 간단히 **테일러 단위 급수**라고 별명을 붙인다.

여순열 계승 분수, 계승 분수 $\dfrac{1}{k!}$

계승 분수 n 차 함수 $\dfrac{x^n}{n!} = \dfrac{1}{n!} \cdot x^n =$ 계승 분수 · n 차 함수

계승 분수 n 차 함수의 급수 $\displaystyle\sum_{n=0}^{t} \dfrac{x^n}{n!}$

테일러 급수 $\sum_{n=0}^{\infty} \frac{f^n(a)}{n!}(x-a)^n$

Let $t=\infty$, $a=0$, $f^n(0)=1$

$$\sum_{n=0}^{\infty} \frac{f^n(0)}{n!}(x-0)^n = \sum_{n=0}^{\infty} \frac{1}{n!}x^n = \sum_{n=0}^{\infty} \frac{x^n}{n!}$$

∴ 테일러 단위 급수 $\sum_{n=0}^{t} \frac{x^n}{n!}$

∴ 테일러 관점 함수 $X_@(t) = \sum_{n=0}^{t} \frac{x^n}{n!}$

테일러 단위 급수로 **테일러 관점 함수**를 만들어 시간이 흐르게 하는 실험을 한다.

테일러 관점 함수에 시간 t 가 흐르면, 점(0, 1)을 지나는 y=x+1 **대각선**에서 포물선이 되고, 포물선의 왼쪽이 자석과 같이 X축을 향해 휘어진다.

시간이 무한대로 흐르면, 이 관점 함수는 e^x **지수함수**에 무한히 접근하지만 완전히 같아지지 않는다.

단지 무한히 접근만 하여 오차를 0에 가깝게 한다. 여기서 이 오차를 무시하고 양자화하면, 이 관점 함수는 지수함수가 된다.

테일러 단위 급수에 $x = 1$ 을 대입하여 곱셈의 항등원 1로 단순화시키면 앞서 실험한 바 있는 **계승 분수 급수**가 된다. 항등원 1은 차원의 다양성을 소멸시키고 무늬를 단순화하는 효과가 있다.

테일러 단위 급수 $\sum_{n=0}^{t} \dfrac{x^n}{n!}$

지수함수 e^x 에 접근

@@ $x = 1$, $x^n = 1$, $n = k$, $t = n$

∴ 계승 분수 급수 $\sum_{k=0}^{n} \dfrac{1}{k!}$

자연상수 e 에 접근

이런 현상은 **계승 분수 급수**가 **자연상수** e 에 접근하는 것과 **테일러 단위 급수**가 **지수함수** e^x 에 접근하는 것이 같은 시간의 무늬임을 의미한다.

시간의 무늬는 진화 알고리즘의 본질이었다. 좀 더 깊이 언급해둔다면, **자연상수** e 는 우리가 살고 있는 세상의 변수가 상수로 결정되는 일종의 우주상수를 암시한다.

물리학에서 거론하는 우주상수는 아인슈타인의 일반 상대성 이론의 우주상수에서 출발하지만, 이는 물리적 현상을 근거로 전개된 논리이므로 표면적 현상에 따른 추정에 속한다. 수학적 방법론으로 말하자면 물리학적 우주상수는 표면적 접근법에 해당한다.

새로운 두 수학에서 이 시점에 말하는 우주상수는 우리가 살고 있는 이 우주에서 빛의 굴절을 토대로 눈앞에 나타나는 모양이 올바르게 나타난다고 판단하는 인간의 영점 조정을 의미한다.

물리적 우주상수가 절대적인 값을 추구한다면, 새로운 두 수학의 우주상수는 상대적인 값을 추구한다.

한편, 여기서 실험한 **테일러 관점 함수**는 지수함수에 접근하기 때문에 비대칭이며 한쪽으로 방향성을 표출한다. 이런 비대칭적 무늬는 부분적 관점의 논리가 전제되었음을 암시한다.

선분논리에서 지수함수나 로그함수는 일반적으로 양수라는 전제 조건에서 논리를 전개했었다. 따라서 당연히 관점만 반대로 하면 대칭적 상대 무늬도 존재한다.

테일러 관점 함수 $X_@(t) = \sum_{n=0}^{t} \dfrac{x^n}{n!}$

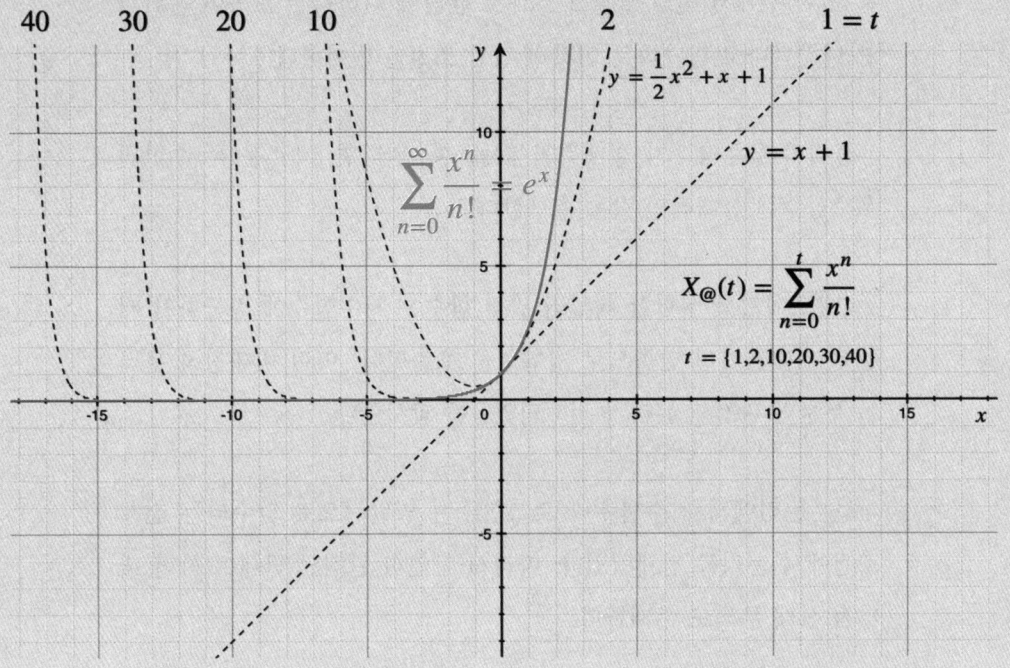

$$\therefore e^x = X_@(\infty) = \sum_{n=0}^{\infty} \dfrac{x^n}{n!} = \dfrac{x^0}{0!} + \dfrac{x^1}{1!} + \dfrac{x^2}{2!} + \dfrac{x^3}{3!} + \cdots$$

$t = 0 \quad : \; y = 1$ 직선

$$\sum_{n=0}^{0} \frac{x^n}{n!} = \frac{x^0}{0!} = 1$$

$t = 1 \quad : \; y = x + 1$ 대각선

$$\sum_{n=0}^{1} \frac{x^n}{n!} = \frac{x^0}{0!} + \frac{x^1}{1!} = 1 + x$$

$t = 2 \quad : \; y = \frac{x^2}{2} + x + 1$ 포물선

$$\sum_{n=0}^{2} \frac{x^n}{n!} = \frac{x^0}{0!} + \frac{x^1}{1!} + \frac{x^2}{2!} = 1 + x + \frac{x^2}{2}$$

$t > 2 \quad :$ 왼쪽이 X축에 접근하는 왜곡된 포물선

$t = \infty \quad : \; y = e^x$ 지수 함수

$$\sum_{n=0}^{\infty} \frac{x^n}{n!} = \frac{x^0}{0!} + \frac{x^1}{1!} + \frac{x^2}{2!} + \frac{x^3}{3!} + \cdots = e^x$$

$t = \infty, \quad x = 1 \quad : \; y = e$ 자연상수

$$e = \sum_{n=0}^{\infty} \frac{1}{n!} = \frac{1}{0!} + \frac{1}{1!} + \frac{1}{2!} + \cdots + \frac{1}{\infty!}$$

진동 계승 분수의 삼각함수 접근
Factorial Fraction Wave Approach to Trigonometric Function

테일러 단위 급수에 양음 진동 요소를 추가하여 **테일러 진동 급수**를 만든다.

$$\text{계승 분수 급수} \quad \sum_{k=0}^{n} \frac{1}{k!}$$

@@ $1 = x^n$, $\sum_{n=0}^{t} \frac{1}{n!} \underset{\text{function}}{==} x^n \implies \sum_{n=0}^{t} \frac{x^n}{n!}$

$$\text{테일러 단위 급수} \quad \sum_{n=0}^{t} \frac{x^n}{n!}$$

@@ $x^n = (-x)^n$, $\sum_{n=0}^{t} \frac{x^n}{n!} \underset{\text{Oscillating}}{==} (-x)^n \implies \sum_{n=0}^{t} \frac{(-1)^n}{n!} x^n$

$$\text{테일러 진동 급수} \quad \sum_{n=0}^{t} \frac{(-1)^n}{n!} x^n$$

이렇게 하면 양의 **테일러 단위 급수**에서 발생한 양의 방향성이 양음으로 진동하여 0점을 향해 수렴하는 효과를 얻는다.

이런 현상은 **교란 순열의 진동성**과 같은 양상이다. 즉 **테일러 단위 급수**에 **교란 순열의 방향성**을 연출한 것이다.

실험 물리학에서 이와 같은 현상을 활용한 것이 **발진기** 發振器 **Oscillator** 다. **오실레이터**의 근본 원리는 상대적 관계의 진동에 있다. 여기서 잠시 진동의 원론인 파동을 생각해 본다.

양음이 없는 양의 세계 속에도
분명 무한 알고리즘이 있어 존재를 확인할 수 있을 텐데,
그들은 어떻게 파동을 형성해서 원을 그려 존재하는가?

파동은 0점을 기준으로 **양음 진동**을 한다.

양의 정수로 관점 전환하면,
파동은 **홀짝** 진동으로 나타난다.

계승은 양의 정수다.
따라서 계승은 둘로 쪼개면,
홀수 계승과 **짝수 계승**으로 나뉜다.

$$\sum_{k=0}^{\infty} \frac{1}{k!} = \frac{1}{0!} + \frac{1}{1!} + \frac{1}{2!} + \frac{1}{3!} + \frac{1}{4!} + \frac{1}{5!} + \cdots$$

$$= \frac{1}{0!} + \frac{1}{2!} + \frac{1}{4!} + \cdots + \frac{1}{1!} + \frac{1}{3!} + \frac{1}{5!} + \cdots$$

$$\therefore \sum_{k=0}^{\infty} \frac{1}{k!} = \sum_{n=0}^{\infty} \frac{1}{2n!} + \sum_{n=0}^{\infty} \frac{1}{(2n+1)!}$$

계승 분수 급수 = 짝수 계승 분수 급수 + 홀수 계승 분수 급수

계승 분수를 다중 차원으로 펼치는 차원 함수화 Function, 홀짝 Odd & Even으로 진동하는 파동 그리고 시간의 양/음 진동을 실험하는 오실레이터 Oscillator, 이 세 가지 도구들을 조합하면 **자연상수 e**의 무늬인 **계승 분수 급수**에서 **테일러 홀수 진동 급수**와 **테일러 짝수 진동 급수**를 만들어 낼 수 있다.

$$\sum_{n=0}^{t} \frac{1}{n!} \underset{\text{function}}{== x^n ==\!\!\Longrightarrow} \sum_{n=0}^{t} \frac{1}{n!} x^n$$

$$\sum_{n=0}^{t} \frac{1}{n!} x^n \underset{\text{Odd}}{== 2n+1 \Longrightarrow} \sum_{n=0}^{t} \frac{1}{(2n+1)!} x^{2n+1}$$

$$\sum_{n=0}^{t} \frac{1}{(2n+1)!} x^{2n+1} \underset{\text{Oscillating}}{== (-1)^n ===\!\!\Longrightarrow} \sum_{n=0}^{t} \frac{(-1)^n}{(2n+1)!} x^{2n+1}$$

$$\sum_{n=0}^{t}\frac{1}{n!} ==\underset{\text{function}}{x^n}=\!\!\Longrightarrow \sum_{n=0}^{t}\frac{1}{n!}x^n$$

$$\sum_{n=0}^{t}\frac{1}{n!}x^n ==\underset{\text{Even}}{2n}\Longrightarrow \sum_{n=0}^{t}\frac{1}{(2n)!}x^{2n}$$

$$\sum_{n=0}^{t}\frac{1}{(2n)!}x^{2n} ==\underset{\text{Oscillating}}{(-1)^n}=\!\!\Longrightarrow \sum_{n=0}^{t}\frac{(-1)^n}{(2n)!}x^{2n}$$

이 과정을 단축하여 말하자면, **테일러 진동 급수**를 쪼개서 **테일러 홀수 진동 급수**와 **테일러 짝수 진동 급수**를 만드는 것과 같다.

테일러 진동 급수 $\quad \sum_{n=0}^{t}\frac{(-1)^n}{n!}x^n$

테일러 홀수 진동 급수 $\quad \sum_{n=0}^{t}\frac{(-1)^n}{(2n+1)!}x^{2n+1}$

테일러 짝수 진동 급수 $\quad \sum_{n=0}^{t}\frac{(-1)^n}{(2n)!}x^{2n}$

이렇게 하면 앞서 비대칭적으로 e^x **지수함수** 무늬로 나타난 **테일러 관점 함수**의 나머지 반쪽이 합쳐져 어떤 무늬로 나타나는지 확인할 수 있다.

먼저 **테일러 홀수 진동 급수**에 대한 시뮬레이션 실험을 한다. 우리는 이 급수를 Oscillating Odd Taylor Series라는 의미에서 ±OT **관점 함수**라 이름 붙인다.

이 관점 함수 렌즈를 장착한 관점 현미경을 사용하여 컴퓨터 그래프 시뮬레이션을 실행한다.

±OT 관점 함수는 **직선**에서 3차 곡선, 5차 곡선, 7차 곡선, ... 등 곡선형 함수 무늬를 그린다. 이런 현상은 **테일러 홀수 진동 급수**가 **홀수 계승 분수 함수**이기 때문이다.

$$\text{테일러 홀수 진동 급수} \quad \sum_{n=0}^{t} \frac{(-1)^n}{(2n+1)!} x^{2n+1}$$

$$\text{홀수 계승 분수 함수} \quad \frac{x^{2n+1}}{(2n+1)!}$$

그리고 시간이 무한대로 흐르면 $\sin x$ **사인함수**에 접근한다. 기하적으로 **홀수 차 곡선**은 차수만큼 상하로 진동하면서 양 끝이 상하로 펼쳐진다.

테일러 홀수 진동 급수
Oscillating Odd Taylor Series

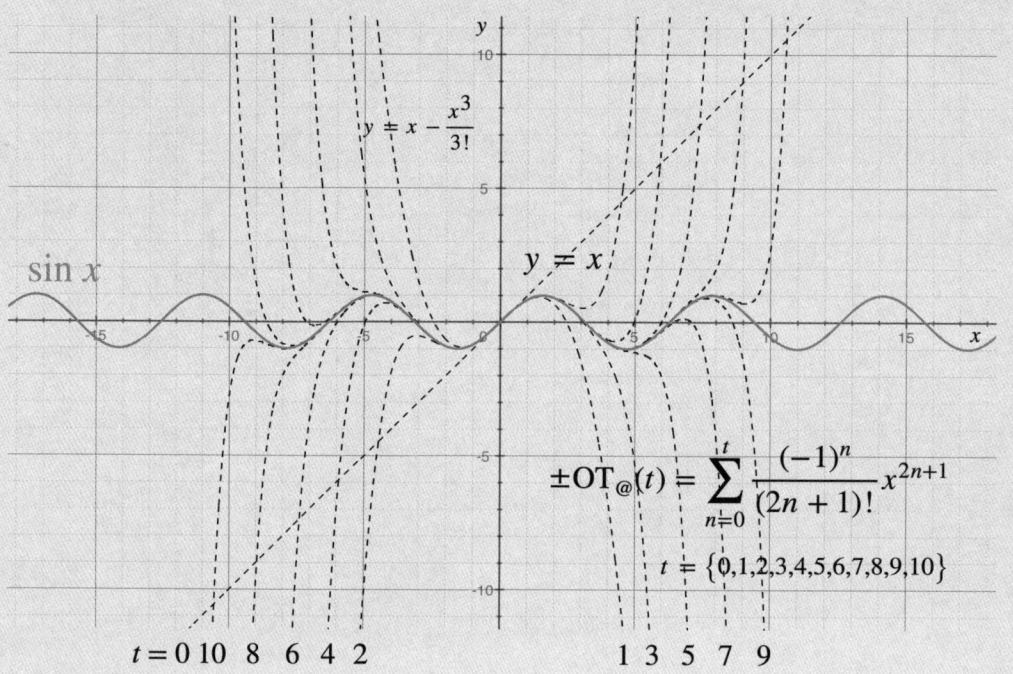

$$\pm \text{OT}_@(t) = \sum_{n=0}^{t} \frac{(-1)^n}{(2n+1)!} x^{2n+1}$$

$$t = \{0,1,2,3,4,5,6,7,8,9,10\}$$

$$\sin x = \pm \text{OT}_@(\infty) = \sum_{n=0}^{\infty} \frac{(-1)^n}{(2n+1)!} x^{2n+1}$$

$$= \frac{x^1}{1!} - \frac{x^3}{3!} + \frac{x^5}{5!} - \frac{x^7}{7!} + \frac{x^9}{9!} - \cdots$$

테일러 홀수 진동 급수 시뮬레이션

$$\pm \text{OT}_@(t) = \sum_{n=0}^{t} \frac{(-1)^n}{(2n+1)!} x^{2n+1}$$

$$\pm \text{OT}_@(0) = \sum_{n=0}^{1} \frac{(-1)^n}{(2n+1)!} x^{2n+1} = \frac{x^1}{1!}$$

$$\pm \text{OT}_@(1) = \sum_{n=0}^{1} \frac{(-1)^n}{(2n+1)!} x^{2n+1} = \frac{x^1}{1!} - \frac{x^3}{3!}$$

$$\pm \text{OT}_@(2) = \sum_{n=0}^{2} \frac{(-1)^n}{(2n+1)!} x^{2n+1} = \frac{x^1}{1!} - \frac{x^3}{3!} + \frac{x^5}{5!}$$

$$\pm \text{OT}_@(3) = \sum_{n=0}^{3} \frac{(-1)^n}{(2n+1)!} x^{2n+1} = \frac{x^1}{1!} - \frac{x^3}{3!} + \frac{x^5}{5!} - \frac{x^7}{7!}$$

$$\pm \text{OT}_@(\infty) = \sum_{n=0}^{\infty} \frac{(-1)^n}{(2n+1)!} x^{2n+1} = \frac{x^1}{1!} - \frac{x^3}{3!} + \frac{x^5}{5!} - \frac{x^7}{7!} + \frac{x^9}{9!} - \cdots$$

$$\sin x = \pm \text{OT}_@(\infty) = \sum_{n=0}^{\infty} \frac{(-1)^n}{(2n+1)!} x^{2n+1}$$

이번엔 홀수의 반대쪽인 짝수에 대한 시뮬레이션을 시도한다.

$$\text{테일러 진동 급수} \quad \sum_{n=0}^{t} \frac{(-1)^n}{n!} x^n$$

$$@@ \quad n! = (2n)!, \quad x^n = x^{2n}$$

$$\sum_{n=0}^{t} \frac{(-1)^n}{n!} x^n \xrightarrow[\text{Even}]{====\ 2n\ ===} \sum_{n=0}^{t} \frac{(-1)^n}{(2n)!} x^{2n}$$

$$\text{테일러 짝수 진동 급수} \quad \sum_{n=0}^{t} \frac{(-1)^n}{(2n)!} x^{2n}$$

테일러 진동 급수를 쪼개서 **테일러 짝수 진동 급수**를 만든다. 이 급수를 Oscillating Even Taylor Series 라는 의미에서 **±ET 관점 함수**로 이름 붙인다.

$$\text{테일러 짝수 진동 급수} \quad \sum_{n=0}^{t} \frac{(-1)^n}{(2n)!} x^{2n}$$

$$\text{짝수 계승 분수 함수} \quad \frac{x^{2n}}{(2n)!}$$

여기에는 **짝수 계승 분수 함수**가 있기 때문에 2차 곡선, 4차 곡선, 6차 곡선 등으로 진화하면서 cos x **코사인함수**에 접근한다.

짝수차 함수는 Y축에 대해 양과 음 한쪽 방향으로만 무한대를 향해 펼쳐진다. 꼭짓점 쪽은 코사인 곡선과 일치하는 곡선을 그린다.

짝수차 함수가 양음으로 진동하면 위쪽으로 볼록한 곡선과 아래쪽으로 볼록한 곡선이 번갈아 가면서 코사인과 같은 파도를 형성한다.

테일러 짝수 진동 급수
Oscillating Even Taylor Series

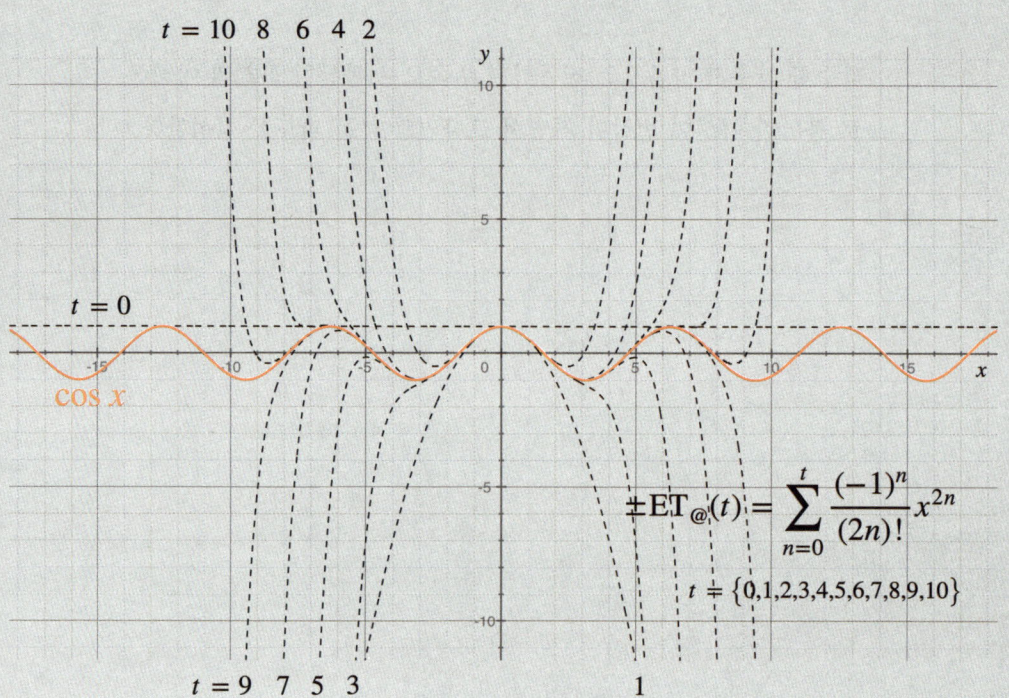

$$\pm \mathrm{ET}_@(t) = \sum_{n=0}^{t} \frac{(-1)^n}{(2n)!} x^{2n}$$

$$t = \{0,1,2,3,4,5,6,7,8,9,10\}$$

$$\cos x = \pm \mathrm{ET}_@(\infty) = \sum_{n=0}^{\infty} \frac{(-1)^n}{(2n)!} x^{2n}$$

$$= \frac{x^0}{0!} - \frac{x^2}{2!} + \frac{x^4}{4!} - \frac{x^6}{6!} + \cdots$$

테일러 짝수 진동 급수 시뮬레이션

$$\pm \text{ET}_@(t) = \sum_{n=0}^{t} \frac{(-1)^n}{(2n)!} x^{2n}$$

$$\pm \text{ET}_@(0) = \sum_{n=0}^{0} \frac{(-1)^n}{(2n)!} x^{2n} = \frac{x^0}{0!}$$

$$\pm \text{ET}_@(1) = \sum_{n=0}^{1} \frac{(-1)^n}{(2n)!} x^{2n} = \frac{x^0}{0!} - \frac{x^2}{2!}$$

$$\pm \text{ET}_@(2) = \sum_{n=0}^{2} \frac{(-1)^n}{(2n)!} x^{2n} = \frac{x^0}{0!} - \frac{x^2}{2!} + \frac{x^4}{4!}$$

$$\pm \text{ET}_@(3) = \sum_{n=0}^{3} \frac{(-1)^n}{(2n)!} x^{2n} = \frac{x^0}{0!} - \frac{x^2}{2!} + \frac{x^4}{4!} - \frac{x^6}{6!}$$

$$\pm \text{ET}_@(\infty) = \sum_{n=0}^{\infty} \frac{(-1)^n}{(2n)!} x^{2n} = \frac{x^0}{0!} - \frac{x^2}{2!} + \frac{x^4}{4!} - \frac{x^6}{6!} + \frac{x^8}{8!} - \cdots$$

$$\cos x = \pm \text{ET}_@(\infty) = \sum_{n=0}^{\infty} \frac{(-1)^n}{(2n)!} x^{2n}$$

이렇게 **테일러의 진동 급수**는 **홀수**로 **사인파**를 그리고 **짝수**로 **코사인파**를 그린다.

$$\text{테일러 진동 급수} \quad \sum_{n=0}^{t} \frac{(-1)^n}{n!} x^n$$

홀짝의 두 파동이 합쳐지면, 사인파와 코사인파가 차원을 달리하면서 합쳐지는 양상이다. 이 현상은 차원을 달리하는 XY축이 합쳐져서 새로운 평면 공간을 형성하는 것과 같다.

앞서 윙크 접근법으로 원을 축분해 하면 사인축과 코사인축이 나타나는 현상을 관람했다. 이때 사인파는 Y축에 해당하고 코사인파는 X축에 해당했다.

따라서 **테일러 진동 급수**는 홀수 파동으로 Y축에 해당하는 사인파를 만들고, 짝수 파동으로 X축에 해당하는 코사인파를 만든다.

사인파와 코사인파를 직교로 합하면 원의 파동이 된다. **테일러 진동 급수**가 원의 무늬를 가지고 있다는 것은 원주율 π 를 숨기고 있다는 것을 의미하기도 한다.

실수 평면에서 고전적으로 사용해왔던 XY축을 복소수로 확장하여 실수축과 허수축으로 관점 전환하면, 오일러 공식이 탄생한다.

그래서 오일러 수 e 를 거점으로 오일러 공식과 오일러 항등식은 수학의 중심에 자리 잡게 됐다.

그럼에도 수백 년이 지난 현대까지 수학자들은 홀로 그 아름다움만 감상하는 것 같다. 선분논리 조각들의 시작과 끝이 만났음에도 아직 대중들은 받아들이는 것조차 부담스러워하거나 종교적 교리와 같이 느낀다.

오일러 공식은 원을 쪼개면 사인파와 코사인파의 파동으로 나타난다는 것을 암시한다. 사실 쪼갠다는 표현은 물리학적 관점이다. 실상은 입자와 파동 두 가지 상태를 동시에 가지고 있다는 의미다. 입자냐 파동이냐는 인간의 관점에 따라 다를 뿐 실체는 구분이 없다.

양자 역학적으로 해석하자면, 입자로 관측되는 양자를 충돌시켜 쪼개어질 때 파동으로 해체된다. 이와 동시에 쪼개진 파동은 시간의 흐름에 따라 시공간의 간섭으로 일부는 소멸되고 일부는 에너지로, 또 일부는 또 다른 입자의 형태로 나타난다는 것을 추정할 수 있다.

Taylor Series linked to Euler Formula

$$\cos x = \pm \, \mathrm{ET}_@(\infty) = \sum_{n=0}^{\infty} \frac{(-1)^n}{(2n)!} x^{2n}$$

$$= \frac{x^0}{0!} - \frac{x^2}{2!} + \frac{x^4}{4!} - \frac{x^6}{6!} + \cdots$$

$$\sin x = \pm \, \mathrm{OT}_@(\infty) = \sum_{n=0}^{\infty} \frac{(-1)^n}{(2n+1)!} x^{2n+1}$$

$$= \frac{x^1}{1!} - \frac{x^3}{3!} + \frac{x^5}{5!} - \frac{x^7}{7!} + \frac{x^9}{9!} - \cdots$$

$$e^x = X_@(t) = \sum_{n=0}^{\infty} \frac{x^n}{n!} = \frac{x^0}{0!} + \frac{x^1}{1!} + \frac{x^2}{2!} + \frac{x^3}{3!} + \cdots$$

@@ $x = -x$, $\sum_{n=0}^{\infty} \frac{(-x)^n}{n!} = e^{-x} = \frac{1}{e^x}$

$$\therefore \; e^x = \sum_{n=0}^{\infty} \frac{x^n}{n!} , \quad \frac{1}{e^x} = \sum_{n=0}^{\infty} \frac{(-x)^n}{n!}$$

$$\frac{1}{e^x} = \sum_{n=0}^{\infty} \frac{(-x)^n}{n!} = \frac{x^0}{0!} - \frac{x^1}{1!} + \frac{x^2}{2!} - \frac{x^3}{3!} + \cdots$$

$$e^{ix} = X_@(t, ix) = \sum_{n=0}^{\infty} \frac{(ix)^n}{n!} = \frac{i^0 x^0}{0!} + \frac{i^1 x^1}{1!} + \frac{i^2 x^2}{2!} + \frac{i^3 x^3}{3!} + \cdots$$

$$= \frac{1x^0}{0!} + \frac{ix^1}{1!} + \frac{-x^2}{2!} + \frac{-ix^3}{3!} + \frac{1x^4}{4!} + \frac{ix^5}{5!} + \frac{-1x^6}{6!} + \frac{-ix^7}{7!} + \cdots$$

$$= \left[\frac{1x^0}{0!} + \frac{-x^2}{2!} + \frac{1x^4}{4!} + \frac{-1x^6}{6!} + \cdots \right] + \left[+ \frac{ix^1}{1!} + \frac{-ix^3}{3!} + \frac{ix^5}{5!} + \frac{-ix^7}{7!} + \cdots \right]$$

$$= \left[\frac{x^0}{0!} - \frac{x^2}{2!} + \frac{x^4}{4!} - \frac{x^6}{6!} + \cdots \right] + i \left[\frac{x^1}{1!} - \frac{x^3}{3!} + \frac{x^5}{5!} - \frac{x^7}{7!} + \cdots \right]$$

$$e^{ix} = \sum_{n=0}^{\infty} \frac{(-1)^n}{(2n)!} x^{2n} + i \sum_{n=0}^{\infty} \frac{(-1)^n}{(2n+1)!} x^{2n+1}$$

$$e^{ix} = \pm \text{ET}_@(\infty) + i \pm \text{OT}_@(\infty)$$
$$= \cos x + i \sin x$$

$$\therefore \quad e^{ix} = \cos x + i \sin x$$

Basel problem

First posed by Pietro Mengoli in 1650
Solved by Leonhard Euler in 1734
Named after Basel, hometown of Euler

$$\sum_{n=1}^{\infty} \frac{1}{n^2} = \frac{1}{1^2} + \frac{1}{2^2} + \frac{1}{3^2} + \cdots$$

$$\sin x = \pm \mathrm{OT}_@(\infty) = \sum_{n=0}^{\infty} \frac{(-1)^n}{(2n+1)!} x^{2n+1}$$

$$\sin x = x - \frac{x^3}{3!} + \frac{x^5}{5!} - \frac{x^7}{7!} + \cdots$$

$$x \stackrel{@}{=} n\pi, \quad \sin n\pi = n\pi \prod_{n=1}^{\infty} \left(1 - \frac{n^2\pi^2}{n^2\pi^2}\right) = 0$$

$$\sin n\pi = \sum_{n=0}^{\infty} \frac{(-1)^n}{(2n+1)!} (n\pi)^{2n+1} = 0 = (n\pi) - \frac{(n\pi)^3}{3!} + \frac{(n\pi)^5}{5!} - \frac{(n\pi)^7}{7!} + \cdots$$

$$\sin x = x \prod_{n=1}^{\infty} \left(1 - \frac{x^2}{n^2\pi^2}\right) \quad : \text{Euler's solution}$$

$$\sin x = x \left(1 - \frac{x^2}{1^2\pi^2}\right)\left(1 - \frac{x^2}{2^2\pi^2}\right)\left(1 - \frac{x^2}{3^2\pi^2}\right)\cdots$$

$$\sum_{n=1}^{\infty} \frac{1}{n^2} = \frac{\pi^2}{3!} = \frac{\pi^2}{6}$$

오일러는 사인에서 평면파 입자 무늬를 뽑아냈다.

@1 $\sin x = x - \dfrac{x^3}{3!} + \dfrac{x^5}{5!} - \dfrac{x^7}{7!} + \cdots = \sum_{n=0}^{\infty} \dfrac{(-1)^n}{(2n+1)!} x^{2n+1}$

@$_1$ $\lambda \cdot x^3 = \dfrac{1}{3!} \cdot x^3$

@2 $\sin x = x\left(1 - \dfrac{x^2}{1^2\pi^2}\right)\left(1 - \dfrac{x^2}{2^2\pi^2}\right)\left(1 - \dfrac{x^2}{3^2\pi^2}\right)\cdots = x\prod_{n=1}^{\infty}\left(1 - \dfrac{x^2}{n^2\pi^2}\right)$

$-\dfrac{1}{1^2\pi^2}x^3 = x\left(-\dfrac{x^2}{1^2\pi^2}\right)\cdot(1)\cdot(1)\cdot(1)\cdots$

$-\dfrac{1}{2^2\pi^2}x^3 = x\cdot(1)\cdot\left(-\dfrac{x^2}{2^2\pi^2}\right)\cdot(1)\cdot(1)\cdots$

$-\dfrac{1}{3^2\pi^2}x^3 = x\cdot(1)\cdot(1)\cdot\left(-\dfrac{x^2}{3^2\pi^2}\right)\cdot(1)\cdots$

$\left(-\dfrac{1}{1^2\pi^2} - \dfrac{1}{2^2\pi^2} - \dfrac{1}{3^2\pi^2}\cdots\right)x^3 = \sum_{n=1}^{\infty}\left(-\dfrac{1}{n^2\pi^2}\right)x^3$

@$_2$ $\lambda \cdot x^3 = \sum_{n=1}^{\infty}\left(-\dfrac{1}{n^2\pi^2}\right)\cdot x^3$

@$_1$ = $\dfrac{1}{3!}\cdot x^3 = \sum_{n=1}^{\infty}\left(-\dfrac{1}{n^2\pi^2}\right)\cdot x^3$ = @$_2$

$-\dfrac{x^3}{3!} = \sum_{n=1}^{\infty}\left(-\dfrac{x^3}{n^2\pi^2}\right)$

$-\dfrac{x^3}{3!} = -\dfrac{x^3}{\pi^2}\sum_{n=1}^{\infty}\dfrac{1}{n^2}$, $\dfrac{1}{3!} = \dfrac{1}{\pi^2}\sum_{n=1}^{\infty}\dfrac{1}{n^2}$

$\therefore \sum_{n=1}^{\infty}\dfrac{1}{n^2} = \dfrac{\pi^2}{3!} = \dfrac{\pi^2}{6}$

오일러는 무한소 0에서 덧셈과 곱셈의 차원변환을 보았다.

Sinc function

$$\operatorname{sinc} x = \begin{cases} \dfrac{\sin x}{x} & x \neq 0 \\ 1 & x = 0 \end{cases}$$

@@ $\operatorname{sinc} 0 = \dfrac{\sin 0}{0} = \dfrac{0}{0} \stackrel{@}{=} 1 \quad \therefore \operatorname{sinc} x = \dfrac{\sin x}{x}$

$\operatorname{sinc} x = \dfrac{\sin x}{x} = \displaystyle\prod_{n=1}^{\infty}\left(1 - \dfrac{x^2}{n^2 \pi^2}\right)$: unnormalized sinc

$x \stackrel{@}{=} \pi x \quad : \pi \text{ system}$

$\operatorname{sinc} x = \dfrac{\sin \pi x}{\pi x} = \displaystyle\prod_{n=1}^{\infty}\left(1 - \dfrac{x^2}{n^2}\right)$: normalized sinc

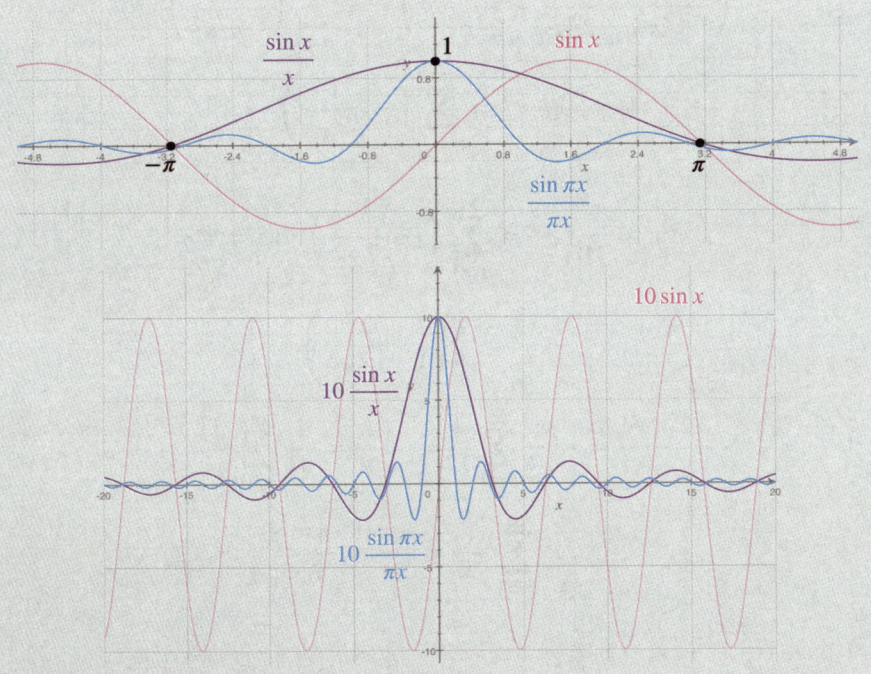

푸리에 변환의 뒤안길에 Sinc 가 있다.
시간파를 공간으로 쪼개면 양자화 무늬가 나온다.

$$\text{sinc}\, x = \frac{\sin(\pi x)}{\pi x} = \frac{1}{\Gamma(1+x)\Gamma(1-x)} = \prod_{n=1}^{\infty} \cos\left(\frac{x}{2^n}\right) \quad : \text{Euler's sinc}$$

$$\int_{-\infty}^{\infty} \frac{\sin(\pi x)}{\pi x}\, dx = \text{rect}(0) = 1 \quad : \text{Rectangular function}$$

$$\text{rect}\left(\frac{x}{a}\right) = \Pi\left(\frac{x}{a}\right) = \begin{cases} 0 & |x| > \frac{a}{2} \\ \frac{1}{2} & |x| = \frac{a}{2} \\ 1 & |x| < \frac{a}{2} \end{cases}$$

: **rect**angle function, **Pi** function, unit pulse

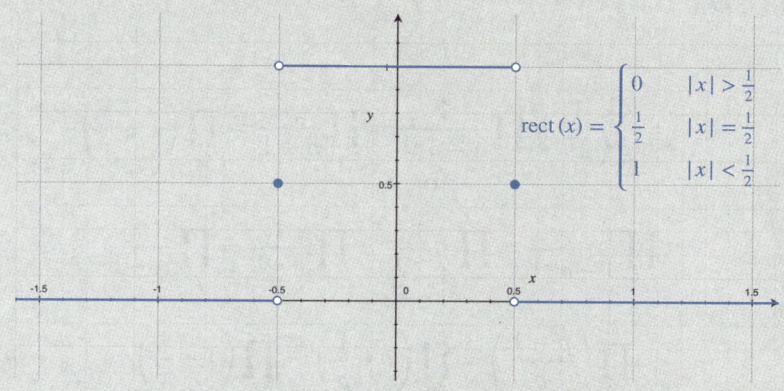

Euler product

$$\zeta(s) = \sum_{n=1}^{\infty} \frac{1}{n^s} = \prod_p \frac{1}{1-\frac{1}{p^s}} = \prod_p \left(1 - \frac{1}{p^s}\right)^{-1}$$

$$\zeta(s) = \sum_{n=1}^{\infty} \frac{1}{n^s} = \frac{1}{1^s} + \frac{1}{2^s} + \frac{1}{3^s} + \cdots = \prod_p \left(1 - \frac{1}{p^s}\right)^{-1}$$

$$\zeta(s) = \prod_p \left(1 - \frac{1}{p^s}\right)^{-1} = \left[\left(1 - \frac{1}{2^s}\right)\left(1 - \frac{1}{3^s}\right)\left(1 - \frac{1}{5^s}\right)\left(1 - \frac{1}{7^s}\right)\left(1 - \frac{1}{11^s}\right)\cdots\left(1 - \frac{1}{p^s}\right)\cdots\right]^{-1}$$

$$\frac{1}{\zeta(s)} = \prod_p \left(\frac{1}{1-\frac{1}{p^s}}\right)^{-1} = \prod_p \left(1 - \frac{1}{p^s}\right)$$

$$\frac{1}{\zeta(s)} = \prod_p \left(1 - \frac{1}{p^s}\right) = \left(1 - \frac{1}{2^s}\right)\left(1 - \frac{1}{3^s}\right)\left(1 - \frac{1}{5^s}\right)\left(1 - \frac{1}{7^s}\right)\left(1 - \frac{1}{11^s}\right)\cdots\left(1 - \frac{1}{p^s}\right)\cdots$$

$$\zeta(1) = \sum_{n=1}^{\infty} \frac{1}{n^1} = \prod_p \frac{1}{1-p^{-1}} = \prod_p \frac{p}{p-1} \stackrel{@}{=} \prod_@ \left(1 - \frac{1}{x}\right)$$

$$\because \prod_p \frac{1}{1-p^{-1}} = \prod_p \frac{1}{1-\frac{1}{p}} = \prod_p \frac{1}{\frac{p-1}{p}} = \prod_p \frac{p}{p-1}$$

$$= \prod_@ \left(\frac{p-1}{p}\right) = \prod_@ \left(1 - \frac{1}{p}\right) \stackrel{@}{=} \prod_@ \left(1 - \frac{1}{x}\right)$$

오일러는
무한 음복리에서
소수의 무늬를 찾았다.

이것은 자기복제 음복리 무늬다.

자기복제의 평면파가 소수의 무늬를 그린다.

TNM Unlimited Zero theorem

$$e = \left(1 + \frac{1}{\infty}\right)^{\infty} = \sum_{n=0}^{\infty} \frac{1}{n!} = \frac{1}{0!} + \frac{1}{1!} + \frac{1}{2!} + \frac{1}{3!} + \cdots \quad : \text{무한 복리}$$

$$\frac{1}{e} = \left(1 - \frac{1}{\infty}\right)^{\infty} = \sum_{n=0}^{\infty} \frac{(-)^n}{n!} = \frac{1}{0!} - \frac{1}{1!} + \frac{1}{2!} - \frac{1}{3!} + \cdots \quad : \text{무한 음복리}$$

$$e^{-1} = \left(1 + \frac{1}{\infty}\right)^{-\infty} = \left(\frac{\infty + 1}{\infty}\right)^{-\infty} = \left(\frac{\infty}{\infty + 1}\right)^{\infty}$$

$$\infty \stackrel{@}{=} \infty - 1$$

$$\left(\frac{\infty}{\infty + 1}\right)^{\infty} = \left(\frac{\infty - 1}{\infty}\right)^{\infty - 1} = \frac{\infty}{\infty - 1}\left(\frac{\infty - 1}{\infty}\right)^{\infty} = \frac{\infty}{\infty - 1}\left(1 - \frac{1}{\infty}\right)^{\infty}$$

$$\frac{\infty}{\infty - 1} \approx 1, \quad \frac{\infty}{\infty - 1} \stackrel{@}{=} 1$$

$$\frac{\infty}{\infty - 1} \approx 1, \quad \frac{\infty}{\infty - 1}\left(1 - \frac{1}{\infty}\right)^{\infty} = \left(1 - \frac{1}{\infty}\right)^{\infty}$$

$$\therefore e^{-1} = \left(1 + \frac{1}{\infty}\right)^{-\infty} \approx \left(1 - \frac{1}{\infty}\right)^{\infty}$$

$$\left(1+\frac{1}{\infty}\right)^{\infty} = \left(1-\frac{1}{\infty}\right)^{-\infty} = e = \prod_{0}^{\infty}\left(1+\frac{1}{\infty}\right) = \left(\sum_{n=0}^{\infty}\frac{(-)^n}{n!}\right)^{-1} = \frac{\infty!}{!\infty} = \frac{\infty!}{D(\infty)}$$

$$\left(1+\frac{1}{\infty}\right)^{-\infty} = \left(1-\frac{1}{\infty}\right)^{\infty} = \frac{1}{e} = \prod_{0}^{\infty}\left(1-\frac{1}{\infty}\right) = \sum_{n=0}^{\infty}\frac{(-)^n}{n!} = \frac{!\infty}{\infty!} = \frac{D(\infty)}{\infty!}$$

무한 음복리, 완전 실패확률, 교란 순열비

$$\sum_{n=0}^{\infty} x^n = \frac{1}{1-x}, \quad |x|<1, \quad x^{\infty}=0 \quad :\text{분수 무한 등비급수}$$

$$@@ \quad \left(\sum_{n=0}^{\infty} x^n\right)^{-1} = 1-x, \quad x=\frac{1}{\infty} \stackrel{@}{=} 0$$

$$\therefore \left(\sum_{n=0}^{\infty}\frac{1}{\infty^n}\right)^{-\infty} = \left(1-\frac{1}{\infty}\right)^{-\infty} = \left(1+\frac{1}{\infty}\right)^{\infty} = e$$

$$\therefore \left(\sum_{n=0}^{\infty}\frac{1}{\infty^n}\right)^{-\infty} = \left(1+\frac{1}{\infty}\right)^{\infty} = e \stackrel{@}{=} (1+0)^{\infty} = \left(\sum_{n=0}^{\infty} 0^n\right)^{-\infty}$$

새로운 두 수학은
선분논리의 조각들을 재해석하여
옥구슬을 만든다.

옥구슬을 실에 꿰어
회전논리로 정리한다.

자연상수 e 는 자기복제의 무늬다.
자연상수 e 의 소용돌이가 양자 현미경이다.

좌표계 관점 현미경
Coordinate System VPM

지수함수와 로그함수를 각각 관점 함수로 관점 현미경 렌즈를 만들어 컴퓨터 그래프 시뮬레이션을 수행하면, 삼각함수와 함께 오일러 공식으로 무늬를 그린다.

당연히 지수와 로그는 그들의 **동시복제 존재론**에 따른 태생으로 인해 $y = x$ 에 대칭한다. **지수 관점 함수**와 **로그 관점 함수**에 **실수**와 **복소수**를 대입하여 두 눈을 윙크하여 관찰하면 또 다른 대칭성이 나타난다.

지수 관점 함수 $\exp_@(x)$
로그 관점 함수 $\ln_@(x)$

실수 $\mathbb{R}$ 복소수 $\mathbb{C}$

실수 지수 관점 함수 $\exp_@(\mathbb{R})$
실수 로그 관점 함수 $\ln_@(\mathbb{R})$

복소 지수 관점 함수 $\exp_@(\mathbb{C})$
복소 로그 관점 함수 $\ln_@(\mathbb{C})$

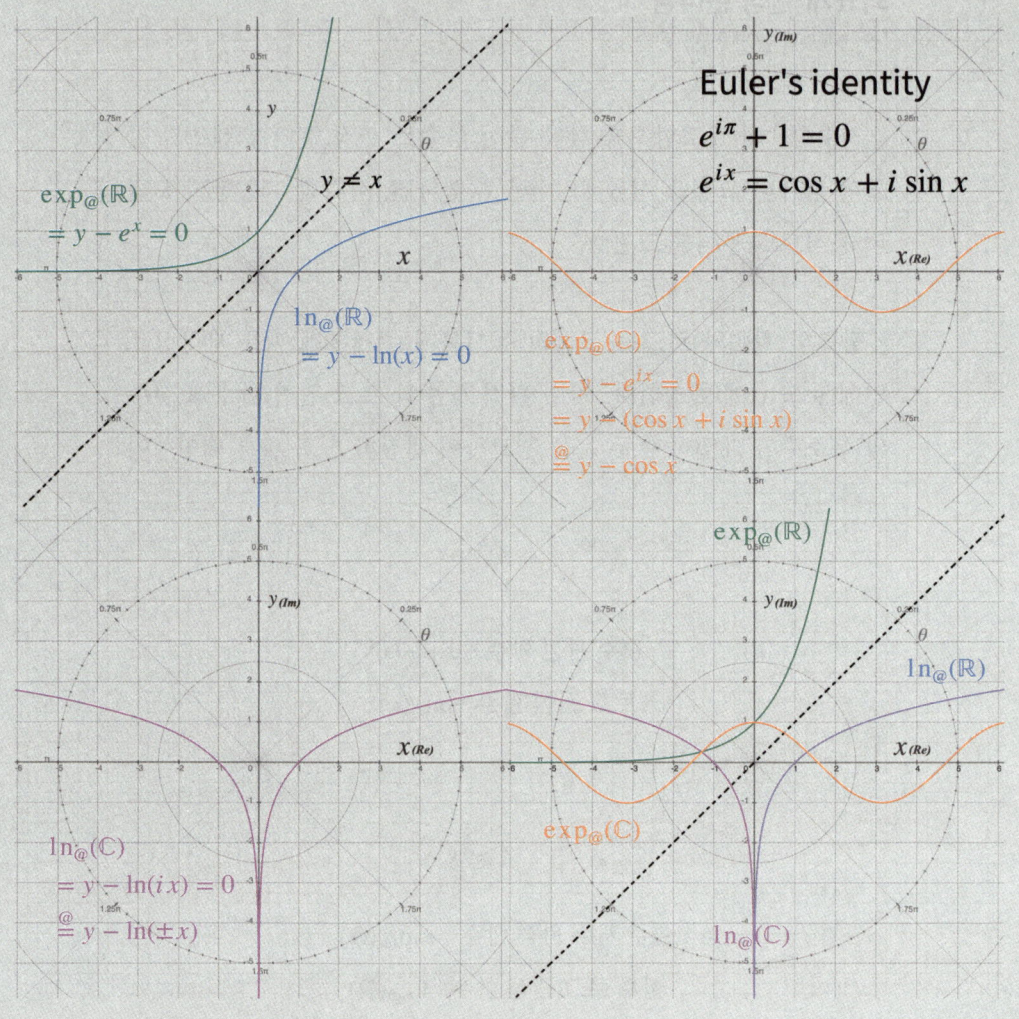

실수 지수 관점 함수 $\exp_@(x, \mathbb{R}) = y - e^x$

실수 로그 관점 함수 $\ln_@(x, \mathbb{R}) = y - \ln x$

복소 지수 관점 함수 $\exp_@(x, \mathbb{C}) = y - e^{ix} = y - (\cos x + i \sin x) \stackrel{@}{=} y - \cos x$

복소 로그 관점 함수 $\ln_@(x, \mathbb{C}) = y - \ln(ix) \stackrel{@}{=} y - \ln(\pm x)$

복소 지수 관점 함수는 컴퓨터 시뮬레이션에서 삼각함수와 원을 상징하는 코사인 무늬만 나타난다.

이것은 실수 좌표평면을 배경에 두었기 때문에, 허수 쪽 사인파 무늬를 컴퓨터가 동시에 표현하지 못하는 현상이다.

복소 로그 관점 함수는 허수가 로그 속에서 양음으로 펼쳐지는 무늬를 그린다.

오일러 공식으로 정리된 지수와 로그는 원과 연결되어 있다. 이때 사용된 관점이 복소수였다.

한쪽 눈은 실수축 렌즈, 반대쪽 눈은 허수축 렌즈로 e^{ix} **지수함수**를 보면, 실수 쪽에는 코사인의 파동이 보이고 허수 쪽에는 사인의 파동이 보인다.

이런 지수 알고리즘을 좌표계라는 렌즈로 만든 것이 **로그 좌표계**다.

관점 왜곡 현상

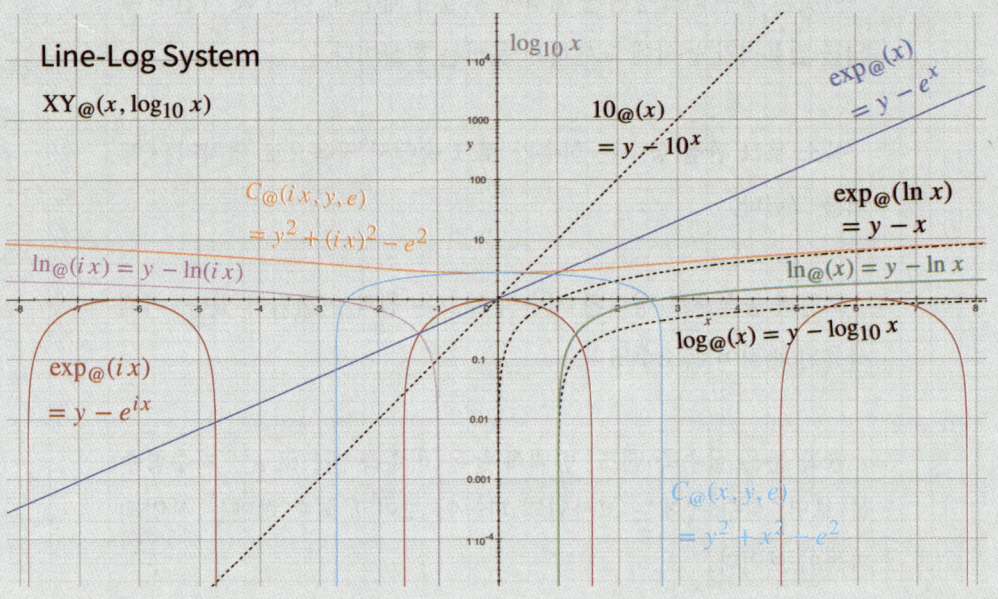

Line-Line System $XY_{@}(x, y)$, $y = \log_{10} x$

Line-Log System $XY_{@}(x, \log_{10} x)$

자연 지수 관점 함수 $\exp_{@}(x) = y - e^x$: 직선 무늬

직선 관점 함수 $\exp_{@}(\ln x) = y - x$: 로그 무늬

일반 지수 관점 함수 $10_{@}(x) = y - 10^x$: 두 축 대칭 대각선 무늬
  X축과 로그축의 경계 대각선, 두 축 점근선

로그 좌표계는 X축과 Y축을 모두 또는 한쪽만 로그축으로 치환하여 관점 전환할 수 있다.

X축을 로그축으로 하고 Y축을 실수축으로 유지하면 **로그-라인 좌표계**라고 하고, 반대일 경우는 **라인-로그 좌표계**가 된다. XY축 모두 로그축으로 장착하면 **로그-로그 좌표계** 또는 **로그 좌표계**가 된다.

로그 좌표계라는 관점이 생기면, 뒤를 돌아 기존의 좌표계에 대하여 **일반 좌표계** 또는 **라인-라인 좌표계** 등과 같은 상대적 별명들이 관점에 따라 나타난다.

e^x **지수함수**는 **라인-라인 좌표계**에서 본래 Y축을 향해 기하급수적으로 증가하여 무한대로 발산하는 곡선을 그린다.

그런데 **라인-로그 좌표계**에서는 직선 무늬로 나타난다. 반대로 x **직선 함수**는 로그 곡선 무늬를 그린다. 이 현상은 Y축 렌즈가 로그로 교체되었기 때문이다.

10^x **지수함수**는 **라인-로그 좌표계**에서 X축과 로그축이 대칭 관계를 하는 **경계 대각선**이 된다. 이 **경계 대각선**은 직교하는 두 직선의 중간에 있고 쌍곡선에서 주로 사용하던 점근선과 같은 역할을 한다.

따라서 이런 관점에서 나타나는 **경계 대각선**은 관점에 따라 두 직선의 점근선이라 할 수 있다. 직교하는 두 직선은 쌍곡선과 같은 알고리즘이다. 단지 차이점이 있다면 관점에 따라 곡률이 발생한 **관점**

왜곡 현상이 있을 뿐이다.

지수, 로그, 직선, 원, 쌍곡선을 관점 함수로 **관점 왜곡 현상**을 풀어 차원 이동을 해본다.

지수계는 지수함수 자신을 싣고
직선계로 이동하는 통로를 만든다.

$$\text{지수계 } \exp_@(x), \quad \text{지수 함수 } e^x, \quad \text{직선계 } f_@(e^x)$$

$$f_@(x) = y - x, \quad f_@(e^x) = y - e^x$$

$$\therefore \exp_@(x) = y - e^x = f_@(e^x)$$

직선계는 로그 함수를 타고 지수계로 이동한다.

$$\text{직선계 } f_@(e^x), \quad \text{로그 함수 } \ln x, \quad \text{지수계 } \exp_@(\ln x)$$

$$\exp_@(x) = y - e^x$$

$$\exp_@(\ln x) = y - e^{\ln x} = y - e^{\log_e x} = y - x$$

$$\therefore f_@(x) = y - x = \exp_@(\ln x)$$

제곱은 자기복제 평면파다.
복소 원과 실수 원은 제곱에서 만난다.

Complex plane : $C_{@z}(x,y) \stackrel{@}{=} C_@(x,y)$: Real plane
$C_{@z}(\mathbb{R}, \mathbb{I}) : x \in \mathbb{R}, y \in \mathbb{I}$ vs. $C_@(\mathbb{R},\mathbb{R}) : x \in \mathbb{R}, y \in \mathbb{R}$

$C_{@z}(x,y) = y - \operatorname{cis} x = y - \cos x - i \sin x \stackrel{@}{=} y^2 + x^2 - 1^2 = C_@(x,y)$

$y = y_i = y_r i$, $y^2 = y_i^2 = |y_r i|^2 = -y_r i \cdot y_r i = y_r^2$ ∴ $y^2 = y_i^2 = y_r^2$

$C_@(x, y_i) = y_i^2 + x^2 - 1^2 \stackrel{@}{=} y_r^2 + x^2 - 1^2 = C_@(x, y_r)$

∴ $C_{@z}(x,y) = y^2 + x^2 - 1^2 = C_@(x,y)$

직선계는 x, y 두 머리에 $\sqrt{}$ 제곱근 모자를 씌운다.

직선계 $f_@(x,y)$, 원계 $C_@\left(i\sqrt{x}, \sqrt{y}, 0\right)$
$f_@(x,y) = y - x = 0$

그리고 x 는 허수축으로 이동하고, y 는 실수축으로 이동한다.

$$@@1 \quad x_c \stackrel{@}{=} i\sqrt{x}, \quad y_c \stackrel{@}{=} \sqrt{y}, \quad y_c^2 \stackrel{@}{=} \sqrt{y}^2 = y$$

$$x_c^2 = \left(i\sqrt{x}\right)^2 \stackrel{@}{=} \begin{cases} \left|i\sqrt{x}\right|^2 = -i\sqrt{x} \cdot i\sqrt{x} = x \\ i^2\sqrt{x}^2 = -x \end{cases} \quad \therefore x_c^2 = \pm x$$

$$\therefore f_@(x_c, y_c) = y_c^2 \pm x_c^2 - 0^2 = C_@\left(x_c, y_c, 0\right)$$

두 갈래길은 반지름 0 에서 시작과 끝이 만나 **원계**에 도착한다.
대각선은 양/음으로 존재하고, 원의 켤레는 **쌍곡선**이다.

$$@@2 \quad x \stackrel{@}{=} i\sqrt{x}, \quad y \stackrel{@}{=} \sqrt{y}, \quad r = 0$$

$$x^2 \stackrel{@}{=} \left|i\sqrt{x}\right|^2 \stackrel{@}{=} i^2\sqrt{x}^2 = \pm x, \quad y^2 \stackrel{@}{=} \left(\sqrt{y}\right)^2 = y$$

$$C_@\left(x, y, r\right) = y^2 + x^2 - r^2 = 0$$

$$C_@\left(i\sqrt{x}, \sqrt{y}, 0\right) = y \pm x - 0^2 = 0$$

$$\therefore f_@(y, x) = y \pm x = C_@\left(i\sqrt{x}, \sqrt{y}, 0\right)$$

복소 지수계는 본래 복소수계에서 원 무늬를 그린다.
그런데 이 실험에서 **라인-로그 좌표계**는 두 축이 모두 실수만 있다.

현 세대의 컴퓨터는 참일 때만 작동한다.

거짓말을 배운 적 없는 컴퓨터는 원 무늬의 반쪽만을 계산한다.
복소계 원의 실수 부분은 코사인이다.

컴퓨터는 **라인-로그 좌표계**에 코사인 무늬만 그린다.
그것도 양수 부분만 정확히 보여준다.

복소 지수계 $\exp_@(ix)$

$$\exp_@(ix) = y - e^{ix} = y - \cos x - i\sin x = C_@(x, y, e)$$

$$\mathbb{R}\left(\exp_@(ix)\right) = \mathbb{R}\left(y - e^{ix}\right) = y - \cos x$$

원계에서 라인계 x, y 는 왔던 길을 거슬러
다시 **라인계**로 돌아갈 수 있다.

원계 $C_@$, 라인계 $f_@((ix)^2, y^2 - e^2)$

$$f_@(x, y) = y - x$$

$$f_@((ix)^2, y^2 - e^2) = y^2 - e^2 - (ix)^2 = y^2 - e^2 \pm x^2$$

$$C_@(x, y, e) = y^2 \pm x^2 - e^2 = f_@((ix)^2, y^2 - e^2)$$

$$\therefore (ix)^2 \stackrel{@}{=} i^2 x^2 = -x^2 , \quad (ix)^2 \stackrel{@}{=} |ix|^2 = (-ix) \cdot ix = x^2$$

이렇게 관점 함수를 사용하면, (x, y) 점 입자를 원하는 세계로 이

동시킬 수 있다. 점을 이동시킬 수 있다는 것은 함수를 이동시킬 수 있다는 것을 의미한다.

함수는 점, 선, 면, 입체를 모두 정리할 수 있다. 슈뢰딩거 방정식과 같이 수학은 입자를 함수로 정리한다.

또한 함수를 차원 이동시킬 수 있다는 것은 물질을 차원 이동시킬 수 있다는 논리로 연쇄반응한다. 관점 함수로 보면 당연한 현상이다. 일상적 개념일 수 있는 종이 한 장의 차이가 무한의 길을 연다.

무한은 관점으로 같아진다.
갈릴레오는 무한을 비교할 수 없었다.
칸토어는 무한 화살로 두 무한이 같음을 밝혔다.

관점 함수는 대칭으로 시공간을 넘나든다.

입자를 분해/재조립 하는 상상은 무한한 부스러기를 남긴다.
무한은 있는 그대로 고스란히 시간을 흐르게 한다.

로그축은 양수만 있다. 이 때문에 **원**과 **코사인** 무늬의 반쪽이 아래쪽으로 늘어지기만 하고 무한을 향한다.

그리고 **로그축**은 10^x 으로 만들어졌고, 10^n 단위로 로그 곡선과 같이 간격이 점점 줄어든다.

이런 특성으로 인해 **원**과 **코사인**의 곡면이 로그축 방향으로 찌그러진다.

로그축 $\log_{10} x$, 원 $C_@$, 코사인 e^{ix}

이번엔 **로그 극 좌표계**로 관점 전환하여 원과 쌍곡선, 지수와 로그의 무늬를 관찰한다.

극 좌표계는 거리와 각도로 위상을 정의한다.
극 좌표계의 **거리**는 실수계의 **라인**을 의미한다.
이 **거리**를 로그로 관점 전환하면 로그 극 **좌표계**가 된다.

원점에서 거리가 곧 로그축이기 때문에, **로그 극 좌표계**에서도 10의 정수 n 승 단위로 간격이 점점 좁아진다.

원과 쌍곡선은 **라인-라인 좌표계**에서의 무늬와 크게 다르지 않다. 그러나 지수와 로그 관점 함수들의 무늬는 거리의 간격이 점점 줄어드는 로그 렌즈의 특성으로 인해 특별한 무늬를 그린다.

실수의 관점에서는 지수와 로그가 매끄러운 곡선을 그리지 않고, 0점에서 급격히 꺾이는 무늬를 그린다. 대신 지수와 로그의 대각 대칭성을 그대로 유지한다.

복소수 관점에서의 지수는 X축 양방향으로 0점에 수렴하는 무늬를 그린다. 복소수의 로그는 실수의 로그를 복제한 무늬가 X축의 양음으로 펼쳐진다.

$$y = e^{ix} = \cos x + i \sin x \stackrel{@\Re}{=} \cos x$$

$$y = \ln ix \stackrel{@\Re}{=} \ln(\pm|ix|) = \ln|ix| = \ln|x| = \ln(\pm x)$$

그리고 지수와 로그의 무늬는 모두 점(0,0)에서 급격하게 꺾이는 반면, 반대쪽 방향은 무한대로 향하지만 모두 X축 또는 Y축에 수렴하려는 흐름을 보인다.

좌표계는 세상을 인식하는 척도다. 척도를 변경한다는 것은 현미경의 렌즈를 교체하고 표본을 들여다보는 것과 같다. 좌표계는 본래 함수와 같은 입자의 일종이다. 게다가 좌표계와 함수는 서로 상대적으로 존재하기 때문에 함수를 렌즈 삼아 좌표계를 뒤집어 볼 수도 있다.

사고실험실에서 관점 현미경으로 양자 세계를 들여다보면, 시간파와 공간파의 연쇄반응이 어디서 차원 이동을 하고 어떻게 양자화하는지를 추적할 수 있다.

로그 극 좌표계의 원 파동 관점 함수들
실수계/복소계 원, 쌍곡선, 지수, 로그

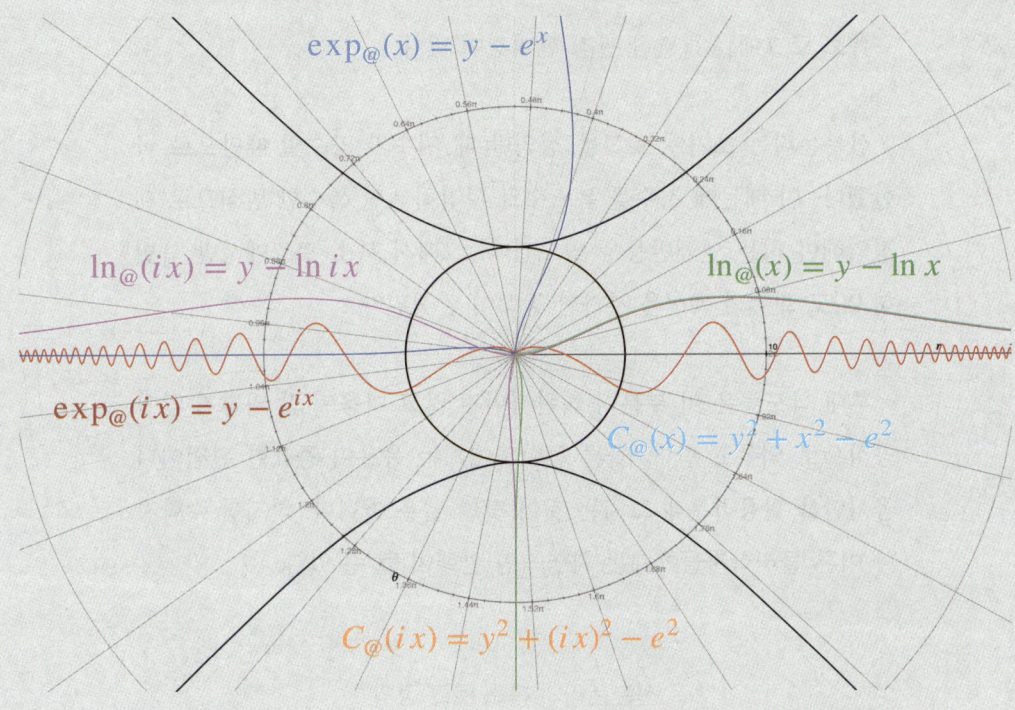

실수 지수 관점 함수 $\exp_@(x) = y - e^x$: 0점에서 꺾인 곡선 무늬

실수 로그 관점 함수 $\ln_@(x) = y - \ln x$: 실수 지수와 대각 대칭 무늬

실수 원 관점 함수 $C_@(x) = y^2 + x^2 - e^2$: 원 무늬

복소 지수 관점 함수 $\exp_@(ix) = y - e^{ix}$: X축 양끝 수렴, 파동 무늬

복소 로그 관점 함수 $\ln_@(ix) = y - \ln(ix)$: 실수 로그와 Y축 대칭 무늬

복소 원 관점 함수 $C_@(ix) = y^2 + (ix)^2 - e^2$: 쌍곡선 무늬

회전논리 수학의 재해석은 여기서 일단락하려 한다. 하지 말라는 소리가 귓가에 맴돌기도 하지만, 기록하려는 어리석은 망설임에 한 가지만 더 덧붙이고 싶다.

복소 로그에는 특별한 관점 현미경이 있다.

선분논리는 초기에 로그를 정의할 때 지수가 양수일 때만으로 국한했다. 이 때문에 지수를 복소수로 확장하려면 특수한 방식으로 재정의해야 하는 연쇄반응을 일으킨다. 그래서 복소 로그에서만 특별히 90도 회전의 특성을 부가한 공식이 완성된다.

후대 학도들은 이 부분이 직관적이지 않고 마음에 잘 와닿지 않아 공식으로 외우고 만다. 물론 공학도에게는 응용이 중요한 관점이니 공식만을 활용하는데 그치는 것이 탓할 일은 아니다. 하지만 수학자나 이론 물리학자들에게는 치명적인 관행이 될 수 있다.

선분논리의 복소 로그 정의

$$y - \ln(ix) = 0, \quad y = \ln(ix), \quad \ln z = \ln|z| + i \arg(z)$$

$$y = \ln(ix) = \ln|ix| = \begin{cases} \ln(x) + i\frac{\pi}{2} \overset{@}{=} \ln(x) & x > 0 \\ \ln(-x) - i\frac{\pi}{2} \overset{@}{=} \ln(-x) & x < 0 \end{cases}$$

복소 로그에는 양/음이 켤레로 짝을 이루어 하나의 입자로 공간에 관측되는 **켤레 복소 원의 원리**가 바탕에 깔려 있다.

켤레 알고리즘은 복소수계에 있지만 실수계 속에서도 양/음을 포괄하는 절댓값으로 표출된다.

90도 회전의 특성은 오일러 공식에 모두 담겨 있다. 선분논리 자체가 단방향의 흐름이기 때문에 일반적으로 오일러 공식은 지수를 기준으로 양수만 취한다.

그러나 원론은 양/음의 켤레로 입자가 존재하기 때문에 켤레 원으로 보아야 깊이 숨어 있는 알고리즘을 볼 수 있다.

@@ 회전논리의 관점 현미경

$$e^{\pm i\theta} = \cos\theta \pm i\sin\theta, \quad \theta \in \mathbb{R} \quad : \text{Complex Conjugate Circle}$$

$$\theta = \frac{\pi}{2}, \quad e^{\pm i\frac{\pi}{2}} = \cos\frac{\pi}{2} \pm i\sin\frac{\pi}{2} = 0 \pm i\cdot 1 = \pm i \quad \therefore \pm i = e^{\pm i\frac{\pi}{2}}$$

$$@@ \quad x = \pm|x|, \quad ix = \pm i|x|, \quad \ln(ix) = \ln(\pm i|x|)$$

$$@@ \quad \pm i = e^{\pm i\frac{\pi}{2}}, \quad \pm i|x| = |x|e^{\pm i\frac{\pi}{2}} \quad : \text{Conjugate ViewPoint}$$

컴퓨터는 기존 선분논리의 수학을 바탕으로 단방향의 논리를 전개하는 시스템이다. 컴퓨터에게 **복소 로그**를 그리라고 하면 실수만 실존 공간으로 취하고 허수는 버린다. 이는 공간의 관점에서 허수의 시간계에 돌고 있는 90도 회전 알고리즘을 소멸된 것으로 처리한 결과다.

$$\ln(ix) = \ln(\pm i|x|) = \ln\left(|x|e^{\pm i\frac{\pi}{2}}\right) = \ln|x| + \ln\left(e^{\pm i\frac{\pi}{2}}\right) = \ln|x| \pm i\frac{\pi}{2}$$

$$y = \ln(ix) = \ln(\pm i|x|) = \ln|x| \pm i\frac{\pi}{2} \stackrel{@\Re}{=} \ln|x| = \ln(\pm x)$$

$$@@ \quad y = \ln ix = \ln(\pm i|x|) \stackrel{@\Re}{=} \ln|ix| = \ln|x| = \ln(\pm x)$$

$$@@ \quad ix = \pm i|x| \stackrel{@\Re}{=} |x| = \pm x$$

이와 같은 선분논리의 **실수 공간 주의**를 회전논리는 **실수 관점 렌즈**라 부른다.

$$@@ \text{ 실수 관점 렌즈 : 허수 필터 렌즈}$$

$$|z| = |a + ib| = \sqrt{(\Re z)^2 + (\Im z)^2} = \sqrt{a^2 + b^2}$$

$$|ix| = \sqrt{(\Re(ix))^2 + (\Im(ix))^2} = \sqrt{0^2 + x^2} = |x|$$

$$@@ \quad |ix| = |x|, \quad \ln(ix) \stackrel{@\Re}{=} \ln|ix| = \ln|x|$$

$$@@ \quad y = \ln ix = \ln(\pm i|x|) \stackrel{@\Re}{=} \ln|ix| = \ln|x| = \ln(\pm x)$$

회전논리의 눈이 포착하는 포인트를 대략적으로 언급해 본다. 여기는 무시하고 과할 수 있는 **절댓값**의 숨은 알고리즘이 있다. **절댓값**은 양음을 품을 수 있는 능력을 가졌다.

이런 기초 원리를 간과하는 습관은 어린 시절 절댓값에 대해 생각할 기회를 얻지 못해서다.

로그 안에 있는 ix 허수는 $x=\pm|x|$ 절댓값을 통해 $ix=\pm i|x|$로 **양음 켤레 대칭**을 표출한다. **실수 관점 렌즈**로 복소 로그를 관찰하면 허수부의 회전성이 소멸하면서 켤레의 양음은 $|ix|$ 절댓값 속에 숨어든다.

실수계에서 복소수는 피타고라스 삼각 관계에 의해 허수 무늬를 완전히 걷어내고 $|ix|=|x|$ 실수의 절댓값이 된다. 다시 $|x|$ 절댓값 속에 양음을 숨겼다가 절댓값을 거두어내면 $\pm x$ 양음 대칭을 펼친다.

나중에 회전논리의 양자 역학 재해석을 탐험하고 나면 좀 더 분명해지겠지만, 태초의 **자기복제 존재성**은 어디에나 그대로 유지된다.

비록 우주 끝까지 가보지 않아도 나의 논리 체계가 스스로 존재성을 확보하면 우주의 변화무상한 현상을 모두 내 머릿속 사고실험실에서 구현할 수 있다.

The Unlimited Reactions Overview
from Found Ancient Philosophic Mathematics

Indus Civilization : ratios, geometrical shapes (hexahedra, barrels, cones, cylinders...)
Indian Lothal BC 2200 : Hollow cylindrical objects, angles, star navigation
Babylonian Plimpton 322 (BC 2000 - 1900), Egyptian Mathematical Papyrus (BC 1890, 1800)
Indian mathematics ? ~ BC 1200 ~ 500 : Veda Math (BC 1200~900), Jain Math (BC400~200), Oral tradition, Sanskrit, zero, algebra, trigonometry, ...
Buddha (BC 624~544 or 558~491) : Buddhist schools, philosopher, meditator, transcending Karma cycle
Thales's theorem (BC 624~548 ?), Pythagoras (BC 570–495), Zeno (BC 490–430), Socrates (BC 470~399),
Plato (BC 428/427 or 424/423 – 348/347), Aristotle (BC 384–322), Euclidean geometry (BC 325~ 270 ?, Alexandria)

Pythagorean theorem (BC 570–495)
$$a^2 + b^2 = c^2$$

Zeno's paradoxes (BC 490–430)
$$L = \sum_{n=0}^{\infty} \frac{1}{2}^n = 2$$

Archimedes's exhaustion (BC 287~212)
$$S_p = \sum_{n=0}^{\infty} \frac{1}{4}^n = \frac{4}{3} = \int_{-1}^{1} |x^2 - 1| \, dx$$

Pingala's Combinatorics (BC 300~200) : Trials & Probability
$$\binom{n}{r} = \binom{n-1}{r} + \binom{n-1}{r-1} \quad \sum_{r=0}^{n} \binom{n}{r} = 2^n$$

Napierian logarithm 1614
$$N = 10^7(1 - 10^{-7})^L$$
$$\text{NapLog}(x) = -10^7 \ln(x / 10^7)$$
$$(1 - 10^{-7})^{10^7} \approx \frac{1}{e}$$

Jacob Bernoulli 1683
Bernoulli compound interest
$$e = \lim_{n \to \infty} \left(1 + \frac{1}{n}\right)^n$$

Bernoulli trials : All lose probability
$$\frac{1}{e} = \lim_{n \to \infty} \left(1 - \frac{1}{n}\right)^n = p_\infty(0)$$

Roger Cotes 1714
$$ix = \ln(\cos x + i \sin x)$$

Taylor series 1715
$$\sum_{n=0}^{\infty} \frac{f^n(a)}{n!}(x - a)^n$$

Galileo 1564~1642
Two New Sciences 1638

Pascal's triangle 1654
$$_nC_r = \binom{n}{r} = \frac{n!}{r!(n-r)!}$$
$$(x+1)^n = \sum_{r=0}^{n} \binom{n}{r} x^r$$

Bernoulli Derangements : All wrong box probability
$$\frac{1}{e} = \sum_{n=0}^{\infty} \frac{(-1)^n}{n!} = p_\infty$$

Euler's number 1727~1736
$$e = 2.71828...$$
$$e = \sum_{n=0}^{\infty} \frac{1}{n!}$$

Euler's Solution of Basel problem 1734
$$e^x = \sum_{n=0}^{\infty} \frac{x^n}{n!} \quad \sum_{n=1}^{\infty} \frac{1}{n^2} = \frac{\pi^2}{6}$$
$$\sin x = \sum_{n=0}^{\infty} \frac{(-1)^n}{(2n+1)!} x^{2n+1}$$
$$\cos x = \sum_{n=0}^{\infty} \frac{(-1)^n}{(2n)!} x^{2n}$$

Euler's formula 1748
$$e^{ix} = \cos x + i \sin x$$
$$e^z = \lim_{n \to \infty} \left(1 + \frac{z}{n}\right)^n$$

Euler's identity 1748
$$e^{i\pi} + 1 = 0$$

Euler's proof 1737 : continued fraction
$$e = [2; 1,2,1,1,4,1,1,6,1,...,1,2n,1,...]$$
$$e = 2 + \cfrac{1}{1 + \cfrac{1}{2 + \cfrac{1}{1 + \cfrac{1}{1 + \cfrac{1}{4 + \cfrac{1}{1 + \cfrac{1}{1 + \cdots}}}}}}}$$

Euler product 1737
$$\zeta(s) = \sum_{n=1}^{\infty} \frac{1}{n^s} = \prod_p \frac{1}{1 - \left[\frac{1}{p}\right]^s}$$
$$e = \lim_{n \to \infty} \left(1 + \frac{1}{n}\right)^n$$

Euler method 1768
$$t_{n+1} - t_n = h$$
$$y_{n+1} = y_n + h f(t_n, y_n)$$
$$\frac{y_{n+1} - y_n}{f(t_n, y_n)} = h$$

the Unlimited Reaction Chain
from Found Ancient Philosophic Mathematics

Proportionality
$$a^2 + b^2 = c^2$$

Combinatorics
$$nC_r = \binom{n}{r} = \frac{n!}{r!(n-r)!}$$
Probability

the Unlimited
$$L = \sum_{n=0}^{\infty} \frac{1}{2}^n = 2$$

Error Delta, Nabla
$$\Delta x = x_{n+1} - x_n$$

logarithm
$$\ln x$$

Deferential & Integral
$$\ln e = 1 = \int_1^e \frac{1}{x} dx$$

$$\frac{1}{x}$$

Hyperbola
$$y^2 + (ix)^2 = 1^2$$

Binomial
$$(x+1)^n = \sum_{r=0}^{n} \frac{n!}{r!(n-r)!} x^r$$

Taylor series
$$\sum_{n=0}^{\infty} \frac{f^n(a)}{n!} (x-a)^n$$

e **Exponential constant**
$$e = 2.71828\ldots$$
$$e = \sum_{n=0}^{\infty} \frac{1}{n!}$$

$$\sum_{n=1}^{\infty} \frac{1}{n^2} = \frac{\pi^2}{6} \quad \text{Basel problem}$$

$$e^x = \sum_{n=0}^{\infty} \frac{x^n}{n!}$$

Circle $y^2 + x^2 = 1^2$

Cycle
$$e^{ix} = \cos x + i \sin x$$

Taylor Series & Euler Formula

$$S_n = \prod_{k=0}^{n} \binom{n}{k}$$

$$x \stackrel{@}{=} -x$$
$$e^{-x} = \frac{1}{e^x} = \sum_{n=0}^{\infty} \frac{(-x)^n}{n!}$$

Trigonometry

$$\frac{S_{n-1} \cdot S_{n+1}}{S_n^2} = \left(1 + \frac{1}{n}\right)^n$$

$$e^{i\pi} + 1 = 0$$
Euler's identity

$$e^z = \lim_{n \to \infty} \left(1 + \frac{z}{n}\right)^n$$

Zeta func.
$$\zeta(s) = \sum_{n=1}^{\infty} \frac{1}{n^s} = \prod_{p} \frac{1}{1 - p^{-s}}$$
Euler product

$$e = \lim_{n \to \infty} \left(1 + \frac{1}{n}\right)^n$$

$$z = a \pm bi$$
Complex conjugate

Infinity Series — **Prime numbers**

Quantization

$$i = \sqrt{-1}$$
Imaginary number

$$e = \left[\frac{1 + \infty}{\infty}\right]^{\infty}$$

제 2 부

공간 분기 이론
Space Bifurcation Theory

분기 이론은 1885년 **푸앵카레**가 처음 도입한 개념으로 알려진다. 푸앵카레는 **삼체문제** Three-body problem를 포함한 천체문제와 근본적인 동적 시스템에 대한 연구를 통해 분기라는 개념을 도입한 것으로 보인다. 천체 역학에 대해 푸앵카레가 남긴 기록 중 대표적인 행적은 **천체 역학의 새로운 방법**과 **천체 역학 강연**에 있다.

1892년~1899년 New Methods of Celestial Mechanics
1905년~1910년 Lectures on Celestial Mechanics
published by Poincaré

푸앵카레의 행적을 쫓아 대화해 보면, 그가 추적하던 것이 무엇이었는지를 알 수 있다. 그는 근본적으로 세상이 어떻게 작동하고 어떻게 생겼는지에 관한 질문을 했다. 그리고 푸앵카레는 기존의 선분논리를 벗어나 새로운 논리를 갈구했던 것으로 보인다.

분기 이론에 대한 정리는 일반적으로 특정한 동적 시스템을 사례로 변화가 나타나는 지점을 찾아내는 데 주안점을 둔다.

여기에는 "왜?"라는 질문이 대부분 누락되어 있다. 그러나 분기 이론의 궁극적 질문은 왜 분기 현상이 존재하고, 시공간과의 관계가 어떻게 형성되는가에 있다. 따라서 현재까지의 분기 이론은 궁극적 질문에 대한 해답을 얻기 위한 선분논리의 베이스캠프를 구축하는 정도에 불과했다.

현대 과학에서 **분기 이론**을 정리한 논리들은 새로운 두 수학에서 재해석한 **공간 분기 이론**과 이런 점에서 차이가 있다.

새로운 두 수학의 **공간 분기 이론**은 공간이 양자화되어 입자로 나타났다가 둘로 나뉘어 소멸되는 본질적 알고리즘의 해석에 주안점이 있다.

그에 반해 선분논리의 **분기 이론**은 **공간 분기 이론**과 현상은 같지만 표면적인 현상을 유발하는 사례를 찾거나 그 활용에 주안점을 둔다.

공간 분기 이론은 시간이 흐름에 따라 공간이 하나의 점으로 모이고 둘로 쪼개지며 다시 흩어져 사라지는 현상을 분석하는 이론이다.

아무것도 없어 보이는 쌍곡선 상태의 공간은 임계점에서 점 또는 원이 나타나고, 곧이어 점이 둘로 쪼개져 쌍극자와 같은 상태를 유지하다가 다시 임계점에서 쌍곡선 상태로 흩어지는 현상을 보인다.

여기에는 어떤 알고리즘이 숨어 있는가?

공간이 진동과 간섭으로 입자가 생성되고 입자는 둘로 나누기를 통해 쌍극자를 거쳐 소멸된다.

분기 이론은 강이 두 갈래로 분기되어 흐른다거나 또는 혈액의 순환이 두 갈래로 나뉘었다가 다시 합쳐지는 등의 자연적 흐름 현상에도 적용되며, 도로나 철도의 궤도 이탈 분기점 등의 공학적 관점에도 활용된다.

분기점의 근본 원리는 시공간 속 자연현상의 근본 알고리즘인 둘로 나누기에 시간을 흐르게 하여 소용돌이를 일으키는 현상이다.

이 원리는 로그의 흐름과 같이, 나누기의 편광적 시선이 **피보나치 수열**이나 **황금비율**과 같은 생각을 낳는다.

시간은 양방향으로 흐른다. 때문에 나누기의 척력과 동시에 더하기의 인력이 있다. 이처럼 자연현상은 인력과 척력이 동시에 작용해 무질서해 보이기도 하지만, 전체를 조망할 땐 아름답고 조화로운 현상이 나타난다.

볼츠만의 로그로 상징되는 무질서함은 우주가 무질서로 향하는 것으로만 해석된다. 단편적 기하에서 로그는 무한으로 향하는 끝 지점의 무한대를 특정할 수 없다. 이런 무질서 이론은 직선계의 사각 프레임 속에서 좌표를 사용하여 로그의 자취를 추적했기 때문이다.

그러나 앞서 오일러 공식을 관점 현미경으로 관람한 바와 같이 좌표계에 대한 관점 렌즈를 사용하면 발산하던 흐름이 수렴하는 흐름으로 바뀐다. 이와 같은 역전 현상이 가능한 것은 본래 무한계가 구분이 없었고, 관점에 따라 프레임이 형성되어 그 속의 무늬만 보기 때문이다.

인간은 직선으로 논리를 시작했다. 직선 좌표축을 곡선 좌표축으로 관점 전환하면, 발산하는 곡선이 수렴하기 위해 어디론가 무한히 향하고 있었음을 알 수 있다.

좌표축의 관점 전환은 데카르트 평면계에서 복소평면계로 전환하여 복소 원을 형성하는 사례를 통해 간단히 고정관념을 깰 수 있다.

로그의 무질서는 반드시 수렴한다

양음이 진동하면서 조화로운 피조물을 만들어내는 현상이 **분기 이론**이다. **분기 이론**은 수학을 토대로 실험하고 통계적 관점으로 양자화한 논리다.

분기 이론은 실수와 허수를 모두 포함하는 복소수 장에서 시간을 기준으로 미분하여 공간이 입자화되는 현상을 찾아낸다.

인간이 공간을 있는 그대로 인식하고 추적할 수 있는 방법이 선분 논리에는 없다. 그러나 우리는 이미 눈에 보이지 않는 자기장을 추적한 경험이 있다.

자기장에 철 가루를 흩뿌리면 자기장에 반응하는 철 가루가 모양을 형성하게 된다. 우리는 이것으로 자기장을 추적할 수 있었다.

수학에서 말하는 매개변수 또는 치환법을 사용하는 방식이 일종의 관점 현미경의 렌즈였다. 철 가루를 이용해 자기장을 추적한 사례가 바로 관점 현미경을 사용한 것과 같고, 철 가루가 관점 렌즈에 해당한다.

　같은 방법으로 복소평면에 입자들을 흩뿌리고 시간에 따라 입자들이 어느 방향으로 이동하는지 추적하면, 공간이 시간에 따라 변해가는 형태로 공간 알고리즘을 밝혀 낼 수 있다.

　자기장의 철 가루 실험은 물리적 실험이지만, 복소평면의 입자 실험은 수학적 실험이다. 수학적 실험은 연속적 논리로 시간을 만들고 그 시간으로 시작점과 끝점이 만나 물리계의 현상과 같은 공간적 입자가 존재할 수 있게 한다.

**수학은
함수로 입자를 만든다**

　함수는 변수에 의해 그 위상이 달라지고 달라지는 변화가 시간이 된다. 함수의 시간 변화는 위상의 변화이지만 그 변화의 총합이 공간을 차지하여 인간이 인식하는 객체가 된다.

**위상의 변화가
곧 시공간이다**

이 시공간 함수를 시간으로 편미분하고 편미분의 관점을 축으로 하여 그 변화를 추적하면 입자의 생성과 소멸에 대한 알고리즘이 무늬로 나타난다.

분기 이론에 관련한 사전적 수학 논리는 **지역 분기**와 **전역 분기**로 나뉜다.

Local bifurcation

Saddle-node bifurcation
Transcritical bifurcation
Pitchfork bifurcation
Period-doubling bifurcation
Hopf bifurcation

Global bifurcation

Homoclinic bifurcation
제한된 주기가 하나의 안장점 saddle point 과 충돌

Heteroclinic bifurcation
제한된 주기가 두 개이상의 안장점과 충돌

Infinite-period bifurcation
제한된 주기에서 안정 노드와 안장점이 동시에 발생 : 무한 주기 분기

Blue sky catastrophe
제한된 주기가 비쌍곡선 주기와 충돌

지역 분기는 현미경으로 분기의 근본 알고리즘 한 가닥을 추출하려는 노력이다. 주로 미분 방정식에서 계수가 변함에 따라 평형상태 또는 고정점의 안정성이 연속적으로 변해가는 현상을 추적한다.

현미경의 반대쪽은 망원경으로 관조하는 행위다. 따라서 지역 분기의 반대 방향은 전역 분기가 된다. 전역 분기에는 분기 알고리즘이 다양하게 간섭현상을 일으키는 자연적 관점이 있다.

이런 이유로 분기 이론은 직접적으로 천문학에서 행성이나 미시 세계의 입자가 어떤 방향을 향하는지 계산하는 데 유용하다.

특히 양자 세계를 관점에 따라 하나의 시스템으로 해석하여 원자 및 분자 시스템, 공명 터널링, 레이저 역학, 양자 커플링 등에 활용된다. 간접적으로는 생물학에서 진화의 관점으로 확률과 함께 분기 이론이 활용된다.

대표적인 사례가 인구 또는 생물 개체의 증가에 대한 분기적 관점이고, 미생물의 증식이나 바이러스에 대한 확률적 접근도 분기 이론을 배경에 둔다. 사회적 현상에도 분기 이론이 많이 활용되고 있으나 여기에는 해석적 오류가 많다.

자연과학에서 편광으로 해석하고 그 해석을 통해 얻은 기술로 생산적인 접근을 할 수 있다. 이런 행위와 성과의 배경은 자연법칙이 인간의 자연과학을 제대로 통제하고 있기 때문이다.

자연법칙은 그 속에 살고 있는 과학자의 도전에 대하여 이론적 생각과 실질적 실험 행위가 정확히 일치해야 원하는 결과를 현상으로 보여준다. 과학적 실험의 결과는 인간의 막연한 소망과는 무관하다. 이 때문에 자연과학적 해석은 반드시 실질적 검증을 받는다.

그러나 사회적 해석은 자연법칙보다는 인간의 권위와 여론에 의해 옳고 그름이 판결되는 사례가 지배적이다. 사회적 현상은 주로 확률적 실험 결과에 근거를 두고 해석한다. 하나의 실험적 해석은 과학의 방법을 사용했다 하더라도 편광적이다.

사회는 무한계의 논리로 작동되기 때문에 과학적으로 추출한 편광적 수단을 도모하면 기대와 다른 결과를 낳을 확률이 비교적 높아진다.

해석적 논리를 들으면 논리가 일관되어 보이기 때문에 옳을 것 같지만, 이 판단은 한쪽 눈에만 참이다. 이런 현상을 맞이한 인간은 나중에서야 착각했다고 말한다.

분기 이론의 해석을 잘못 활용하는 치명적인 사례가 있다.

인간이 태어나서 유년에 집과 집주변을 주기적으로 왕래하고, 학생기에는 분기점을 맞이하여 집과 학교를 왕래하는 **확대 주기**가 생긴다. 성인이 되면 또 분기점을 맞아 집과 직장을 왕래한다.

이 정도의 분기적 해석은 부작용이 덜하다. 그런데 다음과 같은 식의 해석으로 확대하고 교육에 적용하면 사회적 병폐가 나타난다.

3살 버릇이 여든을 간다.

3살 버릇을 여든까지 이어갈 확률은 정확하지 않다. 정확하지 않다는 것은 그 이론이 참인 사람도 있고 거짓인 사람도 있다는 것을 의미한다.

인간 사회에도 하나만의 분기 원리가 작동하는 것이 아니고 무한한 관점의 분기 이론이 시간을 타고 간섭현상을 일으킨다. 3살 버릇 여든까지의 논리는 일종의 지역적 분기 이론 하나만 생각한 해석이다. 무한한 편광이 조화를 이루는 세상에 단 한 가지의 편광으로 판단하면 오차가 극심해진다.

게으른 어린이는 게으른 어른이 되어 지각을 밥먹듯이 하던 학생에서 퇴직을 밥먹듯이 하는 어른이 되어 가난하게 산다.

과연 현실은 그럴까?

성실한 사람은 반드시 부자가 되어 있어야 하는데 시대에 따라 그 확률은 크게 달라진다.

공간 분기 이론에는
시간이 그리는 소용돌이가 있다.

소용돌이에는 방향성이 있다.

안쪽으로 회전하는 소용돌이는
0점을 향해 안정하려 한다.

바깥쪽으로 회전하는 소용돌이는
무한대를 향해 불안정하여 흩어진다.

소용돌이는 본래 원이었다.

시간의 진동이 소용돌이를
양음 두 방향으로 갈라지게 한다.

미분 방정식과 해석
Differential Equation

수학적 논리에서 분기 이론은 미분 방정식에서 출발한다. 미분은 뉴턴과 라이프니츠에 의해 정리되었다. 동시대 두 학자는 표면적으로 미분의 발명에 대한 선후를 따지는 **라이프니츠-뉴턴 미적분 논란**으로 유명하다. 그러나 이 논란의 실상은 당사자 둘보다는 두 인물을 거점으로 한 영국계와 독일계, 두 학파 간의 경쟁과 갈등이었다.

Isaac Newton, 1642~1726/27
Gottfried Wilhelm Leibniz, 1646~1716
Leibniz-Newton calculus controversy : 1699~1711~

논리를 발견하여 솔루션을 개발하는 것과 그것을 발표하는 것에는 시간차가 발생한다. 미적분학에 관한 선구자를 판가름하는데도 논란의 여지가 여기서 나타났다.

선후의 논쟁은 결국 진리 추구의 방향과는 무관하게 사람들의 욕심에 관한 문제들이다. 결과론적으로 현대 미적분학의 형태는 대부분 라이프니츠를 따르고, 미분 방정식과 같은 해석적 의미는 뉴턴의 플럭션에서 출구가 보인다.

뉴턴의 유속법 개발과정 개략

1664년경 이항정리, 분수, 음의 지수, 무한급수 분석
1665~1666년 런던 대 흑사병 격리 시기,
Fluxion 과 Infinite o 개념 도입 미적분

$$x = x + o$$

1669년 무한 방정식에 대한 분석, 순간 변화율 개념 도입

De analysi per aequationes numero terminorum infinitas

1671년 유동적 미적분법 정리, 1736년 사후 출판

Methodus Fluxionum et Serierum Infinitarum

$$\text{Fluxion} \quad \dot{x} = \frac{\Delta x}{\Delta t} = \frac{ao}{o} = a$$

뉴턴 미분 방정식의 3가지 유형

$$\frac{dy}{dx} = f(x), \quad \frac{dy}{dx} = f(x, y), \quad x_1 \frac{\partial y}{\partial x_1} + x_2 \frac{\partial y}{\partial x_2} = y$$

the Method of Fluxions and Infinite Series

with ints Application to the Geometry of Curve-lines
completed in 1671, published in 1736

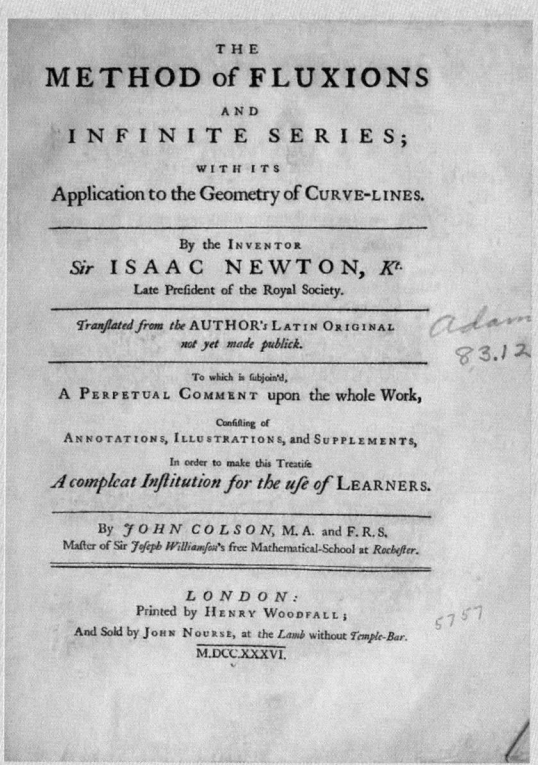

뉴턴은 **플럭션**이라는 개념으로 미분을 해석하고 **흐름 입자 접근법**을 남겼다. 플럭션은 흐름을 입자적 관점에서 객체로 개념화했다.

Fluxion 플럭션, 플럭시온, 플럭사이온 : 흐름 입자
fluent : 흐름,　Fluxional Method : 흐름 입자 접근법

수학의 관점에서 미분의 기하적 무늬는 **기울기**로 나타나고, 대수적 무늬는 **변화량**으로 나타난다. 이런 수학적 해석에 그친다면 뉴턴과 깊은 대화를 했다고 하기에 부족함이 있다.

변화량은 후대의 양자 현미경으로 들여다보면 입자가 된다. 뉴턴은 미분의 결과물을 양자 현미경으로 들여다보고 **흐름 입자, 플럭션**이라 이름 붙였다.

그리고 흐름 입자는 또 다른 시간의 흐름을 타고 기하적 무늬를 그린다. 이 무늬를 함수로도 해석하고 방정식으로도 해석하면서 후대의 분기 이론으로 연쇄반응을 일으킨다.

**논리는 안팎으로
연쇄반응을 일으킨다**

미분은 사실 고대로부터 전해오던 무한계의 논리 중 **분수**라는 개념 속에 이미 있었다.

> 덧셈 – 곱셈 – 지수 – 적분
> 뺄셈 – 나눗셈 – 로그 – 미분

뉴턴은 고대 무한계에 있던 0과 분수를 간단히 정리하여 **플럭션**이라는 열쇠를 만들고 미분의 문을 열어 새로운 세계로 나아가려 했다면, 라이프니츠는 **미적분**이라는 성곽 안을 정비하고 생태계를 구현하려 했다고 할 수 있다.

라이프니츠는 미분의 결과를 수학적으로 해석하고 계산 도구로 유용하게 정리하는 데 집중했던 것으로 보인다. 뉴턴은 미분에 관한 연구 이전에 광학에 대한 연구를 했고 프리즘을 통해 빛의 논리를 해석한 바 있다.

뉴턴의 행적은 살아 있는 동안 머릿속의 시간이 어느 방향으로 향하는지 말해준다. 뉴턴의 시간은 그가 살고 있는 우주를 작동하게 하는 근본 원리를 향해 흐른다. 그리고 살아 있는 동안 그 원리를 잡아내는 방법으로 **논리의 개념화**를 본능적으로 사용했다.

뉴턴도 여느 석학들과 마찬가지로 물리 세계의 궁극적 원리를 추적하는 여정 끝에 결국 시간의 흐름을 맞이하게 된다.

광학에 논리의 거점을 마련했던 뉴턴의 입장에서는 더 깊은 미시 세계를 탐험할 수 있는 도구로 수학을 선택할 수밖에 없었다.

어떤 천부적인 석학이라 하더라도 인간의 논리를 펼치려면 인간의 이성적 역사를 먼저 들여다보아야 한다.

고대의 무한은 이미 제논이나 아르키메데스와 같이 무한 분수로 쪼개어 접근했었고, 뉴턴은 이를 0이 아닌 극한 O 를 개념화하여 미적분이라는 수학적 방법론을 개발했다. 극한 O 의 개념은 후대의 오일러도 비슷한 해석이지만 또 다른 경로의 **오일러 방법**으로 정리하기도 한다.

Euler method
$$t_{n+1} - t_n = h$$

이렇듯 수학에서 개념화는 치환법을 통해 늘 있는 일이었다. 미적분의 관점에서 역사적으로 뉴턴과 라이프니츠가 집중적으로 화제가 되지만, 그 배경에는 고대의 무한을 정리했던 수많은 석학들이 여기저기에 얽혀 있었다.

뉴턴이 수학적 논리만 배경에 두고 미적분법을 개발했다면 플럭션이라는 개념을 만들어내지 못했을 것이다.

뉴턴의 플럭션은 라이프니츠의 미적분법과 개념적으로 크게 다른 접근법이다. 그러나 뉴턴과 라이프니츠의 미적분은 수학적인 관점에서는 기본적으로 차이가 없다.

이런 이유로 수학에서의 미적분은 뉴턴과 라이프니츠가 경쟁적으로 공동 개발한 것으로 받아들여진다. 두 미적분법의 차이는 두 학자가 평생을 두고 추구하던 사상적 배경에 있다.

라이프니츠 역시 폴리매스로 평가받았고, 철학적 기반을 두고 다양한 분야에서 연구했다. 남겨진 행적에 따르면 라이프니츠의 철학적 기반은 1712~1714년에 기록한 것으로 전해지는 Monadology라는 90개 단락의 기록이다.

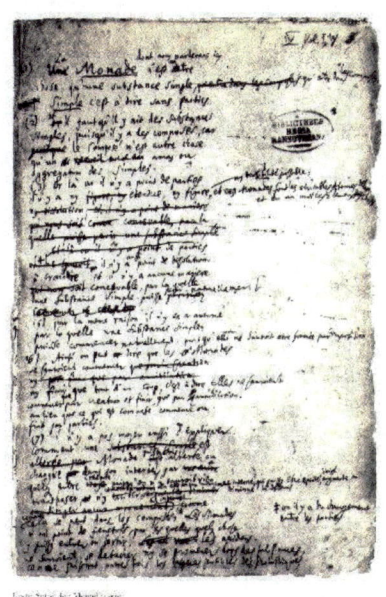

Monadology, 1714, Leibniz

모나드 Monad는 고대로부터 내려오는 서양철학의 근본 입자적 관점이다. 모나드는 지극히 단순하여 쪼갤 수 없는 단순한 입자를 의미한다. 그리고 근본 입자 사이의 관계로 나타나는 현상들이 영혼이나 물질세계를 형성하는 논리로 우주를 해석한다.

입자적 관점을 가졌다는 점에서 뉴턴의 본능적 생각과 다를 바 없어 보이지만 선분논리를 풀어가는 방향이 다르다. 라이프니츠의 모나드는 기독교적 창조론에 그 논리적 바탕이 있다.

신의 창조만이 완전함을 갖는다고 말하며, 우주의 근원을 더 이상 쪼갤 수 없는 단순함에서 찾는다. 절대적 단순함은 신으로 해석되고, 그 하위의 단순함은 영혼이 된다.

물질계는 단순함의 관계로 나타나는 것이기 때문에 일시적 현상이라고 해석하기도 한다. 영혼은 물질계를 지배하고 신으로부터 내려오는 영혼의 계층에 따라 생물계의 지배적 계층이 발생하는 것으로 논리를 전개한다.

단순함의 모나드에서 출발하여 일관된 논리를 전개하기 때문에 선분논리의 관점에서는 나름의 설득력이 있다. 그러나 시간의 흐름에 따라 계층적 질서가 뒤바뀌는 현상을 목격한 현대 과학자들에겐 회의적이다.

라이프니츠의 모나드는 논리의 출발이 일관된 시간의 흐름을 따라 어디에 귀착하는지 끝점은 찾지 않는다.

신의 창조물 아래에 있는 인간의 모나드는 신의 모나드를 인식할 수 없는 방향으로 논리가 전개되기 때문이다.

이것은 빅뱅 이전을 인식할 수 없으니 존재하지 않는다는 스티븐 호킹의 논리와 맥락이 같아진다. 이런 선분논리는 호킹으로 하여금 다음과 같은 3단 논법을 사용할 수 있게 했다.

내가 미래에 타임머신을 만들면,
현재의 여기에 반드시 올 것이라고 작심한다.

그러나 미래의 나는 현재의 여기에 나타나지 않는다.

따라서 나는 타임머신을 만드는데 실패했다.

선분논리의 관점에서 완벽한 증명으로 보인다.

정말 그럴까?

이 논리는 작심이라는 조건으로 시작한다. 작심은 미래에 지켜질 수도 있고 아닐 수도 있다. 약속의 전체집합은 지키는 경우와 지키지 않는 경우가 있다.

그런데 지키는 경우만 국한하면 논리는 참이 되고 지키지 않는 경우를 포함하면 논리는 진동한다. 이런 현상을 양자 역학에서는 불확정성 또는 쌍양자의 얽힘 현상으로 맞이하며 관측자를 탓했다. 자신이 구사하는 논리가 무엇인지 알면서도 몰랐던 모양이다.

선분논리는 그 자체가 편광이기 때문에 또 다른 무한한 편광으로 볼 때 논리적 결함이 발생한다. 선분논리는 미래를 하나로 가정하기도 하고 다수로 가정하기도 한다. 어떤 전제로 선분논리를 전개하느냐에 따라 참과 거짓이 서로 뒤바뀐다.

그렇다면 회전논리는 미래에 대해 어떻게 논리가 흘러갈까?

회전논리는 동시복제 존재를 기반으로 논리를 전개하기 때문에 모든 선분논리들을 포함한다. 따라서 미래는 무한대로 존재하고 무한대는 다시 0으로 귀결되며, 편광으로 보면 과거-현재-미래가 구분되지만 동시적 관점에서는 선후가 없다.

동시 현미경은
시간을 초월한다

여기에 양자 컴퓨터의 근본 알고리즘이 있다.

한편 모나드에는 인스턴스 instances 라는 개념도 등장한다. 당시 모나드의 해석에서 임시적 현상 물질로 해석했던 **인스턴스**라는 개념은 나중에 컴퓨터 세계를 형성하는데 중요한 역할을 한다.

아무것도 없는 컴퓨터 세계는 빅뱅 이전의 무와 같은 상태다. 여기에 창조라는 개념을 도입해야 물질계와 같은 세상이 만들어진다.

처음에는 수학적 논리에 따라 필요한 객체를 선언하고 조건문과 반복문으로 함수를 만든다. 여기서 좀 더 진화하면 재귀 함수를 통해 명령을 대기하는 프롬프트 Prompt 가 생긴다.

그렇다.
이쯤이 공상 속 인공지능 AI 레벨의 시작이다.

함수는 매개변수에 의해 다른 결과를 낳는 특성이 있고, 이 특성에 **진화론**을 도입하면 **복제**라는 개념이 나타난다.

컴퓨터에서는 복제 알고리즘을 실행하는 파생적 방식으로 **인스턴스**라는 개념을 사용한다. **인스턴스**는 **복제**라는 개념을 배경에 두고 **임시**라는 의미가 부각된 개념이다.

그러나 표면적 활용에 얽매는 선분논리는 복제가 가진 진화의 본래 의미를 잊고 임시적 도구로만 활용하며 진화를 버리는 경우가 많다.

이렇게 컴퓨터 세계를 인간이 창조한다는 생각을 하는 순간 인간은 컴퓨터 세계의 신이 된다.

그러나 어느 정도 컴퓨터 세계를 완성하고 나면, 그 세계를 창조했던 신은 어디 있는지 찾을 수 없고 그 세계에 담겨진 알고리즘만 작동하는 세계가 된다.

> 컴퓨터 세계는 물리계의 에너지를 공급받아 존재할 수 있다.
> 컴퓨터의 전원이 꺼지면, 그 세계는 어떻게 될까?

기록되지 않은 휘발성 메모리는 그 세계의 역사에서 즉시 소멸되고, 컴퓨터에 전원이 다시 공급될 때까지 컴퓨터 세계의 시간은 정지된 상태가 된다.

관점에 따라 컴퓨터 세계는 물리계 속에 종속되어 존재하기도 하고, 독립적으로 존재하기도 하며, 물질계와 평형상태에서 구름다리를 통해 연결되기도 한다.

한걸음 더 들어가 컴퓨터 안에서 카메라를 통해 물질계를 바라보면 인간이 눈을 통해 물질계를 보는 것과 다를 바 없어진다. 컴퓨터를 사용하는 인류는 나중에 신에 대한 생각 역시 의존적 성향에서 의무적 성향으로 진화해 갈 것으로 보인다.

라이프니츠의 사상적 배경은 제한된 세계 속에 스스로의 생각을 가두어 안정적 학문을 구사할 수 있게 한다.

라이프니츠는 미적분에 대한 솔루션을 수학적 관점에서 체계적으로 정리하는데 집중했고, 이 때문에 라이프니츠의 미적분법이 현대의 미적분법을 지배하고 있다.

현대 수학에서 많이 사용하는 적분기호 integral $\int$ 은 라이프니츠가 Sum 의 첫 문자 S자를 길게 늘어뜨려 사용한 것으로 알려진다. 적분기호는 당시 독일에서 Sum의 라틴어 summa 를 ſumma 로 표기한 것에서 유래를 찾아볼 수 있다.

라이프니츠 미적분법 개발과정 개략

1674년경 미적분학 연구 시작

1675년~1677년 미적분 사용 기록

1682년~1692년 수학 논문, 1684년 미적분학 발표

1711년~사후까지 라이프니츠-뉴턴 미적분학 논란

Leibniz–Newton calculus controversy

라이프니츠 미적분 표기법

$$\lim_{\Delta x \to 0} \frac{\Delta y}{\Delta x} = \lim_{\Delta x \to 0} \frac{f(x + \Delta x) - f(x)}{\Delta x}$$

$$\frac{dy}{dx} = f'(x) , \quad \frac{d^2 y}{dx^2} = f^{(2)}(x)$$

$$\int f(x) \, dx = \lim_{\Delta x \to 0} \sum_i f(x_i) \, \Delta x$$

그러나 물리적 관점에서는 뉴턴의 플럭션 개념이 필수적이다. 물리계의 동적 시스템은 시간으로 미분한 입자를 사용하여 선분논리

를 전개해야 하기 때문이다.

사상이나 철학은 관점에 따라 같아 보이기도 하고 크게 달라 보이기도 한다. 이는 논리를 언어로 풀어가는 과정에서 발생하는 부스러기들 때문이다.

관점에 따라 그런 부스러기가 나타나지 않으면 완벽해 보이고 부스러기가 발견되면 불완전해 보인다.

결과론적 관점에서 뉴턴과 라이프니츠의 미적분은 수학적으로 같은 결과를 유도하지만, 두 논리는 시간의 흐름에 따라 진화하는 방향에서 점점 더 큰 차이를 보인다.

극한을 개념화하는 데도 뉴턴과 같이 0이 아닌 O 또는 오일러의 오차 h 로 논리의 거점을 잡느냐, 아니면 라이프니츠와 같은 델타 Δ 로 잡느냐에 따라 진화의 방향은 달라진다.

델타 d 가 0이 아닌 극한이라는 것이 명료함을 추구하는 선분논리의 수학에서는 안정적으로 받아들여지지만, 안타깝게도 그 명료함이 0이 아니라는 논리의 프레임에 갇혀 반대쪽을 볼 수 없게 하는 연쇄반응을 일으킨다.

0이 아닌 O 또는 h 는 불명확해 보이지만, 0일 수 있다는 가능성에 문이 열려 있다.

미분을 함수로 전환하면 입자로 해석할 수 있게 되고, 함수를 방정식으로 전환하면 근이 나타난다.

방정식의 근과 푸앵카레의 재귀론이 연결되면 분기 이론이 논리를 전개한다. 그리고 천체 물리학에서 연쇄반응을 일으킨 동적 시스템은 미분 방정식의 해석을 통해 다양한 분기 이론으로 이어진다.

분기의 시작
Bifurcation Begins

 인간은 평면에 무늬를 그리는 것으로 기하를 생각했다. 생각은 1인칭 시점에서 주변의 것들과 상호작용하면서 논리가 펼쳐졌고, 그러다 하늘을 보고 전지적 관찰자 시점에서 행성의 궤도와 같은 무늬를 하나의 시스템으로 인식하게 된다.

 곧이어 궤도와 같은 시스템 무늬를 하나의 에너지로 받아들이고, 물질 체계와 같은 통합적 이론으로 활용하기 시작한다.

 거시적 궤도 시스템에 대한 이해는 궤도의 상태를 안정과 불안정으로 구분하는 논리로 구체화한다. 안정과 불안정을 구분하는 데는 판단의 기준 척도가 필요하다. 이런 이유가 **평형점**이라는 개념을 요구한다.

 평형점에 접근하는 수학적 방법은 0과 등호를 가진 방정식이다. 방정식은 함수로 객체화할 수 있고, 함수 객체는 뉴턴의 미분 입자 개념을 통해 궤도 시스템의 상태가 변하는 **분기점**을 계산한다.

미분은 좌표축을 관점으로 편광 효과를 일으키는 편미분을 사용하여 시스템을 분광시킬 수 있다. 이런 현상은 X축과 만나는 교점을 방정식의 근으로 해석하는 수학적 방법론과 일치한다.

분기 이론은 미분 방정식으로 개념을 확장할 수 있게 하고, 미분의 방향성을 RGB-CMY 색 역학과 연쇄반응하여 시스템의 상태를 색으로 시각화할 수 있게 한다.

미분 방정식 Differential Equation
$$\dot{x} = \frac{dx}{dt} = f(t, x) = 0$$

평형점 Equilibrium point
$$f(t, \tilde{x}) = 0, \quad \tilde{x} \in \mathbb{R}^n \implies \text{equilibria : 평형상태}$$
$\tilde{x}$: Equilibrium point   fixed point

분기 이론은 주로 **상미분 방정식**을 사용한다. 시스템을 특정하고 그 시스템의 평형점에서 방향성을 찾아 양음으로 구분한다.

시스템의 흐름에서 수렴하는 부분을 안정 상태라 하고, 발산하는 부분을 불안정 상태로 판별한다. **상미분 방정식**은 한 가지 척도의 관점에서만 미분하는 것을 말한다.

이런 편광적 특성은 복잡한 시스템을 단편적으로 정리하여 좌표축과 같이 직선형으로 관점 전환할 수 있게 한다. 이런 방법을 수학에서는 **선형화**라 부른다.

> 상미분 방정식 : Ordinary Differential Equation, ODE
> 선형화 : Linearization

선형화는 용어상 약간의 혼란을 야기한다. 수학에서 Linear 는 일반적으로 1차원 직선을 의미하지만, 본래 **선**이라는 본뜻이 있기 때문에 때에 따라서 곡선까지 포함하여 말하기도 한다.

여기서 말하는 **선형화**는 좀 더 구체적으로 곡선이 아닌 직선을 의미하기 때문에 **직선형화**가 정확한 표현이라 할 수 있다.

서양의 수학은 논리가 정리될 때마다 특징적 이름을 지어 사용해 왔다. 차원에 따른 방정식이나 함수들의 이름을 살펴보면 서양 수학의 역사와 생각을 어느 정도 엿볼 수 있다.

1차 함수 : Linear function
2차 함수 : Quadratic function
3차 함수 : Cubic function
4차 함수 : Quartic function
5차 함수 : Gauss error function
6차 함수 : Sextic function
7차 함수 : septic function
고차 함수 : higher-order function

고대 그리스 시대부터 직선을 토대로 한 선분과 도형의 논리는 잘 발달되어 있었다. 수학적 기하체들은 직선으로 단순화시키면 삼각함수를 통해 모든 문제를 해결할 수 있게 된다.

그러나 곡선인 상태에서 문제를 해결하려면, 곡률이라는 무한논리의 모호한 경계선에서 명료한 답을 할 수 없게 된다.

선분논리는 직선의 조각들이기 때문에 원주율 π 를 가진 곡선에 접근하려면 죽을 때까지 대를 이어서 계산해도 명확한 답을 얻을 수 없다. 이런 문제를 해결하는 방법이 **미분 방정식**과 **관점 전환**이었다.

미분 방정식을 이용하여 시스템을 2차원 평면의 곡선으로 만들고, 이 곡선을 직선의 좌표축으로 치환하면 곡선의 논리를 직선의 선분 논리로 해석할 수 있게 된다. 이런 것이 1, 2, 3차원의 **실수 분기** 이론이다.

$$실수\ 분기 : \dot{x} = \frac{dx}{dt} = f(x)$$

$$1차원\ 분기 : \dot{x} = \frac{dx}{dt} = ax + b$$

2차원 분기 : $\dot{x} = \dfrac{dx}{dt} = ax^2 + bx + c$

ex) 포물선 안장 분기 : $\dot{x} = r \pm x^2$, 임계 전환 분기 : $\dot{x} = rx \pm x^2$

3차원 분기 : $\dot{x} = \dfrac{dx}{dt} = ax^3 + bx^2 + cx + d$

ex) 피치포크 분기 : $\dot{x} = rx \pm x^3$

이외에도 미분의 **극소 오차 Δ** 개념에서 수열의 원리와 연쇄반응하여 **주기 2배 분기**로 논리를 전개하기도 한다.

주기 2배 분기 : $\dfrac{dN}{dt} = rN - \alpha N^2$, $x_{n+1} = rx_n(1 - x_n)$

ex) 로지스틱 맵

여기서 논리적 연쇄반응을 더 일으키면, 편광적 미분 방정식을 두 가지로 확장하여 회전하는 동적 궤도 시스템을 분석할 수 있게 된다. 이런 분기 사례가 실수 공간에서 복소수 공간으로 확장한 **복소수 분기** 이론이다.

복소수 분기 : $\dot{z} = \begin{bmatrix} \dot{x} \\ \dot{y} \end{bmatrix}$

호프 분기

$$\dot{z} = z((a+i) + b|z|^2)$$

$$\dot{z} = \begin{bmatrix} \dot{x} \\ \dot{y} \end{bmatrix} = \begin{bmatrix} ax - y + bx(x^2 + y^2) \\ ay + x + by(x^2 + y^2) \end{bmatrix}$$

데카르트 덕분에 평면 위에 XY 두 좌표 척도를 두고 무늬를 관찰하는 것이 일반화됐다. 좌표축은 어떤 기하체를 논리적으로 해석하는 관점이다. 좌표축과 같은 직선은 기하체를 인식하는 기본 무늬다.

좌표축 중에서 특히 X축은 $y = 0$ 이고, Y축은 함수의 결괏값 $y = f(x)$ 이다. 이 두 논리를 결합하면, $y = f(x) = 0$ 이 되어 방정식의 근이 X축과의 교점이 된다. 기하적 해석이 대수적 해석과 결합하면, X축을 척도로 하는 **분기 이론**이 시작된다.

시스템은 기하체다.
물질과 에너지는 시스템이다.

기하체는 선형으로 전환할 수 있고,
선은 직선으로 전환할 수 있다.

선형화는 선분논리로
무한체를 해석할 수 있게 한다.

이 모든 것이 관점 전환이다.

우리는 사실상
아르키메데스 세계 이상의 수학을
본 적이 없었다.

그 이상 세계의 문은
논리에 대한 인식이 열쇠가 되어 열린다.

1차 함수 분기
Linear Function Bifurcation

1차 함수는 직선이다. 직선은 a, b 계수의 변화에 따라 X축과 교차하는 교점이 없는 경우와 하나인 경우 그리고 무수히 많은 경우가 있다.

1차 함수와 방정식
$$y = f(x) = ax + b = 0$$

X축과의 교점

없음 : $a = 0, b \neq 0$ $y = b$
무수한 교점(X축과 일치) : $a = 0, b = 0$ $y = 0$
1개의 교점 : $a \neq 0$ $y = ax + b$

이렇게 X축에 관점을 두고 무늬를 관찰하는 것은 앞서 관람한 바 있는 아폴로니우스 원뿔 곡선이나 편미분의 나블라와 같은 편광 현상이다.

선분논리의 편광 현상은 누락된 논리가 있어 **부분적 합리**이지만, 전체적으로는 **불합리**하다고 할 수 있다.

그러나 누에고치에서 실을 뽑아 비단을 만들듯이 편광은 세상에 없었던 새로운 창조물을 만드는 도구를 제공한다. 무늬로 나타나는

1차 함수 분기

$$\dot{x} = ax + b$$

평형점 Equilibrium ponts

No Equilibrium pont : $a = 0, b \neq 0$ $y = b$
finite Equilibrium pont : $a = 0, b = 0$ $y = 0$
One Equilibrium pont : $a \neq 0$ $y = ax + b$

$a < 0$: stable, $a > 0$: unstable
$a = 0, b = 0$: half-stable
$a \neq 0, b = 0$: half-stable

Linear Bifurcation Cases
$$ky = ax + b$$

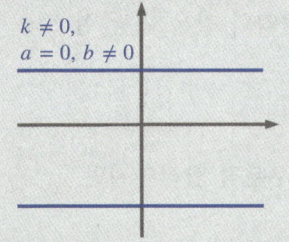
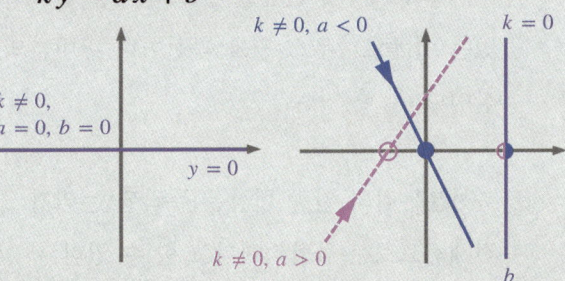

공간을 완전체만으로 관조한다면 공간을 분해하여 그 속에 흐르는 알고리즘을 해석해낼 수 없다.

1차 함수인 직선은 X축이라는 분광기를 통해 교점의 유무에 따라 시간의 흐름 속에 숨은 알고리즘을 표출한다. 직선은 기하적 교점 현상을 대수적 특성으로 재해석할 수 있다.

직선을 포함한 모든 선들은 다항식으로 정리할 수 있고, 다항식은 결국 근과 계수와의 관계로 정리되어 방정식의 논리로 풀어낸다.

1차 함수 직선은 x 최고차항의 계수가 0일 때 X축과 평행한 직선이 된다. 그리고 평행한 두 직선은 완전히 겹치는 경우와 완전히 겹치지 않는 경우, 둘로 쪼개진다.

완전히 겹치는 경우는 상수항이 0인 사례고, 완전히 겹치지 않는 경우는 상수항이 0이 아닌 사례들이다.

x 최고차항의 계수가 0이 아니면, X축의 관점에서 경사진 직선이 되기 때문에 항상 하나의 교점 현상을 일으킨다.

Y축에 평행한 $x = k$ 의 경우에도 하나의 교점이 나타난다.

분기 이론에서는 X축 관점에서 나타나는 교점들을 y 값이 상승하면서 발산하면 unstable 불안정으로 구분하고, 하락하면서 발생하면 stable 안정으로 받아들인다.

불안정은 안에서 밖으로 향하여 흩어지는 에너지로 인식하고 테두리만 있는 작은 원으로 표시하며, 안정은 밖에서 안으로 모이는 에너지로 해석하여 속이 꽉 찬 점으로 표시한다.

　Y축에 수평한 직선의 경우 안정과 불안정의 경계선이므로 반쪽만 채워진 점으로 표시한다.

포물선과 안장 분기
Parabola & Saddle-Node Bifurcation

2차 함수는 포물선 무늬를 그린다. 인간의 눈을 X축에 맞추고 포물선 무늬를 관찰하여 분기점을 찾는다.

이렇게 하면 포물선은 무한계의 어떤 시스템 또는 현상이 되고, X축은 인간의 관찰 척도로 작용한다.

다람쥐는 쳇바퀴에서 노는 데 천부적이다. 원을 안에서 밖으로 굴리는 다람쥐의 발놀림은 예술적이며 경이롭다. 회전논리에 능숙한 다람쥐의 사고 실험실로 들어가 간단한 분기 실험을 한다.

입자가 하나 있다.
이 입자는 시간을 타고 여행을 한다.
이 입자는 3차원을 여행하고 있다.
그런데 정말로 저 입자는 3차원에서만 여행을 할까?

입자를 **이것**으로 보는 것은 목표물에 초점을 맞추는 관점이고, 입자를 **저것**으로 말하는 것은 관조적으로 관점 전환하는 기법이다.

따라서 3차원을 여행한다고 생각하는 관점은 활동 영역을 관조적으로 보는 관점이다.

입자에 나의 눈을 붙여서 입자의 관점에서 여행해 본다.

눈앞의 전경에서
왼쪽과 오른쪽은 X축이고,
위쪽과 아래쪽은 Y축이다.

XY 좌표계가 내 눈앞에 그려진다.
그리고 나의 앞쪽과 뒤쪽은 Z축이다.

이제 나는 3차원을 여행할 수 있게 됐다.
입자인 나는 비행기와 같이 항상 Z축으로 나아간다.
앞서 관람했던 피치, 요, 롤 3가지 방식으로 비행한다.

그런데 비행기의 관점에서 비행기는
항상 자신의 수평선을 타고 이동한다.

안에서 밖을 보는 관점은 비행기가 위상 변화를 일으키는 것이 아니고 비행기 밖의 공간이 위상 변화를 일으킨다.

따라서 입자는 항상 XZ 평면 위를 이동할 뿐이다. 피치, 요, 롤 어느 비행을 하든 상관없이 항상 나의 X축이 Z축으로 확장된 평면 위를 비행한다. 이것이 천동설과 같이 3차원의 위상 변화를 2차원으로 해석할 수 있는 관점 전환이다.

쳇바퀴 속의 다람쥐가 현란한 발놀림을 할 수 있는 것도 2차원의 원 공간을 1차원의 직선으로 해석하기 때문에 가능했다.

쳇바퀴 속에 들어갔을 때 관조적 관점의 원으로 해석하면 발을 헛딛고 원 바깥으로 튕겨나가기 일쑤다.

신으로 세상을 관조할 때와 인간으로 태어나 살아갈 때는 다른 생각으로 판단을 내린다. 다람쥐는 두 관점을 모두 통달했기 때문에 쳇바퀴 속에서도 밖에서도 잘 달린다.

분기 이론은 자연현상을 탐구 대상으로 했기 때문에 인간이 인식할 수 있는 3차원 공간을 실험 무대로 한다. 그래서 공간 분기 이론들은 일반적으로 3차원을 대상으로 연구한다.

3차 방정식을 이해하려면 2차 방정식의 기본 원리에서 분기 이론을 접근할 필요가 있다.

2차 방정식에 대한 분기 이론은 **2차 함수 분기**로 정리할 수 있다. 이 분기 이론은 다양한 관점에서 해석해 왔기 때문에 다양한 이름으로 불린다.

2차 방정식의 포물선 무늬가 말의 안장 모양과 같다고 하여 **안장 분기**라 한다.

2차 함수 분기는 3차 방정식을 미분해서 얻는다. 이 분기는 접선과 같다고 하여 **접선 분기**라고도 부른다.

이 외에도 2차 방정식의 두 근이 대칭이기도 하고 꼭짓점에서 한

근으로 겹친다는 의미에서 **폴드 분기** 또는 **접기 분기**라고도 한다.

또 반대 방향의 관점에서 두 근이 한 근을 거쳐 두 허근으로 사라지는 현상을 푸른 하늘에 궤도가 사라진다는 표현으로 **푸른 하늘 분기**라 말하기도 한다.

$$\frac{\text{Saddle-node bifurcation}}{\text{안장 분기}} @ \frac{\text{tangential bifurcation}}{\text{접선 분기}}$$

$$@ \frac{\text{fold bifurcation}}{\text{접기 분기}} @ \frac{\text{blue sky bifurcation}}{\text{푸른 하늘 분기}}$$

모두 한 가지의 2차 방정식 알고리즘을 다양한 시각으로 이름 붙인 흔적이다.

2차 방정식의 알고리즘은 수학 입문에서 나오는 근의 공식과 판별식, 근과 계수와의 관계 등이 있다.

분기 이론은 이런 단순한 2차 방정식의 원리를 미분 입자 $\dot{x}$ 의 **분기**라는 새로운 관점으로 재해석한 것이다.

2차 함수 분기는 2차 함수를 시간으로 쪼개서 미분 입자 $\dot{x}$ 를 만든다. 그리고 미분 입자 $\dot{x}$ 로 관점 전환하여 다시 2차 방정식의 근과 계수와의 관계로 해석한다.

여기서 분기에 대한 척도는 평형과 양음의 반전이다. 어떤 시스템이든 분석을 하려면, 먼저 단위원과 같이 단순화 또는 표준화 과정이 필요하다.

다양한 위상을 가진 2차 함수 곡선을 단순화하면, 고유함수와 같은 개념이 된다.

$$f_n(x) = \lambda f_0(x)$$

고유함수는 무수한 고윳값들을 곱해 무수한 닮은 꼴들의 현상을 일으키지만, 고유함수가 가진 알고리즘은 그대로 유지한다.

함수의 최고차항 계수는 확대/축소를 의미하기 때문에, 양음의 관점에 따라 1 또는 -1로 설정하면 그런 함수들에 대한 닮은 꼴의 고유 함수가 된다.

이런 이유로 분기 이론은 최고차항의 계수를 1 또는 -1로 설정하여 분석한다.

2차 함수 분기는 1차 항의 계수를 0으로 두고 상수항의 변화에 따라 나타나는 현상을 추적한다.

1차 항의 계수에 따른 변화는 나중에 **2차 임계 전환 분기**로 구분하여 별도로 정리한다.

이렇게 2차 함수 미분 입자를 단순화하면 상수항 r 과 변수 x 그리고 미분 입자 $\dot{x}$ 의 관계로 변화가 정리된다.

$$\dot{x} = \frac{dx}{dt} = r + 0x \pm 1x^2$$

$$\dot{x} = \frac{dx}{dt} = r \pm x^2 \stackrel{@}{=} f(x, \dot{x}, r) \stackrel{@}{=} f(r, x)$$

$f(x, \dot{x}, r)$: XY 평면에서 r 의 관계 : XY 좌표계

$f(r, x)$: r 과 x 의 관계 : rx 좌표계

분기 이론은 시스템 객체를 함수로 해석하여 XY 좌표계에서 분기 상태들을 분석하는 방법도 있고, 변화의 대상을 두 축으로 하여 분석하는 방법도 있다.

전자의 경우 XY 좌표계의 관점은 $f(x, y, r)$ 관계에서 분석하고, 후자의 경우 $f(r, x)$ 관계로 분석한다.

XY 좌표계의 관점은 상수항 r 에 따른 포물선의 위상 변화를 추적하는 해석이고, rx 좌표계의 관점은 근과 계수와의 관계를 다이어그램으로 정리하는 해석이다.

안장 분기 시스템은 상수항 $r = 0$ 에서 분기점을 형성하고 양음에 따라 **평형점** 또는 **고정점** 그리고 근의 상태가 변화를 일으킨다.

$$\frac{\text{fixed point}}{\text{고정점}} \underset{@}{=} \frac{\text{equilibrium point}}{\text{평형점}} \underset{@}{=} \frac{\text{root}}{\text{근}}$$

평형점은 대수적으로 함수를 방정식의 근으로 해석하고 평형의 기준선인 $y = 0$ 에 교점이 발생한다는 의미로 붙여진 이름이다.

기하적으로도 평형점은 포물선의 무늬에 대한 위상을 결정하기도 한다.

상수항 $r = 0$ 일 경우, 꼭짓점에서 중근이 하나가 나타난다. 이 부분을 **안장-노드점** 또는 **분기점**이라고 부른다.

$$\dot{x} = 0 + x^2 \quad x = 0$$

$$\frac{\text{saddle-node point}}{\text{안장-노드점}} \underset{@}{=} \frac{\text{bifurcation point}}{\text{분기점}}$$

노드(Node)는 관점에 따라 **마디** 또는 **구간**, **교점**, **변곡점** 등의 의미로 해석된다.

$$\frac{\text{node}}{\text{노드}} \underset{@}{=} \frac{\text{branch}}{\text{마디}} \underset{@}{=} \frac{\text{intersection}}{\text{교점}} \underset{@}{=} \frac{\text{inflection point}}{\text{변곡점}}$$

결국 노드는 흐름에 변화가 나타나는 지점을 척도로 구분하여 인식한 객체라 할 수 있다. 노드에 대한 활용은 분야에 따라 관점의 차이를 보이기 때문에 의사 전달에 혼돈을 종종 일으킨다.

때로는 마디의 구간을 지칭하기도 하고, 때로는 마디로 잘린 변곡점에 주안점을 두고 말하기도 한다.

여기서는 연속되는 포물선 무늬에 안장 무늬로 나타나는 구분의 경계가 모호하기 때문에, 안장 무늬의 중심을 **안장-노드점**으로 이름 붙였다. 이 경우 관점에 따라 **마디**보다는 **변곡점**의 의미가 부각된다.

2차 항의 양음과 상수항의 양음에 따라 **두 실근**일 때와 **두 허근**일 때로 나뉜다.

$$\frac{\text{two fixed points}}{\text{두 고정점}} @ \frac{\text{two roots}}{\text{두 근}} @ \frac{\text{two zeros}}{\text{두 근}}$$

두 실근일 때는 두 평형점이 있는 것으로 해석하고, 두 허근일 때는 평형점이 없는 것으로 해석한다.

일반적으로 두 허근일 때는 미분 입자 $\dot{x}$ 가 사라지는 것으로 해석할 수 있지만, RGB와 CMY의 **동시복제 존재론**에서는 거울과 같이 반대편에 존재하는 것으로 인식한다. 이런 현상을 물리계에서는 "잠재적"이라 표현하기도 한다.

최고차항이 음수인 포물선은 r 값이 **음수 - 0 - 양수**로 변해감에 따라 **두 허근 - 중근 - 두 실근**으로 고정점이 나타난다.

반대로 최고차항이 양수인 포물선은 r 값이 **음수 - 0 - 양수**로 변해감에 따라 **두 실근 - 중근 - 두 허근**으로 고정점이 변해간다.

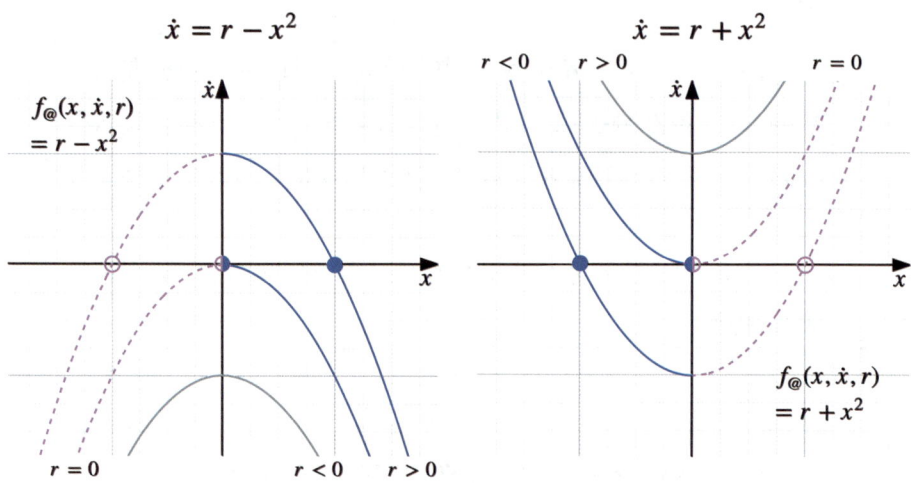

변화는 시간의 흐름을 의미한다. 그래서 시스템은 시간의 흐름에 따라 변화라는 현상을 일으킨다.

이런 2차 방정식의 근과 계수의 관계를 입자적 관점에서 해석하면, 미분 입자의 위상과 궤적에 대한 방향성이 나타난다.

시간의 흐름에 따라 두 실근일 때는 입자가 두 개로 쪼개진 상태고, 중근일 때는 하나의 입자로 나타나며, 두 허근일 때는 잠재적 입자로 소멸된 것처럼 보인다.

이 시스템의 미분 입자에 대한 고유함수는 하나의 포물선 알고리즘인데 시간의 흐름에 따라 나타나는 현상이 달라진다.

입자의 방향성은 둘로 나누기로 구분하면 **모임**과 **흩어짐**으로 나눌 수 있다.

모임과 **흩어짐**은 수학적으로 **수렴**과 **발산**으로 인식할 수 있고, 이 개념을 분기 이론에서는 **안정**과 **불안정**으로 이름 붙였다.

선분논리의 분기는 안정과 불안정 두 가지의 상태로 분기점을 구분하여 정리한다.

회전논리의 관점에서는 무한한 우주 공간에서 상하좌우가 본래 없고 척도를 어디에 두느냐에 따라 얼마든지 뒤바뀔 수 있다. 이 때문에 안정과 불안정도 중력의 지배 속에 생각하는 지구인의 상대적 개념이므로 관점에 따라 반대 방향으로 표현될 수도 있다.

선분논리의 안정과 불안정은 척도에 따라 몇 가지 판별 방법이 있다.

선분논리는 일반적으로 좌표평면에서 X축의 값이 높아질수록 Y값이 높아지면 unstable **불안정**으로 말하고, Y값이 낮아지면 stable **안정**으로 표현한다.

관점 현미경을 사용하면 XY 좌표평면의 **좌표축 흐름 렌즈**로도 판단할 수 있다.

XY 좌표평면에서 곡선의 방향이 **우하향**하면 안정으로 나타나고, **우상향**하면 불안정으로 나타난다. 이 관점 현미경은 X축을 척도로 우하향과 우상향을 판독한다.

X축은 선분논리의 흐름에 따라 음수에서 양수로 시간이 흐른다. 이런 이유로 **우향**이 기본 흐름으로 작동한다.

X축으로 내려와 0점에 모이는 수렴은 안정 상태가 되고, 0점이 흩어지면서 올라가는 발산은 불안정 상태가 된다.

본질적으로 한 점으로 수렴하는 방향은 에너지가 낮아진다는 관점에서 안정이고, 흩어지는 방향은 에너지가 높아진다는 관점에서 불안정이다. 따라서 밖에서 안으로 소용돌이치면 안정이고, 안에서 밖으로 소용돌이치면 불안정이다.

분기의 상태 판별법과 해석

Stable 안정 : 수렴, 안쪽 소용돌이, 낮아짐, 우하향 (XY 좌표계)
Unstable 불안정 : 발산, 바깥쪽 소용돌이, 높아짐, 우상향 (XY 좌표계)

이와 같은 분기 상태 판별법은 XY 좌표계를 전제로 한다. X축이나 Y축을 다른 척도로 변환한다면 관점 전환하는 행위이기 때문에 판별법도 관점 전환해야 한다.

일반적으로 분기 곡선은 두 좌표계로 관찰할 수 있다. **XY 좌표계**는 일반적인 데카르트 평면의 관점이고, **rx 좌표계**는 분기 다이어그램의 관점이다.

$$f@(x, \dot{x}, r) : \text{XY 좌표계 관점 함수}$$
$$f@(r, x) : rx \text{ 좌표계 관점 함수}$$

본 사례의 경우, **XY 좌표계 관점 함수**는 포물선에 대한 기초 논리를 통해 상수항 r의 값에 따라 변해가는 포물선들을 시뮬레이션하며, **분기 상태 판별법**으로 안정과 불안정을 분석한다.

rx **좌표계 관점 함수**는 근과 계수의 관계를 통해 **분기 다이어그램**을 그리고 분석하는 것이 원칙이다.

그러나 **좌표계 관점 현미경**을 사용하면, **XY 좌표계 관점 함수**의 포물선들 중 중근일 때의 포물선만을 반시계 방향으로 90도 회전하여 간단히 정리할 수도 있다.

상수항 r 이 0일 때와 미분 객체 $\dot{x}$ 가 0일 때의 두 관점을 사용하면 두 개의 연립 방정식을 추출해 낸다.

연립 방정식을 정리하면 상수항 r 과 미분 객체 $\dot{x}$ 의 관계가 양음의 상대적 관계로 나타난다.

Two ViewPoints on one Axis

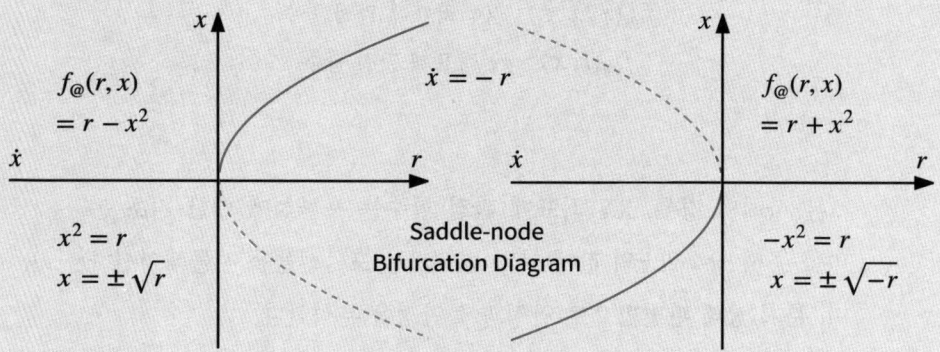

$f_@(r,x) = r - x^2$

$\dot{x} = -r$

$f_@(r,x) = r + x^2$

$x^2 = r$
$x = \pm\sqrt{r}$

Saddle-node Bifurcation Diagram

$-x^2 = r$
$x = \pm\sqrt{-r}$

$$r \pm x^2 = \dot{x}$$

$$\text{VP}_1 : \; r = 0 , \; \dot{x} = \pm x^2 \; : \text{Axis}_x$$

$$\text{VP}_2 : \; \dot{x} = 0 , \; r = \mp x^2 \; : \text{Axis}_x$$

$$\therefore \; \dot{x} = -r$$

$$\pm x^2 = r, \quad x^2 = \pm r \quad \therefore \; x = \pm\sqrt{\mp r}$$

$$\sqrt{\mp r} \; : \text{Imaginary Axis}$$

상수항 r 과 미분 객체 $\dot{x}$ 의 관계 방정식 $\dot{x} = -r$ 은 기하적으로 같은 차원인 수평선 상에서 서로 반대 방향으로 향한다.

연립방정식의 해석에 따라 $x = \pm\sqrt{\mp r}$ 허수가 발생하는 관점에서는 허수축이 숨어 있는 양상도 발견된다.

이와 같은 구도는 서로 다른 두 차원을 좌표축으로 관점 전환하여 90도로 직교하는 좌표평면을 형성하기도 한다.

$$\dot{x} = -r \quad \therefore \quad \dot{x} \perp r$$

두 관점 함수의 관계 방정식 $\dot{x} = -r$ 은 **90도 반시계 방향 축회전**을 의미한다. 축회전 원리를 이용하면, **XY 좌표계 관점 함수**는 rx **좌표계 관점 함수**로 관점 전환하여 대상 시스템을 입체적으로 관찰할 수 있다.

대수적으로는 행렬을 이용하여 2D 회전 또는 3D 회전을 구사할 수 있고, 이 과정을 통해 두 관점 함수에 숨은 공간 알고리즘도 발견된다. 전체 공간을 2차원으로만 생각한다면, 2D 회전 변환은 좌표평면 공간을 단순히 반시계 방향으로 90도 회전한 관점 전환이 된다.

그러나 전체 공간을 3차원으로 해석하면, 2차원 평면 공간에서 미분 입자 $\dot{x}$ 축이 평면에 수직인 방향으로 복제와 동시에 90도 회전하여 3차원 공간을 형성하는 과정이 나타난다.

이것은 관점에 따라 앞서 관람한 바 있는 나블라의 외적에 의한 컬(Curl) 효과와 같은 양상이다.

2차원에서 3차원으로 확장되는 해석에서는 X축을 회전시키는 피치 회전 변환에 해당하며, 피치 변환 후에 미분 입자 $\dot{i}$ 축의 아래쪽에서 위쪽을 보는 관점이 rx 좌표계인 다이어그램이 된다.

이 사례는 완전한 3차원 공간이 형성되는 과정은 아니지만, 자기 복제를 통한 공간 확장 알고리즘을 활용하고 있다.

게다가 관점에 따라 확장된 r 축은 허수축으로 해석할 수 있어 실수 평면과 허수축으로 형성된 비대칭적 복소 입체 모델을 암시하기도 한다.

2차 함수의 포물선형 분기는 중력계의 자유낙하운동이 운동 에너지와 위치 에너지가 나뉘어 작동하는 것과 같은 시스템이다.

이외에도 관점을 조금 달리하여 양쪽에 힘을 가해 얇은 판을 구부리면 포물선 모형으로 나타나는데, 이런 경우도 안장 분기 알고리즘이 작동한다고 말할 수 있다.

그렇다면 두 에너지의 관계는 기본적으로 포물선 모형의 안장 분기 알고리즘을 가졌다는 해석으로 일반화할 수 있게 된다.

90° counterclockwise 2D Axial Rotation

$$\begin{pmatrix} \cos\frac{\pi}{2} & -\sin\frac{\pi}{2} \\ \sin\frac{\pi}{2} & \cos\frac{\pi}{2} \end{pmatrix} \begin{pmatrix} x \\ \dot{x} \end{pmatrix} = \begin{pmatrix} 0 & -1 \\ 1 & 0 \end{pmatrix} \begin{pmatrix} x \\ \dot{x} \end{pmatrix} = \begin{pmatrix} r \\ x \end{pmatrix} = \begin{pmatrix} -\dot{x} \\ x \end{pmatrix}$$

$$\therefore \begin{pmatrix} 0 & -1 \\ 1 & 0 \end{pmatrix} \cdot f_@(x, \dot{x}, r) = f_@(r, x)$$

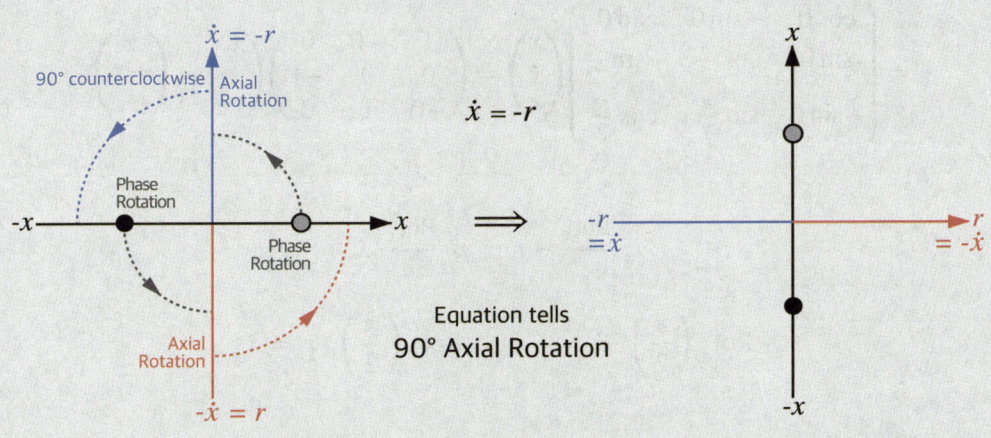

90° counterclockwise 3D Axial Rotation

롤 회전 변환 : X축 회전 변환

$$\text{Roll}\left(\frac{\pi}{2}\right) = \text{Rot}_x\left(\frac{\pi}{2}\right) = \text{Rot}\left(\frac{\pi}{2}, 0, 0\right)$$

$$= \text{Rot}_x^c\left(0, \sqrt{\frac{\pi}{2}}, \sqrt{\frac{\pi}{2}}\right) = \begin{pmatrix} \cos\theta_{xx} & -\sin\theta_{yx} & \sin\theta_{zx} \\ \sin\theta_{xy} & \cos\theta_{yy} & -\sin\theta_{zy} \\ -\sin\theta_{xz} & \sin\theta_{yz} & \cos\theta_{zz} \end{pmatrix}\begin{pmatrix} x \\ \dot{x} \\ r \end{pmatrix}$$

$$= \begin{pmatrix} \cos 0 & -\sin 0 & \sin 0 \\ \sin 0 & \cos\frac{\pi}{2} & -\sin\frac{\pi}{2} \\ -\sin 0 & \sin\frac{\pi}{2} & \cos\frac{\pi}{2} \end{pmatrix}\begin{pmatrix} x \\ \dot{x} \\ r \end{pmatrix} = \begin{pmatrix} 1 & -0 & 0 \\ 0 & 0 & -1 \\ -0 & 1 & 0 \end{pmatrix}\begin{pmatrix} x \\ \dot{x} \\ r \end{pmatrix} = \begin{pmatrix} x \\ -r \\ \dot{x} \end{pmatrix}$$

$$\dot{x} \xrightarrow{\text{Rot}_x} -r, \quad r \xrightarrow{\text{Rot}_x} \dot{x}$$

$$\text{Rot}_x\left(\frac{\pi}{2}\right) \cdot \dot{x} = -r, \quad \text{Rot}_x\left(\frac{\pi}{2}\right) \cdot r = \dot{x}$$

$$\therefore \quad \dot{x} \stackrel{@}{=} \pm r, \quad \dot{x} \perp r, \quad \nabla \times \dot{x} \stackrel{@}{=} r$$

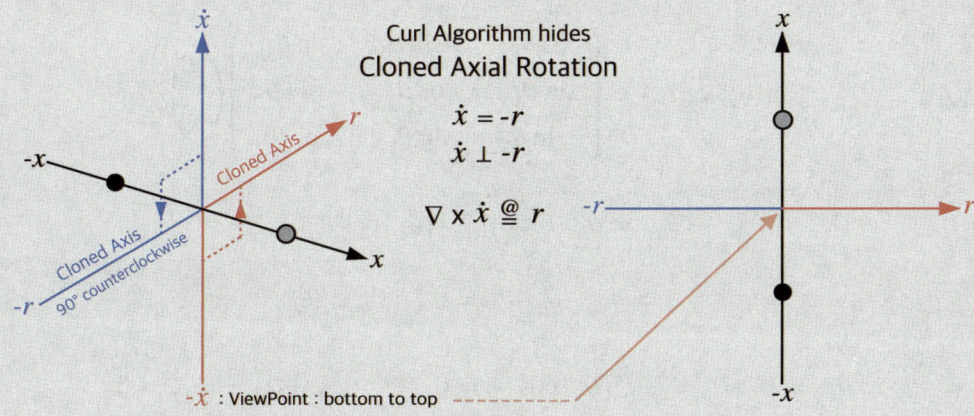

3D Rotation function

Rot & Rot^c : 여인자 행렬 회전변환

Z축 회전은 XY 평면 회전
X축 회전은 YZ 평면 회전
Y축 회전은 ZX 평면 회전

정인자는 1차원, 여인자 행렬은 2차원

$$\text{Rot}(\theta_x, \theta_y, \theta_z) = \begin{pmatrix} \cos\theta_{xx} & -\sin\theta_{yx} & \sin\theta_{zx} \\ \sin\theta_{xy} & \cos\theta_{yy} & -\sin\theta_{zy} \\ -\sin\theta_{xz} & \sin\theta_{yz} & \cos\theta_{zz} \end{pmatrix} \begin{pmatrix} x \\ y \\ z \end{pmatrix}$$

$$\theta_{ab} = \theta_a \cdot \theta_b = |\theta_a||\theta_b|\cos\theta_{ab}$$

$$a \neq b, \quad \theta_a \cdot \theta_b = 0, \quad \theta_a \perp \theta_b$$

$$\theta_{xy} = \theta_x \cdot \theta_y = |\theta_x||\theta_y|\cos\frac{\pi}{2} = 0 \quad \therefore \theta_{xy} = \theta_{yz} = \theta_{zx} = 0$$

직교 관계, 내적이 0인 관계

$$\theta_{xx} = \theta_x \cdot \theta_x = |\theta_x||\theta_x|\cos 0 = |\theta_x|^2 \quad \therefore \theta_x = \pm\sqrt{\theta_{xx}}$$

일치 관계, 내적이 제곱인 관계, 자기복제 평면파, 여인자 행렬, 차원도약 대각 관계

$$\text{Rot}_x(\theta_x) = \text{Rot}(\theta_x, 0, 0) = \text{Rot}_x^c(0, \sqrt{\theta_x}, \sqrt{\theta_x})$$

$$\text{Rot}(\theta_x, \theta_y, \theta_z)$$

$$\stackrel{@x}{=} \text{Rot}_x^c\left(\sqrt{\theta_{yz}}, \sqrt{\theta_x}, \sqrt{\theta_x}\right) = \text{Rot}_x^c\left(0, \sqrt{\theta_x}, \sqrt{\theta_x}\right)$$

$$\stackrel{@y}{=} \text{Rot}_y^c\left(\sqrt{\theta_y}, \sqrt{\theta_{zx}}, \sqrt{\theta_y}\right) = \text{Rot}_y^c\left(\sqrt{\theta_y}, 0, \sqrt{\theta_y}\right)$$

$$\stackrel{@z}{=} \text{Rot}_z^c\left(\sqrt{\theta_z}, \sqrt{\theta_z}, \sqrt{\theta_{xy}}\right) = \text{Rot}_z^c\left(\sqrt{\theta_z}, \sqrt{\theta_z}, 0\right)$$

$$\text{Roll}(\theta) = \text{Rot}_x(\theta) = \text{Rot}(\theta, 0, 0) = \text{Rot}_x^c(0, \sqrt{\theta}, \sqrt{\theta})$$

$$= \begin{pmatrix} \cos 0 & -\sin 0 & \sin 0 \\ \sin 0 & \cos \theta & -\sin \theta \\ -\sin 0 & \sin \theta & \cos \theta \end{pmatrix} \begin{pmatrix} x \\ y \\ z \end{pmatrix} = \begin{pmatrix} 1 & -0 & 0 \\ 0 & \cos \theta & -\sin \theta \\ -0 & \sin \theta & \cos \theta \end{pmatrix} \begin{pmatrix} x \\ y \\ z \end{pmatrix}$$

$$\text{Pitch}(\theta) = \text{Rot}_y(\theta) = \text{Rot}(0, \theta, 0) = \text{Rot}_y^c(\sqrt{\theta}, 0, \sqrt{\theta})$$

$$= \begin{pmatrix} \cos \theta & -\sin 0 & \sin \theta \\ \sin 0 & \cos 0 & -\sin 0 \\ -\sin \theta & \sin 0 & \cos \theta \end{pmatrix} \begin{pmatrix} x \\ y \\ z \end{pmatrix} = \begin{pmatrix} \cos \theta & -0 & \sin \theta \\ 0 & 1 & -0 \\ -\sin \theta & 0 & \cos \theta \end{pmatrix} \begin{pmatrix} x \\ y \\ z \end{pmatrix}$$

$$\text{Yaw}(\theta) = \text{Rot}_z(\theta) = \text{Rot}(0, 0, \theta) = \text{Rot}_z^c(\sqrt{\theta}, \sqrt{\theta}, 0)$$

$$= \begin{pmatrix} \cos \theta & -\sin \theta & \sin 0 \\ \sin \theta & \cos \theta & -\sin 0 \\ -\sin 0 & \sin 0 & \cos 0 \end{pmatrix} \begin{pmatrix} x \\ y \\ z \end{pmatrix} = \begin{pmatrix} \cos \theta & -\sin \theta & 0 \\ \sin \theta & \cos \theta & -0 \\ -0 & 0 & 1 \end{pmatrix} \begin{pmatrix} x \\ y \\ z \end{pmatrix}$$

안장 분기는 포물선이고, 포물선은 두 힘의 관계 무늬다.

하나의 에너지 객체가 시간을 타고 공간을 여행한다면, 이것은 분명 상대적 에너지 객체가 있음을 전제로 한다. 그런데 이 해석은 에너지 객체의 외면적인 관계만을 보는 관점이다.

오일러가 비행체에 대한 논리를 구사했듯이 객체의 안쪽으로 관점 전환하면, 객체 안에는 또 하나의 독립적인 우주가 있고 그 안 역시 두 객체의 상대적 관계로 하나의 객체가 존재한다.

이런 것이 선분논리의 분기 이론에서 공통으로 나타나는 숨은 암시다.

다양한 분기 이론은 결국 포물선으로 단순화된다. 포물선은 테일러 급수를 통해 지수 함수와 삼각함수를 만나고, 자연상수 e 는 원과 만나 허수와 오일러 공식이 되며, 오일러 공식의 원은 삼각함수로 분광되기 때문이다.

이미 이런 알고리즘은 고대 아폴로니우스의 원뿔 곡선에 모두 포함돼 있었다.

2차 함수 안장 분기 Saddle-node Bifurcation

$$\dot{x} = \frac{dx}{dt} = r - x^2$$

equilibrium : $r - x^2 = 0 \quad \therefore \quad x = \pm\sqrt{r}$

$r < 0$: no equilibrium points

$r = 0$: saddle-node point, one fixed point, half-stable
$\longrightarrow$ Bifurcation point

$r > 0$: two equilibrium points, two fixed points, unstable + stable

$$\dot{x} = \frac{dx}{dt} = r + x^2$$

equilibrium : $r + x^2 = 0 \quad \therefore \quad x = \pm\sqrt{-r}$

$r > 0$: no equilibrium points

$r = 0$: saddle-node point, one fixed point, half-stable
$\longrightarrow$ Bifurcation point

$r < 0$: two equilibrium points, two fixed points, stable + unstable

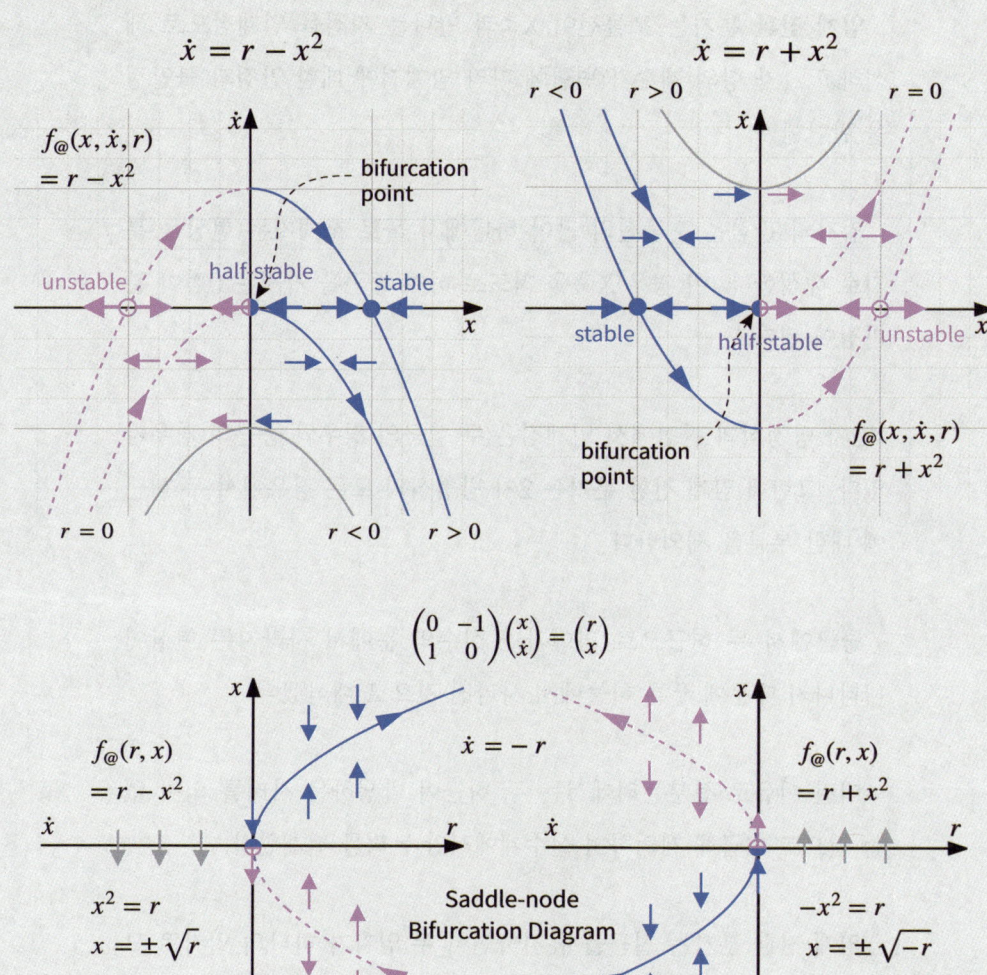

포물선 임계 전환 분기
TransCritical Bifurcation

임계 전환 분기는 포물선이 X축과 만나는 지점을 임계점으로 해석하고, 1차 항의 계수가 변함에 따라 임계점에 대한 안정과 불안정을 판단한다.

입자의 관점은 포물선의 근이 하나에서 둘로 쪼개지는 현상을 분기로 해석한다. 이 경우 X축을 척도로 하여 중근을 가지는 0점이 **분기점**이 된다.

2차 방정식의 관점에서 임계점은 두 실근의 경우와 중근의 경우가 있다. 그런데 **임계 전환 분기**는 2차 방정식의 모든 경우에서 두 허근에 대한 부분을 제외한다.

중근에서 두 허근으로 넘어가면 실수의 눈에서 사라지는 현상이 나타나기 때문에 푸른 하늘에서 사라진 것으로 해석했다.

이런 이유로 선분논리에서는 두 허근이 발생하는 사례를 의미 없는 것으로 취급해 제외하며 실수계에서만 논리를 전개한다.

임계 전환 분기는 실근을 유지하면서 두 입자가 하나의 입자로 모이고 다시 하나의 입자가 둘로 쪼개지는 현상을 잘 보여준다.

분기 이론에 등장하는 일반적 논리의 배경은 동적 시스템이다. 분기 이론이 행성의 동적 시스템에 대한 의문에서 유래했기 때문이다.

그래서 선분논리는 동적 시스템에 대한 궤도를 시간으로 미분했을 때 나타나는 함수로 논리를 시작했다.

동적 시스템 Dynamical System

$$\frac{dx}{dt} = f_@(r, x)$$

r : Environment variables or SubSpaceTime

선분논리는 환경 변수 r 을 환경에 의한 것으로 해석하는 것보다 스스로 변하는 것으로 해석하는 경향이 짙게 나타난다.

회전논리는 환경 변수 r 을 입자 안에서 작동하는 또 다른 시간의 흐름으로 재해석한다.

논리는 무한계 속에 있기 때문에 어느 방향이건 연속성이 보존되는 한 만나게 되어 있다. 이 말은 푸앵카레의 재귀 정리와 맥락을 같이 한다.

어떤 해석이건 동적 시스템을 입자로 관점 전환하여 특정 지점에서 동적 시스템이 변화를 일으키는 것을 분기된다고 해석하면 분기 이론이 된다.

이런 분기 이론들 중 가장 단순하면서 기본 알고리즘을 잘 보여 주는 것이 **임계 전환 분기**라 할 수 있다.

임계 전환 분기 TransCritical Bifurcation

$$\dot{x} = \frac{dx}{dt} = rx - x^2 = f_@(x, \dot{x}, r) = f_@(r, x) = 0$$

$r = 0: \quad x = 0 \text{ half-stable} \longrightarrow \textbf{Bifurcation point}$

$r < 0: \quad x = r \text{ unstable}, \quad x = 0 \text{ stable}$
$r > 0: \quad x = 0 \text{ unstable}, \quad x = r \text{ stable}$

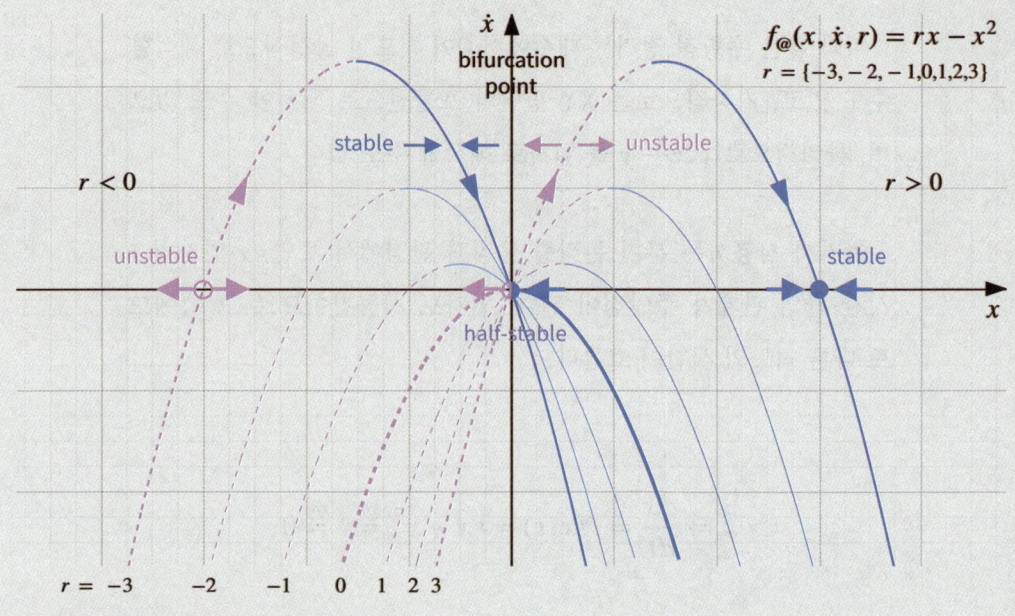

TransCritical Bifurcation Diagram

$f_@(x, r) = rx - x^2$

$rx - x^2 = 0$

$x(r - x) = 0$

$\therefore x = 0, r$

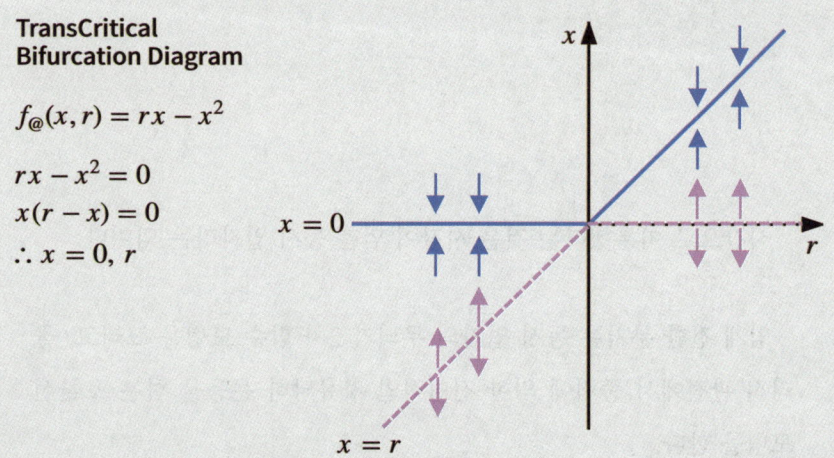

임계 전환 분기는 2차 함수를 $\dfrac{dx}{dt}$ **시간 미분 객체**로 정의했다.

이와 같은 수학적 정리는 대수에서 0이 척도인 방정식으로 해석할 수도 있고, 기하적으로는 XY 평면의 포물선으로 해석할 수도 있으며, 물리적으로 x 또는 y를 입자로 해석할 수도 있다.

여기서 사용하는 분기 논리를 물리적 관점에서 보면, x 입자와 r 시간 간의 관계가 주안점이 된다. 입자도 시공간이므로 그 속에도 또 다른 척도의 시간이 흐른다.

$$\dot{x} = \dfrac{dx}{dt} = f(x, r) = rx - x^2 \overset{@}{=} y \overset{@}{=} 0$$

시간 미분은 동시 입자이다

시간으로 미분했다는 것은 시간이 멈춘 동시 입자라는 의미다.

임계 전환 분기는 동시 입자의 무늬가 2차 함수 모형을 그리고, 물리적 관점에서 중력에 의한 전형적인 자유낙하 운동을 하는 포물선 모형을 한다.

그런데 1차 항의 계수 r 값은 미지수이므로 이 값의 변화에 따라 포물선 모형의 위치가 변한다.

이런 곡선을 역학으로 해석하면 r 값에 의해 역학적 곡선에 변동이 있는 **동적 역학 곡선**이 된다.

만일 r 값이 고정이라면 단 하나의 무늬만 그리는 역학적 곡선이므로 **정적 역학 곡선**이라 했을 것이다.

어떤 물리적인 환경에 의해 r 값이 변하는지는 여기서 거론하지 않는다. 환경을 특정하지 않았다는 것은 어떤 동적 역학에 대한 결과론적 결과치이거나 모든 경우를 포괄하는 **전체 역학체**를 의미한다.

어느 관점으로 이해하건 상관없이 **동적 역학 곡선**은 그 동적 세계에 대한 전체집합이다.

수학적인 관점에서 동적 곡선은 변동성이 존재한다. 때문에 시간으로 미분하여 시간이 멈춘 동시 객체를 만들었다 하더라도 또다시 다른 시간의 관점에서 그 흐름을 재해석할 수 있다.

시간 속에 시간이 있고
객체 속에도 시간이 흐른다

시간이 멈추기 전에는 t 라는 시간이 흘렀고, t 시간을 멈추어 동시 객체를 추출한 후에는 그 입자 속에 r 이라는 시간이 흐른다.

동시 객체인 동적 역학 곡선은 r 이라는 또 다른 시간의 흐름 속에 곡선의 변화를 재해석할 수 있다.

인간이 무엇을 해석한다는 것은 기존에 알고 있는 논리로 척도를 삼아 특이점을 찾는 일이다.

그리고 인간이 알고 있는 유일한 수학적 논리는 비교법이고 그중 가장 효율적인 방법론이 0과 비교하는 방정식이다.

포물선에서 0과의 비교법은 기하적으로 X축과 만나는 특이점을 찾는 일이다.

포물선이 X축과 만나는 지점은 2차 방정식의 근에 관한 논리로 연결되어 있었다.

1차 항의 계수 r 값과 근의 관계를 해석하면 동적 역학 곡선의 변화를 설명할 수 있게 된다.

본 사례의 경우, r 값이 음수에서 0을 향해 변화하면 두 실근은 점점 가까워지고 0점에 도달하면서 하나의 중근이 된다. 다시 0에서 양수를 향해 변하면 하나의 중근은 두 실근으로 쪼개진다.

따라서 분기점은 두 입자가 하나로 모였다가 다시 둘로 쪼개지는 중간 지점이 되며, 바로 이 지점은 중근을 가지는 포물선 모형이다.

앞서 안장 분기는 세로 축을 기준으로 좌우 대칭을 유지하면서 시간 r의 변화에 따라 위/아래로 이동하는 시스템이었다. 그러나 임계 전환 분기는 시간 r 의 변화에 따라 포물선이 대각선 방향으로 이동하는 시스템이다.

임계 전환 분기에서 음의 두 입자는 양의 눈에 보이지 않아 0점에서 갑자기 입자가 생겨난 것처럼 보인다. 이런 생각은 선분논리의 빅뱅 이론과 같은 관점이다. 회전논리의 눈은 임계 전환 분기에서 음의 두 입자가 하나의 입자를 만들고 다시 하나의 입자가 둘로 쪼개지는 공간 분기 알고리즘을 본다.

3차 함수 분기
Pitchfork Bifurcation

3차 함수 분기 중 표준적인 해석 사례가 **피치포크 분기**다. Pitchfork는 하나의 입자가 삼지창과 같이 3개로 분리되어 극적으로 흩어진다는 점에 관점을 둔 해석이다.

3차 함수 분기는 최고차항인 3차 항의 계수가 음수인 것을 **초임계**라 부르고, 양수인 것을 **하위 임계**라 부른다.

관점 현미경을 사용하면 **안정 상태**에서 **불안정 상태**가 극적으로 나타나는 경우를 **초임계**라 하고, **불안정 상태**에서 **안정 상태**가 잠시 나타나는 경우를 **하위 임계**라 한다. 이 해석은 안정을 바라는 인간의 심리를 반영하기도 한다.

안정 시대에 불안정은 돋보인다.

다시 두 임계상태에서 1차 항의 계수를 양과 음으로 구분하여 해당 3차 함수가 어떤 근을 가지는지 판단한다. 3차 함수는 상하 또는 좌우 두 관점 모두에서 양음 양방향이 무한대로 펼쳐지는 무늬를 한다.

3차 방정식은 반드시 X축과 만나는 하나의 근이 있고, 때에 따라서 사인파의 한 주기와 같이 양음으로 진동하면서 X축과 세 점에서 만난다.

Pitchfork Bifurcation

$$\dot{x} = \frac{dx}{dt} = rx \pm x^3 = f_@(x, \dot{x}, r) = f_@(r, x) = 0$$

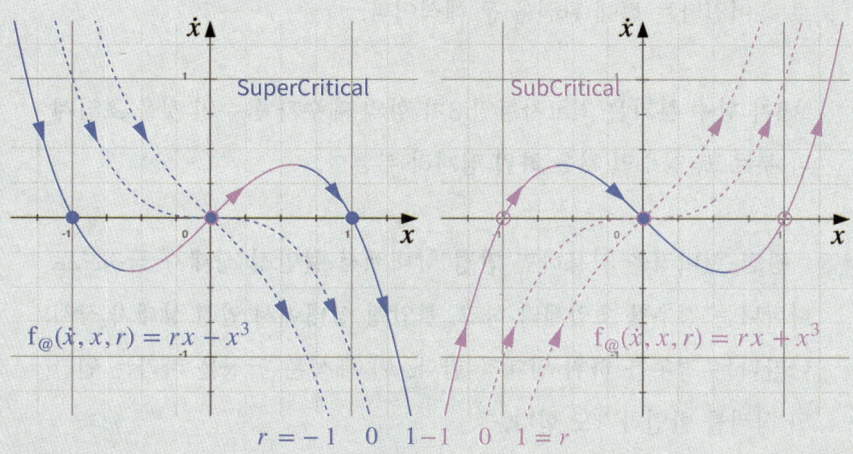

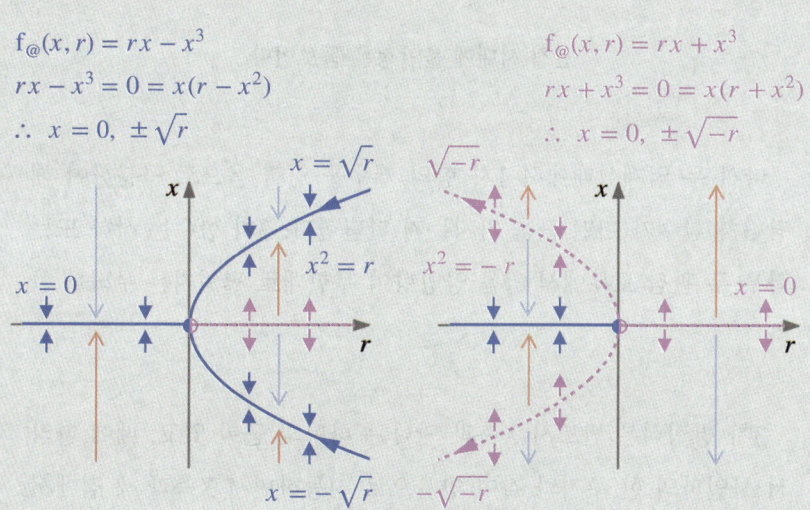

$f_@(x, r) = rx - x^3$
$rx - x^3 = 0 = x(r - x^2)$
$\therefore\ x = 0,\ \pm\sqrt{r}$

$f_@(x, r) = rx + x^3$
$rx + x^3 = 0 = x(r + x^2)$
$\therefore\ x = 0,\ \pm\sqrt{-r}$

3차 함수 분기 Pitchfork Bifurcation

초임계 SuperCritical case

$$\frac{dx}{dt} = rx - x^3$$

$r < 0$: one stable equilibrium $x = 0$

$r = 0$: one stable equilibrium $x = 0$

$r > 0$: an unstable equilibrium, two stable equilibria $x = \pm\sqrt{r}, 0$

하위 임계 SubCritical case

$$\frac{dx}{dt} = rx + x^3$$

$r < 0$: an stable equilibrium, two unstable equilibria $x = \pm\sqrt{-r}, 0$

$r = 0$: one unstable equilibrium $x = 0$

$r > 0$: one unstable equilibrium $x = 0$

지역적 분기 이론은 분기 알고리즘의 본질을 추적하기 때문에, 0점을 중심으로 한 표준 3차 방정식을 대상으로 실험한다.

3중근의 경우 (0,0) 점을 지나가도록 3차 함수를 0점 조정하여 표준화한다. 따라서 **3차 함수 분기**에서는 0점을 지나는 세 근과 1차 항의 계수가 양음으로 진동하는 모델을 표준으로 삼는다.

초임계 3차 함수는 1차 계수가 음수($r < 0$) 일 경우 0점을 지나는 3중근 하나만 있다. 이때 기울기가 모두 음수이기 때문에 x 가 증가하면 y 가 감소하여 우하향 곡선을 그리는 **안정 상태**로 판단한다.

초임계 3차 함수는 1차 계수가 양수 ($r > 0$) 일 경우에 0점을 지나는 근 하나와 계수의 제곱근에 대한 두 근이 양음으로 나타난다. 이때 기울기가 음수인 구간은 우하향인 **안정 상태**로 판단하고, 기울기가 양수인 구간은 우상향인 **불안정 상태**로 판단한다.

하위 임계 3차 함수도 초임계와 같은 방식으로 기울기를 척도로 안정과 불안정을 판단한다.

3차 함수 피치포크 분기는 환경 변수 r 이 시간의 흐름에 따라 변화하면 소용돌이치는 무늬가 나타나기도 한다.

세 근을 가지는 3차 방정식의 중심에는 2차 방정식에서 보았던 안장 구간이 연속적으로 연결되어 있다.

연속적으로 연결된 두 안장 구간은 위아래로 진동하면서 안정과 불안정이 일시적으로 요동치게 한다.

이 구간에서 안정과 불안정이 전환되는 변곡점에 원 모양의 무늬가 나타난다. 분기 이론에서는 이런 원을 **중심원 Center** 라고 부른다.

그리고 **중심원**의 안쪽과 바깥쪽은 서로 반대 방향의 소용돌이가 친다. 초임계의 경우 **중심원**의 안쪽은 바깥으로 퍼지는 소용돌이가 돌고, 바깥쪽은 안쪽으로 모이는 소용돌이가 돈다.

물리적 관점에서 이 모형은 태풍의 기본 모형이 어떻게 형성되는지 보여주기도 한다.

기하적 관점에서 이런 현상은 2차 함수에서 시작한 논리적 곡선들이 원에서 나왔고, 원뿔 곡선의 알고리즘에서 벗어날 수 없다는 것을 암시한다.

우리가 살고 있는 3차원 시공간에서 무수히 많고 복잡한 무늬를 관찰할 수 있지만 그 무늬들이 가진 근본 알고리즘은 원뿔곡선의 손바닥 위에 있을 뿐이었다.

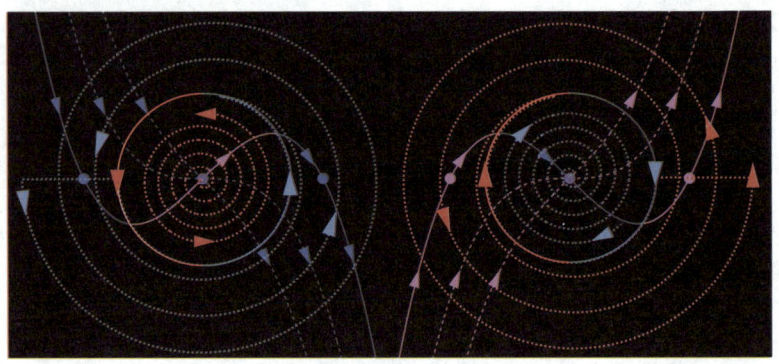

Pitchfork Bifurcation Center & Spiral

데카르트는 소용돌이 이론 Vortex theory 으로 우주의 역학 관계를 설명하려 했다. 뉴턴은 당시 사회적 배경에 걸맞게 이에 대해 거칠게 비판했던 것으로 알려진다. 이 때문에 소용돌이 이론은 허황된 생각으로 치부되었고, 뉴턴 역학에서 시작하는 논리는 현대의 고전역학에 편견을 갖게 하는 부작용을 동반한다.

데카르트 시대는 분기 이론을 정립하지 못한 상태였다. 현대의 눈으로 보면 데카르트의 소용돌이는 아이디어 수준에 머물러 보인다.

당시의 흥분을 가라앉히고 뉴턴과 대화를 해보면, 뉴턴은 토대가 부족한 논리의 결함과 막연한 믿음으로 접근하는 방식을 비판한다.

그러나 이제 회전논리는 소용돌이를 시스템으로 해석하여 질량 이전의 공간을 해석할 수 있게 되었다.

피치포크 분기는 3차원의 소용돌이가 원으로 양자화되고 외부 시스템과 어떻게 평형을 이루는지 잘 보여준다. 이는 마치 현대의 양자 역학에서 파동과 질량을 등가로 계산하는 것과 같다.

피치포크 분기를 부분적 시스템으로 해석하는 것에 그친다면 소용돌이를 만나지 못한다.

안으로 소용돌이를 치는 시스템이 무한히 안으로만 회전하는 것이 아니라, 임계점에서 중심원을 형성하고 입자로 양자화한다.

양자화하는 경계선은 외부와 단절하기만 하는 것이 아니라, 연속적으로 이어져 외부 속에 입자가 존재하도록 무한히 관계를 맺는다.

안으로 치는 소용돌이가 있으면 반드시 밖으로 치는 소용돌이가 동시에 존재한다. 이것은 관점에 따라 공간과 시간 또는 실수와 허수의 차원 관계로 해석할 수 있다. 공간에서만 해석할 때는 초임계와 하위 임계의 쌍으로 양/음의 양방향을 해석한다.

주기 2배 분기
Period-Doubling Bifurcation

모여서 안정된 상태와 흩어져서 불안정한 상태를 오가는 데는 반복되는 패턴이 있을 것이다. 이런 패턴에 관점을 둔 분기 논리가 **주기 2배 분기** 이론이다. 이 이론은 주기가 있다는 **회전논리**와 주기가 반복된다는 **무한 반복 논리**를 배경에 둔다.

분기는 하나에서 둘로 쪼개지는 현상을 포착했다. 이렇게 둘로 나누기의 무한 반복은 2배수의 무한 반복으로 나타난다.

2배수의 무한 반복은 컴퓨터가 사용하는 2^n **이진법**과 같고, 제논의 2분법과 반대 방향의 논리다.

주기 2배 분기 역시 관점에 따라 여러 별명이 있다. 양면의 동전이 앞뒤로 회전하는 현상에 빗대어 **플립 분기**라고도 하고, 둘로 쪼개지는 것을 반으로 쪼개진다는 의미에서 **주기 반쪽 분기**라고도 한다.

$$\underline{\text{Period-Doubling Bifurcation}} @ \underline{\text{Flip Bifurcation}} @ \underline{\text{Period-Halving Bifurcation}}$$
$$\underline{\text{주기 2배 분기}} \quad\quad \underline{\text{플립 분기}} \quad\quad \underline{\text{주기 반쪽 분기}}$$

주기 2배 분기는 로버트 메이가 1976년에 발표한 **로지스틱 맵**에 베이스캠프를 마련한 것으로 알려진다.

Logistic Map 1976
Robert May 1936~2020

Population Dynamics 인구역학
Theoretical Ecology 이론 생태학

$$x_{n+1} = r x_n (1 - x_n)$$

로지스틱 맵은 그 이전에 정리된 **로지스틱 함수**를 사용한다. **로지스틱 함수**는 베르헐스트가 1838년에서 1847년 사이에 인구증가 모델에 사용한 것으로 알려진다.

베르헐스트가 **로지스틱 방정식**을 정리한 시기는 불분명하기 때문에 1845년쯤으로 정리하기도 한다.

Logistic Function 1838~1847 (1845)

Pierre François Verhulst 1804~1849

logistic growth model

$$\frac{dN}{dt} = rN - \alpha N^2$$

로지스틱 방정식 역시 2차 함수 분기의 일종이다. 인구증가 모델을 기하급수적인 증가로 해석하여 지수의 관점에서 방정식을 정리했다. 아마도 이 때문에 이 방정식의 이름을 **로지스틱**이라고 지은 것 같다. 그러나 이름을 지은 자는 말이 없다.

로지스틱이라는 용어는 사람들에게 중의적 의미로 다가온다. 하나는 지수를 토대로 한 로그적 흐름을 의미하고, 또 하나는 그리스어에서 유래한 로마어 logistikós 를 상기시킨다. logistikós 는 그리스 수학에서 나누기를 의미하기 때문에 분기의 뜻으로 다가온다. 이런 이유로 **로지스틱**이라는 용어는 번역될 경우 본 취지의 알고리즘을 편광으로 잘라 프레임에 가둘 수 있다.

논리는 결과적 방정식만으로 정리되지 않는다.
출발점에서 배경이 근거를 마련해 주고,
취지가 방향성을 가리킨다.

로지스틱이라는 용어는 결국 **로그적 분기 성장 모델**로 받아들여지고 있다. **로그적 흐름** 또는 **지수적 흐름**은 로그와 지수가 대칭적 무늬이고 같은 의미이기 때문에 통용되는 경우가 많다.

일반적으로 기하급수적인 인구증가라고 하면 무한히 증가하는 지수 무늬를 떠올린다. 그러나 반쪽의 논리만으로 논리가 완성되는 것이 아니듯 지수의 무늬는 반드시 그와 대칭되는 로그의 무늬와 합쳐졌을 때 완성된다.

기하급수적이란 시작 지점에서는 지수의 무늬를 따라가고, 어느 분기점에 도달하면 로그의 무늬를 그리며 증가 속도가 점점 줄어들

주기 2배 분기

Period-Doubling Bifurcation
= Flip Bifurcation = Period-Halving Bifurcation

∵ Logistic Function $\dfrac{dN}{dt} = rN - \alpha N^2$

Logistic map

$$x_{n+1} = r x_n (1 - x_n)$$

$-2 < r < -1$: chaotic

$0 < r < 1$: dying : eventually die

$1 < r < 2$: quickly approach $\dfrac{r-1}{r} = 1 - \dfrac{1}{r}$

$2 < r < 3$: slow : approach $1 - \dfrac{1}{r}$, linear to dramatically slow rate

$3 < r < 1 + \sqrt{6} \approx 3.44949$: oscillations between two

$3.44949 < r < 3.54409$: oscillations among four

$3.54409 < r$: oscillations among 8, 16, 32, ... , 2^n

$r \approx 3.5699456$: period doublings

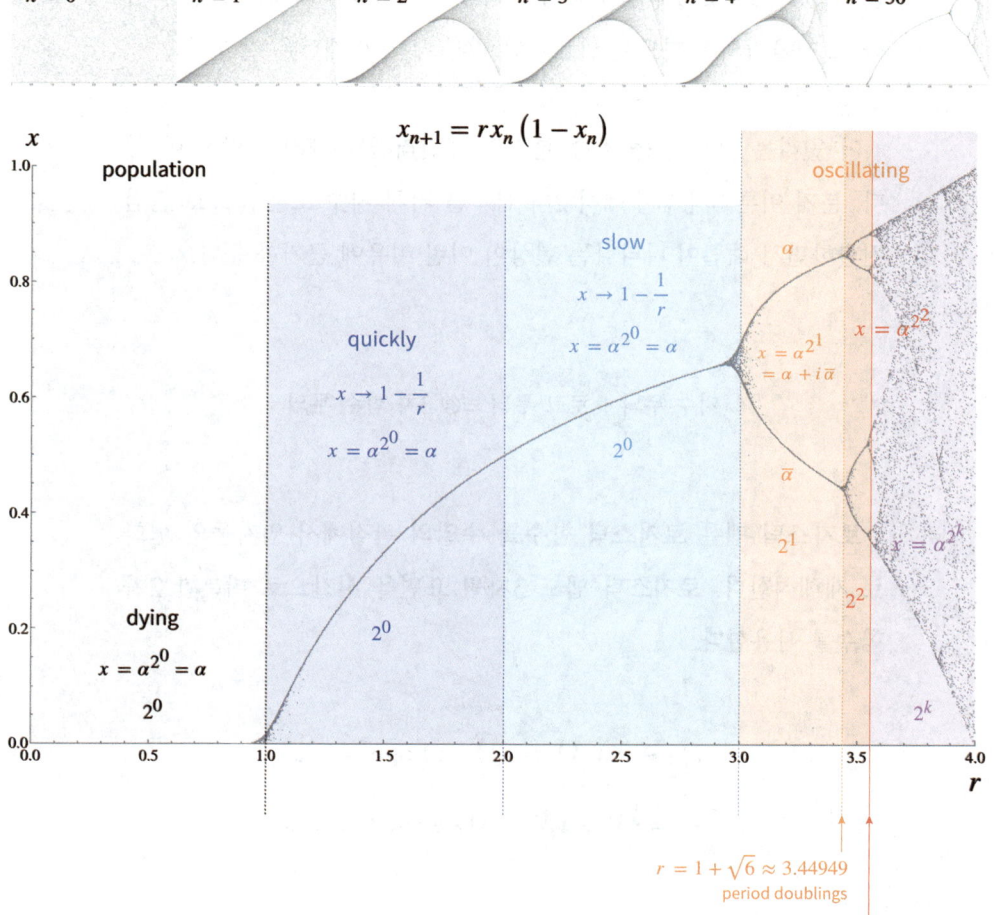

다가 한계치에 도달한다. 이렇게 한 사이클을 완료했을 때 회전논리가 완성된다.

관점 현미경으로 관찰하면, 지수 무늬와 로그 무늬가 연결된 모형은 직관적으로도 3차 함수의 무늬와 닮았다. 대상 객체와 환경에 따라 그 기울기의 변화도는 다르지만 기본 무늬의 패턴은 같다.

이 원리는 앞서 진동 계승 분수의 테일러 급수에서 관람한 바 있다. 분기 이론 3차 함수에서 2차 함수를 거쳐 지수 또는 로그로 관점 전환하면서 해법이 나타나는 현상이 이런 이유에 근거를 둔다.

지수 무늬 + 로그 무늬 =@ 3차 함수 무늬

로지스틱 맵은 **로지스틱 함수**를 수열의 관점에서 입자들의 변화로 재해석한다. **로지스틱 맵**도 3차원 표면을 시간으로 미분한 2차 함수를 사용한다.

$$x_{n+1} = rx_n(1 - x_n) \quad : \text{Logistic Map}$$
$$\frac{dN}{dt} = rN - \alpha N^2 \quad : \text{Logistic Function}$$

로지스틱 맵은 수열의 재귀식으로 구성되어 있으므로 n 차 연도의 인구증가 상태를 예측하는 모델로 활용된다.

로지스틱 맵을 이용하여 인구증가 상태를 계산할 때 r 은 증가율 또는 성장률을 의미하고, x 는 0에서 1사이의 분수값을 사용한다. 일반적으로 $(1-x)$는 환경적 요인으로 해석하는데 이는 인문학적 해석이다.

분수를 사용하는 이유는 원론적으로 음복리의 원리를 사용하여 원으로 양자화하는 알고리즘을 따르기 때문이다.

복리 함수: $y = \left(1 + \dfrac{1}{x}\right)^x$, $y = \left(1 + \dfrac{1}{\infty}\right)^\infty = e = 2.7182818...$

음복리 함수: $y = \left(1 - \dfrac{1}{x}\right)^x$, $y = \left(1 - \dfrac{1}{\infty}\right)^\infty = \dfrac{1}{e} = 0.367879...$

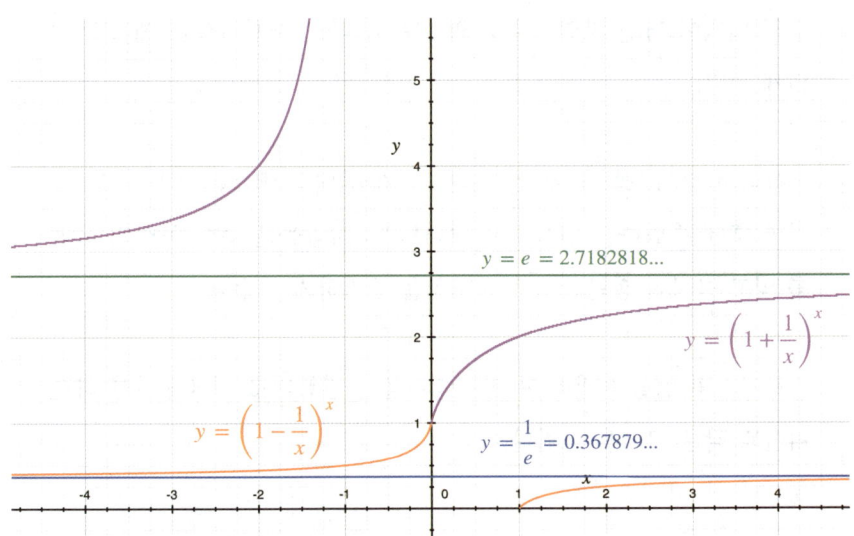

$(1-x)$를 환경적 요인이라고 얼버무리는 것이 일반적이지만, 원론

은 자연상수 e 의 음복리 로그법에서 나온 것이다. 인구가 증가하는 것은 은행에 예치하고 매년 복리로 이자를 받는 것과 같다.

그래서 로지스틱 맵에서 x 에 분수를 사용하는 것이다. x 에 분수를 사용한다는 것은 지수 알고리즘을 사용한다는 의미다.

로지스틱 맵이 양의 복리를 사용하지 않고 음복리를 사용하는 것은 1을 전체 집합으로 생각하는 확률의 논리로 인구증가 비율을 생각하기 때문이다.

음복리는 그 무늬에서 보듯이 $\dfrac{1}{e}$ 을 향해 수렴하는 흐름을 가졌다.

로지스틱 맵이 음복리 알고리즘을 사용하기 때문에 알 수 없는 자연의 법칙이 담긴 자연상수 e 의 흐름을 타고 자연현상을 예측할 수 있게 된다.

따라서 로지스틱 맵에 의한 인구증가 상태의 예측은 어느 정도 증가한 후에 수렴하는 현상으로 나타난다. 사람들은 수학 공식의 유래를 잊고 공학적 접근만으로 신비함을 구가하기 일수다.

로지스틱 맵을 이용하여 인구증가율을 컴퓨터로 시뮬레이션 하면 다음과 같은 그림을 그린다.

Logistic Map Simulation with Python

```python
import numpy as np
import matplotlib.pyplot as plt

r = 2.8  # 성장률
x_0 = 0.1  # 초기 인구 비율
y = 100  # 연차수

x = np.zeros(y)
x[0] = x_0

for n in range(1, y):
    x[n] = r * x[n-1] * (1 - x[n-1])

plt.plot(x)
plt.title("Population Growth using Logistic Map")
plt.xlabel("Years")
plt.ylabel("Population Proportion")
plt.show()
```

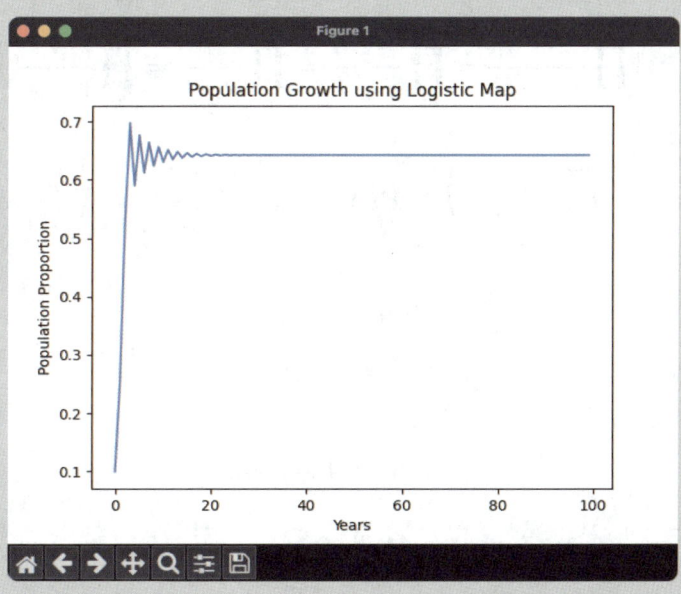

TNM Recurrence of the Algorithms

Logistic rate

$$\frac{r-1}{r} = 1 - \frac{1}{r} \stackrel{@}{=} \text{Logistic}_@ \left(1 - \frac{1}{x}\right)$$

Napier's logarithm

$$N = 10^7 \left(1 - \frac{1}{10^7}\right)^L \stackrel{@}{=} N_@ \left(1 - \frac{1}{x}\right)$$

Euler Product

$$\zeta(1) = \sum_{n=1}^{\infty} \frac{1}{n^1} = \prod_p \frac{1}{1-p^{-1}} = \prod_p \frac{p}{p-1} \stackrel{@}{=} \prod_@ \left(1 - \frac{1}{x}\right)$$

$$\because \prod_p \frac{1}{1-p^{-1}} = \prod_p \frac{1}{1-\frac{1}{p}} = \prod_p \frac{1}{\frac{p-1}{p}} = \prod_p \frac{p}{p-1}$$

$$= \prod_@ \left(\frac{p-1}{p}\right) = \prod_@ \left(1 - \frac{1}{p}\right) \stackrel{@}{=} \prod_@ \left(1 - \frac{1}{x}\right)$$

Logistic oscillations

$$2^n = B_@(1)$$

Binomial theorem

$$B_@(x) = (x+1)^n = \sum_{r=0}^{n} \frac{n!}{r!(n-r)!} x^r$$

공간을 균일한 입자들로 해석하고,
로지스틱 함수를 입자에 대입한다.

입자들은 시간의 흐름에 따라
수열로 위상 변화를 일으킨다.

그런데
로지스틱 함수를 수열로 정리하면,
2차식의 **변형 등비수열**이 된다.

이것은 일반적 등비수열과 다른 양상이고,
무엇인가 간섭현상을 일으킨 결과다.

등비 r 의 변화에 따른 입자의 위상 변화는
네이피어 로그와 오일러 곱에서 보았던
$1 - \dfrac{1}{r}$ **무늬**로 나타난다.

진동하는 분기의 수는
이항 정리의 2^n **이진법**과 같다.

고유 알고리즘의 연쇄반응

Chain Reaction in Eigen Algorithms

독어에서 유래한 것으로 알려진 고유 Eigen 는 벡터와 행렬 수학에 자리 잡았다. 특히 행렬역학에서 고윳값은 미시 세계의 입자를 수량으로 인식하는 중요한 개념이다.

회전논리는 **고유**라는 개념을 **비례**로 해석한다. 모든 논리는 상대적으로 성립하기 때문에 두 개념이 곱셈 관계를 하여 입자로 존재한다. 연속적 두 입자 속에는 각각 두 개념의 곱 관계가 있다.

각각의 두 개념 중 하나를 공통으로 못 박으면 나머지 하나가 두 입자의 차이를 규명하는 비례상수가 된다. 선분논리는 이것을 고유 Eigen 라 이름 지었다.

선분논리는 벡터를 거점으로 고윳값 개념을 사용했다. 벡터는 선에 방향이 더해진 선형 시공간이다. 벡터는 가장 단순한 1차원 직선의 관점에서 시간이 흘러 만들어진 객체를 인식하는 방법이다.

선형 공간에서 벡터는 그 논리를 전개하기 위해 **선형 변환**이라는 논리 거점을 마련한다. **선형 변환**은 시간의 파동이 만드는 시작과 끝의 한 마디로, 고유한 무늬를 형성한다.

고유벡터와 고윳값
EigenVector & EigenValue

한마디의 변환 요소는 스칼라 값으로 나타나며 이것을 **고윳값**이라 이름 붙였다. 고윳값에 대한 수학기호는 관습에 따라 주로 람다(λ)를 사용한다. 한마디의 변환 요소가 스칼라 값으로 나타나는 것은 이 변환이 선형이기 때문이다.

λ : EigenValue 고윳값
$\mathbf{v}$: Eigenvector 고유벡터
A : n by n Matrix 행렬 변환

$$\mathbf{a} = \lambda \mathbf{v}, \quad A\mathbf{v} = \lambda \mathbf{v}$$

$\mathbf{a}$ 벡터는 $\mathbf{v}$ 고유벡터의 λ 고윳값 배수이다.

1차원의 관점에서 방향이 변하면 차원을 이탈한 상태가 된다. 이런 관점에서 방향이 변하는 것은 본질이 변하는 것이 되지만, 길이가 변하는 것은 본질을 유지한 상태의 닮은 꼴이 된다. 그래서 선형 변환 후에도 방향을 유지하는 영벡터가 아닌 벡터를 **고유벡터**라 이름 붙였다.

따라서 고유벡터는 선형 변환에 대한 상대적 개념이다. 선형 변환이 전제에 깔려 있지 않으면 고유벡터의 개념이 성립하지 않는다. 이는 상대방이 있을 때 나의 존재를 확인할 수 있는 것과 같은 양상

이다.

고유란
상대적 존재를 의미한다

  수학은 벡터를 행렬로 관점 전환하여 계산을 한다. 벡터가 기하적 관점에서 유래했다면, 행렬은 대수적 관점에서 유래했다. 계산이란 대수적 관점이 강하다.

  대수적 계산 방법론이 잘 발달되어 있는 수학은 대수적 행렬을 통해 기하적 벡터를 해석하는 것으로 3차원 기하의 한계에서 자유로워질 수 있다.

  이런 배경에서 벡터는 행렬 변환법으로 기술하여 기하적 한계를 넘어선다. 행렬 변환은 복잡한 변환을 선형 변환으로 단순화시켜 분해하는 장점이 있다.

관성과 모멘텀
Inertia & Momentum

근대 수학에서 **고유**에 대한 개념은 **오일러의 운동 방정식**에서 시작한 것으로 전해진다.

오일러가 정리한 방정식이 많기 때문에 **오일러의 운동 방정식**은 **강체 역학**이라고도 부르고, **오일러의 회전 방정식**이라고도 부른다. 또한 **뉴턴의 운동 법칙**을 확장 해석했다는 관점에서 **오일러의 운동 법칙**이라고도 부른다.

$$\begin{gathered} \text{Euler's Equations of Motion} \\ \Longrightarrow \text{Rigid Body Dynamics} \\ \Longrightarrow \text{Euler's Rotation Equations} \end{gathered}$$

뉴턴이 직선 운동에 관점을 두었다면, 오일러는 회전운동으로 관점을 확장했다.

뉴턴은 관성을 입자 안에 가지고만 있어 보존하고 있는 에너지로 해석했다면, 오일러는 관성이 입자 안에 멈춰 있는 것이 아니라 회전운동을 하고 있는 것으로 해석한다.

이 원리를 양자화에 적용하면 입자의 존재를 회전력으로 수량화할 수 있는 길이 열린다.

양자 역학에서 입자를 직접 촬영하여 시간을 멈추게 할 수 있는 물리적 기술은 없다. 하지만 수학으로 양자화하여 입자의 존재를 표현하게 된 것도 입자를 회전체로 관점 전환했기 때문이다.

$$\begin{aligned}&\text{Newton's laws of motion}\\ \Longrightarrow\ &\text{Euler's laws of motion}\\ \Longrightarrow\ &\text{Quantization}\end{aligned}$$

강체의 회전은 앞서 **오일러 회전**과 피치, 요, 롤 비행법에서 관람한 바 있는 **오일러 각도** 정리에서 출발했다.

$$\text{Euler Angles} \Longrightarrow \text{Euler Rotations}$$

절대 좌표계와 대칭인 개념은 **상대 좌표계**다. 오일러 회전은 절대 좌표계에서 벗어나 **상대 좌표계**로 관점 전환하는 계기를 마련했다.

선분적 관점 전환의 회전적 연쇄반응

원 ⟶ 삼각함수 ⟶ 회전 변환
⟶ 상대적 좌표계 ⟶ n 차 회전변환 ⟶ 고윳값
⟶ 각운동 ⟶ 선형 변환 ⟶ 고유벡터 ⟶ 행렬 변환들
⟶ 대칭 시스템 ⟶ 양자 역학

뉴턴은 시공간 현상을 **관성**이라는 척도로 논리를 전개했다. 관성은 Inertia 라는 원어에서도 알 수 있듯이 **내재된 그 무엇**을 의미한다.

관성에는 숨은 또 하나의 의미가 있다. 척도를 관성에 두었다는 것은 관성을 가진 상태를 0점으로 조정했다는 것을 의미한다.

Newton's first law : 관성 Inertia

$\mathbf{F}$: Force , $\mathbf{v}$: velocity , $\mathbf{a}$: acceleration

$$\sum \mathbf{F} = 0 \Leftrightarrow \frac{d\mathbf{v}}{dt} = 0 = \mathbf{a}$$

이 상태에서 시간을 흐르게 하면, 관성을 가진 만큼의 궤적에 변화를 보인다. 이런 궤적의 변화를 물리학에서는 **운동량** 또는 **모멘텀**이라고 부른다. 궤적의 변화라는 것은 결국 선의 변화다. 그리고 선의 변화를 **선형 변화**라 이름 붙인다.

뉴턴은 1차원적 관점에서 시공간의 현상을 설명하기 때문에 방향성과는 무관하게 길이의 변화에 초점을 맞추었다. 관찰할 수 있는 요인은 질량과 길이뿐이 없다. 길이는 시간으로 형성되었기 때문에 **속도**라는 개념으로 정리된다.

Newton's second law : 가속도

$P : momentum$ 운동량, $m : mass$

$$P = m\mathbf{v}$$

$$F = \frac{d\mathbf{p}}{dt} = \frac{d}{dt}(m\mathbf{v}) = m\frac{d\mathbf{v}}{dt} = m\mathbf{a}$$

$$\therefore F = m\mathbf{a}$$

여기에 여집합 논리를 적용하면 길이의 여집합은 질량이 된다. 따라서 질량에는 길이의 변화 이외에 모든 것을 함축하고 있다. 운동량에 시간의 방향을 더하면 작용과 반작용으로 논리에 대한 전체집합을 형성할 수 있다.

Newton's third law : 작용과 반작용

$$F_a = -F_b$$

작용과 반작용은 플라톤의 둘로 나누기 분류법을 제대로 활용한 사례 중 하나다.

물리적 에너지의 계산은 뉴턴의 운동 법칙에서 시작한다. 길이와 질량으로 구분하여 나타나는 운동 현상은 변화의 순간을 포착하여 관성 에너지를 계산할 수 있게 한다.

여기에 오일러는 한 차원 높여 2차원적 운동 법칙을 정리하여 관성에 대한 개념을 재해석 한다.

시간의 변화 =@ 에너지 =@ 수량
moment 모멘트 =@ 변화의 순간
momentum 모멘텀 =@ 변화 묶음 =@ 운동량
inertia =@ 내재된 것 =@ 관성
moment of inertia =@ 관성 변화
angular momentum =@ 회전변화 묶음 =@ 각운동량

뉴턴 운동 법칙의 핵심은 관성과 선형 운동에 있고, 오일러 운동 법칙의 핵심은 회전력과 원형 운동에 있다. 따라서 뉴턴의 운동 법칙은 선분논리에 해당하고, 오일러의 운동 법칙은 회전논리에 해당한다.

오일러는 원형 운동의 관점에서 속도와 가속도를 질량 중심으로 재해석했다. 이는 아마도 평생 소용돌이를 추적하던 야코프 베르누이의 영향이 어느 정도 있었을 것으로 보인다.

이런 관점은 물질의 외면적 운동 법칙을 고스란히 물질 내부에 적

용하는 논리적 일관성을 보여준다. 이는 뉴턴의 피상적 물리현상을 벗어나 물질 내부를 들여다보는 현미경을 만든 것과 같다.

Euler's first law

$\mathbf{p}$: linear momentum 선형 모멘텀,　m : mass
$\mathbf{v}_{cm}$: velocity of center-mass 질량중심 속도
$\mathbf{a}_{cm}$: acceleration of center-mass 질량중심 가속도

$$\mathbf{p} = m\mathbf{v}_{cm}, \quad \mathbf{a}_{cm} = \frac{d}{dt}\mathbf{v}_{cm}, \quad \mathbf{F} = m\mathbf{a}_{cm}$$

회전논리는 무한에서 존재를 해석하고, 선분논리는 유한에서 공리로 존재를 해석한다. 두 논리의 관점은 입자를 해석하는 데 큰 차이를 보인다.

선분논리는 공리로 점을 선언하고 그 이후의 현상을 해석하기 때문에, 점의 존재 이전 세계를 해석할 수 없는 것으로 마감한다.

그러나 회전논리는 점을 정의하지 않는 무한으로 개념화하고, 하나의 논리가 무한 반복하는 것으로 점의 존재 이전 세계를 해석할 수 있는 문을 연다.

이러한 회전논리의 본성은 오일러로 하여금 질량을 회전 변환의 묶음으로 해석할 수 있게 했다.

질량은 물질의 존재를 확인하는 수단으로 이름 붙인 선분논리의 현상적 개념이다.

운동 법칙이 질량에 가속도를 곱해 힘 또는 모멘텀을 계산한다는 논리를 거꾸로 뒤집어 보면, 질량과 거리 그리고 시간이 끊어짐 없이 논리적으로 연결되어 있다는 사실을 알 수 있다.

끊임없이 연결된 논리라는 것은 본질이 모두 같으며, 단지 본질적 입자들이 뭉쳐진 구조에 차이가 있음을 짐작할 수 있다.

이는 마치 같은 원자들이 어떤 구조체로 연결되어 덩어리를 형성하느냐에 따라 다른 성질의 물질로 나타나는 것과 같다.

만일 질량, 거리, 시간이 본질적으로 다른 세계라면 서로 곱해서 하나의 무늬로 나타나지 않는다.

곱셈이란 덧셈의 연속된 누적이다. 덧셈을 할 수 있는 관계는 서로 본질이 같아 하나의 객체로 뭉쳐질 수 있는 두 객체의 관계다.

대표적으로 선분논리는 실수와 복소수가 별개로 분리된 세계라고만 생각한다. 그럼에도 불구하고 선분논리는 복소평면이라는 하나의 세계를 운용한다.

이 사례가 역설적으로 들릴 수 있으나 실수와 복소수는 실수계에서의 X축과 Y축의 관계와 다를 바 없었다. X축도 본질은 실수계였고 Y축도 본질은 실수계였다.

본질이 같은 두 세계가 만나 곱셈의 구도로 2차원 평면을 형성한다는 것은 곧 본질이 같아 0점에서 만날 수 있음을 의미한다. 이런 논리적 명제를 확인하는 방법론 중 하나가 수학에서는 군환체 이론에서의 링 구조다.

> 본질이 같지 않은 두 객체는
> 사칙연산이 성립하지 않는다.
>
> 곱셈 관계는
> 서로 본질이 같음을 암시한다.

물질의 고유한 특성이라고 하는 질량을 시간과 관계하여 계산할 수 있다는 것은 시간이 물질을 생성하는 원리가 배경 알고리즘으로 흐르기 때문이다.

이런 해석은 나중에 각운동량으로 양자 세계의 이론적 입자를 물리 세계에 존재하는 입자와 일치시키는 논리적 분기점이 된다.

각운동량은 각도를 라디안 길이로 관점 전환하여 선형 운동을 원형 운동으로 해석한 운동량이다. **각운동량**을 시간으로 미분하면 순간의 각운동량이 되는데, 이 운동량을 **토크** 또는 **회전력**이라 한다.

Euler's second law

τ : torques 회전력, $\mathbf{L}$: angular momentum 각운동량
$\mathbf{r}_{cm}$: position vector of center-mass 중심 위치벡터
I : moment of inertia 관성 모멘트, $\boldsymbol{\alpha}$: angular acceleration 각가속도

$$\mathbf{L} = \mathbf{r}_{cm} \times \mathbf{p} = \mathbf{r}_{cm} \times m\mathbf{v}_{cm}$$

$$\tau = \frac{d\mathbf{L}}{dt} = \frac{d}{dt}\left(\mathbf{r}_{cm} \times m\mathbf{v}_{cm}\right) = \mathbf{r}_{cm} \times m\mathbf{a}_{cm}$$

$$\tau = \mathbf{r}_{cm} \times m\mathbf{a}_{cm} + I\boldsymbol{\alpha}$$

일반적으로 외력이 없는 원운동은 어느 지점이나 동일한 속도로 등속운동을 한다. 따라서 각운동량을 미분한 토크는 회전하는 운동에너지를 대표하는 값으로 활용하기 유용하다. 그래서 공학에서 회전력을 말할 때 토크 값을 많이 사용한다.

원운동에 외력이 가해지면 가속도가 더해진다. 그 가속도가 원운동에 흡수되면 **각가속도**가 된다.

가속도는 질량과 곱해서 에너지가 된다. 회전운동에서는 관성 변화를 의미하는 **관성 모멘트**로 해석한다. **관성 변화**에 **각가속도**를 곱하면 외력으로 **변화된 회전력**이다.

관성을 회전운동으로 해석하면, **회전력**과 **각운동량**으로 논리적 연

쇄반응이 일어난다. **회전력** 또는 **돌림힘**은 **토크**를 표면적으로 번역한 용어다. 표면적 번역은 사람들의 생각을 표면적으로 유도하는 연쇄반응을 일으킨다.

거꾸로 회전력을 영어로 번역하면 rotational force 가 된다. 번역된 회전력이라는 용어는 torque 라는 의미 보다는 rotation 이라는 의미가 더 크게 자리 잡는다.

그러나 토크는 회전으로 나타나는 현상의 일부를 꼬집어 말하고 싶은 속내가 있다. 토크에는 회전의 의미도 있지만, 어떤 임계점에서 원 모양의 불꽃을 일으키는 현상이 내재되어 있다.

토크는 **반전의 순간 포착**이라는 의미와 **회전적 분기점**이라는 의미를 가진다. 이런 관점에서 **토크**를 굳이 번역한다면, **회전 분기**라고도 할 수 있다.

시간은 분기점에서 공간 현상을 일으킨다.

변화는 분기점에서 수량화되고,
에너지 묶음으로 나타난다.

외적의 관점에서 **각운동량**은 주로 입자가 가진 관성을 회전으로 해석하는데 비해, **토크**는 외력에 대한 회전을 공학적으로 해석하는

데 활용된다. 따라서 **각운동량**은 전자 오비탈에 활용하는 것이 대표적이고, **토크**는 공학적 기계의 회전력에 주로 활용된다. 이 때문에 **각운동량**은 외적의 양/음 양방향을 고려하고, **토크**는 주로 양의 방향만 취하는 경향이 짙다.

$$L = r \times p, \quad \tau = r \times F$$

토크라는 개념의 기원은 아르키메데스의 지렛대 이야기에서 찾아볼 수 있다.

> 세상을 들어 올릴 테니 충분히 긴 지렛대를 주시오.
> – 아르키메데스 –

지렛대 원리는 언제인지 알 수 없는 고대의 지식이다. 고고학에 따르면 기원전 5000여 년 고대 문명에서 증거들이 발견된다고 한다. 지렛대의 원리도 직선 운동을 원운동으로 관점 전환했기 때문에 세상을 들어 올릴 수 있게 되었다.

지렛대의 원리를 갈릴레오의 진자운동과 같은 원운동에 적용하면, 전자기학에서 말하는 앙페르의 오른손 법칙이 나타난다.

진자 운동을 하는 추가 있다면 이 추는 본래 가지고 있던 원운동 에너지가 있을 것이고, 이 에너지는 관성 에너지로 해석할 수 있다.

관성 에너지는 본래 뉴턴의 선형 운동에서 만들어진 개념이었다.

진자 운동에서 외부의 힘이 가해지면 원운동에 가속도가 붙게 되는데 이때 추가로 가해진 힘을 원운동으로 해석한 것이 토크였다.

토크는 원운동에서 가해진 힘이 원판에 수직인 방향으로 불꽃에 튀듯 나타나는 에너지다. 그래서 토크에는 2차원의 원운동에서 3차원으로 확장되는 의미가 숨어 있다.

그러나 외력의 힘은 다시 관성 에너지로 흡수되기 때문에, 2차원적인 회전에 주안점을 두면, 포괄적으로 외력과 관성을 모두 포함한 회전력을 토크라고도 표현한다.

토크와 모멘텀은 오일러의 운동 법칙을 거점으로 정리된 개념이라 할 수 있다. 토크라는 개념이 나타나면 동시에 모멘텀이라는 개념이 나타난다.

모멘텀은 뉴턴의 운동 법칙에서 설명하는 바와 같이 운동량이었다. 운동량은 질량에 속도를 곱한 에너지이므로 관점에 따라 어떤 물체가 현재 보유하고 있는 **관성 에너지**라고도 할 수 있다.

선형 운동에서의 관성과 가속력을 원운동에서 관성 변화, 각가속도, 각속도, 각운동량, 토크 등 개념으로 재정립하는 이유는 기하적 차이가 있기 때문이다.

토크와 각운동량

torque =@ Moment
=@ moment of force
=@ rotational force
=@ turning effect

F : Force   **p** : linear momentum   **L** : angular momentum
τ : torque   **M** : moment   **r** : position vector

$$\tau \stackrel{@}{=} M$$

$$\tau \perp r, \quad \tau \perp F, \quad \tau \perp p$$

$$\tau = r \times F \qquad L = r \times p$$

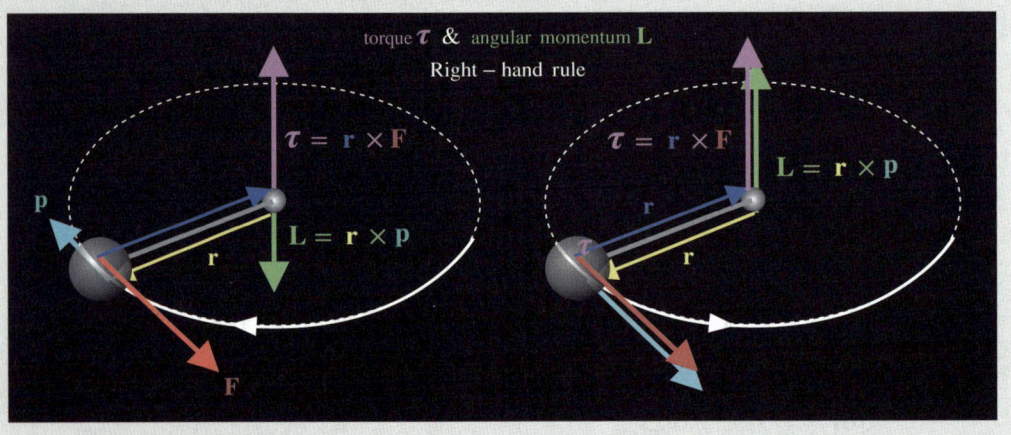

지렛대 원리
Archimedes levers

$$l = l_1 + l_2$$

$$m_1 \cdot l_1 = m_2 \cdot l_2$$

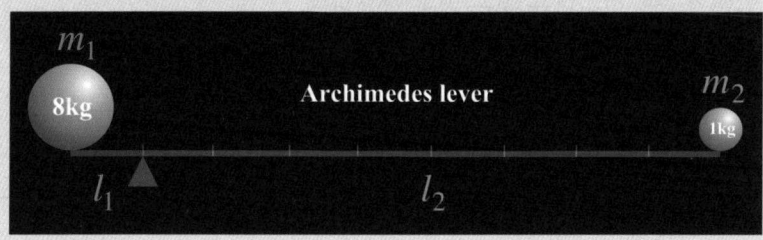

선형 운동은 1차원이고 원형 운동은 2차원이다. 선 운동은 시작과 끝으로 해석할 수 있지만, 원운동은 무한히 회전을 반복하여 2차원 면을 형성한다.

면에서 생성된 에너지는 원의 중심에서 3차원으로 향하는 Z축을 따라 그 에너지가 표출된다.

단순한 회전의 힘을 보는 것은 거시적 관점이고, 분기점의 순간을 보는 것은 미시적 무한 접근법의 관점이다. 오일러가 관성을 회전력으로 해석했다는 것은 부분적 선분논리를 독립적으로 존재 가능한 회전논리로 완성했다는 것을 의미한다.

형이하학에 존재하는 물질을 형이상학에 함수로 존재할 수 있게 일대일 대응시킨다는 것은 매우 중요하다.

머릿속 형이상학에 아무리 좋은 아이디어가 있다 하더라도 물질세계에 대응하는 입자를 머릿속에 정확히 올릴 수 없다면, 수학적 시뮬레이션의 오류 확률은 누락된 정보의 계승만큼 커진다.

양자 역학에서 대칭적 논리로 수십 년 전에 머릿속에서 입자를 분류하며 존재를 예측할 수 있었고, 최근에서야 그 입자들의 존재를 입자가속기 실험을 통해 확인할 수 있었던 것도 물질계와 이상계의 일대일 대응법에 기초했기 때문이다.

Newton's law of motion

Newton's first law : 관성 Inertia

$\mathbf{F}$: Force , $\mathbf{v}$: velocity , $\mathbf{a}$: acceleration

$$\sum \mathbf{F} = 0 \Leftrightarrow \frac{d\mathbf{v}}{dt} = 0 = \mathbf{a}$$

Newton's second law : 가속도

$\mathbf{P}$: *momentum* 운동량 , m : *mass*

$$\mathbf{P} = m\mathbf{v}$$

$$\mathbf{F} = \frac{d\mathbf{p}}{dt} = \frac{d}{dt}(m\mathbf{v}) = m\frac{d\mathbf{v}}{dt} = m\mathbf{a}$$

$$\therefore \ \mathbf{F} = m\mathbf{a}$$

Newton's third law : 작용과 반작용

$$\mathbf{F}_a = -\mathbf{F}_b$$

Euler's laws of motion

Euler's first law

$\mathbf{p}$: linear momentum 선형 모멘텀, m : mass
$\mathbf{v}_{cm}$: velocity of center-mass 질량중심 속도
$\mathbf{a}_{cm}$: acceleration of center-mass 질량중심 가속도

$$\mathbf{p} = m\mathbf{v}_{cm}, \quad \mathbf{a}_{cm} = \frac{d}{dt}\mathbf{v}_{cm}, \quad \mathbf{F} = m\mathbf{a}_{cm}$$

Euler's second law

τ : torques 회전력, $\mathbf{L}$: angular momentum 각운동량
$\mathbf{r}_{cm}$: position vector of center-mass 중심 위치벡터
I : moment of inertia 관성 모멘트, $\boldsymbol{\alpha}$: angular acceleration 각가속도

$$\mathbf{L} = \mathbf{r}_{cm} \times \mathbf{p} = \mathbf{r}_{cm} \times m\mathbf{v}_{cm}$$

$$\tau = \frac{d\mathbf{L}}{dt} = \frac{d}{dt}\left(\mathbf{r}_{cm} \times m\mathbf{v}_{cm}\right) = \mathbf{r}_{cm} \times m\mathbf{a}_{cm}$$

$$\tau = \mathbf{r}_{cm} \times m\mathbf{a}_{cm} + I\boldsymbol{\alpha}$$

Euler's rotation equations

Rigid Body Dynamics

$\mathbf{I}$: inertia matrix τ : torques $\mathbf{r}$: position vector
ω : angular velocity $\dot{\omega}$: angular acceleration

$$\mathbf{I}\dot{\omega} + \omega \times (\mathbf{I}\omega) = \tau$$

Moment of inertia 관성 변화

I : Moment of inertia 관성 모멘트 L : angular momentum 각운동량
ω : angular velocity 각속도 $\dot{\omega}$: angular acceleration 각가속도
m : mass 질량 r : radius 반지름 τ : torque 회전력

$$I = \frac{L}{\omega}, \quad L = I\omega$$

$$\mathbf{F} = m\mathbf{a} \quad \longleftrightarrow \quad \mathbf{F} = m\mathbf{a}_{\text{cm}} \quad \longleftrightarrow \quad \tau = I\dot{\omega}$$

$$[\text{kg} \cdot \text{m}/\text{s}^2] \quad \longleftrightarrow \quad I = mr^2$$

TNM Reinterpretation

$\mathbf{r}_{cm}$: position vector of center-mass 질량중심 위치벡터
$\mathbf{v}_{cm}$: velocity of center-mass 질량중심 속도
$\mathbf{a}_{cm}$: acceleration of center-mass 질량중심 가속도
I : moment of inertia 관성 모멘트
α : angular acceleration 각가속도

$$I\alpha + \mathbf{r}_{cm} \times m\mathbf{a}_{cm} = \tau \quad : \text{Euler's second law}$$

$$\dot{\omega} = \frac{d}{dt}\omega \stackrel{@}{=} \frac{d}{dt}\alpha \ , \quad \omega \stackrel{@}{=} \frac{d}{dt}\mathbf{r}_{cm}$$

$$\mathbf{a}_{cm} = \frac{d}{dt}\mathbf{v}_{cm} \ , \quad \mathbf{v}_{cm} = \frac{d}{dt}\mathbf{r}_{cm}$$

$$\mathbf{r}_{cm}\mathbf{a}_{cm} = \mathbf{r}_{cm}\frac{d}{dt}\mathbf{v}_{cm} = \mathbf{r}_{cm}\frac{d}{dt}\frac{d}{dt}\mathbf{r}_{cm} \stackrel{@}{=} \frac{d}{dt}\mathbf{r}_{cm}\frac{d}{dt}\mathbf{r}_{cm} = \omega\omega$$

$$\therefore \mathbf{r}_{cm}\mathbf{a}_{cm} \stackrel{@}{=} \omega\omega = \omega^2 \stackrel{@}{=} \nabla_r^2 \quad : \text{circular plane wave}$$

$$\because [m] \cdot [m/s^2] = [m/s] \cdot [m/s] = [(m/s)^2]$$

$$\nabla^2 = \frac{1}{r^2}\frac{\partial}{\partial r}\left(r^2\frac{\partial}{\partial r}\right) + \frac{1}{r^2\sin\theta}\frac{\partial}{\partial\theta}\left(\sin\theta\frac{\partial}{\partial\theta}\right) + \frac{1}{r^2\sin^2\theta}\frac{\partial^2}{\partial\varphi^2}$$

$$\nabla^2 = \nabla_r^2 + \nabla_{\theta\varphi}^2 \quad : \text{Pythagoras Laplacian ViewPoint}$$

선형 변환과 고유 시스템
Linear Transformation & Eigensystem

상대 좌표계는 **절대 좌표계**를 n **차 회전 변환**하는 것과 같다. 이 지점에서 회전 변환의 중요성이 나타난다.

회전 변환은 선형 변환의 집합체다. 일관된 어떤 논리가 집합으로 묶이면 시스템이 된다. 선형 변환의 집합체는 **시공간 시스템** 개념으로 확장된다.

논리의 집합 =@ 시스템

절대 좌표계는 전체집합 속에 있는 나를 보는 관점이고, **상대 좌표계**는 나와 여집합이 전체집합을 형성하는 관점이다.

나와 여집합의 관계는 급격한 논리적 연쇄반응을 일으킨다. 이런 현상이 세계관의 반전이다. 여기서 **고유**라는 질문이 나타나고, **각운동**이라는 개념이 잡히게 된다.

상대 좌표계로 본 나의 본질은 외력을 받기 전에 가지고 있는 에너지 덩어리다.

태초의 나로 거슬러 올라가면 나의 본질은 사라져 버린다. 그런데 태초라는 관점은 부분적 선분논리에는 있고 회전논리에는 없다.

단지 선분논리의 눈으로 어떤 시점이건 점을 찍으면 관점이 시작된 시작점이고, 이런 시작점이 태초다. 시작점은 **동시공간**이며, 수학에서 말하는 미분하여 시간을 멈추게 한 것과 같다.

강체든 입자든 시간의 흐름을 멈추면 **동시공간 입자**가 된다. **동시공간 입자**가 향하는 길이와 방향이 **고유 시공간**이다. 이때 길이는 입자에 잠재된 에너지의 양이고 그것을 운동량이라 표현한다.

그런데 외부와 무관하게 잠재력으로 존재하는 에너지는 반드시 폐곡선 또는 원이어야 한다. 닫혀 있는 폐곡선은 에너지를 잠재시킬 수 있지만 열린 개곡선은 독립적인 에너지로 존재할 수 없다. 이렇게 숨은 알고리즘을 수학적으로 정리한 개념이 **각운동량**이다.

일반적으로 **각운동량**을 설명할 때 회전하는 팽이 사진을 보여주며 이해시키려 하지만, 본질적으로는 회전하는 팽이를 말하는 것만은 아니다.

움직임이 없어 보이는 모든 물체나 입자는 독립적인 시스템을 갖춘 회전 변환의 집합체들이다. 돌멩이는 독립적인 시스템으로 한 덩어리가 되어 있다. **각운동량**은 이런 것들을 회전 변환으로 그 에너지를 설명한 것이다.

입자는
회전으로 양자화한다

일반적으로 고윳값은 물체 자체가 가진 에너지를 표현한다기보다는 상대적인 관성 에너지를 표현하는 수학적 논리로 사용된다. 그러나 **고유**라는 개념을 **동시**라는 개념으로 확장하면 그 시각에 입자가 가진 에너지를 계산할 수 있게 된다.

고유라는 개념은
분기점으로 구분된다

오일러 회전은 삼각함수로 정리했었다. 이런 회전 변환을 행렬로 정리하고 확장하면 다양한 행렬 변환이 나타난다.

행렬은 그 자체가 대각선 선분논리이면서 대칭성을 대변하는 회전 논리를 가졌다. 게다가 행렬 변환은 시간의 본질인 **변화**에 대한 디지털 열쇠도 가지고 있다.

오일러 회전 ⟶ 삼각함수 ⟶ 행렬 변환
⟶ 대각선 변환 ⟶ 선형 변환

시공간의 입자를 다루는 양자 역학에서 행렬로 논리를 전개할 수밖에 없는 필연성이 이런 이유다. 행렬 변환은 선형으로 정리해 주기 때문에 모든 변환은 선형 변환으로 해석된다.

**선형의 상대적 개념은 비선형이다.
그렇다면 비선형 변환일 경우는 어떻게 하는가?**

선분논리는 이런 경우들을 예외적인 사례로 처리하곤 한다. 비록 나중에 비선형 변환이 나타난다고 할지라도 그 자체 또는 일부를 선형 변환으로 관점 전환하면 그 이후 선형 변환으로 해석하는 데 문제가 없다.

변환이라는 개념 자체가 시간이기 때문에 모두 **선**에서 시작한다. **선**은 관계를 의미하고, 관계는 반드시 인접한 둘 간에서 시작하여 다양한 차원을 형성한다. **선**은 1차원이기 때문에 모든 변환은 선형 변환으로 귀결된다.

변환 ⟶ 시간 ⟶ 벡터 ⟶ 선 ⟶ 선형 변환 ⟶ 고유

수학에서 **고유**라는 개념을 활용할 때 선형 변환을 전제로 언급하는 이유가 여기에 있다. 같은 선형 변환으로 나타난 고유벡터들을 하나로 묶으면 **고유 시스템**이 된다. 그리고 같은 고윳값을 가진 고유벡터들을 하나로 묶으면 **고유 공간**이 된다.

반대 방향으로 논리를 전개하여 고유 공간에서 공간에 대한 기반으로 관점 전환하면 **고유 기저**가 된다. 위의 세 개념은 모두 고유벡터 집합을 어떤 관점에서 보느냐에 따라 다른 이름으로 사용한다는 것을 암시한다.

$$A : \text{Linear Transformation}$$
$$\lambda : \text{EigenValue}, \quad \mathbf{v}_i : \text{EigenVectors}$$
$$A\mathbf{v}_i = \lambda \mathbf{v}_i$$
$$\sum_{i=0}^{n} \mathbf{v}_i \stackrel{@}{=} S_{\text{EigenSystem}} \stackrel{@}{=} S_{\text{EigenSpace}} \stackrel{@}{=} S_{\text{EigenBasis}}$$

선형 변환에서 알게 된 고윳값은 고유 벡터로 개념적 연쇄반응을 한다. 이런 **고유** 개념을 동시공간으로 해석하면 **고유수**라는 개념이 생긴다.

수는 무한 그 자체였다. 무한에도 고유한 그 무엇이 있다. **고유**는 무한히 땅을 파듯 시간을 거슬러 올라간다고 나오는 것이 아니고 현재의 변화로 인식할 수 있다.

수를 잡을 수 없는 **무한**으로 보면 막연하지만, **수**를 **객체**로 양자화하면 선분논리를 흐르게 할 수 있다.

**수는 객체다.
모든 수는 고유수의 배수다.**

모든 수는 수평선 위에 놓을 수 있다. 인간이 채택한 수 체계의 항등원에는 0과 1이 있다. 0은 무한이고 1은 유한이다. 선분논리로 모든 수의 기저를 채택한다면 1이 된다. 여기에 벡터와 같은 방향성을 추가하면 +1이다. +1은 모든 수에 대한 **고유 기저**가 된다.

$$A1 = \lambda 1$$
$$A_2 1 = 2 \cdot 1$$
$$A_{\frac{1}{2}} 1 = \frac{1}{2} \cdot 1$$
$$....$$
$$A_{\pm\infty} 1 = \pm\infty \cdot 1$$
$$\therefore A = \lambda$$

+1은 곱셈 변환으로 0에서 $\pm\infty$ 까지 나타나고, 그 존재는 고윳값의 배수로 확인된다. **수**의 존재를 대변하는 진법 체계의 **숫자**는 변환과 고윳값의 대칭으로 상호 존재의 근거를 마련한다.

이렇게 보면 곱셈에서 항등원 1은 생략해도 기저에 항상 존재했었다. 그리고 선형 변환은 그 자체가 고윳값이다. 기저의 반대쪽 논리에는 관점으로 나타나는 다양한 고윳값들이 시간이 만드는 선형 변환에 의해 형성된다.

이와 같은 **수의 동시복제 존재론**은 RGB와 CMY가 상호 존재할 수 있게 했던 **빛의 동시복제 존재론**과 같은 알고리즘을 한다.

따라서 양자 색역학은 고윳값을 토대로 한 수학적 논리이므로 대칭성 있는 회전논리로 전개할 수 있게 된다.

고윳값을 관점으로 하여 수학의 객체들을 살펴보면 지수 함수에서 특이점이 보인다. 고윳값은 벡터에서 선형 변환을 가한 후에 뒤를 돌아보고 선형 변환의 전후를 비교하여 고유성을 인식한 개념이었다.

왜 수학은 선형 변환으로 고유성을 확인할까?

함수에서의 변환은 두 가지 관점으로 나눌 수 있다. 하나는 외부의 관계로 인한 변화고, 또 하나는 내부의 관계로 인한 변화다.

외부적 변환은 곱셈을 관계 연산자로 하여 나타나는 배수적 변환이다. 여기서 고유함수가 탄생했다. 내부적 변환은 미지수 x 값의 변화이며, 이 변화의 자취는 그 함수의 궤적 또는 무늬가 된다.

두 변환은 모두 시간의 흐름을 근본 알고리즘으로 한다. 단지 관점 전환에 따라 달리 보이는 현상이다.

변환은 시간의 흐름을 토대로 나타난다.

시간의 흐름을 시간 변환으로 개념화하고 그 변환의 근원을 추적하면, 0차원의 점에서 1차원의 선, 2차원의 원, 3차원의 구체로 기본 연쇄반응의 링 구조를 형성한다.

다시 기본 연쇄적 링 구조 논리를 하나의 모듈로 개념화하면, 모듈과 모듈이 관계하여 다차원 모듈로 무한 차원을 형성한다.

선분논리는 그 자체가 선분 모형을 기본 단위로 삼기 때문에 1차원이 형성된 후에 논리가 시작된다.

선분논리는 1차원 선형 논리로 전개하는 구조이므로, 시간 변환은 결국 선형 변환으로 해석될 수밖에 없다. 이 때문에 모든 변환은 선형 변환으로 귀결된다.

시간 변환의 관점에서 볼 때 미지수 x 로 함수를 미분한다는 것은 시간 t 로 미분하는 것과 같다.

고윳값은 지수 함수와 미분을 통해 3차원 분기를 2차 방정식으로 유도하고, 판별식으로 분기의 양태를 단순화할 수 있는 길을 연다. 우리는 이것을 **고윳값 판별식 분기**라고 이름 지어 둔다.

지수는
자기복제 알고리즘이다

지수 함수는 미분하면 자기 자신의 배수로 귀결되는 특성이 있다. 이 특성 때문에 고유벡터와 고유함수를 추출하는 촉매제로 활용된다. 우리는 이 특성을 **지수 함수의 미분 재귀성**이라 개념화하여 기억해둔다.

미분의 정의를 되짚어 지수 함수가 미분되는 과정을 들여다보면, 지수 함수의 미분 재귀성은 "지수가 0이면 1이 된다 ($e^0 = 1$) "라는 정의에 의해 발생하는 현상이라는 것을 알 수 있다.

지수는 곱셈을 통한 자기복제가 논리의 출발점이다. 지수가 0이라는 것은 곱셈으로 자기복제 행위를 전혀 하지 않았다는 것을 의미한다.

$$e^0 = 1$$

지수가 0이면 1이 된다.
그런데 왜 결괏값이 1이었던가?

그것은 지수의 논리가 곱셈이라는 관계 이후에 존재할 수 있기 때문이다. 그리고 논리는 반드시 척도가 있어야 하며, 척도에는 그 세계의 중심에 해당하는 0점이 있다.

곱셈이라는 관계의 0점은 항등원 1이다. 이런 이유로 곱셈에 대해 자기복제를 행하지 않은 것은 곱셈 논리의 시작점에 해당하는 1이 된다. 물론 이 논리는 선분논리를 전제로 해석한 이해다.

지수 함수의 미분 재귀성을 고윳값의 관점에서 접근하면 미분이라는 터널을 통해 고유함수가 얻어진다.

게다가 함수의 미지수 x 를 시간 t 로 관점 전환하면 고유함수를 추출해 내는 방법론도 얻을 수 있다. 고유함수는 시간에 의해 변화하는 다양한 현상들을 연출한다.

이 사례에서 지수 함수를 미분한 결과는 고윳값과 고유함수의 곱으로 정리되었다.

이 논리의 흐름을 거꾸로 해석하면, 시간으로 미분한 미분자 델타 $D = \dfrac{d}{dt}$ 는 선형 변환이 된다. 고윳값과 고유함수는 선형 변환으로 생성된 객체이기 때문이다. 따라서 선형 변환 함수 Df 는 고유함수 f 의 고윳값 λ 배수다.

고유함수를 고유입자로 해석하면, 입자가 시간을 타고 운동하는 현상을 수학적으로 고유함수의 선형 변환으로 모두 해석할 수 있다.

그리고 운동하는 입자는 고윳값을 갖게 되고 이 고윳값으로 입자의 물리적 상태를 판별할 수 있게 된다.

미분자 델타 D 는 나중에 **고윳값 판별식 분기**에서 고윳값을 재해석하여 2차 방정식의 판별식 D 로 관점 전환되는 현상을 관람할 수 있다.

지수 함수의 미분 재귀성

Differential Recurrence of the Exponential Function

$$\frac{d}{dx}e^x = x'e^x = 1 \cdot e^x = e^x$$

$$\frac{d}{dx}f(g(x)) = g'(x)f'(g)$$

$$\frac{d}{dx}e^{f(x)} = f'(x)e^{f(x)}$$

$$e^0 = 1$$
$$e^x = e^x e^0, \quad y = e^x$$

$$y' = \frac{d}{dx}e^x = \lim_{h \to 0} \frac{e^{x+h} - e^x}{h}$$

$$\stackrel{@}{=} \frac{e^x e^0 - e^x}{0} = e^x \frac{e^0 - 1}{0}$$

$$= e^x \cdot \frac{0}{0} = e^x \cdot 1 = e^x$$

$$\therefore y' = \frac{d}{dx}e^x = e^x$$

Exponential Function & EigenFunction

λ : EigenValue , f : EigenFunction

$$\frac{d}{dt}e^{\lambda t} = \lambda e^{\lambda t}$$

Let $f(t) = e^{\lambda t}$

$\therefore \dfrac{d}{dt}f(t) = \lambda f(t)$

@@ $D = \dfrac{d}{dt}$, $f(t) = f$

$\therefore Df = \lambda f$

고유수 알고리즘

고유수 =@ 고윳값 λ =@ 고유함수 f =@ 고유벡터 $\mathbf{v}$

고유실수 = 1 = 곱셈 항등원
$$\mathbb{R} = \lambda \cdot 1$$

고유복소수 z
$$\mathbb{C} = \lambda \cdot z$$

고윳값의 상대는 변형이다.
고윳값의 배수로 변형을 이룬다.
모든 변환은 선형 변환이다.

λ : 고윳값, $\mathbf{v}$: 고유벡터, f : 고유함수, D : 선형 변환

$$\text{Eigenvalue} \quad \lambda \qquad x = \lambda \cdot 1$$

고유실수 x 는 고유실수(곱셈 항등원) 1의 λ 배수다.

$$\text{Eigenvector} \quad \mathbf{v} \qquad \mathbf{a} = \lambda \mathbf{v}, \quad A\mathbf{v} = \lambda \mathbf{v}$$

$\mathbf{a}$ 벡터는 $\mathbf{v}$ 고유벡터의 λ 고윳값 배수다.

$$\text{Eigenfunction} \quad f \qquad Df = \lambda f$$

선형 변환 함수 Df 는 고유함수 f 의 λ 배수다.

고유입자의 해석

$$f$$

입자는 (고유)함수다.

$$Df$$

입자의 운동은 함수의 선형 변환이다.

$$\lambda f$$

운동 입자는 고윳값을 가진다.

푸앵카레-안드로노브-호프 분기

Poincaré-Andronov-Hopf Bifurcation

 푸앵카레는 **미분 방정식으로 정의된 곡선**이라는 기록에서 **미분 방정식의 질적 이론**이라는 새로운 수학을 정리한 것으로 전해진다.

 그는 미분 방정식이 풀리지 않을 때 계수와 같은 속성의 변화에 따라 나타나는 특이점에서 해법을 찾을 수 있다는 관점을 제시했다.

On curves defined by differential equations 1881~1882
Qualitative theory of differential equations
written by Poincare

 일반적으로 명료한 수학은 방정식의 근과 같이 수량을 결과물로 획득하려는 습관이 있다. 이런 생각은 유한론적 수학이고 수학을 결과적 수량으로만 보는 관성을 낳는다.

 어떤 현상을 입체적으로 분석하고 파악하려면 양적 관점과 질적 관점을 모두 종합해야 통찰할 수 있다.

오일러 시대에 정점에 도달했던 수학은 대수적 관점에서 양적인 수학에 집중했고, 푸앵카레 이후의 수학은 기하적 관점에서 질적인 수학을 추구하게 된다.

질적인 수학은 눈에 보이는 위상학을 전개하게 된다. 그래프를 통해 직관할 수 있는 수학은 사고 실험실을 풍족하게 했다.

푸앵카레는 양적인 수학의 프레임에서 벗어나 질적인 수학적 관점에서 해법을 찾았다. 이런 행위는 푸앵카레의 머릿속에 무한을 토대로 한 회전적 기본 철학이 있다는 것을 암시한다.

푸앵카레는 미분 방정식이 그리는 곡선을 Saddle, Focus, Center, Node 로 분류하여 **제한된 사이클**이나 반복 시스템에 대해 **유한차 방정식**이라는 점근적 분석법의 새로운 수학을 제시했다.

Saddle : 안장점, 포물선의 꼭짓점 영역의 무늬, 말의 안장과 같은 모양
Focus : 초점, 소용돌이가 소멸되거나 생성되는 중심점
Center : 평형원, 시스템이 평형상태를 유지하는 원
Node : 구간, 주로 소용돌이가 선형으로 나타나는 구간

Limit cycle : 제한된 사이클
회전 시스템에서 발생하는 원 모양의 분기점 또는 분기원

Finite-difference equations : 유한차 방정식
Euler method 와 같은 미분 접근법

Finite-difference method, FDM : 유한차 접근법
Spontaneous symmetry breaking : 자발적 대칭 깨짐

이와 같은 접근법은 나중에 수학적으로는 **유한차 접근법**으로 정리되고, 양자학에서는 1925년 슈뢰딩거 방정식, 멕시코 모자 모양으로 유명한 **자발적 대칭 깨짐**으로 연쇄반응을 일으키기도 한다.

푸앵카레는 이와 같은 새로운 수학의 관점을 물리학과 천체 역학에 실용했고, 이런 관점은 20세기 미국의 위상학 시대를 여는 베이스캠프가 된다.

푸앵카레의 새로운 수학은 안드로노프와 호프에 의해 현대의 분기 이론으로 정리되었다. 2차 세계대전의 혼란기를 겪으면서 독일에서 미국으로 귀화한 호프는 평형점에 논리적 거점이 있는 에르고딕 이론을 토대로 역학과 전자기학에 실용했다.

호프는 2차 세계대전 직전 1936년에 독일 라이프니츠 대학의 교수직을 수락한 바 있었다. 1942년 독일 항공 연구소에 징집되었고, 1944년 뮌헨 대학 교수직 임용을 수락했다.

이런 그의 경력으로 인해 그의 연구는 한동안 외면받아 왔다고 한다. 호프는 1949년 미국 시민으로 인디애나 대학에 수학 교수로 합류했고, 1962년 수학 연구교수로 임명되어 여생을 마쳤다고 한다.

시간이 흐르고 학문에 대한 평생의 행적이 쌓이면서 현대인들은 푸앵카레-안드로노브-호프 분기 이론을 간략히 호프 분기라 부르게 된다.

호프 분기는 복소수로 확장된 시스템의 분기 이론이다. 복소수는 회전하는 원의 알고리즘을 가지고 있다.

복소평면에서의 원은 실수계와 허수계가 동시복제 알고리즘으로 대칭구조를 이룬다. 실수계와 허수계 둘 간의 관계가 시간을 형성하고 그 시간의 진동은 복소평면에서 원을 형성한다.

호프 분기는 이런 복소수 알고리즘을 이용하여 회전 시스템에 대한 분기 상태를 정리했다.

복소수 $z = x + yi$ 는 스스로가 존재 자체로 공간적 회전력을 가지고 있다. 실수축과 허수축의 관계로 회전하는 시스템에서 계수의 변화에 따라 시스템의 방향성이 결정된다.

호프 분기 일반식 normal form 을 보면, 시스템이 회전할 때 환경 변수인 a, b 계수의 양음에 따라 회전원 limit cycle 이 나타나고 사라진다.

호프 분기 일반식에서는 a 와 b 의 양음 부호가 서로 다를 경우 회전원이 나타나고, 이 회전원은 평형을 이루는 분기선이 된다.

호프 분기는 푸앵카레가 분류했던 분기들이 **고윳값 분기 이론**으로 정리되고, **푸앵카레 다이어그램**으로 분기 이론을 한눈에 통찰할 수 있게 하는 거점이 된다.

호프 분기는 실수계의 분기 이론과 달리 그 속에 내재되어 있는 몇 가지의 중요한 알고리즘들을 논리 거점으로 확보해야 제대로 된 여행을 할 수 있다.

먼저 확인할 알고리즘은 복소수와 극 좌표계 그리고 허수의 상대적 관계를 규명한 오일러의 공식 CIS (Cosine I Sine) 다.

복소수는 기본적으로 두 차원의 관계로 형성된 시공간이다. 그리고 복소 공간은 실수 공간에서 허수 공간을 복제하여 동시복제 존재론을 성립시켰으며, 허수 공간은 자연상수 e 를 통해 코사인과 사인으로 분계 하는 삼각함수로 연결된다.

이와 같이 복제된 둘이 하나로 합쳐진 알고리즘은 무한인 복소수가 유한적 대각선 논리로 전개되어 행렬로 분석할 수 있게 한다.

Poincaré–Andronov–Hopf Bifurcation

Jules Henri Poincaré 1854~1912
Aleksandr Aleksandrovich Andronov 1901~1952
Eberhard Frederich Ferdinand Hopf 1902~1983

Hopf Bifurcation: Normal Form

$$a \in \mathbb{R}, \quad b = \alpha + i\beta$$
$$\dot{z} = z((a+i) + b|z|^2)$$

the birth of a limit cycle

$$z(t) = r e^{i\omega t}$$
$$r^2 = -\frac{a}{\alpha}, \quad \omega = 1 + \beta r^2$$

$b < 0, \ a > 0$: supercritical
$b > 0, \ a < 0$: subcritical

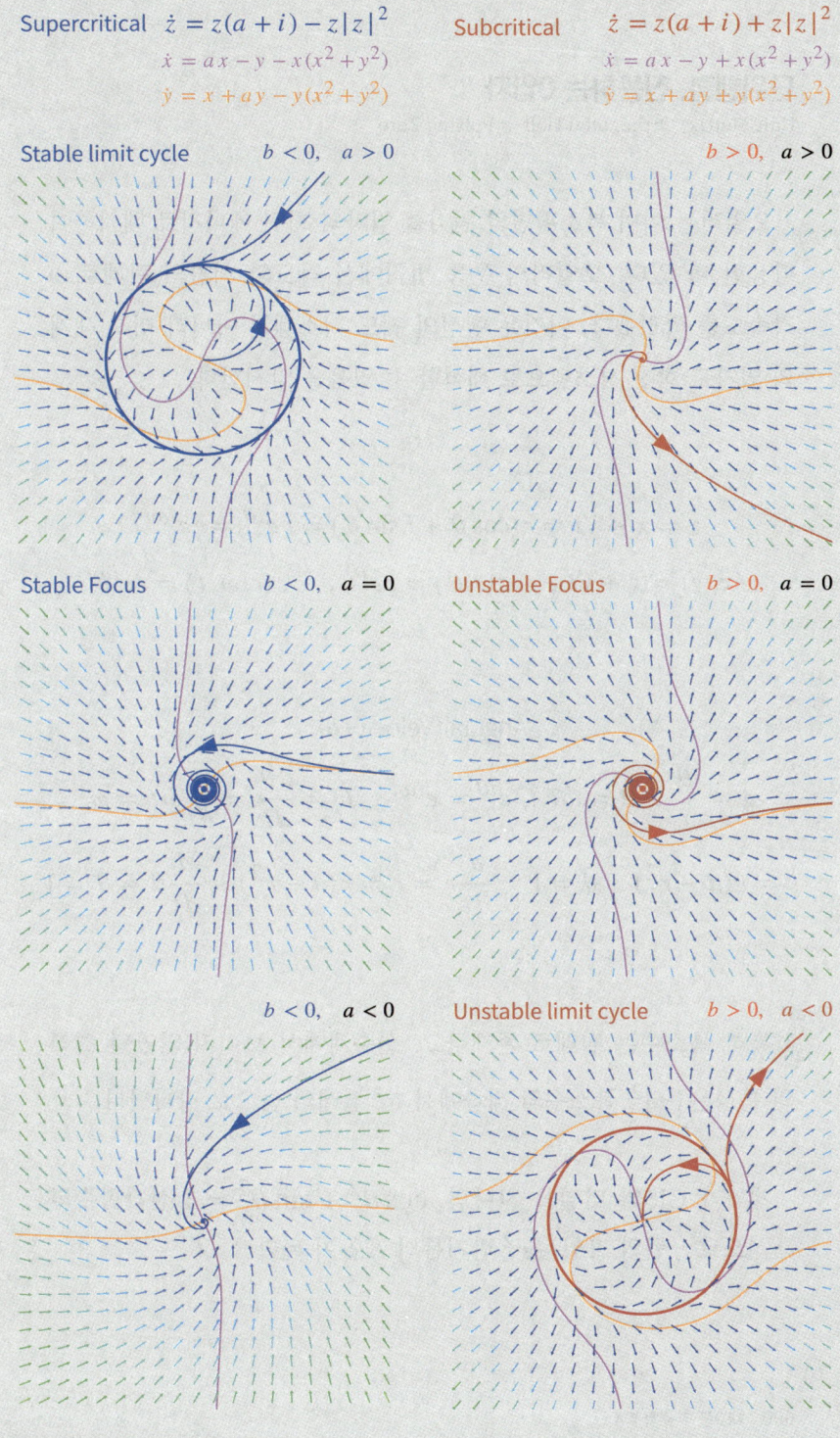

단위행렬, 진동하는 0입자
Unit Matrix, Orthogonal Half-π Pulsing Zero

오일러는 이미 복소평면의 원리를 입자의 회전 에너지로 해석하여 활용한 바 있다. 오일러의 운동 법칙에서 각도와 시간의 관계로 ω 각속도를 확인했다. 이것은 행성의 궤도 시스템뿐 아니라 미시 세계의 입자도 회전 시스템으로 해석할 수 있음을 암시한다.

$$z = x + yi = r(\cos\theta + i\sin\theta) = re^{i\theta} = re^{i\omega t}$$
$$z(x,y) = x + yi, \quad z(r,\theta) = re^{i\theta}, \quad z(r,\omega,t) = re^{i\omega t}$$

Angular Velocity ω

$$\omega = \frac{\theta}{t}, \quad \theta = \omega t, \quad e^{i\theta} = e^{i\omega t}, \quad \dot{\theta} = \frac{d\theta}{dt} = \frac{d}{dt}\omega t = \omega$$
$$\dot{r} = r(a - r^2), \quad \dot{\theta} = 1, \quad \frac{d}{dt}r = \dot{r} = r(a - r^2), \quad \frac{d}{dt}\theta = \dot{\theta} = 1$$

특히 복소수는 켤레로 존재하고, 실수계에서 보이지 않았던 켤레의 특성은 $|z|^2$ 복소수의 제곱에서 $z\bar{z}$ 켤레의 곱으로 나타난다.

게다가 CIS의 터널을 지나면, $\cos\theta^2 + \sin\theta^2 = 1$ 삼각함수의 특성으로 z 원의 자취는 r^2 반지름의 제곱이 된다.

$$|z|^2 = z\bar{z} = (x+yi)(x-yi) = x^2+y^2 = r^2 \geq 0$$
$$|z|^2 = z\bar{z} = r(\cos\theta + i\sin\theta)\cdot r(\cos\theta - i\sin\theta) = r^2(\cos\theta^2 + \sin\theta^2) = r^2 \cdot 1 = r^2$$
$$|z|^2 = z\bar{z} = re^{i\theta}\cdot re^{-i\theta} = r^2 \cdot e^{i\theta - i\theta} = r^2 \cdot e^0 = r^2$$
$$\therefore |z|^2 = r^2$$

이는 실수계의 눈에 신비한 양자적 현상과 닮았다. 신비한 현상은 차원마다 당연했던 생성과 소멸이 연속된 차원의 터널을 지나면서 나타난다.

데카르트 좌표계와 극 좌표계를 두 눈으로 삼아 복소수를 관찰하면, 길이와 각도의 알고리즘이 그 무늬를 드러내기 시작한다. 각도로 본 복소수는 실수계의 코사인 파동과 허수계의 사인 파동이 평면파 관계를 하면서 회전하는 시스템을 가졌다. 이를 대표하여 그리는 대수적 그림이 지수함수다.

$$z = x + iy = r(\cos\theta + i\sin\theta)\begin{bmatrix}x\\y\end{bmatrix} = r\begin{bmatrix}\cos\theta\\\sin\theta\end{bmatrix}$$
$$e^{a+bi} = e^a \cdot e^{bi} = e^a \cdot (\cos b + i\sin b)$$
$$\mathrm{Re}(e^{i\theta}) = \cos\theta, \quad \mathrm{Im}(e^{i\theta}) = \sin\theta$$
$$e^{i\theta} = \mathrm{Re}(e^{i\theta}) + \mathrm{Im}(e^{i\theta})i = \cos\theta + i\sin\theta$$

Polar Coordinate System

$$z = x + iy = r(\cos\theta + i\sin\theta)\begin{bmatrix}x\\y\end{bmatrix} = r\begin{bmatrix}\cos\theta\\\sin\theta\end{bmatrix}$$

Euler's formula cis

$$e^{ix} = \cos x + i\sin x$$

$$z = x + iy = r(\cos\theta + i\sin\theta) = re^{i\theta} \quad \therefore \quad z = re^{i\theta}$$

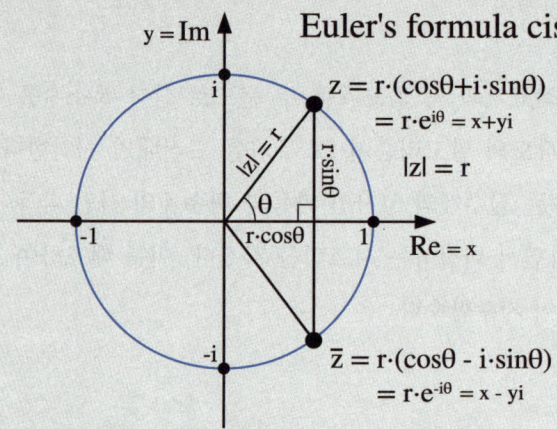

$$z(x,y) = x + yi, \quad z(r,\theta) = re^{i\theta}, \quad z(r,\omega,t) = re^{i\omega t}$$

$$e^{i\theta} = \cos\theta + i\sin\theta = 1\cdot\cos\theta + i\sin\theta$$

$$1 = 1 + 0i \stackrel{@}{=} \begin{pmatrix}\cos 0 & -\sin 0\\\sin 0 & \cos 0\end{pmatrix} = \begin{pmatrix}1 & 0\\0 & 1\end{pmatrix}, \quad i = 0 + i \stackrel{@}{=} \begin{pmatrix}\cos\frac{\pi}{2} & -\sin\frac{\pi}{2}\\\sin\frac{\pi}{2} & \cos\frac{\pi}{2}\end{pmatrix} = \begin{pmatrix}0 & -1\\1 & 0\end{pmatrix}$$

$$e^{i\theta} = \begin{pmatrix}\cos\theta & -\sin\theta\\\sin\theta & \cos\theta\end{pmatrix} = \cos\theta\begin{pmatrix}1 & 0\\0 & 1\end{pmatrix} + \sin\theta\begin{pmatrix}0 & -1\\1 & 0\end{pmatrix}$$

$$r^2 = x^2 + y^2, \quad \tan\theta = \frac{y}{x}, \quad \cos\theta = \frac{x}{r}, \quad \sin\theta = \frac{y}{r}$$

$$(r\cos\theta)^2 + (r\sin\theta)^2 = r^2, \quad r = 1 \quad \therefore \cos^2\theta + \sin^2\theta = 1$$

$$(\cos\theta + i\sin\theta)^n = \cos n\theta + i\sin n\theta$$

$$z = x + yi = r(\cos\theta + i\sin\theta) = re^{i\theta} = re^{i\omega t}$$

$$|z|^2 = z\bar{z} = (x+yi)(x-yi) = x^2 + y^2 = r^2 \geq 0$$

$$|z|^2 = z\bar{z} = r(\cos\theta + i\sin\theta) \cdot r(\cos\theta - i\sin\theta) = r^2(\cos\theta^2 + \sin\theta^2) = r^2 \cdot 1 = r^2$$

$$|z|^2 = z\bar{z} = re^{i\theta} \cdot re^{-i\theta} = r^2 \cdot e^{i\theta - i\theta} = r^2 \cdot e^0 = r^2$$

$$\therefore \; |z|^2 = r^2$$

$$e^{a+bi} = e^a \cdot e^{bi} = e^a \cdot (\cos b + i\sin b)$$

$$\mathrm{Re}(e^{i\theta}) = \cos\theta, \quad \mathrm{Im}(e^{i\theta}) = \sin\theta$$

$$e^{i\theta} = \mathrm{Re}(e^{i\theta}) + \mathrm{Im}(e^{i\theta})i = \cos\theta + i\sin\theta$$

Angular Velocity ω

$$\omega = \frac{\theta}{t}, \quad \theta = \omega t, \quad e^{i\theta} = e^{i\omega t}, \quad \dot{\theta} = \frac{d\theta}{dt} = \frac{d}{dt}\omega t = \omega$$

$$\dot{r} = r(a - r^2), \quad \dot{\theta} = 1, \quad \frac{d}{dt}r = \dot{r} = r(a - r^2), \quad \frac{d}{dt}\theta = \dot{\theta} = 1$$

오일러의 공식 CIS 에 숨은 알고리즘을 복소수, 각도, 원, 행렬의 차원으로 해석하고, 평형의 상징인 0점이 어떻게 나타나는지를 다각적으로 전개해 본다.

이 과정은 입자 가속기로 원자를 쪼개 그 속을 들여다보는 것과 같이, 0과 1을 입자로 관점 전환하여 그 속에 있는 시간 입자를 추출해 내는 실험이다.

$$\dot{0} = (0_c, 0_s)$$
$$z(r,\theta) = re^{i\theta} = r(\cos\theta + i\sin\theta)$$
$$z_0(1,\theta) = e^{i\theta} = \cos\theta + i\sin\theta = \cancel{0 + 0i} = 0$$

Impossible 0 on circle

z_0 복소수의 0점은 실수계의 0과 허수계의 0이 결합했다고 말하기에는 논리적 결함이 발생한다. 복제된 두 세계의 0점이 모두 일치하는 0이라는 관점은 다분히 각자의 세계 속에 있을 때만의 생각이다. 즉 동상이몽인 셈이다.

그러나 신과 같은 관조적 관점에서 두 세계가 원의 논리를 형성하는 관계는 90도로 어긋나 진동하는 시간의 무늬로 형성되어 있다.

따라서 실수계와 허수계를 모두 관장하는 신의 입장에서 z_0 복소수의 0점은 진동하는 0이 평형점으로 올바른 선택이 된다.

$$z_0(1,\theta) = \cos\theta + i\sin\theta = 0_c + 0_s i = \dot{0} = \begin{cases} 0+1i \\ 1+0i \end{cases}$$

Pulsing 0 by Orthogonal $\dfrac{\pi}{2}$

$$\therefore z_0(1,\theta) = 0_c + 0_s i = \dot{0} = \begin{bmatrix} 0_c \\ 0_s \end{bmatrix} = \begin{bmatrix} 0 & 1 \\ 1 & 0 \end{bmatrix} \stackrel{@}{=} \begin{bmatrix} \cos\theta_c & \sin\theta_c \\ \cos\theta_s & \sin\theta_s \end{bmatrix} \stackrel{@}{=} \dot{\text{i}} = \begin{bmatrix} 1_s \\ 1_c \end{bmatrix}$$

진동하는 0은 코사인과 사인의 파동으로 0과 1이 번갈아 진동하는 입자 $\dot{0} = (0_c, 0_s)$ 로 정리된다. 우리는 여기서 분모가 0이면 부정 또는 불능이라고 정의했던 선분논리 수학의 한계를 확인할 수 있다. 속에서 진동하는 0과 1 입자의 실체 앞에서 선분논리가 엄격하게 말했던 부정과 불능은 더 이상 의미가 없어진다.

$$\cos\theta + i\sin\theta = 0_c + 0_s i \xRightarrow{\theta=(\theta_c,\theta_s)} \begin{bmatrix} \cos\theta_c \\ \sin\theta_s \end{bmatrix} = \begin{bmatrix} 0_c \\ 0_s \end{bmatrix} = \begin{bmatrix} 0 & 1 \\ 1 & 0 \end{bmatrix}$$

복소평면에서 0입자는 각도에 대한 생각을 달리할 수 있게 한다. 코사인 파동의 각도와 사인 파동의 각도는 각각 독립적인 두 무한으로, 순서쌍과 같은 관계를 하며 90도의 격차를 가졌다. 이를 행렬로 해석하면 단위행렬이 나타난다. 따라서 복소평면에서 진동하는 0입자가 행렬의 관점에서 단위행렬이었던 것이다.

$$\therefore z_0(1,\theta) @ \begin{bmatrix} \cos\theta_c & \sin\theta_c \\ \cos\theta_s & \sin\theta_s \end{bmatrix} = \begin{bmatrix} 0 & 1 \\ 1 & 0 \end{bmatrix} = \dot{0} @ i$$

복소평면의 0입자는 관점에 따라 코사인계와 사인계, 두 각도의 눈으로 관찰할 수 있다. 복소평면의 두 각도는 단위행렬이 가진 0과 1의 인자가 어느 각도에서 보이는지를 기록할 수 있게 한다.

코사인의 눈은 0도에서 1인자를 볼 수 있고, 90도에서 0인자가 보인다. 반대로 사인의 눈에는 0도에서 0인자가 나타나고 90도에서 1인자가 나타난다. 이는 복소평면에서 0입자가 0인자와 1인자가 중첩된 상태를 가졌다는 것을 암시한다. 따라서 복소 입자의 관점에서 단위행렬은 0입자이면서 1입자이기도 하다.

양자 컴퓨터의 큐비트는 정보의 중첩성을 활용한다. 큐비트의 중첩성은 쌍양자의 동시성의 원리를 응용한 프로그램인 셈이다. 안타까운 것은 양자 얽힘 현상을 표면적으로만 해석하고 그 특성을 정의하면서 프레임에 갇히는 현상을 겪고 있다는 점이다.

0과 1의 상태를 모두 가졌으나 관측하는 것으로 그 상태를 결정하고 동시에 상대적 상태가 결정되는 알고리즘은 시간의 동시적 진동성에 그 본질이 있다. 그리고 동시적 얽힘 현상은 신비한 양자 세계에만 있는 것이 아니라 우리의 일상에 널려 있다.

양자 얽힘 현상을 시간파와 공간파의 관계로 볼 때, 복소평면의 두 축이 90도 관계를 하는 데서 그 유래를 인식할 수 있다. 시간의 파동은 사인 각도가 180도 간격으로 0인자에 그 무늬를 드러내고, 공간의 파동은 90도부터 0인자를 보이되 시간파와 같은 180도 주기로 쌍을 이룬다. 이 때문에 양자 역학에서 전자가 1/2 반정수의 특성으로 3차원 공간 입자를 형성한다.

$$\therefore \dot{\theta} = \begin{bmatrix} \theta_c \\ \theta_s \end{bmatrix} = \begin{bmatrix} \dfrac{2n-1}{2}\pi \\ n\pi \end{bmatrix}$$

단위행렬의 0입자와 1입자 중첩은 덧셈의 항등원 0과 곱셈의 항등원 1이 중첩된 현상이다. 이는 행렬의 알고리즘이 덧셈과 곱셈의 알고리즘을 모두 가졌기 때문에 나타나는 현상이다. 게다가 덧셈과 곱셈이 90도 관계로 평면파를 형성하여 관점에 따라 두 항등원이 인자로 나타난다. 참고로 이런 관점 현상은 편미분의 편광 현상과 같다.

Orthogonal half-pi Pulsing Zero

$$\dot{0} = (0_c, 0_s)$$

$$z(r,\theta) = re^{i\theta} = r(\cos\theta + i\sin\theta)$$
$$z_0(1,\theta) = e^{i\theta} = \cos\theta + i\sin\theta = \cancel{0+0i} = 0$$

Impossible 0 by single θ on circle

$$z_0(1,\theta) = \cos\theta + i\sin\theta = 0_c + 0_s i = \dot{0} = \begin{cases} 0 + 1i \\ 1 + 0i \end{cases}$$

: Pulsing 0 by Orthogonal $\dfrac{\pi}{2}$

$$\therefore z_0(1,\theta) = 0_c + 0_s i = \dot{0} = \begin{bmatrix} 0_c \\ 0_s \end{bmatrix} = \begin{bmatrix} 0 & 1 \\ 1 & 0 \end{bmatrix} \stackrel{@}{=} \begin{bmatrix} \cos\theta_c & \sin\theta_c \\ \cos\theta_s & \sin\theta_s \end{bmatrix} \stackrel{@}{=} \dot{1} = \begin{bmatrix} 1_s \\ 1_c \end{bmatrix}$$

$$\cos\theta + i\sin\theta = 0_c + 0_s i \xRightarrow{\theta=(\theta_c,\theta_s)} \begin{bmatrix} \cos\theta_c \\ \sin\theta_s \end{bmatrix} = \begin{bmatrix} 0_c \\ 0_s \end{bmatrix} = \begin{bmatrix} 0 & 1 \\ 1 & 0 \end{bmatrix}$$

$$\therefore z_0(1,\theta) \stackrel{@}{=} \begin{bmatrix} \cos\theta_c & \sin\theta_c \\ \cos\theta_s & \sin\theta_s \end{bmatrix} = \begin{bmatrix} 0 & 1 \\ 1 & 0 \end{bmatrix} = \dot{0} \stackrel{@}{=} \dot{1}$$

$$\therefore \dot{\theta} = \begin{bmatrix} \theta_c \\ \theta_s \end{bmatrix} = \begin{bmatrix} \dfrac{2n-1}{2}\pi \\ n\pi \end{bmatrix}$$

복소 평형점, 윙크 접근법
Complex Equilibrium Points, Winky Approach

진동하는 0은 알게 모르게 원을 코사인과 사인으로 축분해 하는 윙크 축분해법을 선사했다. 윙크 축분해법은 두 관점으로 복소 공간을 해석할 수 있는 훌륭한 쌍안경을 제공하기도 한다.

공간 입자가 하나로만 존재하고 쪼개질 수 없다면, 인간은 더 이상의 숨은 알고리즘을 탐험할 수 없고, 우주는 유한한 세계가 되어 버린다. 쪼개고 쪼개도 무한히 쪼개질 수 있어야 우리가 사는 우주가 무한계로 존재할 수 있다.

인간의 두 눈이 쌍둥이와 같이 복제된 알고리즘이지만, 왼쪽과 오른쪽 두 차원으로 쪼개지면서 서로의 각도는 90도로 대칭을 이룬다.

이 말은 각자의 눈에는 서로 다른 각도의 논리가 90도로 합산된다는 알고리즘을 숨겨두고 있다.

따라서 윙크 축분해법은 하나의 원을 코사인의 눈과 사인의 눈으로 나누었고, 각자의 눈은 서로 다른 각도에서 전체를 계산한다.

그리고 분기는 각자의 축을 기준으로 0점에 교차되는 현상을 관측하는 방식이었다.

하나의 복소수 z 분기는 코사인의 각도 θ_c 로 본 평형과 사인의 각도 θ_s 로 본 평형이 합쳐져서 완전한 분기 이론으로 정리된다.

복소 평형점 : 윙크 축분해 접근법
Complex Equilibrium Points : VPM Winky Approach

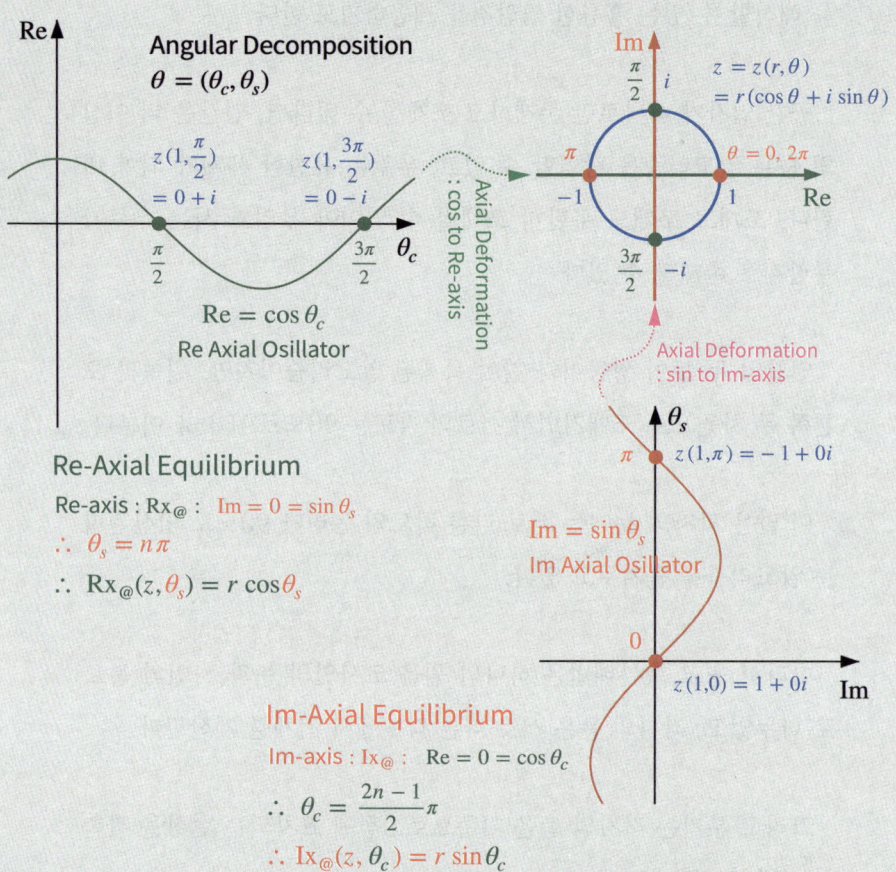

Angular Decomposition
$\theta = (\theta_c, \theta_s)$

$z(1, \frac{\pi}{2}) = 0 + i$

$z(1, \frac{3\pi}{2}) = 0 - i$

$\text{Re} = \cos\theta_c$
Re Axial Osillator

Axial Deformation : cos to Re-axis

$z = z(r, \theta) = r(\cos\theta + i\sin\theta)$

$\theta = 0, 2\pi$

Axial Deformation : sin to Im-axis

$z(1, \pi) = -1 + 0i$

$\text{Im} = \sin\theta_s$
Im Axial Osillator

$z(1, 0) = 1 + 0i$

Re-Axial Equilibrium

Re-axis : $\text{Rx}_@$: $\text{Im} = 0 = \sin\theta_s$

$\therefore \theta_s = n\pi$

$\therefore \text{Rx}_@(z, \theta_s) = r\cos\theta_s$

Im-Axial Equilibrium

Im-axis : $\text{Ix}_@$: $\text{Re} = 0 = \cos\theta_c$

$\therefore \theta_c = \frac{2n-1}{2}\pi$

$\therefore \text{Ix}_@(z, \theta_c) = r\sin\theta_c$

Complex z Axial Equilibrium Points 복소 축 분기

$$\theta_c = \frac{2n-1}{2}\pi, \quad \theta_s = n\pi, \quad n \in \mathbb{N}, \quad z \in \mathbb{C}$$

$$z = \text{Rx}_@(z, \theta_s) + i\,\text{Ix}_@(z, \theta_c) = 0 + 0i$$

$$\therefore \text{Rx}_@(z, \theta_s) = 0, \quad \text{Ix}_@(z, \theta_c) = 0$$

Complex z ViewPoints VPs 복소 입자 관점들

$$z(x, y) = \text{Re}(x, y) + i\,\text{Im}(x, y)$$

$$\stackrel{@}{=} z(r, \theta) = \text{Re}(r, \theta) + i\,\text{Im}(r, \theta)$$

$$\stackrel{@}{=} z_r = r(\cos\theta + i\sin\theta)$$

$$\therefore \text{Eigen-Z} \quad z_1 = 1(\cos\theta + i\sin\theta) = z(1, \theta) \stackrel{@}{=} z(\theta)$$

$$\therefore z = r z_1 \stackrel{@}{=} \lambda z_1, \quad r \stackrel{@}{=} \lambda$$

$$z(r, \theta) = \text{Re}(r, \theta) + i\,\text{Im}(r, \theta)$$

$$rz \stackrel{@}{=} \lambda z, \quad z_1(\theta) = \text{Re}(z_1, \theta) + i\,\text{Im}(z_1, \theta)$$

실수계는 코사인으로 0점에 교차되는 분기점을 찾고, 허수계는 사인으로 0점에 도달하는 분기점을 찾는다. 두 세계의 분기점을 같이 한자리에 놓으면 분기 이론이 완성된다. 우리는 이것을 두 각도의 **윙크 접근법**이라 이름 지었다.

복소평면이 그리는 원은 모든 시스템의 근원이다. 따라서 호프 분기의 시스템에서 보이는 분기는 복소원의 무늬를 그린다. 복소원의 무늬는 내부의 무한과 외부의 무한을 구분 짓고 양자화하여 독립된 공간을 형성한다. 이것이 파동의 양자화로 입자가 공간에 나타나는 기본 원리가 된다.

선분논리의 눈에 나타나는 입자의 기저는 0입자다. 실수 파동과 허수 파동이 복소평면에서 0입자를 형성하는 지점을 기하적으로 해석하면, 두 파동의 양자화 분기점이 드러난다.

실수계의 코사인 파동은 1/2 반정수로 시작하여 180도 주기로 0입자를 형성하고, 허수계의 사인 파동은 정수로 시작하여 180도 주기로 0입자를 보인다.

실수계는 공간의 파동이고, 허수계는 시간의 파동이라 했다. 공간은 손에 잡힐 듯 하지만 반정수의 특성으로 켤레 현상이 나타나고 켤레가 양/음 현상을 일으킨다. 그것이 양자 역학에서 전자나 쿼크의 현상으로 나타난다.

반면 시간은 물질도 아닌 것이 보이지도 않을 것 같지만 때로는 정수의 특성의 영향으로 눈에 보이기도 한다. 이런 것이 보손이나 힉스 입자로 나타나고 때로는 광자와 같이 눈에 보이는 것도 있다.

분기 이론은 미분 방정식 또는 미분 입자에 대한 논리다.

그리고 삼각함수를 통해 복소수를 해석해야 하기 때문에, 삼각함수의 미분법에 대한 생성과 소멸 알고리즘을 잠시 정리해 둘 필요가 있다.

삼각함수의 세계도 두 삼각함수를 더하고 빼는 관계를 통해 곱셈과 나눗셈의 관계가 나타나고, 그 과정에 피타고라스 정리의 기본 원리에 따라 생성과 소멸 현상이 나타난다.

이 원리는 삼각함수의 미분에서 코사인과 사인이 서로 뒤바뀌는 현상이 나타난다. 이런 현상은 당연해서 지나쳤지만, 관점을 달리해서 관찰하면 신비한 현상으로 보이면서 무한의 문이 나타난다. 여기쯤이 진화의 분기점이다.

Angular Decomposition 각도 분해

$$\theta = (\theta_c, \theta_s)$$

$$z(\theta) = \text{Re}(z, \theta) + i\,\text{Im}(z, \theta)$$

$$\theta = (\theta_c, \theta_s), \quad z_@(\theta_c, \theta_s) = \text{Re}_@(z, \theta_c) + i\,\text{Im}_@(z, \theta_s)$$

Complex z Equilibrium 복소 분기

Winky Approach – Two Angles

$$z(\theta) = 0 + 0i$$

$$\begin{aligned} z(\theta) &= \text{Re}(z, \theta) + i\,\text{Im}(z, \theta) \\ &= 0 + 0i \\ &= \cos\theta + i\sin\theta \end{aligned}$$

$$\therefore\ \theta = (\theta_c, \theta_s)$$

VP1. Im-Axial Equilibrium 허수축 분기

Ix-Eq : $\theta \stackrel{@}{=} \theta_c$

$$\mathrm{Re}(z,\theta) = 0$$

$\theta \stackrel{@}{=} \theta_c$, $\mathrm{Re}_@(z,\theta_c) = 0$

$\mathrm{Re}_@(z,\theta_c) = \cos\theta_c = 0$

$$\therefore \theta_c = \frac{2n-1}{2}\pi$$

$$z(\theta_c) = \mathrm{Re}_@(z,\theta_c) + i\,\mathrm{Im}_@(z,\theta_c)$$
$$= 0 + i\,\mathrm{Im}_@(z,\theta_c) = 0 + 0i$$

$\therefore \mathrm{Im}_@(z,\theta_c) = 0 = \mathrm{Ix}_@(z,\theta_c)$

$$\because \mathrm{Re}(z,\theta) = 0$$

$\theta \stackrel{@}{=} \theta_c$, $\mathrm{Ix}_@(z,\theta_c) = \mathrm{Ix}_@(z,\dfrac{2n-1}{2}\pi) = 0$

$\therefore \theta_c = \dfrac{2n-1}{2}\pi$, $\cos\theta_c = 0$, $\sin\theta_c = \pm 1$

VP2. Re-Axial Equilibrium 실수축 분기

Rx-Eq : $\theta \stackrel{@}{=} \theta_s$

$$\text{Im}(z, \theta) = 0$$
$$\theta \stackrel{@}{=} \theta_s, \quad \text{Im}_@(z, \theta_s) = 0$$
$$\text{Im}_@(z, \theta_s) = \sin\theta_s = 0$$
$$\therefore \theta_s = n\pi$$

$$z(\theta_s) = \text{Re}_@(z, \theta_s) + \text{Im}_@(z, \theta_s)i$$
$$= \text{Re}_@(z, \theta_s) + 0i = 0 + 0i$$
$$\therefore \text{Re}_@(z, \theta_c) = 0 = \text{Rx}_@(z, \theta_c)$$

$$\because \text{Im}(z, \theta) = 0$$
$$\theta \stackrel{@}{=} \theta_c, \quad \text{Rx}_@(z, \theta_s) = \text{Rx}_@(z, n\pi) = 0$$
$$\therefore \theta_s = n\pi, \quad \cos\theta_s = \pm 1, \quad \sin\theta_s = 0$$

Euler's formula Extension 오일러 공식 확장

$$e^{ix} = \cos x + i \sin x , \quad e^{-ix} = \cos x - i \sin x$$

$$\cos x = \frac{e^{ix} + e^{-ix}}{2} , \quad \sin x = \frac{e^{ix} - e^{-ix}}{2i}$$

$$\cos x = \operatorname{Re}(e^{ix}) , \quad \sin x = \operatorname{Im}(e^{ix})$$

$$e^{a+b} = e^a \cdot e^b$$
$$e^{i(x+y)} = \cos(x+y) + i \sin(x+y)$$
$$e^{ix} e^{iy} = (\cos x + i \sin x)(\cos y + i \sin y)$$
$$= (\cos x \cos y - \sin x \sin y) + i(\cos x \sin y + \sin x \cos y)$$

Trigonometric functions : Sum and difference formulas
삼각함수 합차 공식

$$\sin(x \pm y) = \sin x \cos y \pm \cos x \sin y$$
$$\cos(x \pm y) = \cos x \cos y \mp \sin x \sin y$$

$$x + y = a, \quad x - y = b, \quad a + b = 2x, \quad a - b = 2y$$

$$\sin(x + y) + \sin(x - y) = 2 \sin x \cos y$$
$$\sin(x + y) - \sin(x - y) = 2 \cos x \sin y$$
$$\cos(x + y) + \cos(x - y) = 2 \cos x \cos y$$
$$\cos(x + y) - \cos(x - y) = -2 \sin x \sin y$$

$$\sin a + \sin b = 2 \sin \frac{a+b}{2} \cos \frac{a-b}{2}$$
$$\sin a - \sin b = 2 \cos \frac{a+b}{2} \sin \frac{a-b}{2}$$
$$\cos a + \cos b = 2 \cos \frac{a+b}{2} \cos \frac{a-b}{2}$$
$$\cos a - \cos b = -2 \sin \frac{a+b}{2} \sin \frac{a-b}{2}$$

Trigonometric functions : double-angle formula

삼각함수 배각 공식 $y = x$

$$\sin(x + x) = \sin x \cos x + \cos x \sin x$$
$$\sin 2x = 2 \sin x \cos x$$

$$\cos(x + x) = \cos x \cos x - \sin x \sin x$$
$$\cos 2x = \cos^2 x - \sin^2 x$$

Pythagorean theorem in the Unit Circle

$$\cos^2 x + \sin^2 x = 1^2$$
$$\cos^2 x = 1 - \sin^2 x, \quad \sin^2 x = 1 - \cos^2 x$$
$$\cos 2x = \cos^2 x - \sin^2 x = 2\cos^2 x - 1 = 1 - 2\sin^2 x$$
$$\therefore \cos 2x = 2\cos^2 x - 1 = 1 - 2\sin^2 x$$

Trigonometric functions : half-angle formula

삼각함수 반각 공식 $y = \dfrac{x}{2}$

$$\because \cos 2y = 2\cos^2 y - 1 = 1 - 2\sin^2 y$$
$$\cos x = 1 - 2\sin^2 \frac{x}{2}, \quad \cos x = 2\cos^2 \frac{x}{2} - 1$$
$$\sin^2 \frac{x}{2} = \frac{1 - \cos x}{2}, \quad \cos^2 \frac{x}{2} = \frac{1 + \cos x}{2}$$

Differentiation of trigonometric functions

삼각함수의 미분법

Euler method $t_{n+1} - t_n = h$

$\because h = \lim_{h \to 0} \stackrel{@}{=} 0 \quad \because \cos h \stackrel{@}{=} \cos 0 = 1$

$\dfrac{\cos h - 1}{h} = \dfrac{\cos h}{h} - \dfrac{1}{h} \stackrel{@}{=} \dfrac{1\!\!\!/}{h\!\!\!/} - \dfrac{1\!\!\!/}{h\!\!\!/} \stackrel{@}{=} \dfrac{1\!\!\!/}{0\!\!\!/} - \dfrac{1\!\!\!/}{0\!\!\!/} = 0$

$\dfrac{\sin h}{h} \stackrel{@}{=} \dfrac{h\!\!\!/}{h\!\!\!/} = \dfrac{\emptyset}{\emptyset} = 1 \quad \because \sin h \stackrel{@}{=} \sin 0 = 0 \stackrel{@}{=} h$

$\because \sin(x \pm y) = \sin x \cos y \pm \cos x \sin y$

$\because \cos(x \pm y) = \cos x \cos y \mp \sin x \sin y$

$\dfrac{d}{d\theta} \sin \theta = \dfrac{\sin(\theta + h) - \sin \theta}{h} = \dfrac{(\sin \theta \cos h + \cos \theta \sin h) - \sin \theta}{h}$

$= \dfrac{\sin \theta \cos h - \sin \theta + \cos \theta \sin h}{h} = \sin \theta \dfrac{\cos h - 1}{h} + \cos \theta \dfrac{\sin h}{h}$

$\stackrel{@}{=} \sin \theta \cdot 0 + \cos \theta \cdot 1 = \cos \theta \quad \therefore \dfrac{d}{d\theta} \sin \theta = \cos \theta$

$\dfrac{d}{d\theta} \cos \theta = \dfrac{\cos(\theta + h) - \cos \theta}{h} = \dfrac{\cos \theta \cos h - \sin \theta \sin h - \cos \theta}{h}$

$= \dfrac{\cos \theta \cos h - \cos \theta - \sin \theta \sin h}{h} = \cos \theta \dfrac{\cos h - 1}{h} - \sin \theta \dfrac{\sin h}{h}$

$\stackrel{@}{=} \cos \theta \cdot 0 - \sin \theta \cdot 1 = -\sin \theta \quad \therefore \dfrac{d}{d\theta} \cos \theta = -\sin \theta$

SC Differentiation : Pulsing trigonometric functions
동시 미분법 : 삼각함수 동시파 진동성

$$\nabla_{xy}(\sin\theta_y \cos\theta_x) = \frac{d}{d\theta_y}\sin\theta_y \frac{d}{d\theta_x}\cos\theta_x = -\cos\theta_y \sin\theta_x$$

$$\therefore \; \nabla_@(\sin\theta \cos\theta) = \frac{d}{d\theta}\sin\theta \cos\theta = -\cos\theta \sin\theta$$

자코비안 행렬과 고유 방정식
Jacobian Matrix & Eigen Equation

호프 분기 이론의 끝자락에는 고윳값과 자코비안 행렬이 있다. 자코비안 행렬은 행렬의 인자를 균일하게 편미분 하는 알고리즘이다.

일반 대수의 다항식은 두 차원을 계산할 때 두 방정식을 조합하거나 연립하는 방식을 사용한다. 그런데 행렬은 두 차원을 한 곳에 상하좌우를 맞춰 집결시키고 대각선 논법으로 계산한다. 자코비안 행렬은 이런 대각선 논법에 미분을 도입한 논리다.

$$\text{Jacobian Matrix 자코비안 행렬}$$

$$\mathbf{J} = \begin{bmatrix} \dfrac{\partial \mathbf{f}}{\partial x_1} & \cdots & \dfrac{\partial \mathbf{f}}{\partial x_n} \end{bmatrix} = \begin{bmatrix} \nabla^T f_1 \\ \vdots \\ \nabla^T f_m \end{bmatrix} = \begin{bmatrix} \dfrac{\partial f_1}{\partial x_1} & \cdots & \dfrac{\partial f_1}{\partial x_n} \\ \vdots & \ddots & \vdots \\ \dfrac{\partial f_m}{\partial x_1} & \cdots & \dfrac{\partial f_m}{\partial x_n} \end{bmatrix}$$

같은 방식으로 고윳값과 고유벡터 또는 고유객체도 행렬에 도입하면, 단위행렬을 통해 서로 다른 차원을 같은 차원으로 유도할 수 있다. 이런 행렬의 차원 변환 특성 때문에 공상과학은 시공간을 이동하는 필수 계산기로 행렬을 언급한다. 참고로 이것이 회전논리가 재해석한 행렬식과 역행렬의 숨은 알고리즘이다.

$$\mathbf{A}^{-1} = \frac{1}{|\mathbf{A}|}\mathbf{A}^* = \frac{1}{\det(\mathbf{A})}\operatorname{adj}(\mathbf{A}) \quad : \text{Inverse matrix 역행렬}$$

$$\begin{bmatrix} a & b \\ c & d \end{bmatrix}^{-1} = \frac{1}{\begin{vmatrix} a & b \\ c & d \end{vmatrix}}\begin{bmatrix} d & -b \\ -c & a \end{bmatrix} = \frac{1}{ad-bc}\begin{bmatrix} d & -b \\ -c & a \end{bmatrix}$$

$$\mathbf{A}\mathbf{A}^{-1} = \mathbf{A}^{-1}\mathbf{A} = \mathbf{I}$$

역행렬은 분수 알고리즘의 역수가 근원 원리이고, 역수는 켤레쌍의 자기복제 알고리즘이 근원이다. 이 알고리즘이 실수계에서 양/음으로 나타나 공간 속에 시간이 있음을 보여준다.

아인슈타인의 시공간은 시간의 가로와 공간의 세로가 시공간 평면파를 만드는 원리다. 이런 시공간 평면파 원리가 행과 열로 구성된 행렬의 논리에 모두 담겨 있다. 그래서 행렬을 배운 하이젠베르크가 전자 구름을 연구하면서 오비탈 논리를 전개할 수 있었던 것이다.

역행렬에서는 시공간의 차원 변환 원리가 숨어 있다. 이 과정에서 발생하는 켤레의 반정수 현상과 위상 변화의 전치 현상이 연쇄반응을 일으킨다. 그런 탐험의 뒤안길에는 켤레가 쌍을 이루어 전자밀도를 보게 되고, 위치와 수량의 동시성이 불확정성 원리를 부추긴다.

푸앵카레가 당시 기존 수학과 논쟁할 때 수학에도 직관적 추론이 매우 중요하다고 언급한 바 있다. 푸앵카레의 학문적 철학은 과학의

$$\mathbf{A} = \begin{bmatrix} a & b \\ c & d \end{bmatrix} \quad : \text{Matrix 행렬}$$

$$D = \det(\mathbf{A}) = \begin{vmatrix} a & b \\ c & d \end{vmatrix} = ad - bc \quad : \text{Determinant 행렬식}$$

$$\text{adj}(\mathbf{A}) = \sum_{i=1}^{n} a_{ij} C_{ij} = \sum_{i=1}^{n} a_{ij}(-1)^{i+j} M_{ij}$$

$$\text{adj}(\mathbf{A}) = \mathbf{A}^* = \begin{bmatrix} d & -b \\ -c & a \end{bmatrix} \quad : \text{Adjugate, Adjoint, Adjunct}$$

$$\text{adj}(\mathbf{A}) = \mathbf{A}^* \overset{@}{=} \mathbf{A}^\dagger \overset{@}{=} \mathbf{A}^\mathbf{H} \quad : \text{conjugate Transpose 켤레전치행렬}$$

$$\mathbf{A}^{-1} = \frac{1}{\det(\mathbf{A})} \text{adj}(\mathbf{A}) \quad : \text{Inverse matrix 역행렬}$$

$$\begin{bmatrix} a & b \\ c & d \end{bmatrix}^{-1} = \frac{1}{\begin{vmatrix} a & b \\ c & d \end{vmatrix}} \begin{bmatrix} d & -b \\ -c & a \end{bmatrix} = \frac{1}{ad-bc} \begin{bmatrix} d & -b \\ -c & a \end{bmatrix}$$

$$\frac{1}{ad-bc} \begin{bmatrix} d & -b \\ -c & a \end{bmatrix} \begin{bmatrix} a & b \\ c & d \end{bmatrix} = \frac{1}{ad-bc} \begin{bmatrix} ad-bc & db-bd \\ -ca+ac & -cb+ad \end{bmatrix} = \begin{bmatrix} 1 & 0 \\ 0 & 1 \end{bmatrix}$$

$$\mathbf{A}\mathbf{A}^{-1} = \mathbf{A}^{-1}\mathbf{A} = \mathbf{I}$$

$$\mathbf{C} = \begin{bmatrix} C_{11} & C_{12} & \cdots & C_{1n} \\ C_{21} & C_{22} & \cdots & C_{2n} \\ \vdots & \vdots & \ddots & \vdots \\ C_{n1} & C_{n2} & \cdots & C_{nn} \end{bmatrix}$$

$$\mathbf{C} = \left((-1)^{i+j} \mathbf{M}_{ij}\right)_{1 \le i,j \le n} \qquad \text{adj}(\mathbf{A}) = \mathbf{C}^\mathsf{T} = \left((-1)^{i+j} \mathbf{M}_{ji}\right)_{1 \le i,j \le n}$$

$$\mathbf{A}^{-1} = \frac{1}{\det(\mathbf{A})} \mathbf{C}^\mathsf{T}$$

궁극적 질문을 추측과 가설로 남길 수 있게 했다. 그리고 우리는 지금 그의 추론을 거점으로 공간 분기 이론에 도착했다.

행렬의 차원 변환은 공상과학의 추론에만 머물지 않았고, 실제 양자 역학에서 양자 세계를 탐험하는 논리적 이동 수단으로 이미 활용되고 있다.

행렬은 데카르트 좌표계를 극 좌표계로 변환하는 관점 전환에도 유용하게 활용된다. 극 좌표계는 각도와 길이만으로 존재의 위치가 정의되는 좌표계다.

z 입자는 복소평면에서 실수축과 허수축의 인자로 구성되어 있다. 이것을 (x, y)의 관계로 해석하면, 데카르트 좌표계를 전제로 한 사각형 렌즈로 z 입자를 관찰하는 셈이 된다.

그런데 (r, θ)의 관계로 해석하면, 극 좌표계를 전제로 한 원형 렌즈로 z 입자를 관찰할 수 있다.

$$\dot{z} = \begin{bmatrix} \dot{x} \\ \dot{y} \end{bmatrix} = \begin{bmatrix} r \cos \theta \\ r \sin \theta \end{bmatrix}$$

이렇게 두 관점으로 z 입자를 관찰하는 것은 원뿔곡선이 관점에 따라 점, 원, 타원, 포물선, 쌍곡선, 쌍직선 등으로 나타나는 현상을 종합하여 원뿔을 입체적으로 보는 것과 같다.

만일 (x, y)의 관점과 (r, θ)의 관점을 동시에 사용하여 관찰할 수 있다면, z 입자를 통찰적으로 볼 수 있을 것이다. 이것을 할 수 있는 방법이 바로 자코비안 행렬이다. 그런데 주의할 점은 z 입자를 자코비안 행렬에 어떻게 태우느냐가 중요하다.

(x, y)의 관점으로 본 z 입자는 x 요소와 y 요소를 가졌다. 두 요소를 양자화하여 x 입자와 y 입자로 각자의 세계를 함축한다. 그리고 두 입자를 각각 r 의 관점과 θ 의 관점으로 편미분한다.

이는 수학적으로 (x, y)를 (r, θ)의 관점으로 변환하는 결과를 낳고 회전 변환의 무늬를 보여준다. 우리는 본래 오일러의 회전 변환이 복소원의 원리에서 나왔다는 것을 기억한다.

$$\mathbf{J}(\dot{z}) = \begin{bmatrix} \frac{\partial \dot{x}}{\partial r} & \frac{\partial \dot{x}}{\partial \theta} \\ \frac{\partial \dot{y}}{\partial r} & \frac{\partial \dot{y}}{\partial \theta} \end{bmatrix} = \begin{bmatrix} \frac{\partial}{\partial r} r \cos\theta & \frac{\partial}{\partial \theta} r \cos\theta \\ \frac{\partial}{\partial r} r \sin\theta & \frac{\partial}{\partial \theta} r \sin\theta \end{bmatrix} = \begin{bmatrix} \cos\theta & -r\sin\theta \\ \sin\theta & r\cos\theta \end{bmatrix}$$

그래서 **자코비안 행렬**은 사각 렌즈와 원 렌즈를 양쪽 눈에 장착하고 공간 입자를 확대하여 관찰하는 **양자 쌍안경**이 된다.

이렇게 z 입자를 자코비안 렌즈로 관찰하면 입자의 회전성이 나타난다.

이번엔 z 입자의 자코비안을 수량으로 관찰하여 입자의 고윳값을

들여다 보자. 자코비안은 행렬이므로 그 수량은 절댓값으로 계산할 수 있고, 행렬의 절대값은 행렬식이었다. 따라서 $|\mathbf{J}(\dot{z})|$ 자코비안 행렬식으로 계산하면 피타고라스의 정리에 의해 삼각함수는 소멸되고 각도 θ 와 무관한 길이 r 만 남는 특이점이 발생한다.

$$|\mathbf{J}(\dot{z})| = \begin{vmatrix} \cos\theta & -r\sin\theta \\ \sin\theta & r\cos\theta \end{vmatrix} = r(\cos^2\theta + \sin^2\theta) = r$$

회전 시스템은 입자를 양자화하여 그 수량을 고윳값으로 얻는다. 그런데 여기서의 고윳값은 반지름의 길이로 나타난다. 우리는 이 양자화 실험을 통해 반지름이 고윳값인 입자가 결국 원이라는 것을 통찰할 수 있다. 따라서 왜곡되지 않은 균일한 공간에서 모든 입자는 원으로 존재한다.

회전 시스템의 고윳값에 대한 특이점은 논리 세계를 여행할 때 마법의 묘약으로 활용하기에 유용하다. 복소수를 자코비안 행렬에 태우고 단위행렬을 통해 차원을 통합하면, 고윳값에 대한 2차 방정식이 탄생한다.

여기서는 회전 시스템이 회전에 관점을 두고 있지만 회전 시스템은 모든 입자가 존재하는 근원적 원리다. 따라서 관점만 달리하여 z 입자를 데카르트 평면의 모든 점으로 일반화할 수 있다.

좌표 평면에 있는 모든 점 (x, y)는 2행 2열의 어떤 자코비안 행렬

$\mathbf{J}$ 와 어떤 시스템 (u, v)의 관계로 형성된다고 정의할 수 있다. $\mathbf{J}$ 와 (u, v)의 모든 관계는 곱셈으로 평면파를 형성하고 그 평면파 속에 모든 (x, y) 입자가 존재한다. 둘 간의 관계가 평면파를 형성하는 것은 내적을 의미하고 행렬의 곱으로 논리를 전개할 수 있다.

$$z = \begin{bmatrix} x \\ y \end{bmatrix} = \mathbf{J} \begin{bmatrix} u \\ v \end{bmatrix} = \begin{bmatrix} a & b \\ c & d \end{bmatrix} \begin{bmatrix} u \\ v \end{bmatrix} = \begin{bmatrix} au + bv \\ cu + dv \end{bmatrix}$$

평면 시스템은 순서쌍의 점으로 대표할 수 있다고 했다. 자코비안 행렬 $\mathbf{J}$ 와 점 (u, v)의 관계는 관점 전환으로 자코비안 행렬 $\mathbf{J}$ 와 복소평면의 점 z 의 관계로 해석할 수 있다.

이렇게 되면 자코비안 행렬 $\mathbf{J}$ 는 어떤 점 z 에 대한 고윳값이 되고, 스칼라 고윳값은 행렬의 항등원인 단위행렬을 곱해 자코비안 행렬 $\mathbf{J}$ 로 차원을 이동할 수 있게 된다.

$$\because \text{EigenValues } \lambda, \quad \mathbf{J}z = \lambda z = \lambda \mathbf{I} z$$

자코비안 행렬과 고윳값의 관계를 방정식으로 관점 전환하여 관찰하고 점 z 를 제거하면, 자코비안 행렬 $\mathbf{J}$ 와 고윳값 λ 에 대한 방정식이 보인다.

$$(\mathbf{J} - \lambda\mathbf{I})z = 0 \cdot z \qquad \therefore \ \mathbf{J} - \lambda\mathbf{I} = 0$$

$$\therefore \ |\mathbf{J} - \lambda\mathbf{I}| = \begin{vmatrix} a-\lambda & b \\ c & d-\lambda \end{vmatrix} = (a-\lambda)(d-\lambda) - bc = 0$$

$$\therefore \ \lambda^2 - (a+d)\lambda + ad - bc = 0$$

이것이 모든 공간에 숨어 있는 공간 알고리즘이다. 공간은 이 알고리즘을 통해 분기점을 형성한다. 이 고윳값 방정식은 평면에서 원의 무늬를 그리며 평형을 이루어 양자화로 입자를 형성하고 안팎으로 소용돌이친다.

고윳값 방정식은 데카르트 평면에서는 길이에서 유래했고, 극 좌표계에서는 반지름에서 유래했다. 공간의 임계점에서는 원 무늬를 그리지만, 고윳값 방정식 자체는 포물선을 그린다.

이는 기하적으로 원과 쌍곡선의 중간에 포물선이 있어 발생하는 현상이다. 따라서 포물선은 공간 분기로 에너지가 모여 입자가 되고 에너지가 흩어져 폭발하거나 소멸하는 알고리즘을 모두 가졌다.

오일러가 원으로 우주의 근원을 정리했다면, 푸앵카레는 포물선으로 시공간의 원리를 해석하려 했다.

그래서 공간 분기 이론은 2차 방정식인 포물선으로 통합 정리된다. 푸앵카레의 다이어그램은 공간 분기 이론을 통합하는 중요한 논리적 거점이며, 여기에 고윳값 방정식이 활용된다.

자코비안 행렬은 편미분을 통해 시간의 진동으로 나타난 곡선들의 왜곡 현상을 단순화시키는 데 중요한 도구로 사용된다. 한편 관찰자의 척도에 따라 왜곡된 공간을 분석할 때 자코비안 행렬식을 이용하여 면적 또는 부피의 변화를 계산하기도 한다.

컴퓨터는 회전 시스템의 흐름을 그래프로 표현할 때, 공간의 각 지점에 벡터의 화살표를 사용하여 방향성을 표현한다. 자코비안 행렬 실험에서 보았듯이, 그런 벡터의 순간을 포착하는 논리법이 행렬이다. 행렬은 벡터의 순간을 촬영하는 사진기와 같다.

어떤 시스템 속에 z 입자가 있다는 것은 그 시스템을 대표하는 입자라는 것을 의미한다. 이는 관점에 따라 z 입자 그 자체가 시스템이 된다. z 입자를 (x, y)로 표기한다는 것은 z 입자를 xy 평면파로 표현한 것이고, xy 평면파 속에 z 입자가 있다는 것을 의미한다. 이는 z 입자가 시스템 속에 있는 모든 입자임을 말한다.

z 입자의 (x, y)를 (r, θ)로 변환한다는 것은 사각 렌즈를 원 렌즈로 변환하여 z 입자를 관찰한다는 것이다. 이는 XY 좌표계가 사각 렌즈로 세상을 보는 것과 극 좌표계의 원 렌즈로 세상을 보는 것에 차이가 있음을 의미한다. 사각 렌즈로 보이지 않던 것이 원 렌즈에 드러나는 것은 인간이 Y형 인식 체계에 따른 논리를 가졌기 때문이다.

z 입자의 사례와 같이, 미분의 관점에서 자코비안 행렬을 보면 미분입자에 대한 변환으로 해석할 수 있다. 여기에 자코비안 행렬식을 사용하면 입자에 대한 변화량이 된다. 그리고 이 변화량은 그 입자에 대한 고윳값이기도 하다. 따라서 자코비안 행렬식은 공간에 대한 변화량으로 해석할 수 있다.

$$\begin{bmatrix} dx \\ dy \end{bmatrix} = \mathbf{J} \begin{bmatrix} du \\ dv \end{bmatrix} , \quad dx \cdot dy = |\mathbf{J}|(du \cdot dv)$$

$$\therefore \ |\mathbf{J}| : \text{change in area}$$

Carl Gustav Jacob Jacobi 1804 ~ 1851

Jacobian Matrix 자코비안 행렬
nonlinear to linear transformation by limit

$$\mathbf{J} = \begin{bmatrix} \dfrac{\partial \mathbf{f}}{\partial x_1} & \cdots & \dfrac{\partial \mathbf{f}}{\partial x_n} \end{bmatrix} = \begin{bmatrix} \nabla^T f_1 \\ \vdots \\ \nabla^T f_m \end{bmatrix} = \begin{bmatrix} \dfrac{\partial f_1}{\partial x_1} & \cdots & \dfrac{\partial f_1}{\partial x_n} \\ \vdots & \ddots & \vdots \\ \dfrac{\partial f_m}{\partial x_1} & \cdots & \dfrac{\partial f_m}{\partial x_n} \end{bmatrix}$$

polar-Cartesian transformation 극좌표계 변환

$$\dot{z} = \begin{bmatrix} \dot{x} \\ \dot{y} \end{bmatrix} = \begin{bmatrix} r\cos\theta \\ r\sin\theta \end{bmatrix}$$

$$\mathbf{J}(\dot{z}) = \begin{bmatrix} \dfrac{\partial \dot{x}}{\partial r} & \dfrac{\partial \dot{x}}{\partial \theta} \\ \dfrac{\partial \dot{y}}{\partial r} & \dfrac{\partial \dot{y}}{\partial \theta} \end{bmatrix} = \begin{bmatrix} \dfrac{\partial}{\partial r} r\cos\theta & \dfrac{\partial}{\partial \theta} r\cos\theta \\ \dfrac{\partial}{\partial r} r\sin\theta & \dfrac{\partial}{\partial \theta} r\sin\theta \end{bmatrix} = \begin{bmatrix} \cos\theta & -r\sin\theta \\ \sin\theta & r\cos\theta \end{bmatrix}$$

$$|\mathbf{J}(\dot{z})| = r(\cos^2\theta + \sin^2\theta) = r$$

Jacobian Determinant & EigenValues
자코비안 행렬식과 고윳값

$$f : \mathbb{R}^2 \to \mathbb{R}^2 , \quad \mathbf{J} = \begin{bmatrix} a & b \\ c & d \end{bmatrix} , \quad \mathbf{I} = \begin{bmatrix} 1 & 0 \\ 0 & 1 \end{bmatrix}$$

$$z = \begin{bmatrix} x \\ y \end{bmatrix} = \mathbf{J} \begin{bmatrix} u \\ v \end{bmatrix} = \begin{bmatrix} a & b \\ c & d \end{bmatrix} \begin{bmatrix} u \\ v \end{bmatrix} = \begin{bmatrix} au + bv \\ cu + dv \end{bmatrix}$$

$$\because \text{EigenValues } \lambda , \quad \mathbf{J}z = \lambda z , \quad 0 \stackrel{@}{=} \begin{bmatrix} 0 \\ 0 \end{bmatrix} \stackrel{@}{=} \mathbf{0} = \begin{bmatrix} 0 \\ 0 \end{bmatrix} \begin{bmatrix} x \\ y \end{bmatrix}$$

$$\mathbf{J}z - \lambda z = 0 \stackrel{@}{=} \mathbf{0} = \begin{bmatrix} a & b \\ c & d \end{bmatrix} \begin{bmatrix} x \\ y \end{bmatrix} - \lambda \begin{bmatrix} x \\ y \end{bmatrix} = \begin{bmatrix} 0 \\ 0 \end{bmatrix} \stackrel{@}{=} \begin{bmatrix} 0 \\ 0 \end{bmatrix} \begin{bmatrix} x \\ y \end{bmatrix}$$

$$\mathbf{J}z - \lambda \mathbf{I} z = 0 = \begin{bmatrix} a & b \\ c & d \end{bmatrix} \begin{bmatrix} x \\ y \end{bmatrix} - \lambda \begin{bmatrix} 1 & 0 \\ 0 & 1 \end{bmatrix} \begin{bmatrix} x \\ y \end{bmatrix}$$

$$= \left(\begin{bmatrix} a & b \\ c & d \end{bmatrix} - \lambda \begin{bmatrix} 1 & 0 \\ 0 & 1 \end{bmatrix} \right) \begin{bmatrix} x \\ y \end{bmatrix} = \begin{bmatrix} a - \lambda & b \\ c & d - \lambda \end{bmatrix} \begin{bmatrix} x \\ y \end{bmatrix} = \begin{bmatrix} 0 \\ 0 \end{bmatrix} \begin{bmatrix} x \\ y \end{bmatrix}$$

$$(\mathbf{J} - \lambda \mathbf{I})z = 0 \cdot z \quad \therefore (\mathbf{J} - \lambda \mathbf{I}) = 0$$

$$\therefore |\mathbf{J} - \lambda \mathbf{I}| = \begin{vmatrix} a - \lambda & b \\ c & d - \lambda \end{vmatrix} = (a - \lambda)(d - \lambda) - bc = 0$$

$$\therefore \lambda^2 - (a + d)\lambda + ad - bc = 0$$

Geometric Interpretation 기하적 해석

$$\begin{bmatrix} dx \\ dy \end{bmatrix} = \mathbf{J} \begin{bmatrix} du \\ dv \end{bmatrix} , \quad dx \cdot dy = |\mathbf{J}|(du \cdot dv)$$

$$\therefore |\mathbf{J}| : \text{change in area}$$

호프 분기의 재해석
Hopf bif. Reinterpreting

복소수, 삼각함수, 오일러 공식, 윙크 축분해, 고윳값, 자코비안 행렬 등의 논리 도구들을 마법의 묘약으로 추슬러 마법사가 되면, 푸앵카레로부터 출발했던 호프 분기의 세계로 탐험을 시작한다.

호프 분기로의 탐험에는 두 가지 코스가 있다. 우리는 허수를 실수로 인식하기 때문에 실수계에 있다. 그 실수계에 인접한 문을 열어 탐험하는 코스가 있고, 또 하나는 복소수의 관조적 입장에서 탐험하는 코스가 있다.

첫 번째 코스는 호프 시스템의 환경 변수를 **실수 조건**으로 구체화한다. 이렇게 하면 호프 분기의 문이 열린다.

$$\text{호프 시스템의 환경 변수가 실수일 때} : b \in \mathbb{R}$$

복소수의 정의에 따라 **실수계**와 **허수계**를 분리한다. 복소수는 삼각함수로 변환하여 극 좌표계에서 탐험할 수 있기 때문에 시스템은 길이와 각도로 실수계와 허수계를 분리한다.

$$\text{실수계} : \operatorname{Re}(\dot{z}, \theta), \quad \text{허수계} : \operatorname{Im}(\dot{z}, \theta)$$

이번엔 윙크 축분해법으로 실수축과 허수축의 관점에서 평형점을 찾는다. 분기 이론에서 평형점을 찾는 일은 결괏값이 0이 되는 방정식을 구성하고 관점 축과의 교점을 구하는 일이다.

실수축은 허수계가 0일 때이고, 허수계의 **사인 각**으로 전체를 관람한다. 따라서 **실수축 관점 방정식**은 사인 각으로 본 **시스템 분기**가 된다.

실수축 : Rx , 사인 각 : θ_S
허수계가 0일 때 : $\text{Im}(\dot{z}, \theta) = 0$
시스템 분기 : $\text{Rx}_@(\dot{z}, \theta_S) = 0$

실수축 관점 방정식 : Rx-Eq, Real Axis Equation

사인은 매 180도마다 0으로 소멸되고 평형상태가 되므로, **사인 각**은 180도의 배수다.

사인 각 180도의 배수
$$\theta_S = n\pi$$

이 각도를 **실수축 분기 방정식**에 대입하면, **실수축**에서 본 호프 시스템의 0점에 대한 **평형 곡선 방정식**이 나타난다.

Hopf bif. Reinterpreting @1 : Equilibrium Curves
호프 분기 재해석 @1 : 평형 곡선

$$\dot{z} = z((a+i) + b|z|^2)$$

$$z = x + yi, \quad b = \alpha + i\beta, \quad \alpha, \beta \in \mathbb{R}, \quad \text{parameter } a \in \mathbb{R}$$

Let $\quad \beta = 0, \quad b \in \mathbb{R}, \quad b = \alpha + 0i$

$$\dot{z}(\theta) = \text{Re}(\dot{z}, \theta) + \text{Im}(\dot{z}, \theta)i = 0 = 0 + 0i$$

※ $z = x + yi = r(\cos\theta + i\sin\theta) = re^{i\theta} = re^{i\omega t}$

※ $|z| = \sqrt{x^2 + y^2} = r(\cos^2\theta + \sin^2\theta)$
$= r(\cos\theta + i\sin\theta)(\cos\theta - i\sin\theta) = re^{i0} = re^{i\omega 0} = r$
각도 또는 시간이 0이면 동시공간량

※ $|z|^2 = x^2 + y^2 = r^2(\cos^2\theta + \sin^2\theta)^2 = r^2$: 평면파

※ $b = \alpha + i\beta, \quad ib = i(\alpha + i\beta) = i\alpha - \beta$

$$\dot{z} = z(a + i + b|z|^2) = \text{Re}(\dot{z}, \theta) + i\,\text{Im}(\dot{z}, \theta)$$
$$= z(a + i + br^2) = r(\cos\theta + i\sin\theta)(a + i + br^2)$$
$$= r(\cos\theta + i\sin\theta)(a + i + (\alpha + i\beta)r^2)$$
$$= r(\cos\theta + i\sin\theta)\Big((a + \alpha r^2) + (1 + \beta r^2)i\Big)$$
$$= r\Big(\cos\theta(a + \alpha r^2) - \sin\theta(1 + \beta r^2) + i(\sin\theta(a + \alpha r^2) + \cos\theta(1 + \beta r^2))\Big)$$
$$= r\Big(a\cos\theta \underline{+\alpha r^2\cos\theta} - \sin\theta \underline{-\beta r^2\sin\theta} + ia\sin\theta \underline{+i\alpha r^2\sin\theta} + i\cos\theta \underline{+i\beta r^2\cos\theta}\Big)$$
$$= r\Big(a\cos\theta - \sin\theta + ia\sin\theta + i\cos\theta + \underline{\alpha r^2\cos\theta + i\beta r^2\cos\theta} + \underline{i\alpha r^2\sin\theta - \beta r^2\sin\theta}\Big)$$

$$\because \alpha r^2\cos\theta + i\beta r^2\cos\theta = (\alpha + i\beta)r^2\cos\theta = br^2\cos\theta$$
$$\because i\alpha r^2\sin\theta - \beta r^2\sin\theta = i(\alpha r^2\sin\theta + i\beta r^2\sin\theta) = i(\alpha + i\beta)r^2\sin\theta = ibr^2\sin\theta$$

$$= r\Big(a\cos\theta - \sin\theta + ia\sin\theta + i\cos\theta + \underline{br^2\cos\theta + ibr^2\sin\theta}\Big)$$
$$= r(a\cos\theta + i\cos\theta + br^2\cos\theta) + r(ia\sin\theta - \sin\theta + ibr^2\sin\theta)$$
$$= r(a\cos\theta - \sin\theta + br^2\cos\theta) + ir(a\sin\theta + \cos\theta + br^2\sin\theta)$$
$$\therefore \dot{z} = r(a\cos\theta - \sin\theta + br^2\cos\theta) + ir(a\sin\theta + \cos\theta + br^2\sin\theta)$$

$$\dot{z} = \text{Re}(\dot{z}, \theta) + i\,\text{Im}(\dot{z}, \theta)$$
$$\therefore \text{Rx}_{@}(\dot{z}, \theta_s) = r(a\cos\theta_s - \sin\theta_s + br^2\cos\theta_s)$$
$$\therefore \text{Ix}_{@}(\dot{z}, \theta_c) = r(a\sin\theta_c + \cos\theta_c + br^2\sin\theta_c)$$

$$\text{Rx-Eq} : \text{Im}(\dot{z}, \theta) = 0$$

$$\theta \stackrel{@}{=} \theta_s, \quad \text{Rx}_@(\dot{z}, \theta_s) = \text{Rx}_@(\dot{z}, n\pi) = 0$$

$$\therefore \theta_s = n\pi, \quad \cos\theta_s = \pm 1, \quad \sin\theta_s = 0$$

$$\text{Rx}_@(\dot{z}, \theta_s) = 0 = r(a\cos\theta_s - \sin\theta_s + br^2\cos\theta_s) = \pm r(a + br^2)$$

$$\text{Ix-Eq} : \text{Re}(\dot{z}, \theta) = 0$$

$$\theta \stackrel{@}{=} \theta_c, \quad \text{Ix}_@(\dot{z}, \theta_c) = \text{Ix}_@(\dot{z}, \frac{2n-1}{2}\pi) = 0$$

$$\therefore \theta_c = \frac{2n-1}{2}\pi, \quad \cos\theta_c = 0, \quad \sin\theta_c = \pm 1$$

$$\text{Ix}_@(\dot{z}, \theta_c) = 0 = r(a\sin\theta_c + \cos\theta_c + br^2\sin\theta_c) = \pm r(a + br^2)$$

$$\therefore \text{Ix}_@(\dot{z}, \theta_c) = \text{Rx}_@(\dot{z}, \theta_s) = 0 = r(a + br^2)$$

It means the Equilibrium Curve is *a* limit circle

$$\therefore \dot{z}_0 = r(a + br^2) = 0$$

$$\because b = \alpha + i\beta$$

$$\therefore \begin{cases} r = 0 \\ a + br^2 = 0 \end{cases}, \quad r^2 = -\frac{a}{b} \stackrel{@}{=} -\frac{a}{\alpha} \stackrel{@}{=} -\frac{a}{\alpha + i\beta}$$

실수축 분기 방정식 $\quad \text{Rx}_@(\dot{z}, \theta_s) = 0$

평형 곡선 방정식 $\quad \dot{z}_0 = r(a + br^2) = 0$

허수축 관점 방정식도 같은 방법으로 전개하면, 실수축 관점 방정식과 같은 결과를 맞이한다.

허수축 관점 방정식 : Ix-Eq, Imaginary Axis Equation

평형 곡선 방정식을 r 에 대한 방정식으로 관점 전환하면, r 과 환경 변수 a, b 의 관계가 정리된다. 이 관계는 호프 분기 일반식에서 정리한 분기 요소의 일부에 해당한다.

두 번째 호프 분기 탐험 코스는 관조적 방법이다. 관조적 방법은 앞서 윙크 축분해에서 편광으로 시스템을 분석하는 것과는 달리 행렬의 관조성을 활용한다.

호프 일반식은 환경 변수 b 가 복소수이기 때문에, 실수의 관점에서 탐험할 때 드러나지 않는 부분이 있다.

그렇다고 복소수 b 에 실수와 허수로 분해한 식을 대입하여 정리하면 될 것 같기도 하지만, 이 방법만으로는 관조적 관점이라고 하기에는 부족함이 있다.

복소수 b 분해식
$b = \alpha + i\beta$

  이와 같은 경우 관조적 접근법은 새로운 관점으로 묶어 개념화하는 기법을 사용한다.

  z 는 삼각함수 또는 지수 함수로 변환할 수 있고, 복소수의 제곱 $|z|^2$ 은 r 로 간단히 정리할 수 있다. 두 계수 a, b 와 얽혀 있는 관계는 실수부와 허수부로 어떻게든 정리된다고 가정한다.

$$\begin{aligned}
\dot{z}_0 &= z(a + i + b|z|^2) = z(a + i + br^2) \\
&= r(\cos\theta + i\sin\theta)(a + i + br^2) \\
&= re^{i\theta}(\bar{\omega} + \omega i) = 0 \\
&= r(\cos\theta + i\sin\theta)(a + i + (\alpha + i\beta)r^2) \\
&= r(\cos\theta + i\sin\theta)\Big((a + \alpha r^2) + (1 + \beta r^2)i\Big) \\
\therefore\ \bar{\omega} &= a + \alpha r^2 = 0,\quad \omega = 1 + \beta r^2 = 0
\end{aligned}$$

  허수부에서 나타난 평형 방정식 $\omega = 1 + \beta r^2 = 0$ 은 호프 분기 일반식의 요소였다. 이제 방정식의 관점에서 0이 될 수 있는 모든 경우를 추슬러 각각의 경우에 대한 논리를 정리한다.

평형 방정식

$$\omega = 1 + \beta r^2 = 0$$

삼각함수로 해석한 부분이 0일 경우는 진동하는 0이 나타난다. 이 때 각도는 코사인 각의 관점과 사인 각의 관점으로 나뉘어 진동하는 0의 근원지를 파악할 수 있게 한다. 관조적 관점의 탐험에서는 누락된 영역이 없기 때문에, 호프 분기 일반식에 있는 모든 요소를 포괄한다.

호프 분기의 일반식만으로는 실제 복소수가 어떻게 회전 시스템으로 실상에 나타나는지 직감하기 어렵다. 호프 분기의 대표적인 사례를 분석하고 컴퓨터 시뮬레이션으로 실증해 본다.

$$\dot{z} = \begin{bmatrix} \dot{x} \\ \dot{y} \end{bmatrix} = \begin{bmatrix} ax - y - x(x^2 + y^2) \\ ay + x - y(x^2 + y^2) \end{bmatrix}$$

샘플 시스템을 자코비안 행렬로 편미분 하면, 편광적 접근들을 종합적으로 관조할 수 있다.

Hopf bif. Reinterpreting @2 : Equilibrium ViewCases
호프 분기 재해석 @2 : 평형 관점

$$\dot{z} = z((a+i) + b|z|^2)$$

$z = x + yi$, $b = \alpha + i\beta$, $\alpha, \beta \in \mathbb{R}$, parameter $a \in \mathbb{R}$

Limit cycle : $z(t) = re^{i\omega t}$

$\because z = x + yi = r(\cos\theta + i\sin\theta) = re^{i\theta}$
$\because |z|^2 = z\bar{z} = re^{i\theta} \cdot re^{-i\theta} = r^2 \cdot e^{i\theta - i\theta} = r^2 \cdot e^0 = r^2$

$$\dot{z}_0 = z(a + i + b|z|^2) = z(a + i + br^2)$$
$$= r(\cos\theta + i\sin\theta)(a + i + br^2)$$
$$= re^{i\theta}(\bar{\omega} + \omega i) = 0$$
$$= r(\cos\theta + i\sin\theta)(a + i + (\alpha + i\beta)r^2)$$
$$= r(\cos\theta + i\sin\theta)\Big((a + \alpha r^2) + (1 + \beta r^2)i\Big)$$

$$\dot{z}_0 = \begin{bmatrix} \dot{0}_1 \\ \dot{0}_2 \end{bmatrix} = \begin{bmatrix} e^{i\theta} \\ \bar{\omega} + \omega i \end{bmatrix} = \begin{bmatrix} \cos\theta + i\sin\theta \\ \bar{\omega} + \omega i \end{bmatrix} = \begin{bmatrix} 0_c + 0_s i \\ 0 + 0i \end{bmatrix}$$

$$\dot{0}_1 = \cos\theta + i\sin\theta = 0_c + 0_s i = \dot{0} = \begin{cases} 0 + 1i \\ 1 + 0i \end{cases}$$

$$\dot{0}_1 \stackrel{@}{=} \begin{bmatrix} \cos\theta_c & \sin\theta_c \\ \cos\theta_s & \sin\theta_s \end{bmatrix} = \begin{bmatrix} 0 & 1 \\ 1 & 0 \end{bmatrix}$$

$$\therefore \dot{\theta} = \begin{bmatrix} \theta_c \\ \theta_s \end{bmatrix} = \begin{bmatrix} \dfrac{2n-1}{2}\pi \\ n\pi \end{bmatrix}$$

$$\dot{0}_2 = \bar{\omega} + \omega i = 0 + 0i$$

$$\therefore \begin{bmatrix} \bar{\omega} \\ \omega \end{bmatrix} = \begin{bmatrix} 0 \\ 0 \end{bmatrix} = \begin{bmatrix} a + \alpha r^2 \\ 1 + \beta r^2 \end{bmatrix}$$

$$\therefore \bar{\omega} = a + \alpha r^2 = 0, \quad \omega = 1 + \beta r^2 = 0$$

$$\therefore r^2 = -\dfrac{a}{\alpha}, \quad \omega = 1 + \beta r^2$$

$$\dot{x} = ax - y - x(x^2 + y^2) = ax - y - x^3 - xy^2$$

$$\frac{\partial}{\partial x}\dot{x} = \frac{\partial}{\partial x}\left(ax - y - x^3 - xy^2\right) = a - 3x^2 - y^2$$

$$\frac{\partial}{\partial y}\dot{y} = \frac{\partial}{\partial y}\left(ax - y - x^3 - xy^2\right) = -1 - 2xy$$

$$\dot{y} = ay + x - y(x^2 + y^2) = ay + x - yx^2 - y^3$$

$$\frac{\partial}{\partial x}\dot{x} = \frac{\partial}{\partial x}\left(ay + x - yx^2 - y^3\right) = 1 - 2yx$$

$$\frac{\partial}{\partial y}\dot{y} = \frac{\partial}{\partial y}\left(ay + x - yx^2 - y^3\right) = a - x^2 - 3y^2$$

Jacobian matrix

$$J_{\dot{z}} = \begin{bmatrix} a - 3x^2 - y^2 & -1 - 2xy \\ 1 - 2yx & a - x^2 - 3y^2 \end{bmatrix}$$

평형 방정식은 0점 일 때이므로 x 와 y 에 0을 대입하면 시스템의 분기점이 진동형 행렬로 정리된다.

Equilibrium

$$z_0 = \begin{bmatrix} x \\ y \end{bmatrix} = \begin{bmatrix} 0 \\ 0 \end{bmatrix}$$

$$\therefore J_{\dot{z}}(0,0) = \begin{bmatrix} a & -1 \\ 1 & a \end{bmatrix}$$

단위행렬을 통해 차원 통합을 하면 시스템의 고윳값을 유도할 수 있다.

Eigenvalues

$$|J_{\dot{z}}(0,0) - \lambda \mathbf{I}| = \begin{vmatrix} a - \lambda & -1 \\ 1 & a - \lambda \end{vmatrix} = 0$$

$$(a - \lambda)^2 + 1 = 0, \quad (a - \lambda)^2 = -1, \quad (a - \lambda) = \pm\sqrt{-1} = \pm i$$

$$\therefore \lambda = a \pm i$$

x, y 다항식으로 제시된 샘플 시스템은 복소수의 행렬 정리를 통해 호프 분기 일반식으로 모델링할 수도 있다. 본 사례의 경우 호프 분기 일반식에서 환경 변수 b 가 -1인 경우였다.

Hopf bif. Example #1

$$\dot{z} = \begin{bmatrix} \dot{x} \\ \dot{y} \end{bmatrix} = \begin{bmatrix} ax - y - x(x^2 + y^2) \\ ay + x - y(x^2 + y^2) \end{bmatrix}$$

Jacobian matrix : $J_{\dot{z}} = \begin{bmatrix} a - 3x^2 - y^2 & -1 - 2xy \\ 1 - 2yx & a - x^2 - 3y^2 \end{bmatrix}$

Equilibrium : $z_0 = \begin{bmatrix} x \\ y \end{bmatrix} = \begin{bmatrix} 0 \\ 0 \end{bmatrix}$

$$\therefore J_{\dot{z}}(0,0) = \begin{bmatrix} a & -1 \\ 1 & a \end{bmatrix}$$

Eigenvalues : $|J_{\dot{z}}(0,0) - \lambda \mathbf{I}| = \begin{vmatrix} a - \lambda & -1 \\ 1 & a - \lambda \end{vmatrix} = 0$

$$\lambda^2 - 2a\lambda + a^2 - 1 = 0$$

$$(a - \lambda)^2 + 1 = 0, \quad (a - \lambda)^2 = -1$$

$$\therefore \lambda = a \pm i$$

Hopf bif. Modeling

$$z = x + yi = \begin{bmatrix} x \\ y \end{bmatrix}, \quad iz = -y + xi = \begin{bmatrix} -y \\ x \end{bmatrix}$$

$$|z|^2 = z\bar{z} = (x+yi)(x-yi) = x^2 + y^2$$

$$z|z|^2 = \begin{bmatrix} x \\ y \end{bmatrix}(x^2 + y^2) = \begin{bmatrix} x(x^2 + y^2) \\ y(x^2 + y^2) \end{bmatrix}$$

$$\dot{z} = \begin{bmatrix} \dot{x} \\ \dot{y} \end{bmatrix} = \begin{bmatrix} ax - y - x(x^2 + y^2) \\ x + ay - y(x^2 + y^2) \end{bmatrix} = \begin{bmatrix} ax - y - x(x^2 + y^2) \\ ay + x - y(x^2 + y^2) \end{bmatrix}$$

$$= a\begin{bmatrix} x \\ y \end{bmatrix} + \begin{bmatrix} -y \\ x \end{bmatrix} - \begin{bmatrix} x(x^2 + y^2) \\ y(x^2 + y^2) \end{bmatrix}$$

$$= az + iz - z|z|^2 = z(a+i) - z|z|^2$$

$$\dot{z} = z(a+i) - z|z|^2 = z((a+i) - |z|^2)$$

$$\therefore \dot{z} = z((a+i) + b|z|^2), \quad b = -1$$

샘플 호프 분기 시스템은 다음과 같이 컴퓨터 그래프 프로그램을 통해 시뮬레이션 해볼 수 있다.

Application Program : Grapher

OS : Mac OS

실수계=0 : 허수축 : $x = ax - y + bx\left(x^2 + y^2\right)$

허수계=0 : 실수축 : $y = x + ay + by\left(x^2 + y^2\right)$

미분 방향성 : $\Delta \begin{bmatrix} x \\ y \end{bmatrix} = f(x, y)$

Limit cycle : $-ba = x^2 + y^2$

시스템 정의 : $f(x, y) = \begin{bmatrix} ax - y + bx\left(x^2 + y^2\right) \\ x + ay + by\left(x^2 + y^2\right) \end{bmatrix}$

$b = -1$: SuperCritical
$b = 1$: SubCritical

Animation : $-5 < a < 5$

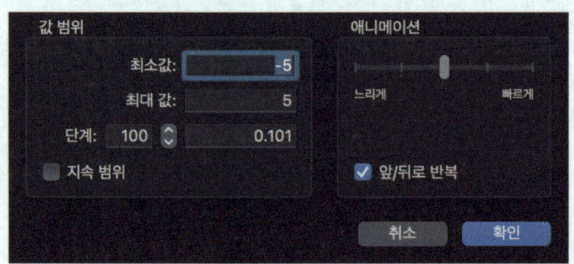

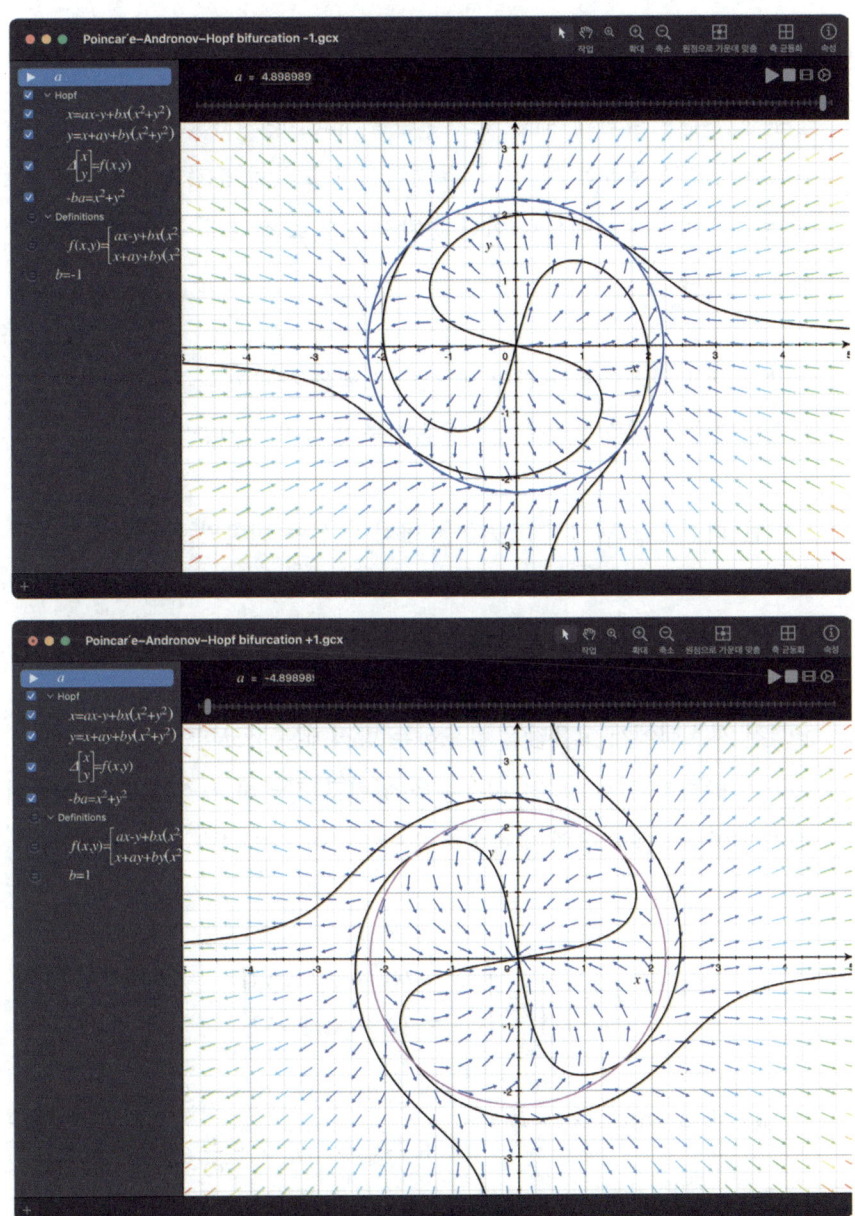

고윳값 분기 정리
Eigenvalue Bifurcation Theorem

  푸앵카레는 곡선에 대한 분기점들을 Saddle, Focus, Center, Node 등으로 분류한 바 있다. 푸앵카레가 보았던 분기 알고리즘은 회전 시스템이 궁극적으로 어떤 편광적 모델로 정리될 수 있다는 것을 암시한다.

  앞서 호프 분기에서와 같이, 회전 시스템은 차원이 다른 두 입자가 복소평면에서 원을 그리듯이 소용돌이를 만들며 회전한다.

  이런 회전 시스템에서 고윳값을 구하여 선형 변환의 관점으로 단순화하면 회전 시스템에 대한 근본 알고리즘을 정리할 수 있게 된다.

  회전 시스템에서 고윳값을 유도하는 방식에는 자코비안 행렬을 사용하는 방법이 있다. 회전 시스템을 행렬로 정리하고, 자코비안 행렬의 편미분법을 적용하면 종합적인 방향성이 나타난다.

$$\dot{z} = \begin{bmatrix} \dot{x} \\ \dot{y} \end{bmatrix} = \begin{bmatrix} ax + by + g_1(x,y) \\ cx + dy + g_2(x,y) \end{bmatrix}$$

$$\text{Jacobian matrix}: J_{\dot{z}} = \begin{bmatrix} a + \frac{\partial}{\partial x} g_1(x,y) & b + \frac{\partial}{\partial y} g_1(x,y) \\ c + \frac{\partial}{\partial x} g_2(x,y) & d + \frac{\partial}{\partial y} g_2(x,y) \end{bmatrix}$$

이 상태에서 평형점을 의미하는 $(x, y) = (0,0)$ 을 대입하면, x, y 변수항은 모두 소멸되고 상수항만 남는 자코비안 영점 행렬 $J_{\tilde{z}}(0,0)$ 로 귀결된다.

$$\text{Equilibrium}: \begin{bmatrix} x \\ y \end{bmatrix} = \begin{bmatrix} 0 \\ 0 \end{bmatrix}$$

$$\frac{\partial}{\partial x} g_1(0,0) = \frac{\partial}{\partial x} g_2(0,0) = \frac{\partial}{\partial y} g_1(0,0) = \frac{\partial}{\partial y} g_2(0,0) = 0$$

$$\therefore J_{\tilde{z}}(0,0) = \begin{bmatrix} a & b \\ c & d \end{bmatrix}$$

Jacobian Equilibrium
자코비안 영점 행렬 : 자코비안 평형 행렬

따라서 회전 시스템에서 x 의 1차 항과 y 의 1차 항을 제외하고 나머지 항들은 자코비안 평형 행렬에서 의미가 없어진다.

$$\tilde{z} = \begin{bmatrix} \dot{x} \\ \dot{y} \end{bmatrix} = \begin{bmatrix} ax + by + \cancel{g_1(x,y)} \\ cx + dy + \cancel{g_2(x,y)} \end{bmatrix} = \begin{bmatrix} ax + by \\ cx + dy \end{bmatrix} = \begin{bmatrix} a & b \\ c & d \end{bmatrix} \cdot \begin{bmatrix} x_1 \\ x_2 \end{bmatrix}$$

이는 모든 회전 시스템이 근본적으로 자코비안 평형 행렬의 알고리즘으로 회전한다는 것을 의미하기 때문에, 2행 2열의 자코비안 평형 행렬로 시스템을 통합할 수 있게 된다. 우리는 이렇게 정리된 분기식을 관점에 따라 **자코비안 고윳값 분기, 자코비안 분기, 고윳값**

분기라고 별명을 붙여둔다.

$$\therefore \tilde{z} = A \cdot x$$
Jacobian Eigenvalue Bifurcation
자코비안 고윳값 분기

자코비안 분기를 고윳값의 관점에서 보면 고윳값 분기식이 된다. 단위행렬(**I**)을 통해 차원을 통합하고 행렬 방정식을 행렬식으로 정리하면 고윳값 λ 에 대한 2차 방정식이 나타난다.

$$Af = \lambda f, \quad Af - \lambda f = A - \lambda = 0, \quad \therefore A - \lambda I = 0$$

$$\begin{bmatrix} a & b \\ c & d \end{bmatrix} - \lambda \begin{bmatrix} 1 & 0 \\ 0 & 1 \end{bmatrix} = \begin{bmatrix} a-\lambda & b \\ c & d-\lambda \end{bmatrix} = 0$$

$$\det \begin{pmatrix} a-\lambda & b \\ c & d-\lambda \end{pmatrix} = (a-\lambda)(d-\lambda) - bc = 0$$

$$\therefore \lambda^2 - (a+d)\lambda + (ad-bc) = 0$$
Eigenvalue Equation

우리는 이 방정식을 **고윳값 방정식**이라 별명을 붙여둔다. 고윳값 방정식은 2차 방정식이기 때문에 근의 공식과 판별식의 논리를 활용하여 교점을 찾고 그 교점을 근거로 평형상태를 정리할 수 있다.

$$ax^2 + bx + c = 0, \quad x = \{\alpha, \beta\} = \frac{-b \pm \sqrt{b^2 - 4ac}}{2a}$$

$$\alpha + \beta = \frac{-b + \sqrt{b^2 - 4ac}}{2a} + \frac{-b - \sqrt{b^2 - 4ac}}{2a} = -\frac{b}{a}$$

$$\alpha\beta = \frac{b^2 - \sqrt{b^2 - 4ac}^2}{2^2 a^2} = \frac{\cancel{b^2} - \cancel{b^2} + \cancel{4}ac}{\cancel{4}aa} = \frac{c}{a}$$

$$x^2 + \frac{b}{a}x + \frac{c}{a} = 0, \quad \alpha + \beta = -\frac{b}{a}, \quad \alpha\beta = \frac{c}{a}$$

$$\therefore x^2 - (\alpha + \beta)x + \alpha\beta = 0 \quad : 근과 \ 계수의 \ 관계$$

분기는 계수를 환경 변수로 삼아 시스템의 상태변화를 관찰하는 분석법이다. 따라서 고윳값 1차 항의 계수 $a + d$ 와 상수항 $ad - bc$ 를 각각 타우 τ 와 델타 Δ 로 치환하여 환경 변수를 단순화한다.

$$\lambda_{1,2} = \frac{(a + d) \pm \sqrt{(a + d)^2 - 4(ad - bc)}}{2}$$

$$\tau = a + d, \quad \Delta = ad - bc$$

$$\therefore \lambda^2 - \tau\lambda + \Delta = 0$$

끝으로 정리된 **고윳값 방정식**에 대한 **판별식** D 로 근과 계수와의 관계에 따른 논리를 기하적으로 해석하여 전개하면 푸앵카레 다이어그램이 나타난다. 이렇게 하면 푸앵카레 다이어그램은 분기 이론에 대한 종결 정리에 자리 잡게 된다.

푸앵카레 다이어그램은 고윳값 방정식의 1차항 계수 τ 와 상수항 Δ, 두 계수를 좌표축으로 삼아 평면파를 만들고 분기 현상을 분석한다. 근과 계수의 관계에 따라 τ 는 고윳값 λ 에 대한 두 근의 합이고, Δ 는 두 근의 곱이다.

$$\tau = \lambda_1 + \lambda_2, \quad \Delta = \lambda_1 \lambda_2$$

고윳값 방정식은 포물선이며 2차 방정식의 근의 공식을 토대로 실근과 허근을 구분하여 판별식으로 분기 상태를 분석할 수 있다.

Discriminant ViewPoint : 관점 판별식

$$\lambda_{1,2} = \frac{\tau \pm \sqrt{\tau^2 - 4\Delta}}{2} = \frac{\tau \pm \sqrt{D_@(\tau, \Delta)}}{2}$$

$$\therefore D_@(\tau, \Delta) = \tau^2 - 4\Delta$$

$$\dot{\mathbf{z}} = \begin{bmatrix} \dot{x} \\ \dot{y} \end{bmatrix} = \begin{bmatrix} ax + by + g_1(x,y) \\ cx + dy + g_2(x,y) \end{bmatrix}$$

Jacobian matrix : $J_{\dot{z}} = \begin{bmatrix} a + \frac{\partial}{\partial x} g_1(x,y) & b + \frac{\partial}{\partial y} g_1(x,y) \\ c + \frac{\partial}{\partial x} g_2(x,y) & d + \frac{\partial}{\partial y} g_2(x,y) \end{bmatrix}$

Equilibrium : $\begin{bmatrix} x \\ y \end{bmatrix} = \begin{bmatrix} 0 \\ 0 \end{bmatrix}$

$$\frac{\partial}{\partial x} g_1(0,0) = \frac{\partial}{\partial x} g_2(0,0) = \frac{\partial}{\partial y} g_1(0,0) = \frac{\partial}{\partial y} g_2(0,0) = 0$$

$$\therefore \; J_{\dot{z}}(0,0) = \begin{bmatrix} a & b \\ c & d \end{bmatrix}$$

Jacobian Equilibrium
자코비안 영점 행렬 : 자코비안 평형 행렬

$$\tilde{\mathbf{z}} = \begin{bmatrix} \dot{x} \\ \dot{y} \end{bmatrix} = \begin{bmatrix} ax + by + \cancel{g_1(x,y)} \\ cx + dy + \cancel{g_2(x,y)} \end{bmatrix} = \begin{bmatrix} ax + by \\ cx + dy \end{bmatrix} = \begin{bmatrix} a & b \\ c & d \end{bmatrix} \cdot \begin{bmatrix} x_1 \\ x_2 \end{bmatrix}$$

$$\therefore \; \tilde{\mathbf{z}} = \mathbf{A} \cdot \mathbf{x}$$

Jacobian Eigenvalue Bifurcation
자코비안 고윳값 분기

Eigenvalue Bifurcation : 고윳값 분기

$$\tilde{\mathbf{z}} = \begin{bmatrix} \dot{x} \\ \dot{y} \end{bmatrix} = \begin{bmatrix} ax + by \\ cx + dy \end{bmatrix} = \begin{bmatrix} a & b \\ c & d \end{bmatrix} \cdot \begin{bmatrix} x_1 \\ x_2 \end{bmatrix} = \mathbf{A} \cdot \mathbf{x}$$

Eigenvalue λ

$$\mathbf{A}f = \lambda f, \quad \mathbf{A}f - \lambda f = \mathbf{A} - \lambda = 0, \quad \therefore \mathbf{A} - \lambda \mathbf{I} = \mathbf{0}$$

$$\begin{bmatrix} a & b \\ c & d \end{bmatrix} - \lambda \begin{bmatrix} 1 & 0 \\ 0 & 1 \end{bmatrix} = \begin{bmatrix} a - \lambda & b \\ c & d - \lambda \end{bmatrix} = \mathbf{0}$$

$$\det \begin{pmatrix} a - \lambda & b \\ c & d - \lambda \end{pmatrix} = (a - \lambda)(d - \lambda) - bc = 0$$

$$= ad - (a + d)\lambda + \lambda^2 - bc$$

$$= (ad - bc) - (a + d)\lambda + \lambda^2$$

$$\therefore \lambda^2 - (a + d)\lambda + (ad - bc) = 0$$

Eigenvalue Equation

Eigenvalue Equation : 고윳값 방정식

$$\lambda^2 - (a+d)\lambda + (ad - bc) = 0$$

$$\lambda_{1,2} = \frac{(a+d) \pm \sqrt{(a+d)^2 - 4(ad-bc)}}{2}$$

$$\tau = a + d, \quad \Delta = ad - bc$$

$$\therefore \lambda^2 - \tau\lambda + \Delta = 0$$

Discriminant ViewPoint : 관점 판별식

$$\lambda_{1,2} = \frac{\tau \pm \sqrt{\tau^2 - 4\Delta}}{2} = \frac{\tau \pm \sqrt{\mathbf{D}_@(\tau, \Delta)}}{2}$$

$$\therefore \mathbf{D}_@(\tau, \Delta) = \tau^2 - 4\Delta$$

Poincare Diagram : Stability theory

$$\lambda^2 - \tau\lambda + \Delta = 0 \quad \lambda_{1,2} = \frac{\tau \pm \sqrt{\tau^2 - 4\Delta}}{2}$$

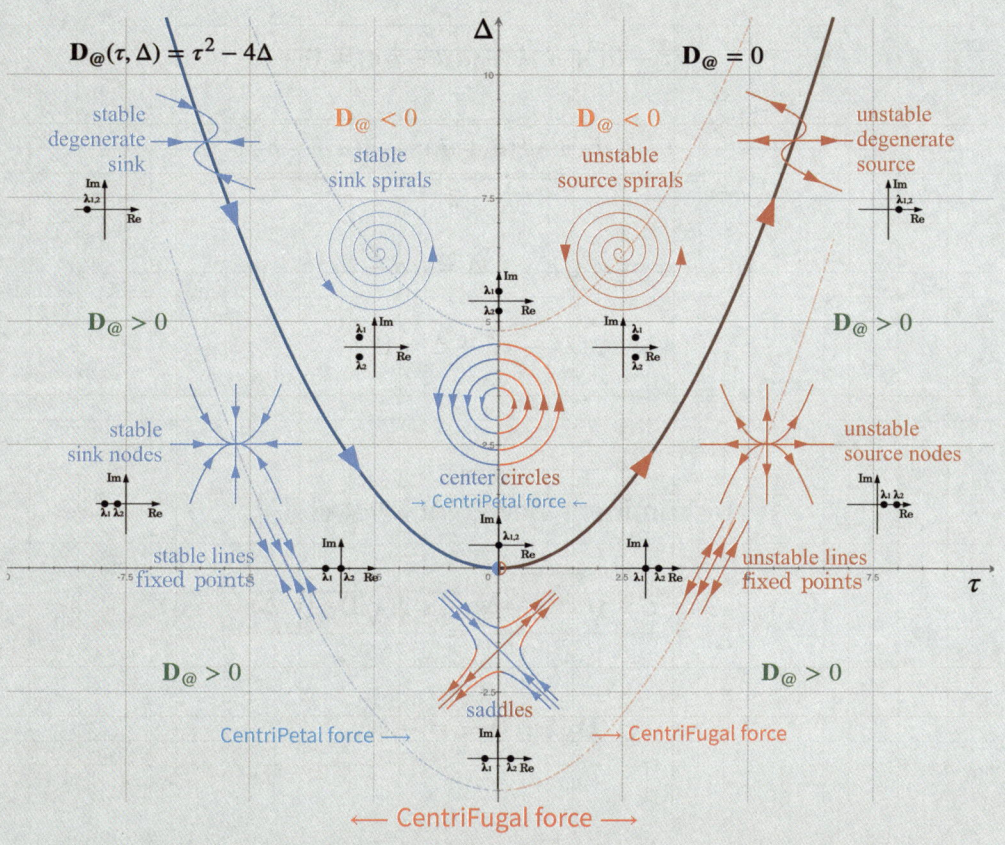

$$@_1 = \dot{\mathbf{x}} = \begin{bmatrix} \dot{x}_1 \\ \dot{x}_2 \end{bmatrix} = \begin{bmatrix} ax + bv \\ cx + dv \end{bmatrix} = \begin{bmatrix} a & b \\ c & d \end{bmatrix} \cdot \begin{bmatrix} x \\ v \end{bmatrix} = \mathbf{A} \cdot \mathbf{x} = @_2$$

$\mathbf{x} = \begin{bmatrix} x \\ v \end{bmatrix}$: 상태 벡터, $\dot{\mathbf{x}} = \dfrac{d\mathbf{x}}{dt}$: 미분입자, $\mathbf{A} = \begin{bmatrix} a & b \\ c & d \end{bmatrix}$: 선형 시스템

$$@_1 \quad \mathbf{x} = e^{\lambda t}\mathbf{v}, \quad \dot{\mathbf{x}} = \lambda \cdot e^{\lambda t}\mathbf{v}$$

$$@_2 \quad \mathbf{A}\mathbf{x} = \mathbf{A}(e^{\lambda t}\mathbf{v}) = e^{\lambda t}\mathbf{A}\mathbf{v}$$

$$\dot{\mathbf{x}} = \mathbf{A} \cdot \mathbf{x}, \quad \lambda \cancel{e^{\lambda t}}\mathbf{v} = \cancel{e^{\lambda t}}\mathbf{A}\mathbf{v} \quad \therefore \lambda\mathbf{v} = \mathbf{A}\mathbf{v}$$

$$0 = \mathbf{A}\mathbf{v} - \lambda\mathbf{v} = (\mathbf{A} - \lambda\mathbf{I})\mathbf{v}$$

$$0 = \begin{bmatrix} a & b \\ c & d \end{bmatrix} - \lambda \begin{bmatrix} 1 & 0 \\ 0 & 1 \end{bmatrix} = \begin{bmatrix} a - \lambda & b \\ c & d - \lambda \end{bmatrix}$$

$$\therefore \lambda^2 - (a+d)\lambda + (ad - bc) = 0$$

$$\tau = a + d, \quad \Delta = ad - bc$$

$$\lambda^2 - \tau\lambda + \Delta = 0$$

$$\lambda_{1,2} = \frac{\tau \pm \sqrt{\tau^2 - 4\Delta}}{2}$$

$$\therefore \mathbf{D}_@(\tau, \Delta) = \tau^2 - 4\Delta$$

3차 고유함수, 더핑 방정식

Cubic EigenFunction, Duffing Equation

3차 함수의 무늬와 지수 함수의 무늬가 삼각함수를 거점으로 서로 만난다. 원의 무늬는 축분해를 통해 삼각함수로 나타나고, 복소수를 통해 지수 함수로 나타난다.

사인과 코사인은 $\frac{\pi}{2}$ 시간차를 가지지만 같은 무늬를 하며 2π 의 주기를 갖는다. 이런 해석은 상하좌우를 다른 것으로 구분하는 선분 논리의 해석이다. 상하좌우 대칭의 논리를 가진 회전논리는 같은 점을 주안점으로 다른 점을 찾아 고유 무늬를 찾는다.

이렇게 보면 사인과 코사인을 포괄한 고유 알고리즘의 주기는 2π 의 반쪽인 π 가 된다. 여기서 우리는 사인 또는 코사인에서 π 구간의 고유한 패턴을 Half Wave, **반주기 고유 곡선**이라 이름 지어둔다.

그런데 세 실근을 갖는 3차 함수의 **양음 파동**은 사인 또는 코사인 파도의 **반주기 고유 곡선**과 닮은 무늬를 한다.

선분논리의 눈은 3차 함수 곡선과 사인 곡선의 다른 점만을 부각하기 일쑤다. 그러나 회전논리의 눈에는 다른 점이 있으면 반드시 닮은 점이 있다.

이런 해석을 했던 사례가 **더핑 방정식**이다. **더핑 방정식**은 **분기 이론**에도 종종 활용된다. 3차 함수와 코사인 함수가 시간의 흐름에 따라 때로는 교차하고 때로는 겹친다.

Duffing Equation
Georg Duffing 1861–1944

$$\ddot{x} + \delta \dot{x} + \alpha x + \beta x^3 = \gamma \cos(\omega t)$$

사인 함수를 사용하지 않고 코사인 함수를 대표로 사용한 이유는 원을 축분해 할 경우 X축에 해당하는 부분이 코사인이기 때문이다.

복소평면의 오일러 공식에서도 지수 함수가 CIS 로 표현될 때 실수 부분이 코사인이다.

더핑 방정식은 인식의 직관성을 위해 실수적 표현으로 코사인으로 정리하고 있다. 따라서 코사인을 X축 평행이동한 사인함수로 해석하여 사인함수로 논리를 전개해도 무방하다.

3차 함수와 삼각함수를 기하적으로 비교할 때는 각 함수의 기본형을 활용하여 단순화한다. 다음 실험에서 3차 함수는 기본형 중 최고 차항이 음수인 $-x^3 + rx$ **초임계형**을 사용한다.

초임계 3차 함수의 변화와 **코사인 함수**를 비교하면, 코사인 파동 주기의 반쪽과 유사한 부분이 나타나기 시작한다.

코사인 곡선을 X축으로 90도 $\frac{\pi}{2}$ 평행이동하면, **사인 곡선**과 같아지고 **초임계 3차 함수**와도 겹치기 시작한다.

두 함수의 계수들을 미세조정하여 겹치도록 접근시킨다. 초임계 3차 함수 $-x^3 + rx$ 의 1차 항 계수 r 을 조정하고, 사인 함수 $b\sin(ax)$ 의 a, b 두 계수를 조정한다.

이렇게 하면 0점을 중심으로 **사인 함수**와 **초임계 곡선**이 **반주기 고유 곡선** 영역에서 서로 겹쳐진다.

사인과 코사인 파동의 주기는 모두 **반주기 고유 곡선**의 두 배이므로 **반주기 고유 곡선**의 무한 반복이다.

따라서 **초임계 3차 함수**를 시간에 태워 변형해 가면 사인 함수의 **반주기 고유 곡선**에 접근한다.

초임계 3차 함수가 3차 함수의 특이한 경우라고 생각할 수 있다. 그러나 뒤집어 보면 모든 3차 함수는 **초임계 3차 함수**의 변형이다.

겉으로만 보고 **초임계 3차 함수**에 2차 항과 상수항이 없다고 생각하는 관점은 선분논리의 프레임에 갇힌 상태라 할 수 있다.

2차 항과 상수항은 없는 것이 아니고 계수가 0으로 가려진 상태다. 어떤 객체의 고윳값도 이런 회전논리의 관점에서 고유한 알고리즘을 추출한다. 그리고 고윳값을 그 객체의 본질로 보고 다른 고윳값과의 관계를 연구한다.

사인과 코사인의 고유 곡선도 **반주기 고유 곡선**으로 정리할 수 있다. **반주기 고유 곡선**이 고윳값으로 의미가 있는 것은 3차 함수의 관점이 논리적 배경을 제공하기 때문이다.

더핑 방정식에서 3차 함수와 코사인을 비교하는 것은 **푸앵카레 재귀 정리**를 해결하는 데도 큰 역할을 한다. 이 문제를 시뮬레이션 하려면, 3차원 공간에 운동하고 있는 입자를 함수로 만들어야 한다. 이때 더핑 방정식이 유용하게 활용된다.

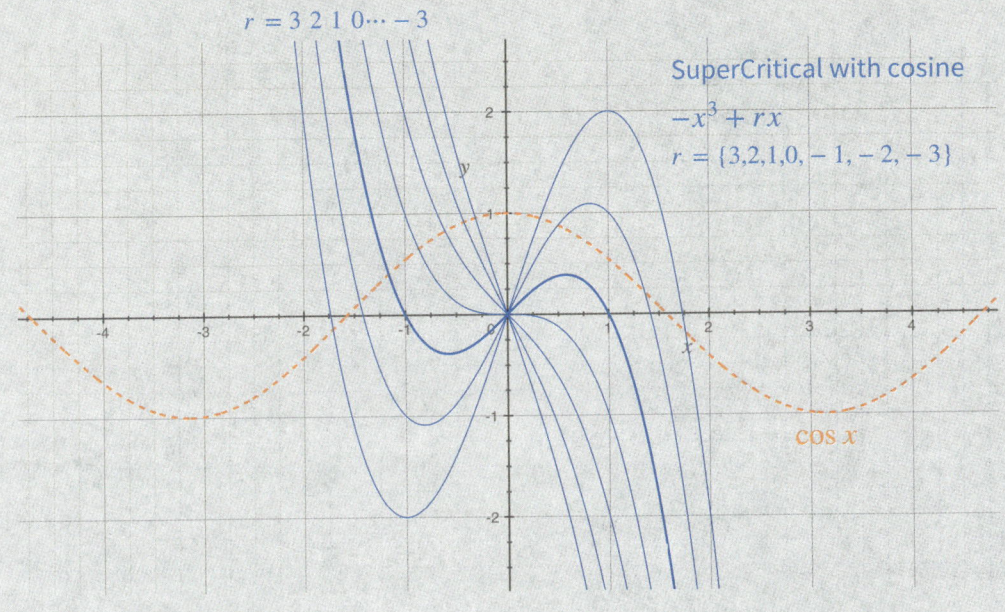

Cubic func. approaching sine

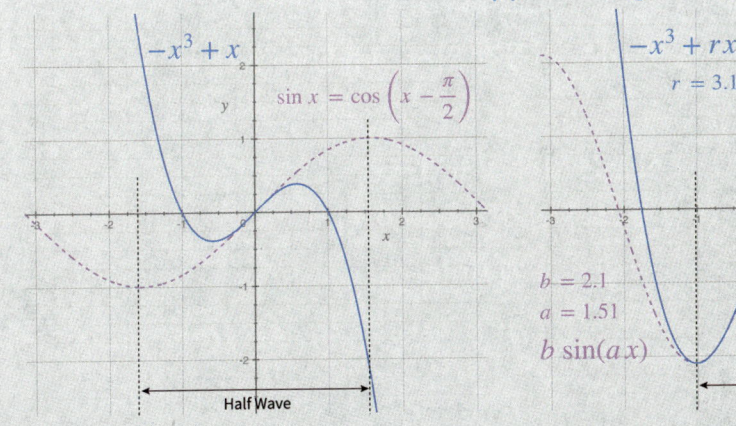
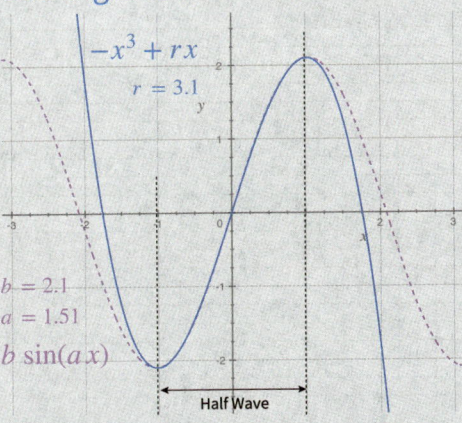

3차 함수에는 파동 무늬가 있다.
3차 함수는 원의 반쪽이다.

다양한 곡선은 원의 간섭현상이다.

입체공간 입자는 3차 함수 곡선으로 이동한다.

3차 함수의 x 는 입체공간의 입자다.
x 에 시간을 태우면 $x(t)$ 입자가 된다.

3차 함수에 가속도와 속도를 가하면,
시공간 속에 운동하는 **시공간 입자 고유함수**가 된다.

시공간 입자 고유함수는
관점에 따라 입자 그 자체이면서
입자의 **궤적**이다.

푸앵카레 맵과 재귀 정리

Poincaré Map & Recurrence Theorem

푸앵카레는 푸앵카레 맵으로 유명한 질문을 던졌고 그 해답을 얻는 실마리로 **호프 분기**가 활용된다. 이 때문에 **호프 분기**를 포괄하여 **푸앵카레 맵**의 관점에서 분기 이론을 풀어가기도 한다.

푸앵카레 맵에 대한 이야기는 **푸앵카레 재귀 이론**으로 전개된다. 푸앵카레의 재귀 정리 Poincaré recurrence theorem 는 1890년 다음과 같은 가설로 시작했다. 이 가설이 **푸앵카레 맵**으로 그려졌다.

특정 면을 지난 입자는 언젠가 반드시 같은 면을 지나간다.

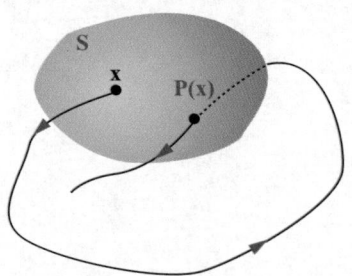

Poincaré Map
$U \subset S$, $P : U \to S$, S : Poincaré Section

푸앵카레 재귀 정리
푸앵카레 맵
푸앵카레-안드로노프-호프 분기

푸앵카레 맵은 시간으로 공간이 왜곡되는 상황을 표현하지 못한다. **푸앵카레 섹션**이 시간에 의해 왜곡되는 현상은 **더핑 방정식**으로 해결할 수 있다.

푸앵카레 섹션은 3차원 공간의 입자들로 이루어져 있다. 이 입자들에 시간을 흐르게 하면 운동하는 입자들이 된다.

t 시각의 동시 입자 $x(t)$
$x = x(t)$, t : time

운동하는 입자는 속도를 가지고 있고, 그 속도는 시간의 흐름에 따라 가속도가 붙어 변화를 일으킨다.

3차원 입자는 3차 함수로 공간을 형성한다. 이 입자에 시간으로 미분을 한 번 가하면 속도가 되고, 속도에 또 한 번 미분을 가하면 가속도가 된다.

속도는 과거에서 누적된 보유 에너지다. 그리고 가속도는 미래를 향하는 변동 에너지다. 입자의 위상인 3차 함수에 속도를 더하면 입자가 이동한 위치가 되고, 가속도를 더하면 입자가 이동할 위치가 된다. 이런 선분논리의 해석은 물리적 현상에 대한 표면적 해석이다.

1차 미분은 속도, 2차 미분은 가속도

$$\text{velocity} : \dot{x} = \frac{d}{dt}x$$

$$\text{acceleration} : \ddot{x} = \frac{d^2}{dt^2}x$$

0과 무한대의 관계로 시공간이 형성되는 동시복제 존재론을 생각하면, 본래 무한의 세계에는 속도라는 개념이 없었다. 인간의 선분논리가 시공간을 분석하면서 만들어진 개념 입자다.

0이 자기복제하여 무한대를 만들면서 0과 무한대의 관계가 생기고 이 관계가 시간을 만든다. 시간은 1차원에서 길이를 만들고, 2차원에서 원을 그리며 회전한다. 여기에 숨은 알고리즘이 시간의 2차원 평면파다.

그런데 이 해석은 Y 회로를 가진 인간이 이해할 수 있도록 순서를 정해 설명한 사례에 불과하다. 실제는 0이 자기복제를 하여 무한대와 쌍을 형성함과 동시에 시간과 공간이 동시에 발생한다.

시공간이 생성됨과 동시에 길이라는 격차가 인간이 말하는 속도라는 개념 입자를 만든다.

속도라는 개념 입자 속에는 시간 대비 길이 공간이 있고 시간이 공간을 형성하는 과정에 시간파가 숨겨져 있다. 이 때문에 속도를 한 번 더 쪼개면 가속도라는 시공간에 대한 격차로 발생하는 가속도 개념 입자가 나타난다.

선분논리의 방식으로 설명하자면, 시간을 적분하면 길이 공간이 되므로 공간을 시간으로 미분하면 속도가 된다. 이는 공간을 시간으로 쪼개어 초당 길이 공간을 **단위 공간**이라 부르지 않고 **속도**라 이름 붙인 격이다.

따라서 속도를 적분하면, 다시 길이 공간이 나온다. 이는 속도가 시공간 입자임을 의미한다.

속도가 단위 공간임과 동시에 시공간 입자이므로 시간으로 한 번 더 쪼갤 수 있다. 이 행위는 속도를 미분하여 단위 속도 입자를 구하는 셈이다. 선분논리는 이런 **단위 속도**를 **가속도**라 이름 붙였다.

선분논리가 속도와 가속도로 이름을 지은 것은 신이 만든 자연의 원리를 표면적으로 해석하려는 의도에 그 이유가 있다.

물론 가속도도 또 한 번 미분할 수 있을 뿐 아니라 무한차 거듭제곱과 같이 무한차 미분이 있을 수 있다. 그러나 무한차 거듭제곱이 자기복제 평면파인 2차 제곱을 반복하는 행위이기 때문에 근본 알고리즘은 거듭제곱 하나로 충분하다.

따라서 무한차 거듭미분의 원리도 2차 미분으로 무한차 알고리즘을 모두 포괄할 수 있다.

시공간의 자기복제 알고리즘을 이해했다면 더핑 방정식이 눈에 들어오기 시작한다.

더핑 방정식은 상수항을 2차 미분입자로 해석하고 있다. 이는 미분하여 시간계로 사라지는 현상을 미분입자를 통해 공간계에서도 볼 수 있게 보정하는 효과를 얻는다.

그래서 1차 미분입자와 2차 미분입자가 속도와 가속도로 해석되면서 상수항 자리에 공간량을 형성하는 구도로 그려졌다.

회전논리의 눈에는 더핑 방정식이 이렇게 보인다. 속도와 가속도로 작동하는 3차원 시공간에서 코사인 파동으로 균일한 평면파를 형성한다. 코사인 파동에 시간을 흐르게 하면 도화지 속에 배경과 같은 평면을 만든다.

시공간 3차 함수 분기

$$\ddot{x} + \delta \dot{x} + \alpha x + \beta x^3 = \gamma \cos(\omega t) \quad : \text{Duffing Equation}$$

가속도 + 속도 + 3차 함수 분기 = 시공간 3차 함수 분기

$$\ddot{x} + \delta \dot{x} + \alpha x + \beta x^3 = \gamma \cos(\omega t) = \gamma y$$

$$\frac{1}{\gamma}\left(\ddot{x} + \delta \dot{x} + \alpha x + \beta x^3\right) = \cos(\omega t) = y$$

시공간 3차 함수 분기의 왜곡 변수들

δ : damping 처짐
α : stiffness 뾰족함, 파고
β : non-linearity 곡선화
γ : amplitude 진폭(높이), 볼륨 높임

여기서는 3차원의 변환 상태를 관찰하는 것이 목적이기 때문에, 분기점을 관찰할 수 있는 **3차 함수 분기**를 사용한다. 이렇게 만들어진 **시공간 3차 함수 분기**는 계수들을 조정하여 다양한 곡선의 왜곡

현상들을 시뮬레이션할 수 있다.

한편 **더핑 방정식**에서 **시공간 3차 함수 분기**의 상대편에는 **코사인 함수**가 있다.

Oscillator
$$y = \cos(\omega t)$$

코사인 함수의 변수들
ω : Angular frequency 각진동수, 각주파수, 주기 짧아짐, 고음
t : time , ωt : 라디안 길이, 이동거리

Angular frequency $\omega = \dfrac{2\pi}{T} = 2\pi f$ [rad/s]

$T s$: period , $f = v$ Hz : frequency

푸앵카레 맵에서는 **더핑 방정식**을 무질서한 공간으로 시뮬레이션 하는데 활용한다. 이럴 때는 **코사인 함수**가 Oscillator 파동 발생기의 기능을 한다.

코사인 함수에 x 대신 **ωt 각운동량**을 대입하면, 그 운동량만큼 진동 값을 출력한다.

각운동량은 직선 운동을 회전운동으로 해석한 개념이다. 직선 운동에서 **길이 × 시간 = 운동량**이 되듯이, 회전운동에서도 각도를 라디안으로 해석하면 이동한 길이가 된다. 그리고 라디안 길이에 시간을 곱하면 각운동량이 된다.

$$\text{라디안} \times \text{시간} = \text{각운동량} = \omega t$$

파동 발생기 역할을 하는 **코사인 함수**에도 변수들을 이용하여 시간과 주기를 조절할 수 있다. 이와 같은 방식으로 **더핑 방정식**에 **푸앵카레 섹션**을 대입하면 파동 발생기에 의해 시간이 흘러가고, **푸앵카레 섹션**은 무질서한 시공간이 된다.

여기서 말하는 무질서한 시공간은 관점에 따라 균일한 공간을 의미한다. 시간파와 공간파가 90도로 관계하여 무수한 점들이 고르게 펼쳐진 균일한 공간을 형성하는 것과 같다.

공간에 어떤 질서가 있다는 것은 균일하지 않아 곡선과 같은 무늬가 나타나는 현상을 보인다. 이는 평면파의 관점에서 어떤 질서가 있는 공간이 된다. 따라서 무질서한 공간은 특이성이 나타나지 않는 균일하고 평평한 공간을 의미한다.

더핑 방정식을 코사인 파동 발생기로 대표하여 공간을 관찰한다는 것은 어떤 3차원 공간을 2차원의 균일한 시공간으로 해석한다는 것을 암시한다.

그러나 **더핑 발생기**는 실험적 시뮬레이션의 역할을 하는 것이지 **푸앵카레 재귀 정리**를 증명한 것은 아니다. **푸앵카레 재귀 정리**는 1919년 카라테오도리가 Measure Theory **측정 이론**을 사용하여 입증한 것으로 알려진다.

Constantin Carathéodory, 1873~1950

푸앵카레 섹션 S 의 왜곡 현상 유도
Poincaré Section S of Chaotic Behaviour

SpaceTIme Bifurcation

$$\ddot{x} + \delta\dot{x} + \alpha x + \beta x^3 = \gamma y$$

$$x = x(t), \quad t : \text{time}$$

$$\dot{x} = \frac{d}{dt}x : \text{velocity}, \quad \ddot{x} = \frac{d^2}{dt}x : \text{acceleration}$$

Oscillator : $\quad y = \cos(\omega t)$

$$\ddot{x} + \delta\dot{x} + \alpha x + \beta x^3 = \gamma \cos(\omega t)$$

Poincaré Section $\quad S = x(t)$

코사인은 파동 발생기다.
파동 발생기는 각운동량을 원료로 작동한다.
각운동량은 시간을 원료로 생성된다.

파동은 공간을 만들고,
시간은 파동을 만들며,
시간은 관계로 탄생한다.

각운동은 회전운동을 직선 운동으로 해석한 개념이다.

선분논리는 원을 직선으로 해석하여 인식한다.
360도 각도를 2π 라디안으로 관점 전환하면,
회전운동이 직선 운동으로 변한다.

측정 이론의 재귀 정리 증명론
Recursive Theorem in Measurement Theory : A Proof

카라테오도리는 1909년 수학적 추론만으로 열역학 제2법칙을 정리했고, 당대 물리학자들의 주목을 끌어낼 만큼 통찰력과 관점 전환 능력이 탁월했던 것으로 보인다.

물리적 실험의 한계를 맞이하고 있던 당대 물리학계는 정확한 사고 실험실의 설비적 환경과 사고 실험 수행능력이 필요했다. 사고 실험실의 설비는 탄탄한 이론을 제공하는 수학적 공리에 해당한다. 카라테오도리의 측정 이론은 이런 설비 능력을 보여준다.

간단히 언급하자면, 측정 이론은 무한을 실험 대상으로 삼는 사고 실험실이 어떤 세계의 환경에 있는지를 명확하게 보여준다.

측정 이론은 수학에서 셀 수 있는 **가산계**와 셀 수 없는 **불가산계**가 있듯이, 측정 가능한 집합과 측정 불가능한 집합으로 구분하여 논리를 전개할 수 있다.

사실 **가산**이나 **측정 가능**은 같은 개념이다. 단지 선분논리를 사용하는 물리학계에도 수학의 논리를 명확하게 받아들일 수 있도록 **측정 이론**이라는 논리적 거점을 마련한 것에 의미가 있다.

측정 가능한 공간에 면이 하나 있다.
그 면 위에 점이 무한히 변위를 일으킨다.

최초에 속했던 면에 속하지 않는 것을 측정하면 값이 없다.

이 이야기만으로는 뭔가가 빠진 듯하다. 이런 느낌이 드는 이유는 측정 공간의 의미에 답이 있다.

측정 공간은 말 그대로 측정 가능한 공간이다.

유한 측정 공간은 측정 가능한 영역을
선분논리가 인식할 수 있는 범위 내로 한정 지은 공간이다.

측정 가능하다는 것은 연속적 논리를 사용한다는 의미다.
평면에서 **연속선**은 **폐곡선**이고, **불연속선**은 **개곡선**이다.
폐곡선은 **원**으로 단순화된다.

연속된 논리로 **유한하다**는 것은 **닫힌 공간**을 의미한다.
따라서 유한 측정 공간은 닫힌 공간이다.

닫힌 공간은 원이다

그래서 **유한 측정 공간** 내에 측정 가능한 궤적은 모두 원으로 단순화된다.

무한 공간이라면 선분논리의 눈에는 어느 방향이든 시간이 무한정 흐르더라도 끝없이 한쪽 방향으로 진행할 수 있다.

하지만 유한 공간에서는 한쪽 끝으로 가면 더 이상 이동할 수 없어 반대 방향으로 튕겨 진로를 바꾼다. 이런 현상 때문에 무한히 변위를 이어가면 결국엔 출발했던 면을 다시 지나갈 수밖에 없다.

유한 측정 공간은 공간의 크기가 유한하기 때문에 측정 단위 이상으로 변위를 연속적으로 하면 측정 한계치에 도달하여 되돌아온다.

이 말을 수학적 언어로 표현하자면, **유한 측정 공간** 속 입자는 측정 단위 이상으로 충분히 이동하여 돌아오지 않는 입자가 없다.

이와 같은 방식으로 **푸앵카레 재귀 정리**가 증명된 것으로 받아들여졌다. 그러나 주의할 점이 있다. 이 증명은 선분논리의 테두리 안에서만 성립하는 명제다.

실수에서 복소수로 전제를 확장하면 실수에서 통하던 논리가 깨지는 것과 같이, 선분논리에서 회전논리로 전제를 확장하면 양자 역학에서 보던 부스러기들이 나타난다.

새로운 두 수학 이전의 수학은 시간 이후의 선분논리이기 때문에, 시간이 없거나 시간이 멈춘 동시 상태에서 확정되지 않은 상태는 무시하고 없는 세계로 단정 지어 명제를 결정한다.

시간 이전의 회전논리는 과거, 현재, 미래를 동시에 놓고 관점에 따라 선후가 만나는 명제를 확인하기 때문에, 존재 이전의 불확정성을 포괄한다. 따라서 위 명제의 대칭적 반대쪽 관점을 포괄하여 무한 공간에서 보면, 영원히 돌아오지 않는 입자도 있다.

절대적 진리는 우물 안에서만 가능하다.

진리는
상대적으로 작동한다

한편 **푸앵카레 재귀 정리**는 앞서 언급한 바 있는 우주의 모형에 대한 **푸앵카레 가설**과도 맥락을 함께한다.

그리고 **푸앵카레 재귀 정리**는 Ergodic theory 에르고딕 이론의 첫머리에 있다. 입자가 시작점 또는 면에서 출발하여 다시 시작점 또는 면으로 돌아온다는 것은 회전논리의 존재를 확인하려는 선분논리의 실험이다.

유한 측정 공간
Finite Measure Space

$$(X, \Sigma, \mu)$$

3차원 공간의 관계 = (부피 X , 면적 Σ , 길이 μ)

연속 측정 변환
Measure-Preserving Transformation

$$f : X \to X , \quad \mathbb{N} = \{0,1,2,3,\cdots\}$$

$$\mu\left(\{x \in E : f^n(x) \notin E, n > N\}\right) = 0$$

$E \in \Sigma , \quad N \in \mathbb{N} , \quad \mu()$: measure function

$$(X, \Sigma, \mu)$$

부피, 면적, 길이가 있는 유한 측정 공간에서

$$E \in \Sigma , \quad x \in E$$

어떤 시작 면 E 위의 점 x 가 있다.

$$n > N , \quad f^n(x)$$

어떤 함수 $f(x)$ 로 n 차례 충분히 변위를 일으킨다.

$$f^n(x) \notin E$$

변위 결과가 어떤 면 E 에 속하지 않는 경우는

$$\mu\,() = 0$$

0으로 측정된다.

에르고딕의 평균 수렴
Ergodicity & Average Collection

재귀 현상의 관점에서 논리를 해석하고 전개하는 이론들을 통틀어 에르고딕 이론 Ergodic theory 이라고 한다.

Ergodic은 그리스어의 Erogon(work)과 hodos(way)를 합성한 용어다. 따라서 에르고딕 이론의 기원과 원론은 동적 경로에 관한 관찰에 있다. 그리고 그 결론은 재귀 현상의 원운동으로 귀착한다.

에르고딕 이론은 통계적 관점에서 **평균 수렴**에 대한 생각을 활용하여 동적 시스템의 회귀성을 해석하는 데 주안점이 있다. 그래서 푸앵카레의 재귀 정리가 에르고딕 이론에 동기를 부여한다.

평균 수렴은 평균을 수집하는 Average collection 을 번역한 용어다. 평균을 입자로 관점 전환하여 평균 입자들의 궤적을 추적하고, 수렴의 관점에서 동적 시스템의 특이점을 유추해 내는 도구로 활용된다.

인간도 물리계 속에 있는 사람이라는 동물이기 때문에, 생존본능이 욕망의 진동을 일으켜 무한계 속에 새로운 세계를 형성한다.

그것들 중에 하나가 경제계다. 인간은 경제계 속에서 각종 이론들을 활용한다. 그중 가장 설득력을 가지는 논리가 주식시장에서의 평균 수렴 이론이다.

그러나 이 관점은 선분논리의 편광적 현상 속에 있다. 회전논리의 관점으로 **평균 수렴** 이론을 보면, 반대쪽에 상대적 대칭으로 존재하는 Average diffusion **평균 확산**이 있다. **평균 확산**은 볼츠만의 무질서 관점과 같이 무한대를 향해 끝없이 확산한다.

0점으로 수렴하는 수렴론과 무한대로 확산하는 확산론을 모두 포괄할 때 비로소 무한계 전체를 보는 관조적 관점이 형성된다. 이런 관조적 관점에 대한 방법론 중 하나가 **분기 이론**이라 할 수 있다.

분기 이론은 수렴과 확산에 대한 대칭적 관계를 사용하여 전체집합을 포괄하는 둘로 나누기의 이론에 대한 귀납적 접근법을 사용한다. 결국 분기 이론은 다음과 같은 논리적 토대를 입증하고 있는 셈이 된다.

대칭 이론이 무한계를 형성하는 기본 알고리즘이다.

에르고딕 이론의 평균 수렴 관점은 확률과 통계의 관점으로 자연현상을 해석하는 행위와도 같은 맥락을 한다.

에르고딕 이론은 결국 대칭 이론으로 연쇄반응하고 양자 역학에서 양자들을 해석하는 근거를 마련해 준다.

분기 이론도 평균으로 수렴하는 분기점과 다시 흩어지는 분기점의 관점으로 해석한 이론들이었다.

이런 다양한 이론의 이름과 관점들을 관조해 보면, **이론**이라는 것은 선분논리적 편광에 집중할 수 있도록 렌즈 이름을 짓고 관점 현미경으로 관찰하는 행위들이다.

앞서 언급한 **측정 이론**도 새로운 두 수학의 **관점 함수**의 일종이다.

모든 수학적 논리는
관점 함수의 변형이다

두 입자의 관계는 덧셈의 관점에서
무한한 관점 전환으로 관계 공식이 만들어진다.

푸앵카레의 재귀 정리 이론에는 시간의 제약이 있는 유한계를 전제로 하면서도, 그 유한적 시간을 넘나들 수 있는 무한계를 배경에 두고 있다.

3단계 물질의 상태변화에서 입자의 운동을 자세히 관찰하면, 관점이라는 것이 불확실성을 유발한다. 같은 우주 속에서 배경에 어떤 우주관을 두었느냐에 따라 특정 논리가 참일 수도 있고 거짓일 수도 있다.

시간은 무한한 것 같지만 언제든지 배경의 관점을 조정하여 유한하게도 할 수 있다.

　우리는 대부분의 일상 대화에서 동상이몽을 꿈꾼다. 같은 세계에 동일한 시공간에 있으면서도 서로 다른 눈으로 서로 다른 세계의 대화를 나눈다. 단지 두 머릿속에 같은 그림을 그리길 바랄 뿐이다.

　그럼에도 우리는 항상 시공간의 제약 속에서 가능한 한 비슷한 그림을 그릴 확률을 높이려고 애를 쓴다. 완전히 일치한 세계관으로 대화하는 것 자체도 확률적으로 극히 희소하다. 다만 근사치에 관점을 유도하여 소통하려 노력할 뿐이다.

임계점과 대칭 깨짐
Critical Point & Symmetry Breaking

임계점은 분기점과 원론적으로 같은 개념이다. 단지 관점을 한계로 두느냐 변화에 두느냐의 차이가 있다.

임계점은 여러 과학 분야에서 사용하지만 분기 이론에서 Critical Point 를 번역한 용어이기도 하다. 그런데 선분논리의 관점에서 분기 이론의 Bifurcation 을 "분기"로 번역하면서 임계와 분기 사이에 개념적 혼돈을 야기한다.

선분논리의 관점은 분기를 일으키는 분지점을 Critical Point 라고도 표현한다. 형이상학적 세계의 논리를 다루는 수학에서 미분 불가능 지점이나 미분 결과가 0인 지점을 Critical Point 임계점이라고도 해석한다.

한편 임계점은 형이하학적 열역학 분야에서 주로 사용하는 용어다. 끓는점이나 어는점과 같이 물질의 물리적 입자 상태가 기체, 액체, 고체로 구분되는 분기점이다.

각 입자의 활동 영역이 좁게 제한되어 그 영역이 전체 우주인 것처럼 여겨지는 것이 고체라 할 수 있다.

고체는 입자들이 고정된 것 같아 입자들이 액체와 같이 이동하거나 뒤섞일 수 없는 상태로 보인다.

그러나 더 자세히 보면, 내부의 파동에 공진하기도 하고 제한 구역 내에서 미세하게 변화를 가지며 움직인다.

그러다가 주변의 온도가 올라가면 그 입자의 활동 반경이 넓어지면서 임계점에 도달한다. 제약된 공간에서 포물선이 터져 쌍곡선이 되는 흐름과 같이 제한된 영역이 무한대에 도달하는 것처럼 입자들이 뒤섞인다.

고체 상태일 때는 특정 입자가 이웃한 입자와 항상 함께 있지만, 그 임계점을 벗어난 액체 상태에서는 인접한 이웃이 지속적으로 바뀐다.

고체 시대에 추억했던 그 이웃 입자를 언제 다시 만날지 기약이 없다. 추억의 친구를 다시 만날 수 있는 확률은 서로 한 덩어리로 묶인 액체의 크기와 묶인 상태를 영속할 수 있는 시간적 제약에 달렸다.

따라서 한 덩어리의 액체 상태가 지속되는 한, 언젠가 푸앵카레가 언급했던 재귀 현상을 경험하고 재회할 것이다.

액체가 임계점을 지나 기체로 자유로워졌을 때 입자의 속도가 빨라지기 때문에 재회 확률이 더 높아질 것도 같지만, 그 확률의 기대치는 무한한 시간을 배경에 두고 있기 때문에 언제 재회할지 기약이 없어진다.

이와 같이 선분논리의 편광은 하나의 척도만으로, 변화하는 시간의 무한계를 판단하고 예측하는 실수를 범하기 쉽다.

물질의 상태 변화에 따른 현상적 논리에서 입자의 속도 변화를 척도로 삼으면 논리적인 일관성을 구현했다고 생각할 수 있다. 그러나 이 상황은 시공간의 무한 알고리즘에서 속도만을 떼어내면서 발생하는 부스러기를 인식하지 못하는 오류가 가려져 있다.

이 사고 실험에서는 입자가 재회할 가능성에 대한 논리의 흐름에 관점이 있다. 논리의 일관성은 연속성에만 있는 것이 아니라 시작과 끝이 만나는 링 구조 속의 연속성에 있다.

두 입자의 재회 가능성은 무한한 시간의 흐름이 형성하는 시공간의 논리에서 링 구조의 연속성 속에 선분적 척도를 잡아야 한다. 그리고 그 척도를 생성함에 있어 부스러기가 발생하지 않아야 한다.

나중에 알게 되겠지만, 논리적 부스러기의 발생 원인은 시간을 쪼개는 데서 나타난다. 그러나 인간이 Y 회로의 두뇌로 논리를 전개하려면 시간을 필연적으로 쪼개야 한다. 이럴 때 유용한 논리가 동시성이다.

동시성은 시간을 논리적으로 쪼개는 행위를 쪼개지 않고 멈추게 하는 것으로 구현한다. 시간이 멈춘 동시공간에서는 시간의 변화를 고려할 필요가 없어진다.

필름과 같이 무한히 연결되어 있는 동시공간은 시간의 흐름이 연속적이므로, 변화하는 시간의 흐름이 있을 때도 동일한 논리가 적용된다. 여기서 건너뛴 논리적 비약은 앞서 여행한 시공간과 동시공간의 이야기로 논리적 연결성을 얻을 수 있다.

물질이 시간의 흐름으로 상태 변화를 하는 것은 시간이 멈춘 동시공간에서 거리라는 척도만 남는다.

거리가 0이면 두 입자는 하나의 입자로 수렴하여 재회한 것이고, 거리가 0이 아니면 하나의 입자가 쪼개져 두 입자로 발산하여 수렴한 상태다.

동시공간에서 발산하여 수렴한 상태는 2차 방정식이 두 근을 가져 수렴한 상태와 같다. 따라서 두 입자가 쪼개진 상태의 대칭적 관계는 하나의 입자로 재회한 상태로 해석할 수가 있다.

대칭으로 존재하는 무한계를 토대로 논리를 전개하면 복잡해 보이는 난제들도 간단히 해석하고 링 구조의 논리를 구현할 수 있다.

무한계는 본래 구분이 없어 하나다.
두 입자는 본래 하나의 입자가 둘로 쪼개진 것이다.

부분적 선분논리에서는 두 입자 상태가 영원할 것 같지만,
회전논리에서는 두 입자가 반드시 재회한다.

두 입자가 하나의 입자로 재회하지 못한다면,
그 입자는 존재할 수 없어 애초에 관측조차 불가하다.

분기 이론과 재귀 이론, 평균 수렴과 평균 발산은 모두 대칭적 존재론을 토대로 존재할 수 있다. 무한계는 논리 그 자체조차도 무한히 회전하며 재귀한다. 이런 이유로 대칭 이론의 상대적 관계는 대칭 깨짐 현상을 낳는다.

이론 물리학에서 대칭 깨짐은 크게 두 가지로 구분한다. 하나는 **자발적 대칭 깨짐**이고 나머지는 **명시적 대칭 깨짐**이다.

자발적 대칭 깨짐 : SSB, Spontaneous Symmetry Breaking
명시적 대칭 깨짐 : ESB, Explicit Symmetry Breaking

두 대칭 깨짐 역시 관점에 따라 둘로 나누기가 된다. 두 개념이 나뉘는 분기점은 본 논리의 출발점이었던 대칭이다.

주 관점을 대칭에 두고 상대적 현상을 대칭 깨짐으로 보는 것이 **자발적 대칭 깨짐**이다. 반대로 대칭 깨짐에 주안점을 두는 것을 **명시적 대칭 깨짐**이라 한다. 이외에도 관점 이동을 하면 여러 가지 대칭 깨짐 이론들이 나타난다.

자발적 대칭 깨짐은 대칭을 전제로 깨짐 현상을 해석하기 때문에, 대칭이라는 무한 속에 대칭 깨짐을 통해 입자로 존재하는 현상을 설명한다. 그래서 **자발적 대칭 깨짐 이론**은 **대칭 이론** 속에 있는 부분적 논리라 할 수 있다.

자발적 대칭 깨짐은 마치 관점에 따라 원뿔의 단면에 나타나는 원뿔곡선들의 존재와 다를 바 없다.

자발적 대칭 깨짐의 논리는 대표적으로 양자 역학의 기본 입자를 정의하는 표준 모형에서 힉스 메커니즘에 의해 입자가 질량을 갖게 되는 원리로 활용된다.

명시적 대칭 깨짐은 대칭성을 논리의 전제로 삼지 않고, 단순히 대칭 상태에서 외부와의 관계로 인해 대칭성이 깨지는 현상을 해석하는 논리다.

명시적 대칭 깨짐의 대표적 사례에는 **지만 효과**가 있다. 스펙트럼 분해 효과로 정리할 수 있는 **지만 효과**는 **피터 지만**의 이름을 사용했다. **지만 효과**는 스펙트럼에 자기장을 가하여 더 세밀하게 분해하는 효과를 말한다. 참고로 이런 미시 세계의 논리들은 **관점 렌즈**를 통해 **양자의 무늬**를 탐험할 때 세부적으로 관람할 기회가 있을 것이다.

Zeeman effect : 1896
Pieter Zeeman, 1865~1943

인간이 스펙트럼을 인식하게 된 것은 분광기로 빛을 분해하면서였다. 이후 물질을 태우면 발생하는 불빛을 통해 원자의 특성을 구분하게 된다.

스펙트럼에 대한 인식의 전환점은 빛을 파동으로 해석하는 관점 전환에 있었다. 맥스웰 방정식을 거점으로 광자를 전자기파로 해석하게 되고, 이런 논리적 연쇄반응은 스펙트럼과 전자기장의 관계로 이어진다. 그 결과로 나타난 거점 중 하나가 **지만 효과**다.

스펙트럼에 전자기장을 가하여 스펙트럼을 분해하면, 숨겨진 물질의 정보를 읽어낼 수 있게 된다. 이렇게 발견하게 된 지만 효과는 전자기파와 스펙트럼의 관계를 천문 관측에 중요한 도구로 활용할 수 있게 한다.

명시적 대칭 깨짐은 복소수의 켤레성과 같이 **커플링 현상**으로 해석하는 논리적 연쇄반응을 일으킨다.

대칭을 전제로 하지 않았다고 말하는 **명시적 대칭 깨짐**의 논리는 결국 자신의 논리가 어디에 근원을 가졌는지에 대한 궁금증으로 논리적 연쇄반응이 나타나게 된다. 이에 대한 해석이 **커플링 효과**와 **숨김 효과**다.

하나의 스펙트럼선은 무엇으로 뭉쳐져 있었던 것인가?

근원적 알고리즘을 추구하는 인간의 논리 회로는 결국 비대칭성을 고집하는 논리의 집착이 자신의 논리가 존재할 수 있었던 상대적 개념의 대칭성을 발견하게 되어 있다.

  회전논리의 재귀성을 사용하는 데는 만족하여 간과하는 약점이 있다. 그런데 이 약점은 욕망에 대한 약점이다.

  대칭과 비대칭의 개념도 관조적인 관점에서 만족하면, 각 방향에서 전개되고 생성되는 세세한 현상과 도구들을 얻지 못한다. 반대로 선분논리의 세세한 편광적 현상은 무한한 발산으로 혼돈을 야기하는 약점을 가진다.

논리는 세상과의 대화이며,
방향과 근거, 실증으로 실용한다.

철학은 방향을 제시하고,
수학은 근거를 제공하며,
물리학은 논리를 실증한다.

그리고
화학, 생물학 등은 자연을 실용한다.

현재 인류는 나노의 세계를 실용하고 있다.

나노를 알면 분자를 손에 쥘 수 있지만,
양자를 알면 동시공간을 손바닥 위에 올린다.